Paul Hoyningen-Huene

Die Wissenschaftsphilosophie
Thomas S. Kuhns

Wissenschaftstheorie
Wissenschaft und Philosophie

Gegründet von
Prof. Dr. Simon Moser, Karlsruhe

Herausgegeben von
Prof. Dr. Siegfried J. Schmidt, Siegen
Prof. Dr. Peter Finke, Bielefeld

Paul Hoyningen-Huene

Die Wissenschaftsphilosophie Thomas S. Kuhns

Rekonstruktion und Grundlagenprobleme

Mit einem Geleitwort von Thomas S. Kuhn

Springer Fachmedien Wiesbaden GmbH

ISBN 978-3-663-07955-2   ISBN 978-3-663-07954-5 (eBook)
DOI 10.1007/978-3-663-07954-5

Inhalt

Preface*

I first met Paul Hoyningen in mid-August 1984, when he arrived in Boston to spend a year at the Massachusetts Institute of Technology. Both of us were appropriately apprehensive. The visit was an experiment, and neither of us could be confident of its success. His project was a book about my philosophical work, most centrally *The Structure of Scientific Revolutions*. Having studied my writings for several years, he wished now to supplement his results by extended discussions with me. His initiative was accompanied by persuasive recommendations; I welcomed it and had promised help. But I was known to be both busy and irascible, especially with people – to me they seemed very numerous – who persisted in retrieving from my work ideas that had no place there, some of them ideas that I deplored. If I reacted to his views in the same way, trouble for us both lay ahead. Our commitments for the coming year were irretrievably in place.

Within a few days our relief was visible, both to ourselves and to those around us. I rapidly discovered that Hoyningen knew my work better than I and understood it very nearly as well. More important, where I did think his understanding deficient, I found him both uncommonly able to listen and also appropriately stubborn in defense of his views. Our discussions often grew passionate, and it was not always Hoyningen who changed his interpretation of what I had meant. I could not have asked for an interlocutor more patient, more independent or more concerned to get both detail and overall direction right. Readers who care about resolving the puzzles to be found in my writings will be in his debt for a long time to come. Noone, myself included, speaks with as much authority about the nature and development of my ideas.

As a philosopher, Hoyningen's concern is not so much with the development of ideas as with the ideas developed. But his inquiry has required the close comparison of texts written over an interval of more than thirty years. Those texts seldom present ideas in the same words, and do not even regularly present precisely the same ideas. Retrieving a position from them has posed formidable problems of interpretation, few of which I had had to face myself before my work with Hoyningen began. Watching his book take form has forced me to rehearse the story of my own development, an experience that has occasionally proved as uncomfortable as it has been enlightening.

*

What do I take to be the principal shifts in my viewpoint since the publication in 1962 of *The Structure of Scientific Revolutions*? At the head of the list comes a considerable narrowing of focus. Though I thought of that book as addressed primarily to philosophers, it turned out to be pertinent also to sociology and histori-

---

* Die deutsche Übersetzung dieses Geleitwortes befindet sich unmittelbar nach der englischen Version.

ography of science. Asked what field it dealt with, I was often at a loss for a response. My subsequent attempts to develop the view– point have, however, been directed exclusively to the book's philosophical aspects. Its concern with history has gradually been transmuted to a concern with developmental or evolutionary processes in general. Its sociological component survives mainly in the insistence that the vehicle for such processes must be a self-replicating population or group. Such groups I increasingly conceive as language- or discourse-communities, sets of individuals bound together by the shared vocabulary which simultaneously makes professional communication possible and restricts that communication to the profession.

Mention of discourse-communities points towards a series of more specific developments of my viewpoint. *Structure* included many references to the changes in word-meanings that accompany scientific revolutions, but it spoke more often of changes of visual gestalt, changes in ways of seeing. Of the two approaches, meaning-change was the more fundamental, for the central concepts of incommensurability and partial communication were based primarily upon it. But that basis was far from firm. Neither traditional theories of word-meaning nor the newer theories that reduced meaning to reference were suited to the articulation of these concepts. Allusions to altered ways of seeing could at best disguise the deficiency.

Since the publication of *Structure* my most persistent philosophical preoccupation has been the underpinnings of incommensurability: problems about what it is for words to have meanings and about the ways in which words with meanings are fitted the world they describe. These are the concerns which, a decade after *Structure* appeared, led me to emphasize the role played, at all levels of research, by primitive similarity/difference relations acquired during professional education. Such relations supply what I have more recently come to describe as the taxonomy shared by a field's practitioners, their professional ontology. Some of what a group knows about the world at any time is embodied in its taxonomy, and changes in one or another region of the taxonomy are central to the episodes I have called scientific revolutions. After such changes, many generalizations that invoked the names of older categories are no longer fully expressible.

Another development – the last I shall mention here – is more recent, very much still underway. In *Structure* the argument repeatedly moves back and forth between generalizations about individuals and generalizations about groups, apparently taking for granted that the same concepts are applicable to both, that a group is somehow an individual writ large. The most obvious example is my recourse to gestalt switches like the duck-rabbit. In fact, like other visual experiences, gestalt switches happen to individuals, and there is ample evidence that some members of a scientific community have such experiences during a revolution. But in *Structure* the gestalt switch is repeatedly used also as a model for what happens to a group, and that use now seems to me mistaken. Groups do not have experiences except insofar as all their members do. And there are no experiences, gestalt switches or other, that all the members of a scientific community must share in the course of a revolution. Revolutions should be described not in terms of group-experience but in terms of the varied experiences of individual group-members. Indeed, that variety itself turns out to play an essential role in the evolution of scientific knowledge.

The separation of concepts applicable to groups from those applicable to individuals is a powerful tool for eliminating the solipsism characteristic of traditional methodologies. Science becomes intrinsically a group activity, no longer even idealizable as a one-person game. The same analytic separation proves crucial also for questions of word-meaning. Different individuals may pick out the referents of terms in different ways: what all must share, if communication is to succeed, is not the criteria by which members of a category are identified but rather the pattern of similarity/difference relations which those criteria provide. It is the latter, the shared taxonomic structure, that binds members of the community together, and it does not require that individuals give the same answer to the question: similar with respect to what?

Essential guidance on these and other matters is provided by the book now before you. I recommend it warmly.

Boston, Massachusetts, August 1988   *Thomas S. Kuhn*

Geleitwort

Ich traf Paul Hoyningen das erste Mal Mitte August 1984, als er in Boston ankam, um ein Jahr am Massachusetts Institute of Technology zu verbringen. Wir waren beide etwas besorgt: Der Besuch war ein Experiment, und keiner von uns konnte sicher sein, dass er erfolgreich sein würde. Sein Projekt war ein Buch über meine philosophische Arbeit, ganz besonders über ‚Die Struktur wissenschaftlicher Revolutionen‘. Nachdem er meine Schriften mehrere Jahre lang studiert hatte, wollte er nun seine Resultate durch ausführliche Diskussionen mit mir ergänzen. Seine Initiative war von überzeugenden Empfehlungsschreiben begleitet; ich begrüsste sie und hatte Hilfe versprochen. Aber ich war als jemand bekannt, der viel Arbeit hatte und der reizbar war, speziell Leuten gegenüber – mir schienen sie sehr zahlreich –, die darauf bestanden, dass sie in meinen Arbeiten Ideen fänden, die dort überhaupt keinen Platz hatten, und von denen ich einige abgelehnt hatte. Wenn ich auf seine Ansichten auf die gleiche Weise reagieren würde, dann würden wir beide Schwierigkeiten bekommen. Unser Engagement für das kommende Jahr war unwiderruflich gegeben.

Innerhalb weniger Tage war sowohl für uns selbst als auch für unsere Umgebung unsere Erleichterung zu spüren. Ich entdeckte schnell, dass Hoyningen sich in meinem Werk besser als ich selbst auskannte und es nahezu gleich gut verstand. Noch wichtiger: wo ich glaubte, dass sein Verständnis unzureichend sei, da fand ich ihn sowohl ausserordentlich fähig zuzuhören als auch angemessen hartnäckig in der Verteidigung seiner Ansichten. Unsere Diskussionen wurden oft hitzig, und es war nicht immer Hoyningen, der seine Interpretation davon änderte, was ich gemeint hatte. Ich hätte mir keinen Gesprächspartner wünschen können, der geduldiger, unabhängiger oder stärker darum bemüht gewesen wäre, sowohl die Details als auch die Gesamtrichtung in Ordnung zu bekommen. Leser, die sich um die Auflösung der Rätsel sorgen, die man in meinen Schriften finden kann, werden für lange Zeit in seiner Schuld stehen. Niemand anders, ich selbst eingeschlossen, spricht mit grösserer Autorität über Natur und Entwicklung meiner Ideen.

Als ein Philosoph interessiert sich Hoyningen weniger für die Entwicklung von Ideen als für die entwickelten Ideen. Aber seine Untersuchung hat den genauen Vergleich von Texten erfordert, die in einem Zeitraum von mehr als dreissig Jahren geschrieben worden sind. Diese Texte stellen Ideen selten in den gleichen Worten, und immer wieder nicht einmal die genau gleichen Ideen dar. Aus ihnen die entsprechende Position wiederzugewinnen, hat äusserst schwierige Interpretationsprobleme aufgeworfen, von denen ich nur wenigen ausgesetzt war, bevor meine Arbeit mit Hoyningen begann. Zuzusehen, wie sein Buch Gestalt annahm, zwang mich, meine eigene Entwicklungsgeschichte zu wiederholen – eine Erfahrung, die sich gelegentlich als ebenso unbehaglich erwies wie sie erleuchtend war.

*

Was sehe ich als die grundsätzlichen Verschiebungen meiner Ansichten seit der Publikation der ‚Struktur wissenschaftlicher Revolutionen‘ im Jahre 1962 an? Am Beginn der Liste kommt eine beträchtliche Verengung des Gesichtswinkels. Obwohl ich dieses Buch als primär an Philosophen gerichtet angesehen hatte, zeigte sich, dass es auch für die Soziologie und die Geschichte der Wissenschaften einschlägig war. Gefragt, welches Gebiet es zum Gegenstand hatte, war ich oft um eine Antwort verlegen. Meine nachfolgenden Versuche, den Gesichtspunkt weiterzuentwickeln, waren aber ausschliesslich auf die philosophischen Aspekte des Buches gerichtet. Dessen Thematisierung der Geschichte hat sich schrittweise in eine Beschäftigung mit Entwicklungs- oder Evolutionsprozessen im allgemeinen transformiert. Seine soziologische Komponente bleibt hauptsächlich im Beharren darauf erhalten, dass der Träger solcher Prozesse eine sich selbst reproduzierende Population oder Gruppe sein muss. Solche Gruppen fasse ich immer mehr als Sprach- oder Diskursgemeinschaften auf, das sind Gruppen von Individuen, die durch ein gemeinsames Vokabular miteinander verbunden sind. Dieses gemeinsame Vokabular macht die professionelle Kommunikation zugleich möglich und beschränkt sie auf die entsprechende Gruppe.

Die Erwähnung der Diskursgemeinschaften verweist auf eine Reihe spezifischerer Entwicklungen meiner Ansichten. Die ‚Struktur wissenschaftlicher Revolutionen‘ enthielt viele Bezugnahmen auf Änderungen von Wortbedeutungen, die bei wissenschaftlichen Revolutionen vorkommen, aber noch häufiger war die Rede von visuellen Gestaltänderungen, von Änderungen der Sehweise. Von diesen beiden Ansätzen war die Bedeutungsänderung der fundamentalere, denn die zentralen Begriffe der Inkommensurabilität und der partiellen Kommunikation beruhten vorwiegend auf ihr. Aber diese Fundierung war alles andere als fest. Weder die traditionellen Theorien der Wortbedeutung, noch die neueren Theorien, die Bedeutung auf Referenz reduzieren, waren zur Artikulation der genannten Begriffe geeignet. Anspielungen auf geänderte Weisen des Sehens konnten die Unzulänglichkeiten im besten Falle verdecken.

Seit der Publikation der ‚Struktur wissenschaftlicher Revolutionen‘ war ich philosophisch hauptsächlich mit der Fundierung der Inkommensurabilität beschäftigt: das Problem, was es überhaupt für Wörter heisst, Bedeutungen zu haben, und das Problem, auf welche Weisen bedeutungstragende Wörter an die Welt angepasst werden, die sie beschreiben. Es sind diese Dinge, die mich ein Jahrzehnt nach dem Erscheinen der ‚Struktur‘ dazu gebracht haben, die Rolle zu betonen, die auf allen Ebenen der Forschung von elementaren, während der beruflichen Ausbildung erlernten Ähnlichkeits-/Unterschiedsrelationen gespielt werden. Solche Relationen liefern, was ich schliesslich etwas später als die Taxonomie beschrieben habe, die die praktizierenden Wissenschaftler eines Gebietes gemeinsam haben, ihre professionelle Ontologie. Manches von dem, was eine Gruppe zu irgendeinem Zeitpunkt über die Welt weiss, ist in ihre Taxonomie eingelassen, und Änderungen in der einen oder anderen Region der Taxonomie sind zentral für die Episoden, die ich wissenschaftliche Revolutionen genannt habe. Nach solchen Änderungen sind viele der allgemeinen Aussagen, in denen Namen der älteren Kategorien vorkamen, nicht mehr genau artikulierbar.

Eine andere Entwicklung – die letzte, die ich hier erwähnen will – ist neueren Datums und noch stark im Fluss. In der ‚Struktur‘ bewegt sich der Argumentationsgang wiederholt zwischen allgemeinen Aussagen über Individuen und solchen zwischen Gruppen hin und her – offenbar in der selbstverständlichen Annahme, dass die gleichen Begriffe für beides anwendbar sind, dass eine Gruppe also irgendwie ein Individuum im Grossformat ist. Das offensichtlichste Beispiel ist meine Bezugnahme auf Gestaltsprünge wie der von Ente zu Hase. Tatsächlich aber sind Gestaltsprünge Erlebnisse von Individuen, wie andere visuellen Erfahrungen auch, und es gibt viele Belege dafür, dass einige der Mitglieder einer wissenschaftlichen Gemeinschaft während einer Revolution solche Erfahrungen machen. Aber in der ‚Struktur' ist der Gestaltwechsel auch als ein Modell für das verwendet, was mit einer Gruppe passiert, und diese Verwendung erscheint mir jetzt als fehlerhaft. Gruppen machen keine Erfahrung, ausser insofern, als alle ihre Mitglieder die Erfahrung machen. Aber es gibt keine Erfahrungen – Gestaltwechsel oder andere –, die tatsächlich jedes Mitglied einer wissenschaftlichen Gemeinschaft im Verlauf einer Revolution machen muss. Revolutionen sollten nicht mit der Terminologie von Gruppenerfahrungen beschrieben werden, sondern vermittels der verschiedenartigen Erfahrungen individueller Gruppenmitglieder. Tatsächlich zeigt sich, dass diese Verschiedenheit eine wesentliche Rolle für die Entwicklung des wissenschaftlichen Wissens spielt.

Die Trennung von Begriffen, die auf Gruppen anwendbar sind, von solchen, die man auf Individuen anwenden kann, ist ein sehr effizientes Mittel, um den Solipsismus zu eliminieren, der für traditionelle Methodologien charakteristisch ist. Wissenschaft wird dann wesentlich eine Gruppenaktivität, die nicht mehr – nicht einmal idealisiert – als ein Ein-Personen-Spiel vorgestellt werden kann. Die gleiche analytische Trennung erweist sich auch als zentral für die Frage der Wortbedeutung. Verschiedene Individuen können die Referenten von Ausdrücken auf verschiedene Arten heraussuchen; was alle gemeinsam haben müssen, wenn die Kommunikation erfolgreich sein soll, sind nicht die Kriterien, durch welche die Mitglieder einer Kategorie identifiziert werden, sondern das Muster der Ähnlichkeits-/Verschiedenheitsrelationen, die von diesen Kriterien geliefert werden. Es ist das letztere, die gemeinsame taxonomische Struktur, welche die Mitglieder der Gemeinschaft verbindet, und dies erfordert nicht, dass die Individuen auf die Frage: Ähnlich in Bezug worauf? die gleiche Antwort geben.

Für diese und andere Themen gibt das Ihnen vorliegende Buch wesentliche Orientierung. Ich empfehle es herzlich.

Boston, Massachusetts, August 1988   *Thomas S. Kuhn*

Vorwort

Diese Arbeit hat, ihrem Titel gemäss, eine Rekonstruktion der Kuhnschen Wissenschaftsphilosophie zum Thema, wobei die im Verlauf dieser Rekonstruktion sichtbar werdenden grundlegenden Probleme mit exponiert werden sollen. Es handelt sich um jene Theorie, die der amerikanische Wissenschaftshistoriker und Wissenschaftsphilosoph Thomas S. Kuhn im ganzen erstmals in seinem 1962 erschienenen Buch ‚The Structure of Scientific Revolutions‘ dargestellt hat[1]. Dieses Buch gehört zu den wirkungsreichsten akademischen Büchern des vergangenen Vierteljahrhunderts[2]. Eine mittlerweile unübersehbare Sekundärliteratur schliesst sich an dieses Buch an. Die in ihm geprägten Begriffe ‚Paradigma‘, ‚Paradigmenwechsel‘ und ‚wissenschaftliche Revolution‘ werden inzwischen nicht nur im Bereich der Wissenschaftstheorie, sondern auch in vielen Einzelwissenschaften und darüber hinaus auch in vielen weniger wissenschaftlichen Gebieten mit grosser Selbstverständlichkeit verwendet. Wozu in dieser Situation eine Rekonstruktion der Kuhnschen Wissenschaftsphilosophie?

Dreierlei kann hier vor allem angeführt werden. Erstens sind sich die Leser Kuhns gar nicht darüber einig, worin eigentlich seine zentralen Thesen genau bestehen — geschweige denn, ob diese Thesen gültig sind. Vielmehr wird Kuhn ausserordentlich verschieden interpretiert und entsprechend verschieden kritisiert, gelobt und genutzt. Kuhn hat Schwächen sowohl seiner in SSR gegebenen Darstellung als auch seiner späteren Arbeiten zugegeben, Dunkelheiten, Unklarheiten, Vagheiten, Konfusionen, echte Schwierigkeiten, Zweideutigkeiten, eigene Missverständnisse, wesentliche Fehler, die Vorläufigkeit mancher Formulierungen, ihr Basieren auf Metaphorik und Intuition, was insgesamt zu einer gewissen Plastizität der Artikulation seiner Position geführt habe[3].

Zweitens ist die Rezeption der Kuhnschen Theorie trotz ihrer Breite über weite Strecken unangemessen — ein Faktum, das Kuhn selbst an vielen Stellen be-

---

1. Das Buch wird in dieser Arbeit als ‚SSR‘ zitiert, und zwar nach der — gegenüber der ersten nur geringfügig geänderten — 2. Auflage von 1970. Nach der Seitenangabe des englischen Originals gebe ich die jeweilige Seitenzahl der deutschen Übersetzung von 1976 an, wobei ich mich allerdings vielfach nicht an diese Übersetzung halte. Schwerwiegende Übersetzungsschwächen merke ich an. — Der 1977 erschienene Aufsatzband ‚The Essential Tension. Selected Studies in Scientific Tradition and Change‘ wird als ‚ET‘ zitiert, ebenfalls unter Angabe der Seitenzahlen des Originals und der deutschen Übersetzung. Die übrigen Arbeiten Kuhns werden gemäss ihrem Erscheinungsdatum zitiert; siehe dazu die Bibliographie.
2. Die verkaufte englische Auflage von SSR belief sich bis zum 30.Juni 1988 auf über 690 000 Exemplare; SSR liegt in mindestens 19 Übersetzungen vor: deutsch 1967, polnisch 1968, italienisch 1969, japanisch 1971, spanisch 1971, französisch 1972, holländisch 1972, dänisch 1973, serbokroatisch 1974, portugiesisch 1975, russisch 1975, rumänisch 1976, hebräisch 1977, schwedisch 1979, chinesisch 1980, griechisch 1981, koreanisch 1981, tschechisch 1981 und ungarisch 1984.
3. 1969c, ET p.350/S.459; 1970b, p.234/S.226; p.249/S.241, p.250/S.242, p.252/S.244, pp.259–260/S.251f., p.266/S.258; 1970c, SSR p.174/S.186, p.180/S.192, p.181/S.193; p.185/S.196f., p.193/S.205, p.196/S.208, p.197/S.208; 1971a, p.139/S.315, p.145/S.320, p.146/S.321; 1974a, ET p.293/S.389, p.294/S.390, p.319/S.414f.; 1974b, p.506; ET, p.XV/S.38, pp.XIX–XX/S.42f.; 1983a, p.669.

klagt[4]. Aber die Missverständnisse und Verzerrungen, die für das geläufige Kuhn-Bild typisch sind[5], sind weder durch Kuhns anscheinend leicht missverstehbare Darstellungsweise, noch durch die Oberflächlichkeit der Rezeption allein erklärbar. Allerdings kann die zusätzlich notwendige Erklärung nicht von einem neutralen Standort aus gegeben werden, unparteilich gegenüber Kuhn *und* seinen Kritikern. Aus Kuhns Blickwinkel handelt es sich um Missverständnisse und Verzerrungen, die typisch für Situationen sind, in denen zunächst nur partielle Kommunikation möglich ist[6]. Solche Situationen treten nach Kuhn (nicht aber in der Meinung mancher seiner Kritiker) ebenfalls in der Wissenschaftsgeschichte auf, und Kuhns Werk – sowohl in der Wissenschaftshistoriographie als auch in der Wissenschaftsphilosophie – gilt im Kern gerade der Analyse dieser Situationen und ihrer weitreichenden Konsequenzen. Typisch für solche Situationen ist, dass die Bestandteile einer noch fremden Theorie, „wenn in Isolation voneinander betrachtet, willkürlich" oder sogar „lächerlich" erscheinen, in ihrem Zusammenspiel sich aber „gegenseitig zu stützen vermögen und dadurch an Glaubwürdigkeit gewinnen"[7]. Kuhns Theorie könnte demgemäss nur wirklich verstanden werden, wenn man ebenfalls ihre verschiedenen Bestandteile aufeinander bezieht.

Drittens hat Kuhn seine Theorie seit ihrer erstmaligen Artikulation in etlichen Punkten erheblich weiterentwickelt, und er fährt auch gegenwärtig mit ihrer Weiterentwicklung fort. Worin die bis jetzt publizierten Weiterentwicklungen aber genau bestehen, wodurch sie motiviert sind und wie sie sich zur in SSR formulierten Theorie verhalten, dies ist ebenso wie SSR selbst den verschiedensten Deutungen unterworfen. Weit verbreitet ist die Meinung, dass Kuhn in den in der zweiten Hälfte der 60er Jahre verfassten und stark rezipierten Arbeiten, die sich auf SSR und die Kritik daran beziehen[8], seine Theorie stark verändert habe, und zwar in Richtung einer Abschwächung seiner ursprünglich ‚revolutionären' Thesen[9]. Andere behaupten, Kuhn habe „seine ursprüngliche Position" in den Arbeiten, die in ET publiziert sind, „radikalisiert"[10]. Demgegenüber behauptet Kuhn, dass die von ihm im Laufe der Jahre vorgenommenen Modifikationen den Kern seiner Theorie im wesentlichen unangetastet gelassen hätten[11].

---

4. 1963b, p.386, p.387; 1970b, pp.231–232/S.223ff., p.236/S.228, pp.259–260/S.251f., p.263 fn.3/S.255 Fn.59, p.266/S.258; 1970c, SSR p.175/S.187; pp.198–199/S.210; ET, p.XXI/Abschnitt fehlt in übs.; 1977c, ET p.321/S.421f.; 1983a, p.669; 1983b, p.712; 1983d, p.563. – Extreme Beispiele für Missverständnisse und Verzerrungen sind etwa Watkins 1970 und Laudan 1984 (vergleiche zu letzterem Hoyningen-Huene 1985). Besonders nahe kommen Kuhn nach seinem eigenem Urteil Lakatos (Kuhn 1971a, p.137/S.313), und vor allem Stegmüller 1973 mit seiner Rekonstruktion der Kuhnschen Theorie mittels des Sneedschen Formalismus (Kuhn 1976b, p.179/S.114). Dennoch hat Kuhn auch den Darstellungen dieser beider Autoren gegenüber erhebliche Vorbehalte.

5. Etliche der für die 60er und frühen 70er Jahre typischen Missverständnisse hat Stegmüller in seinem Buch 1973, Kap.IX, Abschnitt 2 prägnant dargestellt. – Vergleiche auch Hoyningen-Huene 1988; Kitcher 1983, p.698 fn.2; Lugg 1987, pp.181–182; Stegmüller 1986, S.79 und 340ff.

6. Siehe besonders 1970a, ET pp.266–269/S.357–360 und 1970b, pp.231–232/S.223ff., aber auch schon SSR, p.X/S.12. – Vergleiche Abschnitt 7.5.c.

7. 1981, pp.8–9/S.14f.; das Zitat bezieht sich bei Kuhn auf die Aristotelische Physik.

8. Das sind vor allem 1970a, 1970b, 1970c und 1974a.

9. Hierfür sind die Artikel Musgrave 1971 und Shapere 1971 vielfach zitierte, repräsentative Beispiele; siehe auch Curd 1984, p.4; Newton-Smith 1981, p.9, p.103, pp.113–114; Putnam 1981, p.126; Toulmin 1971; Watanabe 1975, p.132 fn.1.

10. Peterson-Falshöft 1980, S.105.

11. Z.B. 1970c, SSR p.174/S.186; 1971a, p.146/S.321; 1974a, ET pp.318–319/S.414f.; 1983a, p.671.

In dieser ausgesprochen verworrenen Diskussionssituation scheint der Versuch einer grundsätzlichen Klärung nicht unangemessen. Diese Klärung hat sich, soll sie überhaupt Aussicht auf Erfolg haben, von der bisherigen Rezeption Kuhns zu unterscheiden. Der Weg, den ich dazu eingeschlagen habe, bestand einmal in einer hermeneutischen Lektüre der Kuhnschen Texte. Das heisst zum ersten, dass auch den Texten, denen von anderen Lesern Unverständlichkeit, Verwirrtheit oder Inkonsistenz attestiert worden ist[12], zunächst einmal ein entdeckbarer Sinn unterstellt wird – bis zum Erweis des Gegenteils. Es heisst weiterhin, dass alle Texte Kuhns berücksichtigt und aufeinander bezogen werden müssen, mit der Unterstellung, dass sich dadurch sowohl die schwerverständlichen Stellen wechselseitig erhellen können, als auch der Entwicklungsgang des Kuhnschen Denkens sichtbar und verständlich werden kann[13]. Das Resultat dieser hermeneutischen Bemühung ist ein Text, der in einem Ausmass von Fussnoten mit Verweisen auf Kuhns Texte trieft, das für die wissenschaftstheoretische Literatur unüblich ist. Die Rechtfertigung hierfür liegt im angestrebten Genauigkeitsgrad und der Kontrollierbarkeit der Rekonstruktion. Die angesetzten ‚philologischen' Standards scheinen mir nach dem bisherigen, im Ganzen unbefriedigenden Verlauf der Kuhn-Diskussion nicht unangemessen, selbst wenn sie mir den Vorwurf der Pedanterie einbringen sollten. Denn wenn die Theorie Kuhns schon in aller Munde ist[14], dann sollte auch allmählich Klarheit darüber zustande kommen, was diese Theorie tatsächlich behauptet und was nicht, ob und wie ihre Behauptungen begründet werden, worin die grundlegenden Probleme dieser Theorie bestehen, und wo sie dementsprechend zu kritisieren oder weiterzuentwickeln ist.

Als zweites und ebenso wichtiges Verfahren zur Sicherung des Verständnisses der Kuhnschen Theorie habe ich den Kontakt mit ihrem Urheber gewählt. Ich habe das akademische Jahr 1984/85 am Department of Linguistics and Philosophy des Massachusetts Institute of Technology in Cambridge, MA verbracht, wo Kuhn seit 1979 wirkt. Auch nach diesem einjährigen Aufenthalt bin ich noch etliche Male für mehrere Wochen an das M.I.T. gereist. Thomas Kuhn hat verschiedene Entwürfe dieser Arbeit gelesen, und wir haben diese Entwürfe in vielerlei Hinsicht ausführlich diskutiert. Darüberhinaus konnte ich unpublizierte Manuskripte Kuhns einsehen, sowohl ältere als auch solche, an denen Kuhn gegenwärtig arbeitet. Besonders unsere Diskussionen sind an etlichen Stellen dieser Arbeit wirksam geworden, da sie mir Anregungen für mögliche andere Lesarten seiner Texte, Hinweise auf vorher nicht berücksichtigte Querverbindungen zwischen verschiedenen Theoriestücken oder zwischen verschiedenen Textstellen, und konstruktive Kritik meiner Problematisierungen der Theorie lieferten. Ein Interpretationsmonopol für seine früheren Texte hat Thomas Kuhn dabei allerdings niemals in Anspruch genommen, und unter anderem dies hat die Auseinandersetzung mit ihm ausserordentlich fruchtbar und ebenso angenehm gemacht. Ich beziehe mich in

---

12. Siehe unter vielen anderen z.B. Laitko 1981; Laudan 1977, p.231 fn.1; Meiland 1974; Scheffler 1972; Shapere 1964 und 1971; Siegel 1976 und 1980; Watanabe 1975; Wittich 1981.

13. Die Notwendigkeit, für eine bestimmte theoretische Frage viele, z.T. weit auseinanderliegende Textstellen zu berücksichtigen, besteht schon für die (isolierte) Lektüre von SSR. Der Grund hierfür ist vor allem dessen Gliederung, die im wesentlichen einem Entwicklungsschema folgt. Infolgedessen sind die für eine bestimmte philosophische Frage relevanten Stellen meist über den ganzen Text verstreut.

14. Hierbei ist allerdings einschränkend anzumerken, dass viele Zitationen allem Anschein nach eher ritueller als substantieller Natur sind.

diesem Buch aber explizit im allgemeinen[15] weder auf Diskussionen mit Thomas Kuhn, noch auf unpublizierte Manuskripte, die nicht oder noch nicht im Druck sind, weil dann für den Leser die Angemessenheit meiner Rekonstruktion nicht mehr überprüfbar wäre.

Dreierlei mögen manche Leser dieses Buches vermissen: einmal ein historisches Kapitel, in dem Zusammenhang und Bruch der Kuhnschen Theorie mit der vorangegangenen wissenschaftstheoretischen Tradition dargestellt wird, dann ein eigenes Kapitel über die bereits vorgebrachte Kritik an Kuhn, und schliesslich ein Kapitel über die Wirkung Kuhns sowie die Parallelen, die – mit oder ohne wirkungsgeschichtlichen Zusammenhang – zu anderen Autoren bestehen. Ich nehme diese Punkte der Reihe nach auf.

Für die historischen Zusammenhänge mit der wissenschaftstheoretischen Tradition im engeren Sinne, also dem logischen Positivismus und dem kritischen Rationalismus, existieren bereits einige Darstellungen[16]; obwohl ich mit diesen Darstellungen hinsichtlich ihrer Rekonstruktion der Kuhnschen Position nicht überall übereinstimme, können sie für eine erste Annäherung genügen. Darüber hinaus bestehen Zusammenhänge mit anderen Traditionen, von denen Kuhn selbst an einigen Stellen Rechenschaft gibt. Dazu gehören die Historiographie der Conant-Schule[17]; die Historiographie Koyrés und seiner Schule[18], die ihrerseits auf den Neukantianismus zurückweist; die Entwicklungspsychologie Piagets[19]; die Gestaltpsychologie[20]; die Wissenschaftssoziologie Flecks[21]; die Sprachtheorie Whorfs[22]; die Philosophie des späten Wittgenstein[23] und die Philosophie Quines[24]. Diese Zusammenhänge sind auch von anderen Autoren konstatiert und zum Teil schon untersucht worden[25], und ich strebe ihre systematische Analyse in diesem Buch nicht an; ich werde diese und einige andere Zusammenhänge eher beiläufig in Fussnoten anmerken. Nur der Zusammenhang von Kuhns Theorie mit der im wesentlichen von Koyré inaugurierten Historiographie wird systematisch dargestellt werden, denn ohne die Kenntnis der spezifischen Abhängigkeit von Kuhns Theorie von dieser Art der Historiographie muss seine Theorie unverständlich bleiben. Darüber hinaus werde ich an einigen Stellen Kuhns Theorie mit Kants kritischer Philosophie und mit Poppers kritischem Rationalismus vergleichen, da sowohl die Parallelen als auch die Divergenzen mit diesen Autoren für das Verständnis der Kuhnschen Theorie aufschlussreich sind.

---

15. Die einzige Ausnahme ist Abschnitt 2.2.c.

16. Z.B. Suppe 1974, Brown 1977, Bayertz 1980.

17. SSR, p.V/S.7, p.XI/S.13; 1979c, p.VIII; 1983c, p.26; 1984a, pp.30–31.

18. SSR, pp.V–VI/S.8; 1968a, ET pp.107–109/S.172f. mit p.121/S.188f.; 1970e; 1971c, ET pp.149–150/S.218f.; 1977b, ET p.11/S.58f.; 1979a, p.125; 1983c, p.27, p.29; 1984, p.243; 1984a, p.30.

19. SSR, p.VI/S.8; 1964; 1979c, p.VIII.

20. SSR, p.VI/S.8; ET, p.XIII/S.35; 1979c, p.IX.

21. SSR, pp.VI–VII/S.8; 1979c.

22. SSR, p.VI/S.8; 1964, ET p.258/S.345.

23. SSR, pp.44–45/S.58f.; 1968a, ET p.121/S.189.

24. 1961a, ET p.186 fn.9/S.299f. Fn.9; SSR, p.VI/S.8; 1964, ET p.258 fn.28/S.355 Fn.28; 1970b, pp.268–269/S.259ff.; 1970c, SSR p.202 fn.17/S.238f. Fn.17; 1971a, p.146/S.321; 1976b, p.191/S.126f.; ET, p.XXII/S.45; 1979a, p.126.

25. Z.B. Barker 1988; Bayertz 1980; Burr/Brown 1988; Cedarbaum 1983; Mandelbaum 1977, pp.449–450; Maudgil/Chandra 1988; Merton 1977, pp.71–109; Poldrack 1983; Stegmüller 1973, Kap.IX, Abschnitt 4; Stock 1980; Wittich 1978a, 1978b und 1981; Wright 1986; Wuchterl/Hübner 1979, S.129.

Hinsichtlich der bereits vorgebrachten Kritik an Kuhn sind sowohl durch deren Menge als auch durch ihre extreme Heterogenität einer systematischen Aufarbeitung Grenzen gesetzt. Viele, zu viele der vermeintlichen Kritikpunkte sind zudem Missverständnisse, und eine Auflistung dieser Missverständnisse ist im Zusammenhang der Rekonstruktion einer Theorie von untergeordnetem Interesse. Gelegentlich wird die vorgebrachte Kritik an Kuhn im Verlauf der Rekonstruktion dargestellt und diskutiert, aber meist nur in Fussnoten. Vordringlich erschien nämlich die eigentliche Rekonstruktion der Theorie und ihrer Entwicklung anhand der vorliegenden Texte und eine Exposition der grundlegenden Probleme, mit denen diese rekonstruierte Theorie konfrontiert ist. Natürlich habe ich keineswegs den Anspruch, *alle* grundlegenden Probleme dieser Theorie zu diskutieren; ganz abgesehen von der Zweifelhaftigkeit eines solchen Anspruchs im Grundsätzlichen ist das bei einer Theorie von solcher Spannweite kein in *einem* Buch zu verwirklichendes Ziel.

Schliesslich wurde in diesem Buch auf eine systematische Darstellung sowohl der Wirkung Kuhns als auch der Parallelen verzichtet, die – mit oder ohne explizitem wirkungsgeschichtlichem Zusammenhang – zu anderen Autoren bestehen. Zu nennen wären hier beispielsweise die Parallelen zur Philosophie Heisenbergs und – daran anschliessend – der Dürrs[26], zur (re-)konstruktiven Wissenschaftstheorie, wie sie von Kamlah und Lorenzen artikuliert worden ist[27], zur Philosophie Feyerabends[28], die Wirkung auf Lakatos[29], die Assimilation Kuhnscher Gedanken in der strukturalistischen Wissenschaftstheorie[30], die Parallelen zur Philosophie Hübners[31], zu der Reschers[32], zum (radikalen) Konstruktivismus[33], und zur neueren Philosophie Putnams[34] und der Goodmans[35]. Ebenfalls wird auf die Darstellung der enormen Wirkung Kuhns in den verschiedensten einzelwissenschaftlichen Disziplinen, vor allem der Humanwissenschaften, verzichtet[36]. Es ist nicht fehlendes Interesse an diesen Themen, die zu dem Verzicht führt, sondern die gebotene Konzentration auf die rekonstruktiven und kritischen Ziele dieser Arbeit. Gelegentlich werde ich besonders auffallende Parallelen zu anderen Autoren in Fussnoten anmerken, allerdings ohne Anspruch auf Systematik.

---

26. Siehe besonders Heisenberg 1942 (und dazu Dürr 1988, S.131–142); Dürr 1988, besonders S.26–49.

27. Siehe Kamlah/Lorenzen 1967.

28. Siehe etwa Feyerabend 1976, 1978a und 1981a.

29. Siehe etwa Lakatos 1978.

30. Siehe Sneed 1971, chpt.VIII sowie Stegmüller 1973, 1974, 1980 und 1986, und die dort zitierte Literatur.

31. Siehe Hübner 1978.

32. Siehe besonders Rescher 1973 und 1982.

33. Siehe z.B. Gumin/Mohler 1985 und Schmidt 1987 mit weiteren Verweisen.

34. Siehe vor allem Putnam 1978, 1981· und 1983; Kuhn merkt diese Parallele in seinen im Druck a, fn.26 und im Druck c, fn.23 an. – Einen überblick über die neuere Philosophie Putnams, aus dem etliche dieser Parallelen deutlich hervorgehen (wenn auch nicht ausgesprochen sind), bietet Franzen 1985; vergleiche ferner Stegmüller 1979, Kap.III.3.

35. Siehe Goodman 1978 und 1984, chpt. II.

36. Siehe dazu z.B. Hollinger 1973 und die anderen im Sammelband Gutting 1980 abgedruckten Arbeiten, die allerdings auch nur die Spitze des Eisbergs sichtbar machen können.

Diese Arbeit konnte von vielfältiger Unterstützung profitieren. Materiell wurde sie durch ein Stipendium aus dem Kredit zur Förderung des akademischen Nachwuchses des Kantons Zürich, durch einen Beitrag des Schweizerischen Nationalfonds zur Förderung der wissenschaftlichen Forschung an meinen Lebensunterhalt, sowie durch Beiträge des M.I.T. an meine Reisekosten ermöglicht. In ideeller Hinsicht halfen Victor Gorgé (Bern), Dieter Groh (Konstanz), Trude Hirsch (Zürich), Stefan Niggli (Zürich), Ulrich Röseberg (Berlin DDR) und Thomas Übel (Cambridge MA), die einzelne Abschnitte oder Kapitel in verschiedenen Fassungen gelesen und kritisch kommentiert haben. Die Endfassung dieser Arbeit wurde in der kommunikativen und kreativen Atmosphäre des Center for Philosophy of Science der Universität Pittsburgh erstellt, wo ich das akademische Jahr 1987/88 als Senior Visiting Fellow verbrachte, und ich danke Adolf Grünbaum und Nicholas Rescher für die Einladung. Ganz besonders möchte ich Paul Feyerabend danken, der die ganze Arbeit (in verschiedenen Fassungen) gelesen hat, kaum hatten ihre einzelnen Abschnitte die Schreibmaschine bzw. den Drucker verlassen. Und – last not least – geht mein Dank natürlich an Thomas Kuhn, dessen in jeglicher Hinsicht ganz aussergewöhnliche Gastfreundschaft in Cambridge und Boston die Arbeit an diesem Buch auf eine Weise gefördert und angenehm gemacht hat, die mir vorher unvorstellbar war.

Teil I

Einleitung

Kapitel 1

Das Thema der Kuhnschen Wissenschaftsphilosophie

Der Gegenstand der Kuhnschen Wissenschaftsphilosophie ist die Wissenschaftsentwicklung[1]. So klar diese Bestimmung ihres Gegenstandes auf den ersten Blick auch scheint, sie bedarf der Präzisierung, und zwar in mehreren Hinsichten. Erstens bedarf der Begriff ‚Wissenschaftsentwicklung' näherer Bestimmung: denn zum einen wird der Wissenschaftsbegriff in verschiedener Breite und mit verschiedenen Implikationen verwendet, und zum anderen ist der Begriff Entwicklung nur insofern klar, als mit ihm eine Veränderung in zeitlicher Hinsicht angesprochen ist; wie diese Veränderung gefasst ist, ist offen (Abschnitt 1.1). Zweitens ist zu fragen, auf welche Weise der Gegenstand Wissenschaftsentwicklung zugänglich wird: denn die Wissenschaftsentwicklung, was immer auch darunter genau verstanden wird, ist nicht etwas, was unmittelbar gegeben ist. ‚Gegeben' sind uns allenfalls gewisse Zeugnisse und sonstige Spuren der Vergangenheit, aus denen die Wissenschaftsentwicklung rekonstruiert werden soll. Zu fragen ist also danach, nach welchen Prinzipien dieser Gegenstand aus den Zeugnissen und sonstigen Spuren rekonstruiert wird – was aus der unumgänglichen Konstruktion eine angemessene Rekonstruktion machen soll (Abschnitt 1.2). Drittens ist schliesslich zu fragen, was die besondere Untersuchungshinsicht ist, die Kuhns Unternehmung leitet: denn die Wissenschaftsentwicklung kann unter sehr verschiedenen Blickwinkeln thematisiert werden. Kuhn geht es um eine allgemeine Theorie der Wissenschaftsentwicklung, die auf deren Struktur zielt; dementsprechend ist zu fragen, was unter der Struktur der Wissenschaftsentwicklung im allgemeinen und der Struktur wissenschaftlicher Revolutionen im besonderen zu verstehen ist (Abschnitt 1.3). Abschliessend werden die Ergebnisse dieses Kapitels zusammengefasst.

1.1. Der Gegenstand: Die Wissenschaftsentwicklung

Bei der Bestimmung des Gegenstandes einer allgemeinen Theorie der Wissenschaftsentwicklung können zunächst zwei Hauptfragen unterschieden werden: Wie ist der *Gesamtbereich* Wissenschaft zu bestimmen, auf den sich die Theorie beziehen soll (Teilabschnitt 1.1.a), und wie sind die *Elemente* dieses Gesamtbereichs zu bestimmen, d.h. wie gross sollen die ‚Stücke' aus diesem Gesamtbereich sein, die dann die besonderen Gegenstände der Theorie sind (Teilabschnitt 1.1.b).

---

1. Dafür findet man natürlich beliebig viele Belegstellen, z.B. 1959a, ET p.225/S.308, p.232/S.316; 1961a, ET p.221/S.294f.; SSR, p.IX/S.11, p.X/S.11f., p.3/S.17, p.6/S.20, p.16/S.31, p.17/S.31, p.24/ S.38, p.92/S.104, p.94/S.106, p.96/S.108, p.108/S.120, p.109/S.121, p.141/S.152, p.160/S.171, p.170/ S.182; 1968a, ET p.118/S.185; 1970a, ET p.266/S.357; 1970c, SSR p.180/S.191; ET, p.IX/S.31, p.XV/ S.37; 1977c, ET p.338/S.443; 1981, p.1/S.5; 1983c, p.27.

a) Der Gesamtbereich Wissenschaft

Die Frage nach der Bestimmung des Gesamtbereichs Wissenschaft kann in zwei Teilfragen entfaltet werden: Erstens müssen die *Disziplinen* angegeben werden, die diesem Gesamtbereich angehören sollen (Punkt 1). Soll dieser Bereich alle vom deutschen Wort ‚Wissenschaft' angesprochenen Fächer umfassen oder nur die ‚sciences', darunter etwa nur die Grundlagenforschung oder auch die angewandten Fächer? Zweitens müssen die *Aspekte* der Wissenschaft angegeben werden, die thematisiert werden sollen (Punkt 2). Soll nur der epistemische Aspekt, also Wissenschaft qua wissenschaftliches Wissen betrachtet werden, oder auch soziale, politische, ökonomische oder kulturelle Aspekte der Wissenschaft?

1. Schon die Formulierung, der Gegenstand von Kuhns Theorie sei die Wissenschaftsentwicklung, ist irreführend, denn das deutsche Wort ‚Wissenschaft' umfasst mehr als der englische Ausdruck ‚science', unter den Kuhn seinen Gegenstand subsumiert. ‚Science' umfasst die Naturwissenschaften und die (systematischen) Sozialwissenschaften[2]; insbesondere die Geschichtswissenschaften und die Philosophie inklusive der Wissenschaftstheorie sind also ausgeschlossen[3]. Die biologischen Wissenschaften sind, dem Anspruch nach, in der Kuhnschen Theorie thematisch miteingeschlossen[4], wenn auch in den Beispielen stark untervertreten.

Nun könnte es scheinen, dass die Kuhnsche Theorie schon bei der Festlegung ihres Gegenstandsbereichs eine unakzeptabel starke Voraussetzung macht, dass sie nämlich eine Vorentscheidung hinsichtlich des *Abgrenzungskriteriums* von Wissenschaft (im Sinn von science) und Nicht-Wissenschaft trifft, indem sie ein mehr oder weniger bestimmtes Verständnis von ‚science' mitbringt. Es ist in der Tat der Fall, dass Kuhn mit einem bestimmten Wissenschaftsverständnis beginnt und auch beginnen muss, aber es sind hier ein eher unproblematischer und ein eher problematischer Aspekt zu unterscheiden. Eher unproblematisch ist das Vorverständnis von Wissenschaft, soweit es sich lediglich extensional auf unkontroverse Beispiele von Wissenschaft bezieht: wenn also etwa die Newtonsche Mechanik, die Maxwellsche Elektrodynamik, die Einsteinsche Relativitätstheorie oder die Darwinsche Evolutionstheorie als Wissenschaft angesehen werden und dabei

---

2. Dass Kuhn die Sozialwissenschaften miteinschliesst, ist z.B. SSR, p.15/S.30 und p.21/S.35 zu entnehmen.

3. Dass die Geschichtswissenschaften und insbesondere die Wissenschaftshistoriographie nicht zu den sciences gehören, kann man explizit Kuhn 1970e, p.67 entnehmen, wo gesagt wird, dass sich *„ausserhalb der sciences* nur wenige Wissenschaftsgebiete [fields of scholarship] in den letzten dreissig Jahren so transformiert haben wie das historische Studium der Wissenschaftsentwicklung". (Hervorhbg. von mir).
Dass die Kuhnsche Theorie die Philosophie und die Geschichtswissenschaften nicht in ihrem Gegenstandsbereich umfasst, hat die Konsequenz, dass sie nicht – jedenfalls nicht unmittelbar – auf sich selbst anwendbar ist. Das macht Argumente, die durch ihre unmittelbare Selbstanwendung gewonnen werden, zunächst einmal problematisch (siehe z.B. Briggs/Peat 1984, p.34; Kordig 1970; Radnitzky 1982, p.71; Scheffler 1967, pp.21–22, p.74; Scheffler 1972, pp.366–367). Allerdings scheint aber Kuhn selbst bisweilen seine Theorie durchaus auf sich anzuwenden. Beispiele hierfür sind seine Rede von einem „philosophischen" oder „erkenntnistheoretischen Paradigma", das in die Krise geraten sei (SSR, p.121/S.133, ähnlich auch p.78/S.91), vom „Gestaltsprung, der [Popper und ihn] auf tiefgreifende Weise trennt" (1970a, ET p.292/S.383), von „gegenseitigen Missverständnissen' [cross-purposes], welche die Natur seines Dialoges [mit manchen seiner Kritiker] besser charakterisieren als ‚Meinungsunterschiede'" (1970b, p.233/S.226). Ich komme auf das zentrale Argument, das gegen Kuhns Theorie durch Selbstanwendung gewonnen werden kann, in Abschnitt 3.8 zu sprechen.

4. SSR, p.IX/S.11, p.21/S.35.

offen bleibt, aufgrund welcher gemeinsamen Charakteristika (falls es solche gibt) es sich dabei um Wissenschaft handelt. Wie immer der Wissenschaftsbegriff (im Sinn von science) bestimmt werden sollte, diese Bestimmung kann nur angemessen sein, wenn die genannten Gebiete darunter fallen. Damit ist natürlich nicht ausgeschlossen, dass die Wahl der unkontroversen Repräsentanten von Wissenschaft einseitig bestimmte Bereiche der Wissenschaft bevorzugt und dementsprechend die Theorie an Aussagekraft für die vernachlässigten Bereiche verliert[5].

Problematisch wird dagegen das Vorverständnis von Wissenschaft, wenn damit Entscheidungen hinsichtlich kontroverser Beispiele von Wissenschaft getroffen werden (z.B. Astrologie, Psychoanalyse ‚Marxismus‘, aristotelische Dynamik etc.), und so hinsichtlich des Wissenschaftsbegriffs Vorentscheide fallen, die der Diskussion bedürfen, aber ihr auf dem Weg des Vorentscheids entzogen werden. Kuhn umgeht dieses Problem für zeitgenössische Gebiete, deren Wissenschaftscharakter umstritten ist, indem er ihren Status offen lässt. Für die Beurteilung von Gebieten der Vergangenheit, deren Wissenschaftscharakter umstritten ist – sei es, dass nicht klar ist, ob es sich überhaupt schon um Wissenschaft handelt oder noch nicht, sei es, dass umstritten ist, ob es sich um ‚gute‘ oder ‚schlechte‘ Wissenschaft handelt –, für die Beurteilung solcher Gebiete wird ausschlaggebend sein, auf welche Weise sie aus den heute zugänglichen Zeugnissen und Spuren der Vergangenheit rekonstruiert werden[6]. Dieser Problemkomplex wird in Abschnitt 1.2 ausführlich zur Sprache kommen; vorläufig muss ihr Wissenschaftscharakter hier offen bleiben.

Der Gesamtbereich der sciences als Gegenstand der Kuhnschen Theorie ist nun noch weiter einzuschränken. Denn die sciences sollen nur soweit thematisiert werden, als es sich um ‚reine Wissenschaft‘ (oder ‚Grundlagenforschung‘, „basic science“) handelt im Gegensatz zu angewandter Wissenschaft oder sogar technischer Erfindung[7]. Reine Wissenschaft im Gegensatz zur angewandten ist dadurch charakterisiert, dass in ihr die konkreten Forschungsthemen aufgrund innerwissenschaftlicher Überlegungen und Bewertungen gewählt werden und nicht aufgrund sozialer, ökonomischer oder militärischer Bedürfnisse[8]. Sicherlich ist diese Unterscheidung von reiner und angewandter Forschung für etliche Gebiete heutiger Wissenschaft problematisch, z.B. für die Krebs- oder die Fusionsforschung. Für viele Fälle der Vergangenheit und Gegenwart lässt sich aber die Unterscheidung unproblematisch treffen, und das zeigt, dass sie nicht schlechthin unbrauchbar geworden ist. Kuhn betont selbst, dass diese Unterscheidung weiterer Untersuchung bedarf[9]. In der Kuhn-Diskussion ist bei den Fällen von Wissenschaftsentwicklung, die Kuhn als Repräsentanten von Grundlagenforschung ansieht und deshalb im

---

5. Wie das beispielsweise im Hinblick auf die Biologie von Mayr 1971, p.277 und p.294 behauptet wird; vergleiche dazu auch Greene 1971 sowie Ruse 1970 und 1971.

6. Die Rekonstruktionsweise ist auch für uns zeitlich näherliegende Wissenschaftsgebiete von grosser Bedeutung, wie insbesondere die Kontroverse um die Frühgeschichte der Quantentheorie zeigt (siehe Kuhn 1978; Klein 1979; Pinch 1979; Shimony 1979; Foley 1980; Kuhn 1980b und 1980c; Galison 1981; Nicholas 1982; Kuhn 1984). Allerdings steht hier bei verschiedenen Rekonstruktionsweisen nicht der Wissenschaftscharakter der Gebiete auf dem Spiel, sondern über die inhaltlichen Fragen hinaus nur die Einschätzung der Qualität bestimmter einzelner wissenschaftlicher Leistungen.

7. 1959a, ET p.233/S.316 und p.237/S.322.

8. 1959a, ET pp.237–238/S.322. – Vergleiche Radnitzky 1983, pp.238–240 und Radnitzky 1986, pp.105–106.

9. 1959a, ET p.238/S.322f.

Rahmen der Darstellung seiner Theorie benutzt, hinsichtlich ihres Status als Grundlagenforschung meines Wissens keine Kontroverse entstanden. Ich werde die Problematik der Unterscheidung von reiner und angewandter Forschung hier deshalb nicht weiter verfolgen. Festzuhalten ist aber, dass die Kuhnsche Theorie sich nur auf die reinen ‚sciences' bezieht und daher von der Voraussetzung abhängt, dass sich die reinen von den angewandten Wissenschaften unterscheiden lassen. Diese Voraussetzung muss für die Wissenschaft der Zukunft nicht unbedingt erfüllt sein.

Um der Einfachheit des Ausdrucks willen werde ich im folgenden das Wort ‚Wissenschaft' im Sinne von ‚reine sciences' verwenden, wenn es nicht durch weitere Bestimmungen qualifiziert ist.

2. Der Gesamtbereich Wissenschaft muss nun noch in einer weiteren Hinsicht bestimmt werden, damit er als Bereich einer allgemeinen Theorie der Wissenschaftsentwicklung fixiert ist. Diese Bestimmung bezieht sich darauf, welche der vielen Aspekte von Wissenschaft thematisiert werden und welche nicht[10]. Ein in dieser Dimension enger und viel verwendeter Begriff von Wissenschaft umfasst nur diejenigen Aspekte, die zu Wissenschaft qua Wissen gehören, d.h. alle Gegenstände mit einem (hier nicht weiter zu qualifizierenden) Wissensanspruch. Grob könnte man sagen, dass dieser Wissenschaftsbegriff gerade das abdeckt, was Inhalt wissenschaftlicher Publikationen ist. Dieser Wissenschaftsbegriff kann ‚epistemischer' (oder ‚theoretischer' oder ‚kognitiver') Wissenschaftsbegriff genannt werden. Weniger enge bzw. andere Wissenschaftsbegriffe erhält man, indem man andere Aspekte hinzunimmt bzw. unabhängig vom epistemischen Aspekt thematisiert. Beispielsweise kann man Wissenschaft als ein ‚soziales System' thematisieren, indem die handlungsleitenden Werte und Normen, die für die Wissenschaft charakteristisch sind, untersucht werden[11]. Oder man kann quantitative Aspekte der Wissenschaftsentwicklung, wie Wissenschaftler- oder Publikationszahlen untersuchen[12]. Schliesslich kann man Wissenschaft als einen Teilbereich der menschlichen Kultur ausgrenzen, der mit anderen Bereichen – Ökonomie, Politik, Kunst, Religion u.a. – auf verschiedenste Weisen in Wechselbeziehung steht. Dieser weiteste Wissenschaftsbegriff kann ‚soziokultureller' Wissenschaftsbegriff heissen[13].

Kuhns Interesse gilt der Entwicklung der Wissenschaft im epistemischen Sinn[14]. Mit dieser Festlegung des Gegenstands einer Theorie der Wissenschaftsentwick-lung bleibt zweierlei völlig offen. Einmal ist damit noch keine Vorentscheidung darüber gefällt, wie wissenschaftliches Wissen beschaffen ist, weder hinsichtlich seiner Form, seiner Lokalisierung oder seiner ‚Sicherheit'. Es ist lediglich vorausgesetzt, dass in der Wissenschaft Gegenstände mit Wissensanspruch vorkommen, und deren Entwicklung ist Thema. Zum anderen ist keine Vorentscheidung

---

10. Vergleiche zum Folgenden Diemer 1970.

11. Wie das beispielsweise bei Merton 1942 oder Storer 1966 geschieht.

12. Wie das bei Solla-Price 1963 geschieht.

13. Bei dieser Aspekteunterscheidung geht es weder um die (problematische) genaue Abgrenzung dieser möglichen Wissenschaftsbegriffe voneinander, noch um die Frage, wie sinnvoll es ist, Wissenschaft jenseits ihres epistemischen Aspekts zu thematisieren (vergleiche hierzu 1976a, ET p.34/ S.86f.). Ziel ist lediglich, darauf aufmerksam zu machen, dass der Begriff ‚Wissenschaft' in dieser Dimension variieren kann, und daher hier weiterer Bestimmung bedarf.

14. Z.B. SSR, p.11/S.26f.; 1970a, ET p.267/S.357; 1983c, p.28 u.a.

darüber gefällt, was alles zur Erklärung des Wandels des wissenschaftlichen Wissens beigezogen werden muss: ob dazu insbesondere der jeweilige Bestand des wissenschaftlichen Wissens selbst ausreicht oder nicht, d.h. ob soziale, ökonomische, politische, psychische u.a. Faktoren mitberücksichtigt werden müssen. Mit anderen Worten: Es ist damit keine Vorentscheidung darüber gefällt, ob eine internalistische oder eine externalistische Position vertreten wird, und zwar sogar unabhängig davon, wo man die Grenze zwischen ‚intern‘ und ‚extern‘ genau zieht.

b) Die zugelassenen Untersuchungseinheiten aus dem Bereich Wissenschaft

Mit der Bestimmung des Gesamtbereichs Wissenschaft, wie er Gegenstandsbereich einer Theorie der Wissenschaftsentwicklung sein soll, ist der Gegenstand dieser Theorie noch nicht hinreichend fixiert. Denn es ist noch offen, wie die Elemente dieses Gesamtbereichs bestimmt werden, die dann die einzelnen Untersuchungseinheiten abgeben, über die die Theorie allgemeine Aussagen macht. Offensichtlich ist ja die Aufgliederung des jetzt disziplinär und aspektmässig fixierten Gesamtbereichs Wissenschaft auf sehr verschiedene Weisen möglich: In drei Dimensionen können verschieden grosse ‚Stücke‘ als Elemente dieses Gesamtbereichs ausgegrenzt werden. In der *disziplinären Dimension*[15] könnte man in einer groben Einteilung den Gesamtbereich der reinen sciences in drei grosse Fächergruppen gliedern: Wissenschaften der anorganischen, der organischen und der sozialen Welt. Eine etwas feinere Gliederung würde Disziplinen unterscheiden: Astronomie, Physik, Chemie, Biologie etc. Eine weitere Verfeinerung würde Subdisziplinen berücksichtigen, beispielsweise Mechanik, Akustik, Wärmelehre, Optik etc. innerhalb der Physik, und analog in anderen Disziplinen. Schliesslich könnte weiter verfeinert werden bis zu Spezialproblemen innerhalb solcher Subdisziplinen. In der *zeitlichen Dimension* kann man sich bei einem disziplinär bestimmten Element des Bereichs beispielsweise für Änderungen in besonderen Zeitabschnitten oder aber für die langfristige Dynamik interessieren. Schliesslich kann auch der *epistemische Aspekt* eines Wissenschaftsgebiets als ganzer oder in verschiedenen Teilaspekten Thema sein: So kann die Entwicklung von Begriffen, Methoden oder Theorien bis zu einem gewissen Grad einzeln interessieren.

Kuhn bestimmt die Untersuchungseinheiten seiner Theorie der Wissenschaftsentwicklung in den genannten drei Blickrichtungen in SSR nicht explizit, nimmt diesen Mangel aber wahr und macht ihn am ausführlichsten in seinem Postskript zu SSR thematisch[16].

Für Kuhn ist die Weise der Aufgliederung des Gesamtbereiches Wissenschaft in die einzelnen Untersuchungseinheiten, auf die sich seine Theorie der Wissenschaftsentwicklung bezieht, keineswegs eine Sache des zufälligen Interesses. Vielmehr gibt es ein Kriterium, das über die Legitimität der Festsetzung der Untersuchungseinheiten entscheidet. Dieses Kriterium verlangt, dass es eine oder mehrere Gemeinschaften von Wissenschaftlern gibt bzw. gab, die das zur Diskussion stehende Gebiet tatsächlich in dieser disziplinären, zeitlichen und epistemischen Aus-

---

15. 1970c, SSR p.177/S.189.

16. 1970c, SSR pp.176–181/S.187–193. Auf p.180/S.192 spricht Kuhn von seiner „Vagheit bezüglich der Natur und der Grösse der relevanten Gemeinschaften" in SSR. Warum ich hier eine Stelle beiziehe, in der von der Grösse der jeweiligen wissenschaftlichen Gemeinschaften die Rede ist, wird gleich klar werden.

dehnung als ihren Forschungsbereich bearbeitet haben[17]. Zugelassen sind also nur Untersuchungseinheiten aus dem Gesamtbereich Wissenschaft, für deren Dynamik sich tatsächlich ein Handlungssubjekt ausmachen lässt, eben die jeweilige(n) wissenschaftliche(n) Gemeinschaft(en). Wie ist nun bei Kuhn der Begriff der wissenschaftlichen Gemeinschaft näher bestimmt?

Der Begriff der Wissenschaftlergemeinschaft wird in SSR zugleich mit dem Begriff des Paradigmas eingeführt[18], so dass im Effekt eine Wissenschaftlergemeinschaft durch den ‚Besitz eines Paradigmas' charakterisiert ist, und umgekehrt ein Paradigma das ist, was eine wissenschaftliche Gemeinschaft zu dem macht, was sie ist. Kuhn kritisiert diese Art der Einführung in seinen 1969 verfassten Arbeiten wegen ihrer „intrinsischen Zirkularität"[19]. In einer neuen Fassung seines Buches würde er von der Möglichkeit Gebrauch machen, den Begriff der Wissenschaftlergemeinschaft ohne Rekurs auf den Paradigmenbegriff einzuführen[20]:

> „Wissenschaftliche Gemeinschaften müssen durch die Untersuchung von Gemeinsamkeiten in Ausbildung und Kommunikation entdeckt werden, ehe gefragt werden kann, welche besonderen Forschungsfragen jede Gruppe beschäftigen"[21].

Mit anderen Worten: Die Menge der Attribute einer wissenschaftlichen Gemeinschaft wird in zwei Teilmengen aufgeteilt. Die eine Teilmenge, die vor allem Ausbildungs- und Kommunikationsmerkmale umfasst, wird zur *Identifikation* der Gemeinschaft benutzt. Die andere Teilmenge, die andere soziologische Merkmale und die Wissenschaftsinhalte umfasst, kann dann u.a. zur *Erklärung* der ersten Teilmenge von Attributen verwendet werden[22]. Der von Kuhn angedeutete Weg

---

17. Das geht zum Beispiel aus 1970c, SSR pp.179–180/S.191f. hervor (ähnlich 1970b, pp.254–255/ S.246f.). Hier wehrt Kuhn das von einigen Kritikern (Shapere 1964, p.387; Watkins 1970, p.34/ S.34; Popper 1970, pp.54–55/S.55) vorgebrachte Beispiel, nämlich die Theorie der Materie von der Antike bis in die Neuzeit, als Gegenbeispiel gegen seine Theorie der Wissenschaftsentwicklung mit dem Argument ab, dass dieses Gebiet, jedenfalls bis ungefähr 1920, nicht der Gegenstandsbereich irgendeiner bestimmten wissenschaftlichen Gemeinschaft war. — Siehe auch 1968a, ET p.109/S.173f. und 1976a, ET pp.32–33/S.84f.

18. SSR, p.VIII/S.10.

19. 1974a, ET pp.294–295/S.390; 1970c, SSR p.176/S.187; ähnlich auch 1970b, p.252/S.244; ET pp.XV– XVI/S.38. — Als „schädlichste Folge" dieser Zirkularität bezeichnet Kuhn die Art, wie in SSR die „vorparadigmatische Periode" von der „sogenannten postparadigmatischen Periode" unterschieden wird (1974a, ET p.295 fn.4/S.416f. Fn.4; ähnlich 1970b, p.272 fn.1/S.263 Fn.73; 1970c, SSR pp.178–179/S.190). Die Intention der in diesen Arbeiten gegenüber SSR vorgenommenen Änderung habe ich in die Formulierung des Kriteriums der Legitimität von Untersuchungseinheiten aufgenommen, indem ich von einer *oder mehreren* wissenschaftlichen Gemeinschaften gesprochen habe, die das entsprechende Gebiet bearbeitet haben müssen.

20. 1970b, p.252/S.244, p.271/S.263; 1970c, SSR p.176/S.188.

21. ET, p.XVI/S.38; ähnlich 1970b, p.253/S.245. — Hier muss ein mögliches Missverständnis abgewiesen werden. Es ist bei Kuhn nicht gemeint, dass die Wissenschaftlergemeinschaften ausschliesslich mittels Kriterien identifiziert werden sollen, die sich überhaupt nicht auf Wissenschaftsinhalte beziehen — ausschliesslich mittels solcher sozialer Indikatoren wäre die Abgrenzung der Wissenschaftlergemeinschaften von Gemeinschaften von Philosophen, Mystikern, religiösen Gemeinschaften, Ingenieuren etc. wohl problematisch (vergleiche Musgrave 1971, pp.287–288). Vielmehr geht es um die Identifikation von Gemeinschaften *innerhalb des Gesamtbereichs Wissenschaft*. Daher wurde hier der Gesamtbereich Wissenschaft vorgängig bestimmt.

22. Diese erklärungskräftige zweite Merkmalsklasse ist die „disziplinäre Matrix" (1974a, ET p.297/ S.392; 1970b, p.271/S.263; 1970c, SSR p.178/S.189f., p.182/S.193f.). — Siehe Abschnitt 4.3.

soll hier beschritten werden, wobei die Charakterisierung der wissenschaftlichen Gemeinschaften ebenso vorläufig bleiben muss wie bei Kuhn selbst.

Eine wissenschaftliche Gemeinschaft besteht "aus den praktizierenden Fachleuten [practitioners] für ein wissenschaftliches Spezialgebiet"[23]. Die Mitglieder der Gemeinschaft weisen eine Reihe gemeinsamer Merkmale auf, nämlich

- "ähnliche Ausbildungen" und
- "ähnliche berufliche Initiationen [professional initiations]". Während dieses Prozesses der Einführung in die Wissenschaft haben sie
- "dieselbe Fachliteratur aufgenommen" und
- "in vielen Punkten das gleiche daraus gelernt".
- "Die Grenzen dieser Standardliteratur markieren gewöhnlich die Grenzen[ihres] wissenschaftlichen Arbeitsgebiets"[24].

Allen wissenschaftlichen Gemeinschaften kommen die eben genannten Merkmale zu. Weitere Merkmale können erst genannt werden, wenn zwei Arten wissenschaftlicher Gemeinschaften unterschieden worden sind. Im einen Fall, dem sogenannten Normalfall, bearbeitet eine wissenschaftliche Gemeinschaft ihren Gegenstandsbereich, der durch die im dritten Merkmal genannte Standardliteratur bestimmt ist, allein[25]. Im anderen Fall gibt es verschiedene Gemeinschaften, die das gleiche Gebiet von miteinander unverträglichen Standpunkten aus angehen. Solche Gemeinschaften heissen Schulen; sie befinden sich immer in Konkurrenz zueinander. Für die Schulen gibt Kuhn keine weiteren Merkmale an. Hingegen nennt er weitere Attribute der konkurrenzlosen Gemeinschaften, die plausibel werden, wenn man bedenkt, dass diese meist durch einen Sieg über die konkurrierenden Schulen hervorgehen[26]:

- "Die Mitglieder einer wissenschaftlichen Gemeinschaft sehen sich als allein verantwortlich für die Verfolgung gewisser gemeinsamer Ziele an, wozu auch die Ausbildung ihrer Nachfolger gehört, und sie werden auch von anderen als das angesehen."
- "Es besteht eine relativ starke Kommunikation innerhalb der Gruppe."
- "Ihr Urteil in Fachfragen ist relativ einheitlich."[27]

---

23. 1974a, ET p.296/S.391; 1970b, p.253/S.245; 1970c, SSR Üp.177/S.188.

24. 1970c, SSR p.177/S.188. Weniger ausführlich, und ohne die jetzt folgende Unterscheidung, findet sich das auch in 1974a, ET p.296/S.391 und 1970b, p.253/S.245.

25. Hier sind allerdings zwei einschränkende Qualifikationen anzubringen. Schon im Vorwort von SSR sagt Kuhn, dass seine Unterscheidung zwischen der vor- und der postparadigmatischen Periode der Wissenschaftsentwicklung „viel zu schematisch" sei: unter anderem deshalb, weil es
„Umstände geben kann – obwohl ich sie für selten halte –, unter denen in der späteren Periode zwei Paradigmen friedlich koexistieren können" (p.IX/S.11).
In diesem Falle gibt es statt einer konkurrenzlosen Gemeinschaft auf dem gleichen Gebiet zwei friedlich koexistierende Gemeinschaften. Weiter stellt Kuhn in späteren Arbeiten fest, dass auch im Fall der anscheinend konkurrenzlosen Gemeinschaft die
„Forschung aber auch die Existenz rivalisierender Schulen ans Licht bringen würde" (1970b, p.253/S.245, übs. falsch; siehe auch 1970c, SSR p.209/S.220).
Diese beiden Qualifikationen scheinen aber den Unterschied zwischen den beiden Formen der Gemeinschaften, insbesondere ihre unterschiedliche Wissenschaftspraxis (vergleiche Kap.5), nicht wesentlich zu betreffen.

26. Ausgenommen sind die Fälle, bei denen konkurrenzlose Gemeinschaften durch Abspaltung und/ oder Kombination von bereits bestehenden konkurrenzlosen Gemeinschaften auf neuen Arbeitsgebieten entstehen (1959a, ET p.231/S.315; SSR, p.15/S.29f.; 1963a, p.353).

27. 1970c, SSR p.177/S.188f.; siehe auch 1969c, ET p.344/S.451; 1970b, p.253/S.245; 1985, p.24.

Es ist fraglich, ob diese Einführung des Begriffes der wissenschaftlichen Gemeinschaft in seinen 1969 verfassten Arbeiten Kuhns eigene Intention wirklich trifft, ob also der explizierte Begriff tatsächlich

„den intuitiven Begriff der Gemeinschaft, der den früheren Kapiteln dieses Buches [SSR] weitgehend zugrundeliegt, artikuliert"[28].

Zwei Einwände können vor allem gemacht werden. Erstens scheint der Gemeinschaftsbegriff generell zu stark gegenwartsbezogen zu sein[29]. Denn die Merkmale ‚ähnliche Ausbildungen' und ‚ähnliche berufliche Initiationen' (sowie das sichverantwortlich-Fühlen für das Gebiet) setzen ja eine bereits ziemlich fest institutionalisierte, spezialisierte und professionalisierte Art der Wissenschaft voraus, die Kuhn selbst als erst etwa 150 Jahre alt ansetzt[30]. Zweitens ist der Begriff der Gemeinschaft des zweiten Typs, also der wissenschaftlichen Schule, zu wenig ausgearbeitet und zu stark dem Begriff der Gemeinschaft des ersten Typs angeglichen[31]. In SSR hatte Kuhn erklärt, wie der erstmalige Übergang zur konkurrenzlosen Situation

„eine Gruppe, die zuvor nur am Studium der Natur interessiert ist, in eine Gruppe von Berufsleuten [profession] oder zumindest in ein bestimmtes Wissensgebiet [discipline] umwandelt."

Dies impliziere „eine schärfere Abgrenzung der wissenschaftlichen Gruppe".[33] Eine angemessene Explikation der wissenschaftlichen Schule müsste nun auch dem lockereren Bindungscharakter Raum geben, wie er für Gruppen charak-

---

28. 1970c, SSR p.176/S.188.

29. Vergleiche hierzu 1972a, besonders p.177, wo Kuhn Ben-David für dessen ahistorische Verwendung des Begriffes ‚wissenschaftliche Rolle' kritisiert; hier scheint Kuhn ein ähnlicher Fehler selbst unterlaufen zu sein.

30. SSR, p.19/S.34; auch 1963a, p.351. – Bezeichnenderweise sind die Beispiele für wissenschaftliche Gemeinschaften, die Kuhn im Anschluss an die Bestimmung der wissenschaftlichen Gemeinschaft zur Erläuterung in 1974a, ET p.296/S.391f. und 1970c, SSR pp.177–178/S.189 anführt, überwiegend aus der neuzeitlichen und schon professionalisierten Wissenschaft: Physiker, Chemiker, Astronomen, Zoologen, organische Chemiker, Proteinchemiker, Hochenergiephysiker, Festkörperphysiker und Radioastronomen.

31. Das ist die Folge der in 1974a, ET p.295 fn.4/S.416f. Fn.4 begonnenen, im Gegensatz zu SSR stehenden Angleichung der Forschung innerhalb einer Schule der vornormalen Phase an die normale Wissenschaft (zur vornormalen und normalen Wissenschaft siehe Kapitel 5). Diese Angleichung ist in SSR schon vorbereitet (p.IX/S.11) und ihrerseits eine Folge einer gewissen Funktionsänderung des Paradigmenbegriffs (siehe Abschnitte 4.2.b und 5.1). In SSR werden die Merkmale wissenschaftlicher Gemeinschaften ausdrücklich aus der Praxis der Normalwissenschaft abgeleitet; dies wird damit begründet, dass das die Tätigkeit ist, für die Wissenschaftler normalerweise ausgebildet sind (SSR, pp.168–169/S.180). Im Text von 1974a wird noch nicht zwischen den beiden Arten von Gemeinschaften unterschieden (ET p.296/S.391), aber in der langen Fussnote 4 die obige Angleichung genannt. In 1970b, p.253/S.245 und 1970c, SSR p.177/S.188f. wird die in 1974a erst in der Fussnote auftauchende Neuerung in die Unterscheidung der zwei Arten von Gemeinschaften hineinverarbeitet. Die genannte Fussnote von 1974a taucht in 1970b etwas verändert nochmals als p.272 fn.1/S.263 Fn.73 auf, und ist schliesslich in 1970c, SSR pp.178–179/S.190 in den Text verarbeitet, womit die genannte Angleichung vollzogen ist. – Zur Reihenfolge der Abfassung von 1974a, 1970b und 1970c siehe 1974b, p.500 fn.2 und ET, p.XX fn.8/S.46 Fn.8.

32. SSR, p.19/S.33.

33. SSR, p.19/S.34.

teristisch ist, die vor dem ersten Erreichen einer konkurrenzlosen Situation das Studium der Natur betreiben[34].

Unabhängig davon, ob man über eine den historischen Wandel genügend berücksichtigende und hinreichend trennscharfe Bestimmung des Begriffs der wissenschaftlichen Gemeinschaft verfügt, ist die folgende Frage zu stellen: Welchen Sinn hat es, nur solche Wissenschaftsgebiete als Gegenstände einer Theorie der Wissenschaftsentwicklung zuzulassen, die gerade in dieser disziplinären, zeitlichen und epistemischen Ausdehnung tatsächliches Arbeitsgebiet einer oder mehrerer wissenschaftlicher Gemeinschaften waren? Zur Beantwortung dieser Frage müssen wir uns dem breiteren Problemkomplex zuwenden, wie die Wissenschaftsentwicklung als Gegenstand der Kuhnschen Theorie überhaupt zugänglich wird. Weil die tatsächliche Wissenschaftsentwicklung als eine Kette von Geschehnissen in der Vergangenheit uns niemals unmittelbar zugänglich sein kann, muss sie aus den erhaltenen Zeugnissen und sonstigen Spuren konstruiert werden. Was aber macht aus dieser notwendigen Konstruktion eine angemessene Rekonstruktion der Vergangenheit, d.h., welchen Prinzipien ist bei dieser Konstruktion zu folgen?

1.2. Die Konstruktion des Gegenstands: die Wissenschaftshistoriographie

Die Rekonstruktion der Entwicklung besonderer Wissenschaftsgebiete, so wie sie von bestimmten Wissenschaftlergemeinschaften betrieben worden sind, ist natürlich Sache der Wissenschaftshistoriographie und nicht eigentliche Aufgabe einer allgemeinen Theorie der Struktur der Wissenschaftsentwicklung. Kuhns Theorie ist demgemäss methodisch von der Wissenschaftshistoriographie abhängig, weil sie sich von dieser ihre besonderen Gegenstände vorgeben lassen muss: Sie *reflektiert* auf die von der Historiographie bereitgestellten Darstellungen besonderer wissenschaftsgeschichtlicher Entwicklungen, sie „macht Implikationen der [...] Historiographie explizit"[35], sie ist „metahistorisch"[36]. Entsprechend sind auch in der Historiographie und nicht in Kuhns Theorie selbst die Prinzipien zu suchen, die die Konstruktion der besonderen wissenschaftsgeschichtlichen Entwicklungen leiten.

Aber ‚die' Wissenschaftshistoriographie, als ein von bestimmten Prinzipien angeleitetes und daher in gewissem Sinn homogenes Gebiet, ist eine Fiktion. Dies gilt auch dann, wenn man sich von vorneherein auf die hier primär relevante wissenschaftsinterne Historiographie beschränkt, die Wissenschaft qua Wissen thematisiert[37]. Denn die Wissenschaftshistoriographie befindet sich nach Kuhn etwa seit den 20er Jahren dieses Jahrhunderts in einer tiefgreifenden Umwälzung, in einer „intellektuellen Revolution"[38]. Diese Revolution ist gegen eine Tradition der Wis-

---

34. Vergleiche hierzu die Kritik an Kuhns Behandlung der vornormalen Phase der Wissenschaftsentwicklung bei Mastermann 1970, pp.73–75/S.73f.

35. SSR, p.3/S.18.

36. Das ist Kuhns Terminus zur Abgrenzung seiner ‚theoretischen' Arbeiten von den historiographischen im Inhaltsverzeichnis von ET, p.VII/S.5f.

37. Zur Unterscheidung von ‚wissenschaftsinterner' und ‚wissenschaftsexterner' Historiographie siehe 1968a; 1971c, ET pp.159–160/S.230f.; 1979a.

38. 1970e, p.67; auch SSR, p.3/S.17; 1962d, ET p.165/S.239; 1984, p.244. In seinem Aufsatz 1986, p.30 bezeichnet Kuhn die Umwälzung der Wissenschaftshistoriographie als „Transformation (ich werde nicht sagen eine Revolution)".

senschaftsgeschichtsschreibung gerichtet, deren methodische Anlage zur Vorstellung der Wissenschaftsentwicklung als eines kumulativen Prozesses geführt hat[39]. Diese Vorstellung der Wissenschaftsentwicklung war bis in die 60er Jahre fast ausnahmslos und fraglos als gültig angenommen worden, wobei kein Bewusstsein der Abhängigkeit dieser Vorstellung von der methodischen Anlage der ihr zugrunde liegenden Wissenschaftshistoriographie vorhanden war. Das Ergebnis der genannten Revolution in der Historiographie ist die sogenannte ‚neue wissenschaftsinterne Historiographie‘, die sich in ihrer methodischen Anlage wesentlich von der früheren Weise, Wissenschaftsgeschichte zu betreiben, unterscheidet[40]. Kuhn geht es darum, *auf dem Boden dieser neuen wissenschaftsinternen Historiographie ein neues Bild der Wissenschaft und ihrer Entwicklung, insbesondere des wissenschaftlichen Fortschritts zu entwerfen*[41]. Dementsprechend sind die Prinzipien der Konstitution des Gegenstandes von Kuhns Theorie in der methodischen Anlage der neuen wissenschaftsinternen Historiographie zu suchen.

Doch wie kann man die ‚methodische Anlage‘ einer bestimmten Art von Historiographie, das darin enthaltene Vorverständnis, die (impliziten) Vorannahmen über ihren Gegenstand charakterisieren? Diese Charakteristika lassen sich gewinnen, indem man nach dem *komparativen Kriterium der historischen Relevanz* fragt, das die jeweilige Historiographie leitet. Jegliche Geschichtsschreibung ist auf ein solches Kriterium angewiesen – gleichgültig, ob es explizit oder implizit, bewusst oder nicht bewusst ist, und ob es in Wechselbeziehung mit dem in der Geschichte Erzählten steht oder nicht[42]. Der Grund für die Unabdingbarkeit eines solchen Kriteriums ist, dass eine Entscheidung gefällt werden muss, was in die zu erzählende Geschichte hineingehört und was nicht[43]. Dieses Kriterium muss *komparativ* sein, also eine Unterscheidung von Graden von Wichtigkeit ermöglichen, da Geschichten mehr oder weniger ausführlich erzählt werden können, ohne dass bei den kürzeren Versionen notwendigerweise Wesentliches weggelassen oder bei den längeren Versionen Irrelevantes hinzugenommen würde.

Der Begriff der *historischen Relevanz* lässt sich weiter bestimmen, indem drei verschiedene Momente historischer Relevanz unterschieden werden. Diese drei Momente selektieren das zu Erzählende, wobei sie sich ihrer Extension nach ganz oder teilweise überdecken können. Einmal gibt es *Sachrelevanz*: Sie zeichnet das aus, was notwendigerweise erzählt werden muss, wenn überhaupt die Geschichte einer bestimmten Sache, des gewählten ‚Referenzsubjekts‘, erzählt werden soll[44]. Dann gibt es *narrative Relevanz*: sie zeichnet das aus, was notwendigerweise erzählt werden muss, wenn das insgesamt Erzählte überhaupt eine Geschichte wer-

---

39. SSR, pp.1–3/S.15ff., Kap.XI.

40. Kuhn gehört als Historiker selbst dieser neuen Schule an, und er war an ihrer Institutionalisierung in den Vereinigten Staaten wesentlich beteiligt; siehe 1984a und 1986.

41. SSR, p.IX/S.11, p.X/S.12, p.1/S.15, p.3/S.17, p.160/S.171; 1968a, ET p.121/S.188f.; 1970c, SSR pp.207–209/S.218ff.; ET, pp.XIV–XV/S.37; 1980a, p.188; 1984, pp.231, 243, 252.

42. Siehe zu letzterem Kuhn 1980a, pp.182–183.

43. Vergleiche hierzu z.B. Hegel, Vorlesungen über die Geschichte der Philosophie, Werke Bd.18, S.16f.; Agassi 1963; Danto 1965, Kap.VII; Kuhn 1971a, p.138/S.314 (ähnlich p.141/S.316 übs. irreführend, p.142/S.317; 1977b, ET p.14/S.63, pp.16–17/S.66):
    „Kein Historiker, weder ein Wissenschaftshistoriker noch der Historiker einer anderen menschlichen Tätigkeit, kann ohne Vorannahmen darüber arbeiten, was essentiell ist und was nicht.";
    Laudan 1977, pp.164–165.

44. Zum Begriff des Referenzsubjekts einer Geschichte siehe Lübbe 1977, S.75ff.

den soll. Dazu zählen beispielsweise Fakten, die die notwendige Kontinuität der Geschichte herstellen, oder Fakten, die ansonsten Unplausibles plausibel machen[45]. Schliesslich gibt es *pragmatische Relevanz*: Sie zeichnet das aus, was notwendigerweise erzählt werden muss, wenn der besondere pragmatische Sinn, um dessentwillen die Geschichte erzählt wird, realisiert werden soll. So wird eine Geschichte inhaltlich dadurch mitbestimmt, für welches Publikum sie verständlich sein soll, und mit welchen intendierten Wirkungen bei diesem Publikum sie erzählt wird[46].

Fragen wir nun zunächst nach dem Relevanzkriterium der älteren wissenschaftsinternen Historiographie (Teilabschnitt 1.2.a), sowie nach den Gründen, die zur Abkehr von dieser Art der Historiographie geführt haben (Teilabschnitt 1.2.b). Anschliessend wird, im Kontrast dazu, die neue wissenschaftsinterne Historiographie mitsamt ihrem Relevanzkriterium charakterisiert (Teilabschnitt 1.2.c).

a) Die ältere wissenschaftsinterne Historiographie

Das Kriterium der historischen Relevanz der älteren wissenschaftsinternen Historiographie kann von dem diese Historiographie primär leitenden Ziel her verständlich gemacht werden. Diese älteren Wissenschaftsgeschichten und -kurzgeschichten wurden geschrieben,

> „um das Verständnis der *zeitgenössischen* wissenschaftlichen Methoden oder Begriffe durch die Darlegung ihrer Entwicklung zu klären und zu vertiefen“[47].

Ihr Hauptzweck war also didaktisch-pädagogischer Art: Sei es ein speziell wissenschaftsdidaktisches Interesse, dass Studenten an den jeweils aktuellen Wissensstand ihres Faches herangeführt werden sollten, sei es allgemeiner, dass nutzbringende Lehren aus der Entwicklung des wissenschaftlichen Denkens gezogen werden sollten. Der grösste Teil der Autoren solcher Wissenschaftsgeschichten waren dementsprechend Wissenschaftler, die selbst auf dem entsprechenden Gebiet arbeiteten oder gearbeitet hatten. Der literarische Ort dieser Historiographie war vor allem, aber nicht ausschliesslich, gemäss ihrer spezielleren didaktischen Funktion das wissenschaftliche Lehrbuch und früher der ‚Klassiker‘, und dort vor allem die Einleitung und eingestreute Passagen.

Die bevorzugten Themen dieser historiographischen Tradition waren, ihren pädagogischen Intentionen gemäss, Disziplinen- und Subdisziplinengeschichten. *Pragmatisch* und zugleich *sachrelevant* waren diejenigen Bestandteile des jeweiligen Gebiets, die es zum Zeitpunkt der Abfassung der Geschichte enthielt, und die als fertiggestellt und damit als bleibender Besitz der Wissenschaft angesehen wurden. Denn sie machten die zu erzählende Sache aus, an die die Adressaten der Ge-

---

45. Vergleiche 1971a, p.142/S.317f.; 1977b, ET p.17/S.66.

46. Vergleiche 1983a, pp.677–678.

47. 1968a, ET p.107/S.171, Hervorhbg. im Original. Siehe zum folgenden 1955a, pp.94–95; SSR, pp.1–3/S.15ff., pp.98–99/S.110ff., Kap.XI; 1962d, ET pp.165–166/S.239f.; 1964, ET p.253/S.340; 1968a, ET pp.105–108/S.169–172; 1970e, pp.67–68; 1971c, ET pp.148–149/S.216ff.; 1976a, ET pp.32–33/S.84ff.; ET, pp.X–XI/S.32f.; 1977b, ET pp.3–4/S.49f.; 1980a, pp.184–185; 1984, p.248; 1986, pp.30–31, p.33; im Druck b, Ms. pp.2–3. – Ich beziehe mich hier nur auf die Schriften Kuhns. Der Grund hierfür ist, dass für das Verständnis der Kuhnschen Theorie zunächst einmal Kuhns eigene Sichtweise der älteren Historiographie entscheidend ist, und seine Gründe, diese Historiographie für unzulänglich zu halten.

schichte herangeführt werden sollten. Die Historiographen hatten diese Bestandteile in früheren Texten aufzufinden und dann in ihrer chronologischen Ordnung darzustellen, wie sie – insbesondere von den Heroen der Wissenschaft – in ideenreicher, aber methodischer Arbeit entdeckt bzw. erfunden worden waren. So konnte sichtbar werden, wie sich nach und nach die Bestandteile der jeweils zeitgenössischen Wissenschaft zum gegenwärtigen Stand aufsummierten. Die Datierung des jeweiligen Erwerbs eines neuen Bestandstücks und die Feststellung des erfolgreichen Entdeckers bzw. Erfinders war demnach von *narrativer Relevanz*: Dies gestattete die Organisation der Elemente des zeitgenössischen Wissens in eine erzählbare Geschichte. Darüberhinaus waren bisweilen ausserwissenschaftliche Faktoren narrativ relevant: wenn nämlich bestimmte Innovationsschübe durch technische Entwicklungen oder Phasen mangelnden Fortschritts durch den Einfluss religiöser oder anderweitig dogmatischer Faktoren zu erklären waren. Andere ausserwissenschaftliche Faktoren konnten und mussten für diese Historiographie ausser Betracht bleiben, denn keines der drei Momente historischer Relevanz konnte sie als erzählenswert bewerten. Ebenso konnten solche Elemente vergangener Wissenschaft kein eigenständiges Interesse finden, die vom Standpunkt zeitgenössischer Wissenschaft aus nur als Fehler verschiedener Art, als Resultat von Irrtümern, Verwirrung, Idiosynkrasie, Mythos oder Aberglaube angesehen werden konnten. Denn solche Elemente waren im Verlauf der Wissenschaftsentwicklung als ‚vorwissenschaftlich‘ oder als ‚schlechte Wissenschaft‘ aus der Wissenschaft selbst entfernt worden; sachrelevant konnte aber nur das sein, was sich durch die Geschichte hindurch bis auf den jeweils heutigen Tag erhalten hatte.

Die konzeptionell so organisierte ältere Wissenschaftshistoriographie erzeugte eine Vorstellung von der Wissenschaftsentwicklung mit folgenden zwei Charakteristika. Erstens ist die Wissenschaftsgeschichte eine *Fortschrittsgeschichte*: Der stetig fortschreitende Triumph der ‚Vernunft‘, der ‚wissenschaftlichen Rationalität‘, der ‚wissenschaftlichen Methode‘. Zweitens ist dieser Fortschritt *kumulativ*: eine stete Addition von Elementen neuen Wissens in bald grösseren, bald kleineren Stücken. Das neu gewonnene Wissen tangiert dabei das schon erworbene Wissen niemals wesentlich in seiner Geltung; allenfalls werden überzogene Wissensansprüche korrigiert, die aber als solche niemals wirklich der Wissenschaft angehörten.

b) Die Kritik an der älteren wissenschaftsinternen Historiographie

Wie konnte es zu Zweifeln an der Angemessenheit dieser Art der Historiographie kommen?[48] Kuhn nennt insgesamt fünf Faktoren, die schliesslich zu der „historiographischen Revolution" geführt haben[49].

---

48. Das Wissen von der Unangemessenheit dieser Art von Historiographie hat bisweilen auch die Wissenschaften selbst erreicht. So spricht der Physiker Richard Feynman 1985 von „der Geschichte der Physik der Physiker‘, die niemals korrekt ist". Vielmehr handle es sich hierbei „um eine Art von konventionalisierter Mythen-Erzählung, die die Physiker ihren Studenten erzählen, und diese ihren Studenten, und die nicht notwendigerweise mit der tatsächlichen historischen Entwicklung in Beziehung steht" (Feynman 1985, p.6).

49. In SSR, pp.2–3/S.16f. werden ausschliesslich wissenschaftshistoriographieinterne Schwierigkeiten genannt, während in 1968a, pp.107–110/S.171–175 ausgewogener der Gesamtkomplex von Faktoren betrachtet wird. Siehe auch 1971c, ET pp.148–150/S.216–219.

1. Die genannte Art der Historiographie führt den Historiker regelmässig in bestimmte Schwierigkeiten, die sich paradoxerweise durch detailliertere historische Forschung eher verstärken als abschwächen. Drei Gruppen solcher Schwierigkeiten lassen sich unterscheiden.

Erstens erweist sich die geforderte Chronologie der Entdeckungen und die Bestimmung des jeweiligen Entdeckers als problematisch, weil in diesem Programm unterstellt ist, dass eine wissenschaftliche Entdeckung ein mehr oder weniger punktuelles Ereignis ist[50]. Die genauere historische Betrachtung von Entdeckungen zeigt aber, dass eine bestimmte Klasse von Entdeckungen, nämlich die unerwarteten Entdeckungen, zeitlich ausgedehnte Prozesse sind, die mehrere Phasen haben. Der Grund für diese zeitliche Struktur solcher Entdeckungen ist, dass das Begriffssystem, mit dem die Entdeckung in der jeweiligen Gegenwart als erzählenswertes Ereignis konzeptualisiert ist, teilweise erst im Verlauf dieses Entdeckungsprozesses selbst entwickelt worden war[51].

Zweitens erweist sich die Diskreditierung von Wissenschaftsinhalten, die in der jeweils gegenwärtigen Wissenschaft nicht mehr vorhanden sind, als Irrtum, Aberglaube, Mythos etc., also als schlecht betriebene Wissenschaft oder als Vorwissenschaft, als problematisch. Denn eine genauere historische Betrachtung zeigt, dass etwa so typische Beispielfälle wie die aristotelische Dynamik, die Phlogiston-Chemie oder die kalorische Thermodynamik als Sichtweisen der Natur nicht weniger wissenschaftlich sind als die heutige Wissenschaft, denn

„sie wurden durch die gleiche Art von Methoden hervorgebracht und aufgrund der gleichen Art von Gründen für wahr gehalten"[52].

Drittens ist das Bild der grossen wissenschaftlichen Gestalten, wie es von dieser Art der Historiographie gezeichnet wurde, teilweise sehr unplausibel. Beispielsweise erscheint Aristoteles als ein sehr schlechter Physiker, wenn man seine Physikvorlesung im Hinblick darauf betrachtet, wie nahe er der Galilei-Newtonschen Physik gekommen ist. Aber dann ist sowohl unverständlich, wie Aristoteles in anderen Gebieten ein so genauer Beobachter und scharfer Denker hat sein können, als auch, wie eine so schlechte Physik eine so lange Tradition hat hervorbringen können[53]. Ähnliches gilt mutatis mutandis von Newton und Galilei[54] und – aber weit weniger drastisch – von Planck[55].

2. Ein Problem erwuchs der traditionellen, an wissenschaftlichen Disziplinen und Subdisziplinen orientierten Historiographie durch ein wissenschaftshistoriographisches Konkurrenzunternehmen. Dieses ging von der Forderung aus, dass die Wissenschaftshistoriographie gerade nicht als Geschichte einzelner Disziplinen betrieben werden dürfe, sondern dass sie die Entwicklung des wissenschaftlichen Wissens im Ganzen zu verfolgen habe[56]. Von den vielen unterschiedlichen Einflüssen, die von dieser Art der Historiographie ausgingen, sind hier vor allem die Konseqenzen einer Einsicht wichtig. Es ist die Einsicht, dass die heutige Gliederung

---

50. SSR, p.2/S.16, p.7/S.21, Kap.VI; 1962d.
51. Vergleiche Abschnitt 7.2.
52. SSR, p.2/S.16f.
53. ET, p.XI/S.32f.; 1981, pp.4–5/S.9f.
54. 1980a, pp.184–185.
55. 1984, pp.233–238.
56. 1968a, ET p.109/S.173f.; 1971c, ET pp.148–149/S.216ff.; 1976a, ET pp.32–33/S.84ff.; auch 1983d, pp.567–568.

der Wissenschaften ein teilweise gar nicht so altes Produkt der Wissenschaftsgeschichte selbst ist. In früheren Zeiten war die Gesamtheit des Wissens auf andere Weise in wissenschaftliches und ausserwissenschaftliches Wissen und das wissenschaftliche Wissen auf andere Weise in einzelne Disziplinen eingeteilt als heute. Damit wurde sichtbar, dass mit dem Relevanzkriterium der disziplinenorientierten Historiographie manchmal Traditionen konstruiert worden waren, die niemals existiert hatten.

3. Eine weitere Schwierigkeit ergab sich für die traditionelle Wissenschaftshistoriographie aus der Entdeckung einer mittelalterlichen Tradition der Physik durch Pierre Duhem[57]. Obwohl sich in dieser Tradition schon viele inhaltliche und methodische Bestandteile der Galileischen Physik fanden, war sie dennoch deutlich von Galileis Physik verschieden: Die spezifisch neuzeitliche Wissenschaft war mit ihr noch nicht erreicht. Ein Verständnis des Übergangs zur neuzeitlichen Wissenschaft, der Entstehung des für sie Charakteristischen, war aber nur möglich, wenn man zuvor diese mittelalterliche Tradition in ihrem Eigenrecht verstanden hatte. Dazu musste das Relevanzkriterium der älteren Historiographie, die an der Sammlung des Heutigen in der Vergangenheit interessiert war, verlassen werden, und das trug ebenfalls dazu bei, diesem Kriterium den Schein der Selbstverständlichkeit zu nehmen.

4. Das Verlassen dieses Relevanzkriteriums wurde weiterhin durch Einflüsse nahegelegt, die von ausserhalb der Wissenschaftsgeschichte kamen, nämlich insbesondere von der Philosophiegeschichtsschreibung[58]. Diesen Einfluss bezeichnet Kuhn als den wahrscheinlich wichtigsten Faktor. Im 19.Jahrhundert erzeugte die Bewegung des Historismus eine Transformation einer Reihe von akademischen Gebieten, die dann als die ‚historischen Geisteswissenschaften‘ bezeichnet wurden[59]. Charakteristisch für die aus dieser Transformation hervorgegangenen Gebiete ist der Versuch, einen bestimmten kulturellen Bereich nicht primär in der Optik der jeweiligen kulturellen Gegenwart zu betrachten, sondern das kulturell Andere gerade in seiner Differenz zum Eigenen, in *seiner* spezifischen Eigenheit und damit in seiner (relativen) Fremdheit zu erfassen. Während der Historismus die Philosophiegeschichtsschreibung schon im 19.Jahrhundert entscheidend prägte, machte sich sein Einfluss auf die Wissenschaftsgeschichtsschreibung erst seit den 20er oder 30er Jahren dieses Jahrhunderts geltend, und das primär durch Autoren, die von der Philosophiegeschichte herkamen[60]. Aus ihrem Blickwinkel erschien die ältere Wissenschaftshistoriographie als zutiefst „unhistorisch“[61], als „nach rückwärts geschriebene Geschichte“[62], als „Whig history“, als „ethnozentrisch“[64]. Das Bild der Wissenschaft und ihrer Entwicklung, das sich aus der äl-

---

57. 1968a, pp.108–109/S.172f.

58. SSR, pp.V–VI/S.8; 1968a, ET pp.107–108/S.172; 1971c, ET p.135/S.203 und pp.149–150/S.218f.; ET, pp.XIV–XV/S.37; 1977b, ET p.11/S.58f.; 1979a, p.125.

59. Vergleiche beispielsweise Schulz 1972, Vierter Teil: „Vergeschichtlichung“.

60. Kuhn nennt als weit wichtigsten Koyré, daneben Brunschwicg, Burtt, Cassirer, Lovejoy, Anneliese Maier, Emile Meyerson und Hélène Metzger.

61. SSR, p.1/S.15, p.137/S.148, p.138/S.150; 1971c, ET p.154/S.223.

62. SSR, p.138/S.149.

63. 1971c, ET p.135/S.203 und p.154/S.223 (übs. unbrauchbar: ‚Whiggish‘ bzw. ‚Whiggishness‘ übersetzt als ‚aufklärerisch‘ bzw. ‚oberflächliches Aufklärertum‘); 1983b, p.712; 1983d, p.568; 1984, p.246. – Vergleiche Butterfield 1931.

64. 1983d, p.568; 1984, p.246.

teren Historiographie ergibt, so die Kritik, entspricht in seiner Authentizität etwa dem Bild, das man sich von einer fremden Kultur aufgrund von Reiseprospekten oder Sprachlehrgängen machen kann[65].

Der Kern dieser Gegenwartsgebundenheit der älteren Historiographie ist leicht an ihrem vorhin genannten Kriterium der historischen Relevanz auszumachen, nämlich in ihrer wesentlichen Orientierung am jeweils gegenwärtigen Stand der Wissenschaft. Sachrelevant sind ja nur die als bleibend eingeschätzten, d.h. die gemäss dem jeweils gegenwärtigen Massstab als fertiggestellt geltenden Erzeugnisse der Wissenschaft[66]. Damit aber werden in die Geschichte drei Momente des jeweils Gegenwärtigen hineinprojiziert[67]. Einmal wird die vergangene Wissenschaft mit den jeweils gegenwärtigen wissenschaftlichen *Begriffen* beschrieben, und damit bleibt für die mögliche Geschichtlichkeit dieser Begriffe kein Raum. Dann werden die in der jeweils gegenwärtigen Wissenschaft aktuellen *Fragestellungen* als konstant angenommen, und damit die mögliche Kontextgebundenheit von Forschungsproblemen ausgeklammert. Und schliesslich werden auch die wissenschaftsleitenden *Standards*, welche die Zulässigkeit von Antworten auf Forschungsfragen regeln, der Möglichkeit des historischen Wandels entzogen.

5. Schliesslich ist die Wirkung von weiteren ausserhalb der Wissenschaftshistoriographie liegenden Gebieten zu nennen, nämlich der Einfluss der Entwicklung der allgemeinen Geschichtswissenschaft, der marxistischen Historiographie und der deutschen Soziologie. Sie haben zu einer wachsenden Berücksichtigung nichtintellektueller, besonders institutioneller und sozioökonomischer Einflussfaktoren auf die Wissenschaftsentwicklung geführt[68]. Zwar sind entwickelte Wissenschaften ziemlich stark vom Einfluss äusserer Faktoren auf die Wissenschaftsinhalte isoliert, aber doch nicht so stark, wie die praktisch ausschliesslich internalistische Orientierung der älteren Historiographie die Wissenschaftsentwicklung *aufgrund ihres Relevanzkriteriums* erscheinen liess. Allerdings ist die systematische Integration von internen und externen Faktoren auch in der neueren Wissenschaftshistoriographie viel mehr Desiderat als bestehende Praxis[69], so dass dieser Kritikpunkt an der älteren historiographischen Tradition hier ausser Betracht bleiben kann[70].

c) Die neue wissenschaftsinterne Historiographie

In Reaktion auf die genannten Schwierigkeiten und Einflüsse, mit denen die ältere historiographische Tradition konfrontiert war, entstand eine neue historiographische Tradition. Diese neue Tradition breitete sich in Nordamerika vor allem zwischen 1955 und 1970 rasch aus, institutionalisierte und professionalisierte

---

65. SSR, p.1/S.15. – Vergleiche Conant 1947, p.41.

66. SSR, p.1/S.15, p.136/S.147, p.137/S.148.

67. SSR, Kap.XI, besonders pp.137–138/S.148f.; im Druck b, Ms. p.3.

68. 1968a, ET, pp.109–110/S.174f.; 1971c, ET pp.148–149/S.217, pp.159–160/S.230f.; 1986, p.32.

69. 1968a, ET p.110/S.175, p.120/S.187; 1979a, p.123; 1983c, p.29.

70. Zu bemerken ist hier, dass die Kuhnsche *Theorie* für diese Integration externer und interner Faktoren in der *Historiographie* eine wichtige Rolle spielen kann. Denn Kuhns Theorie identifiziert eine zentrale Berührungsfläche zwischen Wissenschaft und Gesellschaft: die wissenschaftlichen Werte (siehe Abschnitt 4.3.c). Die oft postulierte, aber in den Details ihrer Funktionsweise wenig analysierte Wechselwirkung wissenschaftsexterner Faktoren mit der Wissenschaftsentwick-lung kann an dieser Berührungsfläche konkret fassbar werden: siehe 1968a, ET pp.118–120/S.185ff.; ET p.XV/S.37f.; 1983c.

sich[71]. Auch diese Tradition lässt sich über die Angabe ihres komparativen Kriteriums der historischen Relevanz charakterisieren, und auch dieses Kriterium lässt sich vor dem Hintergrund des leitenden Zieles der neuen historiographischen Tradition verständlich machen. Dieses Ziel besteht darin, für die Wissenschaftsgeschichte das nachzuholen, was der Historismus im 19.Jahrhundert für andere Bereiche der Kulturwissenschaften schon erreicht hatte: die Abkehr von einem Gegenwartsbezug, der den Blick auf Historizität verstellt. Das bedeutet, dass das jeweils spätere wissenschaftliche Wissen – so gut es geht – beiseite gelassen werden muss[72], um die „historische Einheit und Ganzheit [historical integrity] einer Wissenschaft in ihrer eigenen Zeit" darzustellen[73], um „eine ältere Wissenschaft in ihren eigenen Begriffen zu analysieren [in its own terms]"[74]. Dazu muss sich der Historiker

> „in die Köpfe der Mitglieder der Gruppe versetzen, die ein wissenschaftliches Spezialgebiet während einer bestimmten Zeit bearbeitet haben, [und] den Sinn der Art und Weise verstehen, wie diese Leute ihre Disziplin betrieben haben"[75].

Die legitimen Gegenstände dieser Historiographie sind demnach Wissenschaftsgebiete in derjenigen disziplinären und epistemischen Ausdehnung, in der sie tatsächlich von wissenschaftlichen Gemeinschaften bearbeitet worden sind. In der zeitlichen Dimension besteht eine gewisse, nicht ganz unproblematische Willkür: Wenn der Historiker nicht mit der Anfangsphase eines sich bildenden Wissenschaftsgebietes beginnt, dann muss er einen Anfangspunkt wählen, der die Erzählung der Wissenschaftsentwicklung in der entsprechenden thematischen Zeitspanne ermöglicht. Gewöhnlich wird der Endpunkt der Erzählung auch in einem sachlichen Sinn ein Endpunkt sein, nämlich ein irgendwie gearteter Abschluss einer Entwicklungslinie der Wissenschaft[76].

Von *sachlicher* und *narrativer* Relevanz[77] sind demnach zunächst einmal die Forschungsprobleme, gerade so wie sie in der jeweiligen Gemeinschaft gestellt wurden, und der Hintergrund, vor dem ihr Problemcharakter verständlich wird. Dann ist der Umgang mit diesen Forschungsproblemem bei der jeweiligen Gemeinschaft zu rekonstruieren, zusammen mit den spezifischen Standards, die diesen Umgang normativ beeinflussten und damit verständlich machen können. Ins-

---

71. 1968a, ET pp.110–112/S.175–178; 1979a, pp.121–122; 1986. – Ich beziehe mich im folgenden wieder nur auf die Schriften Kuhns. Der Grund ist wieder, dass für das Verständnis der Kuhnschen Theorie und ihrer Abhängigkeit von der neuen Historiographie zunächst einmal Kuhns Sicht dieser Historiographie entscheidend ist. – Für andere äusserungen zu dieser Historiographie siehe z.B. Cohen 1974; Kragh 1987, besonders chpt.9; Shapere 1977, pp.198–199 und Thackray 1970.

72. 1968a, ET p.110/S.175; 1980a, p.183; 1984, p.244.

73. SSR, p.3/S.17; ähnlich 1970e, p.68 und 1977b, ET p.11/S.59.

74. SSR, p.167 fn.3/S.236 Fn.3; ähnlich auch 1984, p.250; im Druck a, Ms. p.1, p.30, pp.44–45; im Druck c, Ms. p.1, p.38.

75. 1979a, p.122; ähnlich auch SSR, p.VI/S.8; 1983c, p.27. – Der z.T. metaphorische Charakter dieser Formulierungen macht sie explikationsbedürftig; ich komme darauf nachher zurück.

76. 1969b, pp.972–973.

77. Siehe zum Folgenden 1955a, p.95; SSR, pp.2–3/S.16ff.; 1968a, ET p.110/S.175; 1969b, p.969; 1970e, pp.67–68; 1971a, pp.138–143/S.314–318; 1971b, ET p.29/S.82; ET, pp.XI–XIV/S.32–36; 1977b; 1978, p.VIII; 1979a, p.122, pp.126–127; 1980a, pp.182–185; 1983a, pp.676–678; 1984, p.233, p.236, pp.243–252; im Druck b, Ms. p.3.

besondere bei Innovationen jeglicher Art ist zu fragen, als was diese Innovationen in ihrer Zeit aufgefasst wurden, da hier die Gefahr der präsentistischen[78] Verzerrung besonders gross ist. Die historisch angemessene Darstellung der Forschungsprobleme und des Umgangs mit ihnen erfordert die genaue Rekonstruktion des zeitgenössischen Begriffssystems. Besonders hier spielen für den Historiker Fragen der *pragmatischen* Relevanz eine Rolle, nämlich hinsichtlich der Ausführlichkeit, mit der das Begriffssystem der Vergangenheit dem jeweiligen Publikum vorgestellt werden muss[79].

Die Erfüllung der letztgenannten Aufgabe, die historisch angemessene Rekonstruktion des zeitgenössischen Begriffssystems, erfordert vom Historiker besondere Anstrengungen. Zunächst einmal ist der Bereich der zulässigen Quellen auf jeweils zeitgenössische (und allenfalls frühere) Texte einzuschränken, wobei neben den veröffentlichen Quellen, den Lehrbüchern und Fachzeitschriften der Zeit, im allgemeinen auch unveröffentliche Quellen beizuziehen sind, z.B. wissenschaftliche Briefwechsel und Tagebücher. Diese Texte sind auf *hermeneutische* Weise zu lesen, und das bedeutet für Kuhn folgendes[80]:

1. Es ist davon auszugehen, dass ein Text auf mehrere Weisen auslegbar ist.
2. Die verschiedenen Auslegungsweisen eines Textes sind nicht gleichwertig.
3. Das Kriterium zur Bewertung von alternativen Auslegungen eines Textes besteht – jedenfalls für bedeutende Texte[81] – darin, dass eine Auslegung, die eine grössere Plausibilität und Kohärenz des Textes ergibt, die bessere ist[82].
4. Je älter ein Text ist, desto unwahrscheinlicher ist es im allgemeinen, dass die einem heutigen Leser naheliegendste Interpretation des Textes die angemessenste ist.
5. Eine Maxime für die Verbesserung von Auslegungen besteht darin, Passagen des Textes aufzusuchen, die als offensichtlich fehlerhaft, unplausibel oder gar

---

78. Das ist ein bei Historikern üblicher Terminus, siehe z.B. Groh/Wirtz 1983, S.192 oder Rudwick 1985, p.12.

79. 1983a, pp.677–678.

80. Kuhn bemerkt in verschiedenen autobiographischen Passagen, dass seine eigene (Wieder-) Entdeckung der Hermeneutik für die Wissenschaftsgeschichte 1947 bei seiner Beschäftigung mit der aristotelischen Physikvorlesung begann (siehe ET, pp.XI–XIII/S.32–35; 1981, pp.3–10/S.8–17). Der Hermeneutik als einer Tradition, die von der Philosophie her für die Wissenschaftsgeschichte fruchtbar gemacht wurde, ist Kuhn zunächst hauptsächlich in den Schriften Alexandre Koyrs begegnet (siehe besonders 1970e; auch SSR, pp.V–VI/S.8; 1971b, ET p.21/S.72; 1971c, ET p.150/S.219; ET p.XIII fn.3/S.46 Fn.3; 1977b, ET p.11/S.58f.; 1983c, p.27, p.29; 1984, p.243). Dem *Terminus* Hermeneutik und der durch ihn gekennzeichneten, vor allem kontinental-europäischen philosophischen Tradition begegnet Kuhn erst in den frühen 70er Jahren, wenn auch diese Tradition ihm und seinen (vor allem angelsächsischen) philosophischen Kollegen in den 70er Jahren ziemlich undurchsichtig bleibt (siehe ET, p.XV/S.36f. mit Differenzen der englischen und der deutschen Fassung). Für Andeutungen zu Kuhns weiterer Rezeption der hermeneutischen Tradition siehe 1983a, p.677 und p.685 fn.11; 1983b, pp.715–716. – Siehe auch im Druck a, Ms. pp.2–3, p.30; im Druck b, Ms. p.2; im Druck c, Ms. pp.2–3.

81. Kuhn geht nicht explizit darauf ein, was das Kriterium dafür ist, dass ein Text ,bedeutend' ist. Wenn man aber die Schilderung seiner Auseinandersetzung mit der Physikvorlesung des Aristoteles daraufhin liest (ET, p.XI/S.33; 1981, p.4–5/S.9f.), so wird man ihm unterstellen dürfen, dass er folgendes Kriterium als hinreichend für die Bedeutsamkeit eines Textes ansieht: Der Text hat eine grosse Wirkungsgeschichte, oder/und es gibt andere Texte des gleichen Autors mit einer grossen Wirkungsgeschichte, die den Schluss auf hohe Qualität des gegebenen Textes erlauben (vergleiche auch 1964, ET p.253/S.340).

82. Dies entspricht dem, was Gadamer für die hermeneutische Tradition den „Vorgriff der Vollkommenheit" nennt: Gadamer 1960, S.277f.

absurd erscheinen. Diese Passagen sind primär als Indikatoren für die Verbesserungsbedürftigkeit der Auslegung anzusehen und nicht als Zeichen dafür, dass ihr Autor verwirrt war[83]. Gelingt es, für diese Passagen des Textes Auslegungen zu finden, die ihre vorherige Unplausibilität zum Verschwinden bringen, so kann sich damit auch die Bedeutung vorher anscheinend schon verstandener Partien des Textes ändern, weil sich die begrifflichen Änderungen, die zunächst lokal die unplausiblen Stellen plausibel machen, im ganzen Text ausbreiten können[84].

Werden die wissenschaftshistorisch relevanten Quellen auf diese Weise gelesen, so kann sich von der Entwicklung eines bestimmten Gebietes ein Bild ergeben, das gegenüber den Resultaten der älteren Historiographie stark verändert ist. Vergleicht man diese verschiedenen Bilder, so stellt man typischerweise folgende Unterschiede fest[85]: Die Entwicklung eines bestimmten Fachgebietes zeigt weniger grosse Sprünge, die anscheinend von Genies mit schlafwandlerischer Sicherheit oder hellseherischer Intuition oder in sonstiger Unkenntnis dessen, was sie eigentlich taten, überwunden wurden. Vielmehr zeigen sich mehrere Zwischenstufen, und die Schritte zur jeweils nächsten Stufe sind entsprechend kleiner, besser vorbereitet und daher plausibler von hinreichend begabten Menschen realisierbar. In gewisser Weise werden die beteiligten Wissenschaftler dadurch vielfach dennoch zu ‚besseren‘ Wissenschaftlern, weil ihre Leistungen eleganter und in höherem Masse nachvollziehbar werden. Hinsichtlich der zur Verfügung stehenden Quellen ergeben sich aufgrund der hermeneutischen Leseweise natürlich weniger Anomalien, d.h. hier: weniger Textstellen, die mithilfe mehr oder weniger unbefriedigender psychologisierender Hypothesen ‚weginterpretiert‘ werden müssen[86]. Insbesondere kann in vielen Fällen der Rekurs auf eine gewisse ‚Verwirrung‘ der beteiligten Wissenschaftler wegfallen, weil viele Textstellen, die diese Verwirrung anzu-

---

83. Die Angemessenheit dieser Maxime ergibt sich natürlich aus der (zumindest probeweise) zu unterstellenden Qualität des Textes, die ihn zu einem bedeutenden Text gemacht hat.

84. Mit dieser Explikation der hermeneutischen Aufgabe des Historikers lassen sich auch einige von Kuhn (und auch sonst in diesem Zusammenhang gern) gebrauchte Metaphern ein Stück weit explizieren: Der Historiker habe sich „in die Köpfe der Mitglieder [einer bestimmten wissenschaftlichen Gemeinschaft] zu versetzen [climb inside the heads]" (1979a, p.122; ähnlich 1983c, p.27), er habe „so zu denken wie" diese (1968a, ET p.110/S.175; ähnlich 1977b, ET p.8/S.55). Das bedeutet zunächst einmal, das wissenschaftliche (und eventuell auch bis zu einem gewissen Grad das ausserwissenschaftliche) Begriffssystem der Zeit zu identifizieren und zu erlernen. Dies ist eine notwendige Bedingung für die anschliessend zu leistende historisch angemessene Artikulation der früheren Wissenschaftsinhalte. Schliesslich bedeutet es die Aneignung der (in den Wissenschaftsinhalten schon teilweise implizit enthaltenen) wissenschaftsleitenden Werte und Normen der Zeit, die die von den Wissenschaftlern getroffenen Entscheidungen verständlich machen können.

85. Ich beziehe mich jetzt besonders auf Kuhns Reflexionen in seinem 1984 zu seiner historiographischen Arbeit 1978 über die Strahlung des schwarzen Körpers und die Einführung der Quantenhypothese. Die Rechtfertigung dafür ergibt sich daraus, dass Kuhn sein 1978 als die am weitesten ausgearbeitete und repräsentativste Illustration seiner Konzeption der Wissenschaftsgeschichte ansieht, welche sowohl seinen historiographischen als auch seinen mehr philosophischen Arbeiten zugrundeliegt (1984, p.231).

86. Allerdings entsteht an anderem Ort ein massiver Druck zu psychologisierender bzw. soziologisierender Argumentation: nämlich zur Beantwortung der Frage, warum sowohl für unmittelbar beteiligte Wissenschaftler, für nachfolgende Wissenschaftler, als auch für noch spätere Wissenschaftshistoriker die Tendenz besteht, die Vergangenheit eines Gebietes verzerrt zu erinnern bzw. darzustellen. Die Verzerrung besteht dabei in einer historisch unzulässigen Assimilation der Vergangenheit an die jeweilige Gegenwart. Kuhn widmet dieser Frage das ganze Kapitel XI von SSR und fast ein Drittel von 1984, nämlich pp.246–252.

ligten Wissenschaftler wegfallen, weil viele Textstellen, die diese Verwirrung anzuzeigen scheinen, bei anderen Lesarten stattdessen Indikatoren für eine fremdere
Vergangenheit sind.

Offensichtlich kann diese Historiographie zu einer zwar grösseren, aber dafür
in höherem Masse nachvollziehbaren Fremdheit der vergangenen Wissenschaft
führen als die ältere wissenschaftsinterne Historiographie, und zunächst einmal
scheinen für diese Fremdheit keine Grenzen gesetzt. Dennoch ist für Kuhn die
Wissenschaft der Vergangenheit mit der heutigen Wissenschaft nicht nur durch eine Kette nicht-transitiver Ähnlichkeiten verbunden, so dass der Wissenschaft insgesamt keine überzeitlichen Attribute verbleiben würden. Vielmehr lässt sich über
die Wissenschaft aller Zeiten folgendes sagen:[87]

— Wissenschaft hat die Natur bzw. die Welt zu ihrem Gegenstand;
— Wissenschaft geht auf ein Verständnis der Natur bzw. der Welt, das deren
    Ordnung möglichst genau und möglichst allgemein erfasst;
— die Orientierung der Wissenschaft an dem ebengenannten Ziel schlägt sich in
    der Suche nach Aussagen nieder, die untereinander möglichst kohärent und
    mit der Natur bzw. der Welt in bestmöglicher Übereinstimmung stehen[88];
— Wissenschaft ist primär Detailarbeit, d.h. sie versucht ihr Verständnis der
    Natur bzw. der Welt über ein genaues Verständnis einzelner Aspekte der Na-
    tur bzw. der Welt herzustellen;
— Wissenschaft verfährt empirisch, d.h. Beobachtung und Erfahrung spielen für
    die Zulässigkeit von Aussagen eine drastisch einschränkende Rolle;
— es gibt demnach eine allgemeingültige Kennzeichnung sowohl der Verfahren
    der wissenschaftlichen Wissensproduktion als auch der Art der Argumente,
    die zur Rechtfertigung dieser Wissensansprüche dienen[89].

Allerdings – diese überzeitliche, allgemeine Kennzeichnung von Wissenschaft
ist nicht sonderlich weitreichend: Insbesondere determiniert sie keineswegs die
tatsächliche wissenschaftliche Praxis in einer bestimmten historischen Situation[90].
Bei dieser Praxis spielen eine Menge historisch mehr oder weniger variierender
Faktoren eine Rolle. Dies ist mit den obigen überzeitlichen Attributen von Wissenschaft vor allem deshalb verträglich, weil diese Attribute *abstrakt-allgemein* sind,
d.h. sie lassen sich in verschiedenen historischen Situationen auf verschiedene
Weise konkretisieren[91]. So können etwa die Begriffe ‚Allgemeinheit‘, ‚Genauigkeit
‘, ‚Übereinstimmung mit der Natur bzw. der Welt‘ und die anderen in den überzeitlichen Charakteristika von Wissenschaft vorkommenden Schlüsselbegriffe zu verschiedenen Zeiten mit sehr verschiedenen Bedeutungen aufgefüllt werden. Und
wissenschaftsphilosophisch besonders relevant ist die neue wissenschaftsinterne

---

87. SSR, p.4/S.18, p.42/S.55; 1970b, p.245/237. – Zu den Begriffen ‚Natur‘ bzw. ‚Welt‘ bei Kuhn siehe
    Kapitel 2, besonders Abschnitt 2.1.a.
88. Dies folgt indirekt aus der in SSR p.3/S.17 angegebenen Maxime für die historisch angemessene
    Rekonstruktion vergangener Wissenschaft, gemäss der die Meinungen der jeweiligen Gruppe so
    zu rekonstruieren seien, dass sie „das Maximum interner Kohärenz und die bestmögliche überein-
    stimmung mit der Natur" aufweisen.
89. Dies geht indirekt aus SSR, p.2/S.16f. hervor, wo Kuhn sagt, dass die frühere Wissenschaft
    „durch die gleiche Art von Methoden hervorgebracht und aufgrund der gleichen Art von Grün-
    den vertreten worden ist, die heute zu wissenschaftlichem Wissen führen".
90. SSR, pp.3–5/S.18ff., pp.40–42/S.54f.
91. Vergleiche Feyerabend 1981b, pp.62–63.

che diese Historiographie entdecken (oder voraussetzen) mag, sondern gerade wegen der durch die hermeneutische Bemühung aufgedeckten Fremdheit der vergangenen Wissenschaft[92].

1.3. Die Untersuchungshinsicht: Struktur

Mit der bis jetzt erfolgten Bestimmung des *Gegenstandes* der Kuhnschen Theorie ist das *Thema* dieser Theorie noch nicht hinreichend fixiert. Denn bisher wurde lediglich erörtert, wie der Gegenstand ‚Wissenschaftsentwicklung‘ für die Kuhnsche Theorie zugänglich wird, nicht aber, in welcher theoretischen Perspektive, in welcher besonderen Hinsicht dieser Gegenstand in dieser Theorie thematisiert wird. Als Indikator für die besondere Hinsicht, die für Kuhns wissenschaftstheoretische Untersuchung der Wissenschaftsentwicklung richtungsweisend ist, dient das Wort Struktur, das auch im Titel von SSR auftaucht. Allerdings ist wegen der Unbestimmtheit des Begriffs Struktur die einschlägige Untersuchungshinsicht damit weit mehr angedeutet als tatsächlich ausgesprochen, und zudem äussert sich Kuhn nirgends explizit über die Bedeutung dieses Begriffs. Damit stellt sich zunächst die Aufgabe zu klären, was Kuhn unter der ‚Struktur der Wissenschaftsentwicklung‘ im allgemeinen und der ‚Struktur wissenschaftlicher Revolutionen‘ im besonderen versteht.

Bevor ich mit der Klärung des spezifischen Sinnes von ‚Struktur‘ beginne, wie er für Kuhns Wissenschaftsphilosophie leitend ist, soll die allgemeine Bedeutung dieses Begriffs vergegenwärtigt werden. Dies scheint um so notwendiger, als vielfach das klare Bewusstsein, was mit diesem Begriff angesprochen ist, hinter seiner enormen Beliebtheit zurückbleibt[93].

Die heutige, allgemeinste Bedeutung des Strukturbegriffs ergibt sich durch Abstraktion aus der ursprünglichen Bedeutung des lateinischen Wortes ‚structura‘, wie sie auch heute noch im Englischen lebendig ist, nämlich ‚Mauerwerk‘, ‚Bauwerk‘. Ist heute von der Struktur einer Sache die Rede, so ist dreierlei angesprochen, wobei die Parallele zur Bedeutung des lateinischen Wortes offensichtlich ist:

1. Die Sache ist in sich nicht gänzlich homogen und unterschiedslos, sondern hat ‚Teile‘, ‚Elemente‘, ‚Komponenten‘ oder ‚Momente‘.
2. Diese Teile etc. stehen zueinander nicht in beliebigen, gleichgültigen oder chaotisch wechselnden Verhältnissen. Vielmehr sind die Beziehungen der Teile zueinander mehr oder weniger bestimmt, konstant und zudem konstitutiv für die Sache, so dass von einer ‚Ordnung‘ dieser Teile etc. gesprochen werden kann.
3. Aufgrund dieser Ordnung der Teile etc. ist die Sache trotz der ihr innewohnenden Unterschiede ein irgendwie geartetes ‚Ganzes‘.

Dieser allgemeine Strukturbegriff wird in verschiedenen Wissenschaften durch unterschiedliche Spezifikationen und Akzentuierungen zu besonderen Strukturbegriffen differenziert. Ich werde diese Differenzierungen aber nicht wei-

---

92. SSR, pp.3–4/S.18f., Kap.XII; 1968a, ET p.121/S.188f.; ET, p.XIV/deutsche Ausgabe verschieden; 1984, p.244.

93. Vergleiche dazu und zum Folgenden Bastide 1962, Einem 1973, Kambartel 1973, Naumann 1973 und Schlüchter 1974.

Strukturbegriffen differenziert. Ich werde diese Differenzierungen aber nicht weiter verfolgen, da sie meines Wissens auch in den Geschichtswissenschaften nicht zu einem Strukturbegriff führen, der sich mit dem Kuhnschen deckt[94].

Das Wort ‚Struktur‘ kommt in SSR trotz des Titels des Buches nicht sonderlich häufig vor und ausserdem zumeist in anderen Zusammenhängen als dem hier thematischen[95]. Nur dreimal verwendet Kuhn in SSR das Wort so, dass man Aufschluss darüber erhalten kann, welche besondere Untersuchungshinsicht er mit dem Strukturbegriff ansprechen will[96].

In zwei Fällen spricht Kuhn von der Struktur (revolutionärer) wissenschaftlicher Entdeckungen:

> „Bei der Untersuchung einiger ausgewählter Entdeckungen [...] werden wir schnell herausfinden, dass sie nicht isolierte Ereignisse sind, sondern *ausgedehnte* Episoden mit einer *regelmässig wiederkehrenden Struktur.*“[97]

Direkt anschliessend an diesen Satz werden drei zeitlich und sachlich unterscheidbare Phasen von solchen Entdeckungsprozessen genannt (die uns inhaltlich hier noch nicht zu interessieren brauchen)[98]. Diese für revolutionäre Entdeckungen als allgemeingültig angesehene Abfolge von Phasen nimmt Kuhn später mit den Wörtern „(historisches) Muster [pattern]“[99] und „historisches Schema [schema]“[100] wieder auf. Solche revolutionären Entdeckungsprozesse lassen sich nun hinsichtlich ihrer Struktur mit denjenigen Grossereignissen vergleichen, die gewöhnlich ‚wissenschaftliche Revolutionen‘ genannt werden[101], und das heisst, dass auch die-

---

94. Der Begriff Struktur hat sich in den Geschichtswissenschaften vor allem im Umfeld sozialgeschichtlicher Fragestellungen als Gegenbegriff zu ‚Ereignis‘ eingebürgert, besonders im Begriff (bzw. Schlagwort) der ‚Strukturgeschichte‘ (vergleiche Kosellek 1973, S.561f.). Mit ‚Strukturen‘ werden hier historische Realitäten angesprochen, die sich, verglichen mit Ereignissen, nur langsam (wenn auch nicht notwendigerweise kontinuierlich) wandeln. Diese Strukturen sollen den Spielraum möglicher historischer Ereignisse bestimmen, ohne diese zu determinieren; sie sind insofern Bedingungen und Einflussfaktoren von Ereignissen. Dieser Strukturbegriff hat mit dem Kuhnschen fast nur die allgemeine Grundbedeutung von ‚Struktur‘ gemein. – Weitere Literatur zu diesem Strukturbegriff findet man beispielsweise in Groh 1971 und Lübbe 1977, S.69 Fn.3.

95. So ist in SSR die Rede von einer „Problem-Struktur“ (p.VII/S.9, p.137/S.148 und p.144/S.155), von „der Struktur von nachrevolutionären Lehrbüchern und Forschungspublikationen“ (p.IX/S.11), von „der Struktur einer Gruppe, die ein bestimmtes Gebiet bearbeitet“ (p.18/S.33), von einem „wackeligen Bauwerk [structure], wo zwischen den einzelnen Teilen wenig Zusammenhalt zu finden ist“ (p.49/S.63), von der „Struktur einer zugestandenermassen fundamentalen Anomalie“ (p.86/S.99f., ähnlich p.56/S.69, zweimal auf p.89/S.102), von der „logischen Struktur des wissenschaftlichen Wissens“ (p.95/S.107, ähnlich p.137/S.148), von den „fundamentalen strukturellen Elementen, aus denen das Universum zusammengesetzt ist“ (p.102/S.114f.) und schliesslich von „einem relativ plötzlichen und unstrukturierten Ereignis“ (p.122/S.134).

96. Das Wort findet sich in der gesuchten Bedeutung auch in 1970b, p.243/S.235(„Struktur der Wissenschaftsentwicklung“) sowie im Untertitel der deutschen Ausgabe von ET („Studien zur Struktur der Wissenschaftsgeschichte“), nicht aber in der (späteren) englischen Ausgabe.

97. SSR, p.52/S.65 Hervorhbg. von mir, auch p.8/S.22.

98. In 1962d, das Parallelstellen zu unserem Thema enthält (siehe 1962d, ET p.165 fn.1/S.251 Fn.1), wird schon im Titel von der „historischen Struktur wissenschaftlicher Entdeckungen“ gesprochen, wofür die zeitliche Ausdehnung von Entdeckungen eine Voraussetzung sei (ET p.177/S.250). Hier findet sich ebenfalls die Diskussion dreier Phasen von Entdeckungsprozessen.

99. p.53/S.66, p.54/S.67.

100. p.64/S.76.

101. SSR, pp.7–8/S.22 übs. falsch; ähnlich auch 1963b, p.388. – Siehe zu dieser Parallele später Abschnitt 6.1.

Das dritte für uns relevante Vorkommen des Strukturbegriffs befindet sich im letzten Kapitel von SSR. Dort spricht Kuhn vom bisherigen Inhalt seines Buches als „einer schematischen Beschreibung der Wissenschaftsentwicklung", welche

> „die wesentliche Struktur der fortschreitenden Entwicklung einer Wissenschaft [the essential structure of a science's continuing evolution]"

zu erfassen sucht[102].

Was ist demnach mit ‚Struktur' zunächst gemeint?

1. Struktur ist eine Eigenschaft, die nur zeitlich ausgedehnte Prozesse haben können; punktuelle Ereignisse sind grundsätzlich in diesem Sinne strukturlos.
2. Ein Prozess hat Struktur (oder ‚er ist strukturiert'), wenn er in zeitlich und sachlich unterscheidbare Phasen gegliedert ist.
3. Die Reihenfolge der Phasen ist nicht beliebig, sondern Bestandteil der Struktur des Prozesses.
4. Die Struktur des Prozesses ist eine allgemeine Eigenschaft des Prozesses, d.h. ein und dieselbe Struktur kommt jedem Element einer bestimmten Prozessklasse zu.

Ganz offensichtlich handelt es sich bei diesem Begriff von Struktur um eine Konkretisierung der allgemeinsten Bedeutung von Struktur, wie sie vorhin angegeben wurde. Kuhn geht es also, wenn er von der Struktur der Wissenschaftsentwicklung spricht, um eine *allgemein gültige Phasengliederung der Entwicklung von wissenschaftlichen Fachgebieten.* Ich werde dies als ein ‚allgemeines Phasenmodell der Wissenschaftsentwicklung' bezeichnen[103]. Allerdings schränkt Kuhn den Allgemeinheitsanspruch des von ihm vorgeschlagenen Phasenmodells sogleich ein:

> „Wenn der Historiker das wissenschaftliche Wissen über eine Gruppe zusammenhängender Phänomene zeitlich zurückverfolgt, so wird er *wahrscheinlich* das folgende Muster antreffen, vielleicht *ein wenig abgewandelt*"[104].

Ich möchte aus Gründen, die gleich anschliessend klar werden, das Kuhnsche allgemeine Phasenmodell schon hier skizzieren. Da die tragenden Begriffe des Modells noch nicht eingeführt wurden, wird diese Skizze nur beschränkt verständlich sein[105].

In der Entwicklung der heute ‚reifen' Wissenschaften lässt sich im allgemeinen eine Anfangsphase finden, die ich die ‚vornormale Wissenschaft' nennen wer-

---

102. SSR, p.160/S.171, übs. falsch. ähnlich spricht Kuhn auch an anderen Stellen von SSR sowie in anderen Arbeiten von einem „Entwicklungsmuster [developmental pattern]" (SSR, p.12/S.27, p.137/ S.148; 1970b, p.243/S.235 [ebenda auch synonym von der „Struktur der Wissenschaftsentwicklung "], p.244/S.236; ET, p.XXI/S.44) und von einem „Entwicklungsschema [developmental schema]" (1984, p.245).

103. Andere in der deutschsprachigen Wissenschaftstheorie der Geschichtswissenschaften übliche Termini sind „Verlaufsmodelle der Geschichte" (Schlobach 1978, S.127), „Ablaufsmodell", „Phasenmodell" (Berding 1978, S.272), „Strukturmodell" (Polikarov 1981) oder „Verlaufsfigur" (Marquard 1978, S.330) geschichtlicher Prozesse.

104. SSR, p.11/S.26f. Hervorhbg. von mir; ähnlich auch p.12/S.27.

105. Diese Begriffe werden in Teil III eingeführt werden.

nen eine Anfangsphase finden, die ich die ‚vornormale Wissenschaft' nennen werde[106]. Der Übergang zur Reife besteht im Übergang in eine erste Phase ‚normaler Wissenschaft'. Diese Phase normaler Wissenschaft geht dann über kurz oder lang über eine ‚wissenschaftliche Revolution' in eine neue Phase normaler Wissenschaft über und so fort. Zwischen zwei Phasen normaler Wissenschaft kann eine Phase ‚ausserordentlicher Wissenschaft' stattfinden.

Aber die Beschreibung, dass Kuhns Wissenschaftsphilosophie auf ein allgemeines Phasenmodell der Wissenschaftsentwicklung zielt, ist insofern irreführend, als sie Kuhns eigene Gewichtung der Elemente dieses Modells nicht wiedergibt. Kuhns hauptsächliches Interesse gilt der „Wichtigkeit von ‚Revolutionen' für die Wissenschaftsentwicklung"[107]. Weil wissenschaftliche Revolutionen durch das besondere Verhältnis zweier aufeinanderfolgender Phasen normaler Wissenschaft charakterisiert sind, ist für ihr Verständnis das Verständnis normaler Wissenschaft grundlegend. Im Vergleich dazu ist vornormale und ausserordentliche Wissenschaft, wie auch die übrigen Übergänge zwischen verschiedenen Phasen, für Kuhns Theorie von untergeordneter Bedeutung.

Wenn Kuhn nun sein Hauptwerk mit „Die Struktur wissenschaftlicher Revolutionen" überschreibt, so meint er damit allerdings nicht nur ein allgemeines Phasenmodell wissenschaftlicher Revolutionen. Denn seiner eigenen Aussage nach geht es in diesem Buch um eine bestimmte „Konzeption der *Natur* wissenschaftlicher Revolutionen"[108]. Gemeint ist demnach mit der ‚Struktur wissenschaftlicher Revolutionen' nicht nur das Gefüge ihrer zeitlich voneinander unterscheidbaren Phasen. Vielmehr sind auch die ‚wesentlichen Elemente' von Revolutionen gemeint: diejenigen Stücke, die für wissenschaftliche Revolutionen charakteristisch sind und die wissenschaftliche Revolutionen zu dem machen, was sie sind.

Zusammenfassung von Teil I

Damit können wir nun das Thema der Kuhnschen Wissenschaftsphilosophie abschliessend bestimmen. Den Gegenstandsbereich der Kuhnschen Wissenschaftsphilosophie bildet der Gesamtbereich der Grundlagenwissenschaften, und zwar hinsichtlich seines epistemischen Aspekts. In diesem Gesamtbereich werden nur solche Wissenschaftsgebiete betrachtet, die in ihrer disziplinären Breite und zeitlichen Länge von identifizierbaren Wissenschaftlergemeinschaften bearbeitet worden sind. Die Entwicklung dieser Gebiete wird nach den Prinzipien der neueren wissenschaftsinternen Historiographie rekonstruiert. Als Gegenstände der Kuhnschen Wissenschaftsphilosophie bilden diese Gebiete dann die Basis für eine verallgemeinernde Betrachtung der Wissenschaftsentwicklung. Die Kuhnsche Perspektive zielt zunächst, aber eher vorbereitend, auf ein allgemeines Phasenmodell der Wissenschaftsentwicklung. In diesem Phasenmodell gibt es für die reifen Wissenschaften aufeinanderfolgende Phasen normaler Wissenschaft, zwischen denen wissenschaftliche Revolutionen liegen. Diese wissenschaftlichen Revolutionen, zusammen mit der sie ermöglichenden normalen Wissenschaft, sind dann der Haupt-

---

106. Kuhn selbst nennt sie ‚vorparadigmatische Wissenschaft'; die Gründe für den vorgeschlagenen Bezeichnungswechsel werde ich in Abschnitt 5.5.b geben.

107. 1959a, ET p.226/S.309.

108. SSR, p.7/S.22, Hervorhbg. von mir; ähnlich auch die überschrift von Kapitel IX von SSR: „Die Natur und die Notwendigkeit wissenschaftlicher Revolutionen" und p.136/S.147.

laufs, hinsichtlich ihrer wesentlichen Bestimmungsstücke sowie ihrer Konsequenzen untersucht.

Bevor ich mich aber diesen, im engeren Sinne wissenschaftstheoretischen Themen zuwenden kann (Teil III), ist eine andere Untersuchung notwendig. Zunächst ist nämlich zu klären, wie nach Kuhn das wissenschaftliche Wissen und sein Gegenstand allgemein zu charakterisieren ist (Teil II). Erst wenn die diesbezügliche erkenntnistheoretische und – ineins damit – ontologische Position Kuhns rekonstruiert ist, kann verständlich werden, warum Kuhn normale Wissenschaft und wissenschaftliche Revolutionen so fasst, wie er es tatsächlich tut.

Teil II

Das wissenschaftliche Wissen und sein Gegenstand

Der Gegenstand des wissenschaftlichen Wissens ist die Natur bzw. die Welt — dies scheint eine ebenso verständliche wie einleuchtende Aussage zu sein, und doch ist sie problematisch. Denn der Sinn von ‚Natur‘ bzw. von ‚Welt‘ und mit ihm der Sinn von ‚Gegenstand-Sein‘ bedarf der Klärung. Welchen Sinn diese Begriffe in der Kuhnschen Theorie annehmen, wird in Kapitel 2 erörtert. Der für das Wissen relevante Weltbegriff ist bei Kuhn der einer ‚Erscheinungswelt‘, einer Welt, die mit durch die Aktivitäten der Erkenntnissubjekte konstituiert ist. Die Kuhnsche Sicht dieses Konstitutionsprozesses wird in Kapitel 3 rekonstruiert; in ihm ist die Beschaffenheit des wissenschaftlichen Wissens fundiert, und damit die Weisen, wie sich dieses Wissen entwickeln kann. Schliesslich wird in Kapitel 4 der Paradigmenbegriff und seine zentrale Rolle für die Kuhnsche Theorie des wissenschaftlichen Wissens analysiert.

Kapitel 2

Der Weltbegriff

Für die Rekonstruktion der Kuhnschen Theorie ergibt sich die Notwendigkeit, zwei Begriffe von Welt bzw. Natur zu unterscheiden. In Abschnitt 2.1 wird analysiert, wie sich in SSR diese Notwendigkeit ergibt. Die Unterscheidung wird von Kuhn erst in einigen 1969 verfassten Arbeiten explizit durchgeführt (Abschnitt 2.2). Schliesslich nimmt Kuhn dieses Thema 1979 mit etwas verschobenen Akzenten wieder auf (Abschnitt 2.3).

2.1. Der Doppelsinn von ‚Welt' und ‚Natur' in SSR; die These von der Pluralität der Erscheinungswelten

a) Welt an sich und Erscheinungswelt in SSR

Wissenschaft aller Zeiten hat nach Kuhn, so wurde schon gesagt[1], Natur bzw. Welt als ihren Gegenstand. Kuhn verwendet das Wort ‚Natur' meist synonym mit dem Wort ‚Welt'[2]. Diese gebräuchliche Redeweise von der Natur oder Welt als *Gegenstand* der Wissenschaft, als dem, was dem Wissenschaftler gegenübersteht und unabhängig von ihm ist, steht in erheblicher Spannung mit der Aussage Kuhns, dass,

> „obwohl die Welt sich mit einem Paradigmenwechsel nicht ändert, der Wissenschaftler danach *in einer anderen Welt* arbeitet"[3].

Diese Spannung ist Kuhn bewusst, denn er teilt dem Leser im darauffolgenden Satz mit, er sei überzeugt, „dass wir lernen müssen, Aussagen, die [der eben gemachten] zumindest ähneln, einen Sinn abzugewinnen".

Versuchen wir, der genannten Aussage einen Sinn abzugewinnen. Der Schlüssel hierfür ist in SSR allerdings höchst implizit enthalten. Denn dazu müssen

---

1. Vergleiche Abschnitt 1.2.c.

2. Die Synonymität von ‚world' und ‚nature' geht beispielsweise aus SSR, p.77/S.90 hervor, wo „comparison of that theory with the world" im nächsten Satz als „comparison of both paradigms with nature" aufgenommen wird (in der übersetzung ist allerdings ‚world' bereits durch ‚Natur' wiedergegeben). – Der Kuhnsche Sprachgebrauch ist in SSR allerdings nicht ganz einheitlich. Während an der genannten Stelle und an anderen (z.B. p.42/S.55) die beiden Wörter synonym verwendet werden, tendiert Kuhn an anderen Stellen dazu, die beiden in diesem Abschnitt zu diskutierenden Bedeutungen mittels der Wörter ‚Natur' und ‚Welt' zu unterscheiden. Ein Beispiel ist p.125/S.137, wo er von der „ *Welt*, die durch die *Natur* und die Paradigmen zusammen bestimmt ist ", spricht. Die Stellen mit synonymer Verwendung von ‚Welt' und ‚Natur' überwiegen allerdings. Dieser Sprachgebrauch hält sich auch in den späteren Arbeiten durch, z.B. 1979b, p.414; 1981, p.25/S.34ff.; 1983a, pp.680–681.

3. SSR, p.121/S.133 Hervorhbg. von mir, ähnlich p.6/S.21, p.61/S.73, p.106/S.119, p.111/S.123, p.117/S.129 übs. zu frei, p.118/S.130, p.120/S.132, p.121/S.133, p.122/S.134, p.134/S.146, p.135/S.146, p.141/S.152, pp.147–148/S.159, p.150/S.161.

zwei Bedeutungen von ‚Welt' bzw. ‚Natur' unterschieden werden, und Kuhn wird
in SSR lediglich bewusst, dass das Problem irgendwie beim Weltbegriff liegt:

> „In einem Sinn, den ich nicht weiter explizieren kann, betreiben die Vertreter
> miteinander konkurrierender Paradigmen ihr Geschäft in verschiedenen Wel-
> ten"[4].

In einigen seiner 1969 verfassten Arbeiten bemerkt Kuhn ausdrücklich, dass der
„dauernde Gebrauch von Wendungen wie ‚die Welt ändert sich' in meinem ursprünglichen Text [SSR]" ein Hinweis auf eine Unklarheit sei[5], die er dann mit einer
neuen Terminologie aufzulösen versucht. Die beiden unterschiedlichen Bedeutungen von ‚Welt' bzw. ‚Natur' lassen sich aber schon in SSR voneinander unterscheiden.

En der einen Bedeutung von ‚Natur' bzw. ‚Welt' ist etwas gemeint, das sich
mit dem revolutionären Wechsel in der Wissenschaft mitverändert, so dass man sagen kann, diese Welt werde im Verlauf dieser Episoden „qualitativ umgewandelt
und quantitativ erweitert"[6]. Diese Welt ist „die Welt des Wissenschaftlers"[7], die
Welt, „in der die Wissenschaftler leben"[8], „in der sie ihre Wissenschaft betreiben"[9].
Es ist eine „Wahrnehmungswelt [perceived world]"[10],

> „eine Welt, die schon wahrnehmungsmässig und begrifflich [perceptually and
> conceptually] auf eine bestimmte Weise unterteilt ist"[11].

Für diese Welt bzw. Natur „sind Paradigmen konstitutiv"[12], genauer, diese

> „Welt ist durch die Natur und durch die Paradigmen zusammen bestimmt [de-
> termined jointly by nature and the paradigms]"[13],

wobei ‚Natur' hier im zweiten, gleich zu besprechenden Sinn zu nehmen ist. Was
immer Paradigmen auch genau sind[14], diese weltkonstitutive Funktion haben sie,
weil „durch sie die Natur gesehen wird"[15].

Nimmt man diese Stellen zusammen, so wird ersichtlich, dass sich hier ‚Welt'
bzw. ‚Natur' in gewissen Hinsichten mit dem deckt, was bei Kant „Natur im materiellen Sinn (natura materialiter spectata)" und ebenfalls auch „Welt" heisst: der

---

4. SSR, p.150/S.161; die deutsche übersetzung dieser Stelle ist sehr irreführend, weil sie ein ‚hier' ein-
fügt: „In einem Sinn, den ich *hier* nicht weiter entwickeln kann ..." [meine Hervorhbg.]. – In der
Kuhn-Literatur ist diese wichtige Stelle praktisch unbeachtet; eine Ausnahme ist Grandy 1983,
p.23.

5. 1970c, SSR p.192/S.204; ähnlich 1974a, ET p.309 fn.18/S.420 Fn.18.

6. SSR, p.7/S.22, ähnlich p.106/S.119.

7. SSR, p.7/S.22, p.111/S.124 u.a.

8. SSR, p.117/S.129, p.134/S.146.

9. SSR, p.6/S.21, p.121/S.133, p.147/S.159, p.150/S.161.

10. SSR, p.128/S.140.

11. SSR, p.129/S.141 übs. mangelhaft.

12. SSR, p.110/S.122, ähnlich indirekt p.106/S.119.

13. SSR, p.125/S.137, ähnlich p.112/S.124, p.123/S.135.

14. Siehe dazu später Kapitel 4.

15. SSR, p.79/S.92 übs. mangelhaft, ähnlich p.94/S.106.

„Inbegriff aller Erscheinungen"[16], das „Objekt aller möglichen Erfahrung"[17], der „Inbegriff der Gegenstände der Erfahrung"[18]. Für diese Welt sind bei Kant und bei Kuhn die Erkenntnis*subjekte* in bestimmter (wenn auch verschiedener) Weise mitkonstitutiv, und ich werde für diese Welt den Terminus *Erscheinungswelt* verwenden[19].

In der anderen Bedeutung von ‚Natur' bzw. ‚Welt' ist bei Kuhn etwas gemeint, das vom revolutionären Wechsel in der Wissenschaft selbst unberührt und unbeeinflusst bleibt. Diese Natur bzw. Welt wird nach einer Revolution nur „verschieden gesehen"[20], auf sie wird „ein begriffliches Netz gelegt", das bei einer Revolution verschoben wird[21]. Es handelt sich um eine „hypothetische, fixe Natur ", zu der wir keinen Zugang haben[22]. Diese Natur bzw. Welt ist als das vom Wissenschaftler unabhängige Gegenüber bestimmbar, das er betrachtet:

> „Was immer er auch sehen [see] mag, der Wissenschaftler betrachtet [is looking at] die gleiche Welt nach einer Revolution"[23].

Diese Natur bzw. Welt soll also keine ursprünglich auf der Seite der Subjekte liegenden Momente enthalten: sie soll das sein, was von einer Erscheinungswelt

---

16. Kritik der reinen Vernunft, A 114, B 163, A 334/B 391, A 418/B 446 Anm., A 419/B 447, A 455/B 483, A 506/B 534f.; Prolegomena, § 36.

17. Kritik der reinen Vernunft, A 114.

18. Kritik der reinen Vernunft, B XIX, ähnlich A 654/B 682; Prolegomena, § 16; Metaphysische Anfangsgründe, Vorrede.

19. Dass zwischen Kuhn und Kant gewisse Parallelen bestehen, ist schon von Buchdahl klar gesehen worden: Buchdahl 1969, p.511 fn.1; siehe auch Lane/Lane 1981, pp.52–53 mit fn.4. Kuhn selbst spricht diese Parallelen in seinem 1979b, pp.418–419 an; vergleiche dazu Abschnitt 2.3. – Vergleiche Putnam 1978, p.138 und Putnam 1981, chpt.3.

20. SSR, p.53/S.66, ähnlich p.118/S.130.

21. SSR, p.149/S.160, ähnlich p.141/S.152.

22. SSR, p.118/S.130, ähnlich p.111/S.123 und p.114/S.126:
    „Der Wissenschaftler hat keine Möglichkeit des Zugangs über das hinaus, was er mit seinen Augen und seinen Instrumenten sieht [can have no recourse above or beyond what he sees with his eyes and instruments]".
    Aus diesen äusserungen geht auch hervor, was hier ‚hypothetisch' als Qualifikation der ‚fixen Natur' heissen soll. ‚Hypothetisch' kann hier nur bedeuten, dass der Ansatz der fixen Natur nicht als bewiesen oder anderweitig als notwendig gültig eingesehen werden kann; der Gegenbegriff zu ‚hypothetisch' ist hier also ‚sicher gewusst'. Nicht gemeint ist damit insbesondere, dass es sich beim Ansatz der fixen Natur um eine im Prinzip empirisch testbare Hypothese handelt (vergleiche hierzu auch v.Weizsäcker 1977, S.190ff.). In den Arbeiten von 1969 wird die Tatsache, dass es sich bei dieser hypothetischen fixen Natur um ein Postulat handelt, explizit ausgesprochen: siehe Abschnitt 2.2.a.

23. SSR, p.129/S.141, ähnlich p.150/S.161. – ‚Looking at' und ‚seeing' sind in SSR die einzigen terminologischen Indikatoren, die zeigen, dass Kuhn den Unterschied der beiden Weltbegriffe ahnt; die wichtigsten Belegstellen dafür sind p.113/S.125, p.114/S.126, p.115/S.127, p.120/S.132, p.121/S.133, p.128/S.140, p.129/S.141, p.150/S.161; auch 1979c, p.IX. Die deutsche übersetzung ist hier ausserordentlich unglücklich, da das quasi-terminologische ‚looking at' an verschiedenen Stellen durch unterschiedliche deutsche Wörter wiedergegeben wird: durch ‚blicken auf', ‚betrachten', ‚anblicken' oder ‚anschauen'. – ‚Looking at' bedeutet nur den Akt der wahrnehmungsmässigen Hinwendung auf etwas, während ‚seeing' das Resultat dieses Aktes im Bewusstsein des Wahrnehmenden bedeutet, nämlich das Gewahrwerden eines Objekts. Beim ‚looking at' ist das Gegenüber noch unbestimmt, während beim ‚seeing' ein Objekt als ein bestimmtes Objekt der Erscheinungswelt identifiziert wird (dafür auch schon 1952a, p.31). Da eine Erscheinungswelt bei Kuhn eine „wahrnehmungsmässig und begrifflich auf eine bestimmte Weise unterteilte Welt" ist (SSR, p.129/S.141), hat ‚seeing' sinnliche und begriffliche Momente.

nach Abzug aller subjektseitigen Momente übrig bleibt. Kuhn setzt diese Natur bzw. Welt als *raumzeitlich*, als *nicht unterschiedslos* und als in bestimmtem Sinn *wirkungsmächtig* an. Diese Bestimmungen sind in SSR allerdings wieder nur höchst indirekt enthalten; erst in späteren Jahren werden sie etwas expliziter zum Vorschein kommen[24]. Die *Raumzeitlichkeit* dieser Welt/Natur ergibt sich indirekt aus Kuhns Fassung des ‚looking at‘, das als eine zumindest in gewissen Aspekten raumzeitlich beschreibbare Relation verstanden ist[25]. Die Anwendbarkeit der Begriffe *Gleichheit* und *Verschiedenheit* auf Teile dieser Welt/Natur ergibt sich indirekt etwa aus Formulierungen wie „verschiedene Dinge sehen [see], wenn man auf *die gleichen* Objekte blickt [looking at]“, oder „was sie ansehen [look at][26], hat sich nicht geändert“[27]. Die *Wirkungsmächtigkeit* dieser Welt/Natur besteht in dem Sinn, dass durch sie die jeweilige Erscheinungswelt mitbestimmt ist[28]. Diesen Bestimmungen entsprechend versteht Kuhn das ‚Gegenüberstehen‘ oder ‚Gegenübersein‘ dieser Welt bzw. Natur respektive ihrer Teile in einem raumzeitlichem Sinn: Das Gegenüberstehen eines Ausschnittes dieser Welt bedeutet primär, dass sich das Erkenntnissubjekt in einer gewissen Zeitspanne in räumlicher Distanz zu diesem Ausschnitt der Welt befindet.

Über diese Bestimmung hinaus, das raumzeitliche Gegenüber des Wissenschaftlers zu sein, lässt sich über diese Welt bzw. Natur nichts sagen, denn jede weitere Bestimmung stünde in der Gefahr, bei der nächsten wissenschaftlichen Revolution verändert zu werden[29] und sich damit gerade nicht als Bestimmung dieser hypothetischen *fixen* Welt bzw. Natur zu erweisen. Der Preis für die Unabhängigkeit dieser Welt bzw. Natur von jeglicher Prägung durch menschliche Auffassung ist, dass sie – zunächst einmal auf direktem Wege – unerkennbar ist: Dem empirischen Zugriff zeigt sich immer nur eine Erscheinungswelt. Aber Kuhn hält auch einen indirekten Zugang zur fixen Welt bzw. Natur für unmöglich, sei es durch Deutung *einer* Erscheinungswelt auf die eine fixe Welt bzw. Natur hin, oder sei es durch einen Vergleich *verschiedener* Erscheinungswelten auf jene hin[30]; dies kann aber hier noch nicht im Detail diskutiert werden. Jedenfalls lässt sich sagen, dass Kuhn in SSR die eine fixe, rein objektseitige Welt bzw. Natur für unerkennbar hält.

---

24. Siehe Abschnitt 2.2.b

25. Siehe die in der Fussnote zu ‚looking at‘ und ‚seeing‘ genannten Stellen.

26. SSR, p.120/S.132 Hervorhbg. von mir, Kuhns Hervorhbg. weggelassen. – Auf die Schwierigkeiten, die in der Anwendung der Relationen ‚Gleichheit‘ und ‚Verschiedenheit‘ auf Teile dieser rein objektseitig gedachten Welt enthalten sind, werde ich in Abschnitt 2.2.d eingehen.

27. SSR, p.150/S.161.

28. SSR, p.112/S.124, p.123/S.135, p.125/S.137, auch p.150/S.161.

29. Kuhns Meinung, dass es ausser ihrer Raumzeitlichkeit keine durch allen historischen Wandel hindurch stabile Bestimmungen der Welt bzw. Natur gibt, kommt einigermassen deutlich erst in seinem 1979b zum Ausdruck, wo er seine Auffassung als annähernd kantisch bezeichnet, „aber mit Kategorien des Geistes, die sich mit der Zeit ändern können“ (pp.418–419). Bemerkenswert an dieser Stelle ist auch die Nichterwähnung der kantischen Anschauungsformen Raum und Zeit, was dafür spricht, dass Kuhn Raumzeitlichkeit tatsächlich auf der Objektseite ansiedelt.

30. SSR, pp.170–173/S.182ff.: Hier wird die Vorstellung abgewehrt, die Wissenschaft bewege sich näher und näher auf die Wahrheit zu, und die Vorstellung „einer vollständigen, objektiven, wahren Darstellung der Natur“ (p.171/S.182) wird für die Erklärung der Wissenschaftsentwicklung als unnötig und sogar hinderlich qualifiziert. Spätere Stellen zum gleichen Thema sind 1970a, ET pp.288–289/S.379; 1970b, pp.264–266/S.256f.; 1970c, SSR pp.206–207/S.217f.; 1974b, pp.508–509; 1979b, pp.417–418; 1984, p.244. – Ich komme auf diesen Problemkomplex in Abschnitt 7.6 zu sprechen.

Eine gewisse Parallele zum Ding an sich des kritischen Kant ist wieder offensichtlich, und entsprechend soll diese Welt bzw. Natur *Welt an sich* heissen. Die hauptsächliche Parallele besteht darin, dass Kuhn die Welt an sich, wie Kant das Ding an sich, als rein objektseitig ansetzt und in Konsequenz dessen wie Kant für unerkennbar hält. Kant hat dabei als Gegner besonders die rationalistische Metaphysik im Auge. Kuhn wendet sich dagegen zunächst einmal gegen die Möglichkeit eines *empirischen* Zugriffs auf die Welt an sich, also gegen eine naivrealistische Interpretation der Wissenschaft. Darüberhinaus möchte er eine verfeinerte Form des wissenschaftlichen Realismus abweisen, nämlich eine auf den Wissenschaftsprozess reflektierende Wissenschaftstheorie, die diesen als eine ‚Annäherung an die Wahrheit' oder eine ‚Erhöhung des Grades der Wahrheitsähnlichkeit' auffassen möchte[31]. Während Kant selbst – im Gegensatz zu manchen, die sich später als Transzendentalphilosophen verstanden – das Ding an sich aus begrifflichen Gründen für unentbehrlich hält[32], will Kuhn 1979 in seiner Theorie ohne die Welt an sich auskommen; darauf werde ich später zu sprechen kommen[33].

Mit der explizierten Differenz der beiden Weltbegriffe lässt sich nun dem am Beginn dieses Abschnittes zitierten Satz ein verständlicher Sinn geben:

> „Obwohl die Welt sich mit einem Paradigmenwechsel nicht ändert, arbeitet der Wissenschaftler danach in einer anderen Welt"[34].

Die Welt an sich ist von allen subjektseitigen Momenten und damit auch von deren Änderungen unabhängig. Dagegen sind für eine Erscheinungswelt sowohl die objektseitige Welt an sich, als auch subjektseitige Momente konstitutiv (die zusammengefasst bisweilen ‚Paradigma' genannt werden), deren Zusammenwirken (in hier noch nicht analysierter Weise) zur wahrnehmungsmässigen und begrifflichen Gliederung dieser Erscheinungswelt führen. Damit ist die Möglichkeit von Änderungen der Erscheinungswelt trotz der Konstanz der Welt an sich eröffnet, nämlich genau dann, wenn sich das Paradigma genannte, bei den Subjekten verortete Moment der Weltkonstitution so verändern kann, dass es seine weltkonstitutive Funktion nicht einbüsst, aber zu einer anderen Erscheinungswelt führt.

---

31. Vergleiche die vorige Fussnote. – Gemeint ist primär die Wissenschaftstheorie der Popper-Schule

32. Z.B. Kritik der reinen Vernunft, B XXVIf.:
> „Gleichwohl wird, welches wohl gemerkt werden muss, doch dabei immer vorbehalten, dass wir eben dieselben Gegenstände auch als Dinge an sich selbst, wenn gleich *nicht* erkennen, doch wenigstens müssen *denken* können. Denn sonst würde der ungereimte Satz daraus folgen, dass Erscheinung ohne etwas wäre, was da erscheint."
(ähnlich A 251f., B 306 u.a.; vergleiche Martin 1969, 29). Hiergegen liesse sich sprachkritisch geltend machen, dass Kant damit die in die übliche Wortverwendung eingelassene Auffassung übernimmt, dass Erscheinungen stets Erscheinungen *von etwas* sind. Vergleiche Heidegger 1927, § 7.A.

33. Siehe Abschnitt 2.3. Kuhns Schwanken hat Parallelen in der Kant-Diskussion seit Jacobi: siehe z.B. Martin 1969, §§ 21 ff.; ferner Shaw 1969. – Ein weiterer wesentlicher Unterschied zwischen Kant und Kuhn besteht in dem Kriterium, das die Identifikation der originär auf der Subjektseite liegenden Erkenntnismomente gestattet. Für Kuhn besteht das Kriterium dafür im *möglichen Wandel* von Momenten des Wahrgenommenen und des Gewussten, oder äquivalent damit, in der Existenz eines Lernprozesses für diese Momente (siehe Kapitel 3). Für Kant dagegen sind es Momente, die dem Erkenntnissubjekt Objekterfahrung und ineins damit bestimmte synthetische Urteile a priori ermöglichen. Der deutlichste Unterschied in Konsequenz dieser unterschiedlichen Kriterien ist die Stellung von Raum und Zeit bei Kant und Kuhn.

34. SSR, p.121/S.133.

b) Die These von der Pluralität der Erscheinungswelten und ihre Begründung

Bei Kant war die Unterscheidung von Ding an sich und Erscheinung metaphysik-kritisch und ineins erkenntnistheoretisch motiviert: Mit ihrer Hilfe konnte die rationalistische Metaphysik abgewiesen, die Transzendentalphilosophie begründet und die Möglichkeit der Naturwissenschaft und Mathematik (seiner Zeit) verständlich gemacht werden. Dazu genügte die Differenz von Ding an sich und *einer* Welt der Erscheinungen. Kuhn geht es dagegen primär um die *Differenz verschiedener Erscheinungswelten voneinander*, die er für notwendig hält, will man die Struktur der Wissenschaftsentwicklung historisch angemessen verstehen. Diese für Kuhns Theorie grundlegende Annahme nenne ich die *These von der Pluralität der Erscheinungswelten*[35]. Über diese These hinaus spricht Kuhn noch bisweilen von der Differenz der Erscheinungswelt(-en) und der Welt an sich; auf die Gründe hierfür werde ich in Abschnitt 2.2 eingehen.

Die These von der Pluralität der Erscheinungswelten bildet zusammen mit der vorhin genannten Behauptung, dass die Welt an sich für uns unzugänglich ist, die Basis für zwei zentrale Aussagen der Kuhnschen Theorie, die hier nur vorgreifend genannt werden können. Erstens erklärt sich Kuhns Skepsis den Versuchen gegenüber, eine ‚neutrale Beobachtungssprache' zu schaffen, aus dieser Voraussetzung[36]. Denn diese neutrale Beobachtungssprache sollte sich ja auf das ganz theoriefreie, unmittelbar Gegebene beziehen, und das wäre entweder (in ‚naiv-realistischer' Deutung) die Welt an sich oder (in ‚objektiv-phänomenalistischer' Deutung) die *eine* Erscheinungswelt, die uns zugänglich ist. Weder aber ist die Welt an sich für uns zugänglich, noch gibt es nur eine einzige Erscheinungswelt. Zweitens erklären sich aus der These von der Pluralität der Erscheinungswelten Kuhns Ablehnung der Dichotomie zwischen dem rein Faktischen und dem Theoretischen oder zwischen Beobachtungsbegriffen und theoretischen Begriffen und, korrespondierend damit, zwischen ‚Erfindung' und ‚Entdeckung'[37]. Denn das rein Faktische wäre wieder etwas, was zu einer zugänglich gedachten Welt an sich oder zu einer einzig möglichen Erscheinungswelt gehörte.

Kuhn diagnostiziert die These von der Pluralität der Erscheinungswelten (bzw. die Uneindeutigkeit der Beziehung zwischen der einen Welt an sich und den mehreren Erscheinungswelten) als einen wesentlichen Bruch seiner Theorie mit einer erkenntnistheoretischen Tradition, die für ihn mit Descartes beginnt und

---

35. Vergleiche Goodman 1975 und 1984, chpt. II; Putnam 1981, p.49, p.54, p.79, pp.134–135. Historisch zum ersten Mal ist eine solche These anscheinend von Cassirer formuliert worden (O. Schwemmer, persönliche Mitteilung; vergleiche Goodmann 1975 und Stegmüller 1985, S.30). – Die hier behandelte These von der Pluralität der Erscheinungswelten hat weder mit der Lewisschen „These von der Pluralität der Welten", die seinen „modalen Realismus" artikuliert (Lewis 1986, besonders p.2), noch mit der „Pluralität der Welten" im Sinne der Existenz von intelligentem ausserirdischen Leben etwas gemein (Dick 1984 und Crowe 1986).

36. SSR, pp.126–129/S.137–141, pp.145–146/S.156f.; 1970a, ET p.267/S.358; 1970b, pp.234–235/ S.226f., p.266/S.257f.; 1970c, SSR p.201/S.212; 1974a, ET p.308/S.403. – Siehe dazu später Abschnitt 3.2 mit 3.6.b und 3.6.c.

37. SSR, p.7/S.22, p.17/S.31, p.52/S.65, p.53/S.66, p.66/S.79, p.141/S.152; 1962d, ET p.171/S.244; 1970a, ET p.267/S.358; 1974a, ET p.300/S.396, p.302 fn.11/S.417f. Fn.11; 1974b, p.505; 1977c, ET p.338/S.443; 1979b, 410. – Siehe dazu später Abschnitt 3.6.a, Punkt 2.

seither fast ungebrochen Geltung gehabt habe[38]. Diese Tradition sei durch die Annahme charakterisiert, dass in einer bestimmten Wahrnehmungssituation

> „die Beobachtungen vollständig durch die Natur der Umgebung und des Wahrnehmungsapparates bestimmt seien"[39],

wobei der Wahrnehmungs‚apparat' als für alle Menschen gleich angesetzt ist. Infolgedessen sei das in einer bestimmten Situation sinnlich Gegebene weder von individuell-psychischen noch von kulturellen Faktoren abhängig; wohl aber sei es verschieden interpretierbar[40]. Zur *einen* Welt an sich korrespondiere in dieser Tradition (global wie lokal) nur *eine* Erscheinungswelt. Für Kuhn dagegen korrespondieren zur einen Welt an sich verschiedene mögliche Erscheinungswelten, deren Differenz sich aber nicht als Resultat verschiedener Interpretationen verstehen lässt, jedenfalls in „keinem üblichen Sinn des Ausdrucks ‚Interpretation'"[41].

Zu dieser Diagnose des Bruches mit der genannten erkenntnistheoretischen Tradition lassen sich mindestens vier Fragen stellen.

Erstens kann man fragen, ob diese Tradition philosophiehistorisch korrekt identifiziert und charakterisiert ist. Diese Frage braucht uns hier nicht weiter zu beschäftigen, weil unser Interesse nicht Kuhn als einem Philosophiehistoriker gilt.

Zweitens kann man fragen, in genau welchem Sinn die Verschiedenheit der Erscheinungswelten nicht Resultat verschiedener Interpretationen sei: denn was bedeutet hier genau ‚Interpretation'? Dieser Frage werden wir uns in Abschnitt 3.5 zuwenden.

Drittens kann man fragen, ob dieser Bruch mit der erkenntnistheoretischen Tradition in einer Beziehung zu dem Bruch mit der historiographischen Tradition steht, der in Abschnitt 1.2 dargestellt worden war. Diese beiden Traditionsbrüche stehen tatsächlich in einer Wechselbeziehung. Einmal eröffnet die hermeneutische Leseweise wissenschaftshistorisch relevanter Quellen vergangene Sichtweisen der Natur, welche die These von der Pluralität der Erscheinungswelten nahelegen können. Umgekehrt legt die These von der Pluralität der Erscheinungswelten einen Umgang mit Quellen nahe, der die in diesen Texten möglicherweise enthaltene Fremdheit anderer Erscheinungswelten zutage treten lassen kann.

Und viertens ist zu fragen – und das ist für eine systematische Rekonstruktion von Kuhns Theorie die bei weitem wichtigste Frage –, wie Kuhn seine These von der Pluralität der Erscheinungswelten begründet. Dieser Frage ist jetzt nachzugehen.

In einem gewissen Sinn bildet die *Erfahrung des Wissenschaftshistorikers* die Basis für die These von der Pluralität der Erscheinungswelten, und zwar desjenigen Wissenschaftshistorikers, der sein Geschäft nach den Prinzipien der ‚neuen

---

38. SSR, p.121/S.133, p.126/S.137, p.126/S.138. Auch 1974a, ET p.308/S.403; 1970b, p.276/S.267; 1970c, SSR p.195/S.207.

39. SSR, p.120/S.132.

40. SSR, pp.120–121/S.132, p.121/S.133, p.126/S.137.

41. SSR, p.123/S.135, ähnlich p.121/S.133, pp.121–122/S.133f.

wissenschaftsinternen Historiographie' betreibt[42]. Denn dieser Wissenschaftshistoriker versucht ja die Denkweise der jeweiligen wissenschaftlichen Gemeinschaft nachzuvollziehen und sein thematisches Stück Wissenschaftsentwicklung aus der Optik der beteiligten Akteure zu verstehen. Glückt dieser Versuch, so *kann* das Ergebnis eine veränderte Erscheinungswelt sein, und zwar zunächst einmal verändert im Vergleich zur Erscheinungswelt des Historikers selbst. Darüberhinaus *kann* sich zeigen, dass beim Verfolgen einer bestimmten Entwicklungslinie der Wissenschaft die vom Historiker nachvollzogene Erscheinungswelt der Wissenschaftler Änderungen erfährt, und nach Kuhn ist das bei den nachher als ,wissenschaftliche Revolutionen' zu bezeichnenden Einschnitten der Wissenschaftsentwicklung tatsächlich der Fall[43]. Im Nachvollzug durch den Historiker erscheint es,

> „als ob die professionelle Gemeinschaft plötzlich auf einen anderen Planeten versetzt worden wäre, wo gewohnte Objekte in einem anderen Licht gesehen werden und zusammen mit anderen Objekten auftreten"[44].

Eine solche Erfahrung des Wissenschaftshistorikers bildet dann insofern die Basis für die These von der Pluralität der Erscheinungswelten, als sie mit dem Phänomen, für welches diese allgemeine These aufkommen soll, zuallererst bekanntmacht. Für Kuhn war tatsächlich eine solche Erfahrung der biographische Ausgangspunkt für seine Theorie[45].

Doch hat die Behauptung einer solchen Erfahrung durch einen einzelnen oder auch durch eine Gruppe von Wissenschaftshistorikern[46] kein besonderes argumentatives Gewicht, solange es Gründe dafür gibt, dass eine solche Erfahrung nicht authentisch möglich ist. Und die Möglichkeit einer solchen Erfahrung wird nach Kuhn gerade von der neuzeitlichen erkenntnistheoretischen Tradition bestritten, die behauptet, dass das Ergebnis eines Wahrnehmungsaktes durch die Umge-

---

42. So lautet der Anfangssatz des zentralen Kapitel X „Revolutionen als änderungen des Welt-Bildes" von SSR:
> „Wenn *der Wissenschaftshistoriker* die Aufzeichnungen der vergangenen Forschung vom vorteilhaften Standort der gegenwärtigen Historiographie aus untersucht, *kann er versucht sein zu sagen*, dass, wenn sich Paradigmen verändern, die Welt selbst sich mit ihnen verändert" (SSR, p.111/S.123, übs. mangelhaft, Hervorhbg. von mir; ähnlich p.117/S.129).
>
> Mit der ,gegenwärtigen Historiographie' ist natürlich die neue wissenschaftlichsinterne Historiographie gemeint; vergleiche Abschnitt 1.2.c. – An der Erfahrung des Historikers als Basis hält Kuhn auch in seinem 1983b in bewusster Kontinuität mit SSR fest (p.715):
> „Die Entdeckung der Vergangenheit durch den Historiker bringt wiederholt das plötzliche Erkennen von neuen Mustern oder Gestalten. Daraus folgt, dass zumindest der Historiker Revolutionen erfährt. Diese Thesen waren im Zentrum meiner ursprünglichen Position, und an ihnen möchte ich immer noch festhalten";
> ähnlich 1984, pp.245–246.

43. Siehe dazu später Abschnitt 6.2.

44. SSR, p.111/S.123.

45. Nämlich die (reversible) änderung seiner eigenen Erscheinungswelt bei der gelingenden Einarbeitung in die aristotelische Dynamik: SSR, p.V/S.7; 1970b, pp.241–242/S.234; ET, pp.XI–XII/S.32ff.; 1979c, pp.VII–VIII; 1981, pp.3–10/S.8–17; siehe auch im Druck b, Ms. p.2.

46. Kuhn bezieht sich darauf, dass
> „andere Kollegen wiederholt bemerkt haben, dass die Wissenschaftsgeschichte einen besseren und kohärenteren Sinn ergeben würde, wenn man annehmen dürfte, dass Wissenschaftler gelegentlich Wahrnehmungsverschiebungen erfahren" (SSR, p.113/S.125).
> Gemeint ist in erster Linie Hanson.

bung und den Wahrnehmungsapparat determiniert sei, und diese fixe Wahrnehmung lediglich verschieden interpretiert werden könne. Infolgedessen muss 1. die grundsätzliche *Möglichkeit* von Wahrnehmungsänderungen, die zu anderen Erscheinungswelten führen, und 2. ihre *Wirklichkeit* in der Wissenschaftsgeschichte intersubjektiv nachprüfbar nachgewiesen werden.

ad 1. In SSR macht Kuhn die Möglichkeit von Wahrnehmungsänderungen, die zu anderen Erscheinungswelten führen, vor allem mittels der von der Wahrnehmungspsychologie untersuchten Wahrnehmungsänderungen in Gestaltwechselexperimenten plausibel[47]. Mehr als Plausibilität können die Ergebnisse der Wahrnehmungspsychologie allerdings nicht erbringen, denn die Parallele zwischen Wahrnehmungsänderungen, die zu anderen Erscheinungswelten führen, und denjenigen bei Gestaltwechselexperimenten ist begrenzt, wie sich Kuhn bewusst ist[48]. Die Wahrnehmungspsychologie kann zunächst einmal auf folgende drei Charakteristika von Wahrnehmungsprozessen aufmerksam machen.

Erstens ist das Ergebnis eines Wahrnehmungsaktes nicht allein von den Eigenschaften des Objekts bestimmt, auf das die wahrnehmende Person ihre Aufmerksamkeit richtet. Das ist nicht nur in dem Sinn gemeint, dass die physische Distanz des Objekts, die Dauer des Erfassens etc. eine Rolle für die Deutlichkeit der Objektwahrnehmung spielen. Vielmehr wird das Ergebnis von Wahrnehmungsakten von „begrifflichen Kategorien [conceptual categories]"[49], „begrifflichen Parametern"[50] oder „Wahrnehmungskategorien [perceptual categories]"[51] inhaltlich in dem Sinn mitbestimmt, dass es mit von ihnen abhängt, *als was* das jeweilige Wahrnehmungsobjekt identifiziert wird. Demnach ist Wahrnehmung nicht ein rein passives Entgegennehmen; das Ergebnis eines Wahrnehmungsaktes ist vielmehr das Resultat des Zusammenwirkens von Faktoren, die sowohl auf der Objektseite *als auch auf der Subjektseite* zu situieren sind.

Zweitens sind diese Wahrnehmungskategorien nicht als für alle Menschen gleich anzusetzen, denn sie hängen wesentlich von der Lerngeschichte des Wahrnehmenden ab:

> „Was jemand sieht [see], hängt sowohl davon ab, worauf er blickt [look at], als auch davon, was ihn seine visuell-begriffliche Erfahrung zu sehen gelehrt hat"[52].

---

47. SSR, pp.62–64/S.75ff., p.85/S.98, pp.111–114/S.123–126, pp.126–127/S.138f.

48 „Dieses psychologische Experiment [ein Gestaltwechselexperiment] gibt uns – *entweder als Metapher oder weil es die Natur des Geistes widerspiegelt* – ein wunderbar einfaches und zwingendes Schema für den Prozess der wissenschaftlichen Entdeckung" (SSR, p.64/S.76, Hervorhbg. von mir); „Die Parallele [zwischen einem Gestaltwechselexperiment und einem Paradigmenwechsel] kann irreführend sein" (SSR, p.85/S.98); „Obwohl psychologische Experimente suggestiv sind, können sie aufgrund der Sachlage nicht mehr als das sein. Sie zeigen zwar Charakteristika der Wahrnehmung, die zentral für die Wissenschaftsentwicklung sein *können*, aber sie beweisen nicht, dass die sorgfältige und kontrollierte Beobachtung, wie sie Forscher tätigen, überhaupt an diesen Charakteristika teilhat" (SSR, p.113/S.125).

49. SSR, p.63/S.75, p.64/S.76, p.123/S.135, übs. fragwürdig.

50. SSR, p.124/S.136, übs. fragwürdig.

51. SSR, p.116/S.128.

52. SSR, p.113/S.125; ähnlich p.63/S.75.

Drittens sind diese Kategorien, obwohl mitkonstitutiv für Wahrnehmung, dennoch durch besondere Wahrnehmungssituationen veränderbar. Experimentell sind das Wahrnehmungssituationen, in denen das Wahrnehmungssubjekt durch physische Veränderung seiner Wahrnehmungsorgane oder durch Präsentation von in seiner gewohnten Wahrnehmungswelt nicht vorkommenden Objekten in eine gewisse Verwirrung gebracht werden kann. Erst nach einer gewissen, von Individuum zu Individuum variierenden Zeitspanne können sich die Wahrnehmungskategorien der verwirrenden Situation so anpassen, dass die Verwirrung verschwindet, „und das anfänglich Anomale das Erwartete geworden ist"[53].

ad 2. Der jetzt notwendige Nachweis der *Wirklichkeit* von Wahrnehmungsänderungen in der Wissenschaftsgeschichte stösst nach Kuhn nun aber auf die Schwierigkeit,

> „dass man nicht erwarten kann, dass Wissenschaftler Wahrnehmungsänderungen – falls sie [bei wissenschaftlichen Revolutionen] auftreten – direkt bezeugen werden"[54].

Denn in den psychologischen Experimenten kann sich eine Versuchsperson subjektseitige Wahrnehmungsänderungen vor allem auf zwei Weisen bewusst machen. Einmal kann die Versuchsperson die Wahrnehmungsänderungen willentlich hervorbringen, wobei gleichzeitig wahrgenommen wird, dass sich in der äusseren Welt nichts verändert hat. Zum anderen kann man, durch dieses Umschalten-Können erleichtert, die verschiedene Gestalten zulassende Zeichnung auch ohne die besondere subjektseitige Wahrnehmungsüberformung sehen. Diese beiden Möglichkeiten der Bewusstwerdung von auf der Subjektseite liegenden Momenten der Wahrnehmung, wie sie in wahrnehmungspsychologischen Experimenten bestehen, haben aber gerade kein Analogon bei den Wahrnehmungsänderungen in der Wissenschaft, die zu anderen Erscheinungswelten führen – falls es solche überhaupt gibt.

Erstens hat nach Kuhn

> „der Wissenschaftler nicht die Freiheit, wie eine Versuchsperson in einem Gestaltwechselexperiment zwischen Sehweisen hin und her zu wechseln"[55].

Dies kann nicht so gemeint sein, dass dem Wissenschaftler diese Möglichkeit grundsätzlich verschlossen ist[56], denn schliesslich muss der Wissenschaftshistoriker, der solche Wahrnehmungsänderungen diagnostiziert, sie ja auch vollziehen können. Vielmehr ist der Wissenschaftler aufgrund seiner Interessenlage daran gehindert, nach einer gelungenen Wahrnehmungsänderung, die er für vorteilhaft hält, zur überwundenen Wahrnehmungsweise zurückzukehren. Wenn er sich überhaupt auf sie zurückbezieht, dann wird sie reflektierenderweise abgewiesen, nicht aber erneut in ihrer Unmittelbarkeit nachvollzogen[57].

---

53. SSR, p.64/S.76.

54. SSR, pp.114–115/S.126f.

55. SSR, p.85/S.98, ähnlich p.114/S.126.

56. Allerdings lassen sich Kuhns äusserungen – ganz wörtlich genommen – auch so lesen.

57. SSR, pp.114–115/S.126f., p.125/S.137. – In 1984, pp.246–252 nimmt Kuhn das Thema der Interessenlage von Wissenschaftlern bei der Rückschau auf revolutionäre Veränderungen mit leicht veränderten Akzenten wieder auf.

Zweitens gibt es in der Wissenschaft kein Analogon für das auch als Gefüge von Linien oder Grautönen wahrnehmbare, aber darüberhinaus mehrere Gestaltwahrnehmungen zulassende Bild, wie es in einem Gestaltwechselexperiment verwendet wird:

> „Der Wissenschaftler hat keine Rekursmöglichkeit zu etwas, was jenseits dessen wäre, was er mit seinen Augen und Instrumenten sieht"[58].

Denn dieses ‚Jenseitige' wäre das, was von einer Erscheinungswelt nach Subtraktion aller Beiträge des wahrnehmenden Subjektes übrig bliebe: die Welt an sich.

Falls es also in der Wissenschaftsgeschichte Änderungen von Erscheinungswelten durch Wahrnehmungsänderungen gibt, so wird man nicht damit rechnen können, dass man für sie direkte Zeugnisse findet. Daher ist „nach indirekter und aus dem Verhalten erschliessbarer Evidenz" dafür zu suchen, dass in der Wissenschaftsgeschichte solche Veränderungen vorkommen[59]. Tatsächlich kann Kuhn dann etliche Beispiele aus der Wissenschaftsgeschichte anführen, die sich als Belege für Änderungen der Wahrnehmungsweise *deuten* lassen[60]. Aber gerade wegen der Notwendigkeit einer solchen Deutung und dem Fehlen der Möglichkeit eines direkten Aufweises kommt diesen Beispielen faktisch nur begrenzte argumentative Kraft für die These von der Pluralität der Erscheinungswelten zu: denn diese Deutung wird nur akzeptieren, wer Änderungen der Wahrnehmung für *möglich* und in der Wissenschaftsgeschichte für *zu erwarten* hält. Wer davon nicht überzeugt ist, wird versuchen, die angeführten Beispiele anders zu deuten[61]. Das ist wohl auch der Grund dafür, dass Kuhn in seinen 1969 verfassten Arbeiten, in denen er wichtige Teile der in SSR vorgelegten Theorie reformuliert, zur Stützung seiner These von der Pluralität der Erscheinungswelten nicht etwa das Arsenal der Beispiele erweitert, die sich als Belege für Wahrnehmungsänderungen in der Wissenschaftsgeschichte deuten lassen. Vielmehr wird die These selbst neu formuliert und weiter theoretisch ausgearbeitet.

2.2. Stimulus und Sinnesempfindung in den Arbeiten von 1969

In einigen im Jahre 1969 verfassten Arbeiten nimmt Kuhn ausführliche Reformulierungen und weitergehende Explikationen seiner Hauptthesen von SSR vor, womit er auf die wichtigsten Kritiken reagiert[62]. Ob er damit seine ursprüngliche

---

58. SSR, p.114/S.126.

59. SSR, p.115/S.127.

60. SSR, pp.115–120/S.127–132, pp.123–125/S.135ff.

61. Kuhn ist sich dessen in SSR völlig bewusst: Er motiviert dort seine erkenntnistheoretischen Überlegungen durch die Existenz einer alternativen Deutung seiner wissenschaftsgeschichtlichen Beispiele:
> „[...] es gibt offensichtlich eine andere und bei weitem geläufigere Art, die oben angeführten Beispiele zu beschreiben. Viele Leser werden sicher sagen, dass sich mit einem Paradigmenwechsel nur die Interpretation ändere, die der Wissenschaftler den Beobachtungen gibt, [und nicht die Beobachtungen selbst. Diese seien] durch die Natur der Umgebung und des Wahrnehmungsapparates ein für allemal fixiert"
(SSR, p.120/S.132, übs. mangelhaft). Vergleiche Shapere 1964.

62. In der Reihenfolge ihrer Abfassung sind das 1974a, 1970b, 1970c und 1974b; für diese Reihenfolge siehe 1974b, p.500 fn.2 und ET, p.XX fn.8/S.46 Fn.8.

Theorie abschwächt oder verwässert, wie einige Kritiker behauptet haben[63], kann natürlich nicht pauschal beurteilt werden, sondern muss durch einen detaillierten Vergleich der jeweiligen Theoriestücke entschieden werden. Für das hier zur Diskussion stehende Thema, nämlich die Differenz von Welt an sich und Erscheinungswelt, und für die These von der Pluralität der Erscheinungswelten, findet man zunächst einmal eine *Reformulierung* seiner Position in einer Terminologie, die er auch schon in SSR wörtlich oder fast wörtlich verwendet hatte – wenn auch eher beiläufig (Teilabschnitt 2.2.a). Allerdings ist auch diese neue Darstellung nicht frei von einer Zweideutigkeit ihres Grundbegriffes, dem Begriff des Stimulus (Teilabschnitt 2.2.b). Die Gründe für Kuhns Einführung der hier so genannten Stimulus-Ontologie werden in Teilabschnitt 2.2.c diskutiert. Aber die Stimulus-Ontologie ist mit erheblichen Schwierigkeiten konfrontiert (Teilabschnitt 2.2.d), die sich auch nicht durch eine naheliegende Modifikation so beheben lassen, dass Konsistenz mit anderen wesentlichen Teilen von Kuhns Theorie erhalten bleibt (Teilabschnitt 2.2.e).

a) Der Anschluss an SSR

In der revidierten Darstellung von 1969 sind es die Begriffe *Stimulus* [stimulus], *Sinnesempfindung* [sensation] und *Datum* [data], mit denen der in SSR selbst im Dunklen gebliebene Weltbegriff differenziert und geklärt werden soll[64]. Statt wie in SSR zu sagen,

> „dass Mitglieder verschiedener wissenschaftlicher Gemeinschaften in verschiedenen Welten leben, und dass wissenschaftliche Revolutionen die Welt ändern, in der ein Wissenschaftler lebt",

möchte Kuhn

> „jetzt sagen, dass Mitglieder verschiedener Gemeinschaften durch die gleichen Stimuli verschiedene Daten empfangen. [...] Dieser Wechsel macht Formulierungen wie ‚eine andere Welt' nicht unpassend"[65],

denn die Mitglieder verschiedener Gruppen „leben tatsächlich *in gewissèm Sinn* in verschiedenen Welten"[66]. Insofern nämlich, als

> „die gegebene Welt, sei es die alltägliche oder eine wissenschaftliche, nicht eine Welt von Stimuli ist"[67].

---

63. Z.B. Laitko 1981, S.185; Laudan 1977, p.231 fn.1; Newton-Smith 1981, p.9, p.103, pp.113–114; Shapere 1971, p.707 und p.708; Toulmin 1967, p.471 fn.8/S.266 Fn.8; Toulmin 1971, p.60 u.a.

64. 1974a, ET pp.308–309/S.403f.; 1970b, p.276/S.267f.; 1970c, SSR pp.192–193/S.204f.; 1974b, p.509 und p.511. – In SSR spricht Kuhn an etlichen Stellen von „Daten [data]" und diskutiert ihre Fixiertheit (SSR, pp.121–122/S.133f., pp.125–126/S.137); dieser Begriff ist der Einsatzpunkt für die Einführung der Unterschied von ‚stimulus' und ‚sensation' in 1974a, ET p.308/S.403. Von „Netzhauteindrücken [retinal imprints bzw. retinal impressions]" ist schon in SSR, p.125/S.137, p.127/S.138, p.128/S.139 und p.129/S.141 die Rede. Was 1969 „Sinnesempfindung [sensation]" heisst, wird in SSR vor allem „(unmittelbare) Erfahrung [(immediate) experience]" (p.128/S.139f., p.129/S.141) genannt.

65. 1974a, ET p.309 fn.18/S.420 Fn.18.

66. 1970c, SSR p.193/S.204.

67. 1974a, ET p.309 fn.18/S.420 Fn.18.

„Vielmehr ist unsere Welt [...] von den Objekten unserer Sinnesempfindungen [objects of our sensations] bevölkert"[68].

‚Objekte unserer Sinnesempfindungen' sind dabei die sich in oder mit unseren Sinnesempfindungen zeigenden Objekte[69]. Der Begriff Objekt ist hierbei in sehr weiter Bedeutung zu nehmen: Gemeint sein kann damit sowohl ein Ding, das wahrgenommen wird[70], als auch eine wahrgenommene Farbe[71].

Im Gegensatz zu den Objekten der Sinnesempfindung, „dem in der Erfahrung Gegebenen"[72], stehen die Stimuli als Nicht-Gegebenes:

> „Wir können keine Zuflucht zu den Stimuli als dem Gegebenem nehmen; vielmehr sind wir immer schon, sobald wir in der Lage sind zu sehen, zu sprechen oder Wissenschaft zu treiben, in eine Welt von Daten eingeführt [initiated to a data world] [...]"[73].

Aber nicht nur sind die Stimuli nicht Gegebenes, sondern es ist sogar „unmöglich, aus [dieser Daten-Welt] herauszukommen – zurück zu den Stimuli"[74]. Entsprechend handelt es sich bei der Welt der Stimuli auch um ein *Postulat*, das aufgrund bestimmter philosophischer Motive aufgestellt wird: „Wir postulieren die Existenz von Stimuli, [...] und wir postulieren ihre Unveränderbarkeit [immutability]", um „unsere Wahrnehmungen der Welt zu erklären", und um den „Solipsismus zu vermeiden"[75].

Die genannten Stellen aus den 1969 verfassten Arbeiten scheinen den Anschluss zu SSR bruchlos herzustellen: Was in SSR die hypothetische Welt an sich, ist jetzt die postulierte Welt der Stimuli; was in SSR die Erscheinungswelt, ist jetzt die Welt der sich in Sinnesempfindungen zeigenden Objekte. Das Motiv für die Unterscheidung und Entgegensetzung von Stimuli und Sinnesempfindungen ist identisch mit dem entsprechenden Motiv in SSR, nämlich trotz der Überzeugung, dass alle Menschen in gewissem Sinn in *einer* Welt leben, von unterschiedlichen Welten verschiedener Wissenschaftlergemeinschaften sprechen zu können. Und auch die Strategie, diese beiden anscheinend unversöhnlichen Gedanken miteinander zu versöhnen, ist die gleiche wie in SSR, nämlich durch die Unterscheidung eines rein objektseitigen Bereichs der Stimuli von der Welt, die mit durch die Er-

---

68. 1970c, SSR p.193/S.205.

69. Das geht indirekt aus 1970c, SSR p.194/S.206 hervor, wo „eine Sinnesempfindung haben [to have a sensation]" durch „etwas wahrnehmen [to perceive something]" paraphrasiert wird.

70. Das sieht man aus der Paraphrase von „their sensations are the same" durch „they [...] see things [...] in much the same ways" in 1970c, SSR p.193/S.205.

71. Das sieht man in 1974a, ET p.308/S.403, wo als Beispiel für eine Sinnesempfindung „die Wahrnehmung einer gegebenen Farbe" genommen wird und nicht die Wahrnehmung eines Dinges von bestimmter Farbe. – Mit diesem weiten Objektbegriff ist Kants Problem, wie wir nämlich aus der Mannigfaltigkeit des sinnlich Gegebenen die *objektive Wahrnehmung* (d.i. bei Kant ‚Erfahrung') von Dingen synthetisieren, übersprungen. Das sieht man auch daran, wie unproblematisch Kuhn von ‚Sinnesempfindungen' zu ‚Zusammensetzungen [compounds] von ihnen' bzw. ‚Elemente von ihnen' übergeht: 1974a, ET p.308/S.403. Ein Grund hierfür ist, dass Kuhn nicht an der Konstitution von Dingheit überhaupt interessiert ist (vergleiche Heidegger 1962), sondern lediglich an der möglichen *Differenz von Dingen* bei *gleichen Stimuli*.

72. 1974a, ET p.308/S.403.

73. 1974b, p.509.

74. Ebenda.

75. 1970c, SSR p.193/S.204f.

kenntnissubjekte konstituiert ist. Dabei können durch diesen Konstitutionsprozess, je nach seiner konkreten Durchführung, verschiedene Welten konstituiert werden[76]. Was in SSR die These von der Pluralität der Erscheinungswelten, wird jetzt die *These von der Nichteindeutigkeit der Relation zwischen Stimulus und Sinnesempfindung*:

> „Sehr verschiedene Stimuli können die gleichen Sinnesempfindungen hervorrufen, und der gleiche Stimulus kann sehr verschiedene Sinnesempfindungen hervorrufen"[77].

Doch wirft diese von Kuhn in den Arbeiten von 1969 artikulierte Position eine Reihe von Fragen und Problemen auf, die der Erörterung bedürfen.

b) Die Zweideutigkeit des Stimulus-Begriffs

Für manche von Kuhns Lesern war es verwirrend, dass er in seinen Arbeiten von 1969 in zweierlei Bedeutung von Stimuli spricht, ohne allerdings in seinen Texten den Übergang von der einen Bedeutung zur anderen kenntlich zu machen[78].

Die eine Bedeutung von ‚Stimuli' findet sich vor allem im Zusammenhang von Kuhns Bemerkungen zum metaphysisch-erkenntnistheoretischen Problem des Solipsismus:

> „Wenn zwei Leute am gleichen Ort stehen und in die gleiche Richtung schauen, müssen wir unter Strafe des Solipsismus schliessen, dass sie nahezu die gleichen Stimuli empfangen. (Wenn beide ihre Augen an den gleichen Ort bringen könnten, wären die Stimuli identisch.) [...] Wir postulieren [posit] die Existenz von Stimuli, um unsere Wahrnehmungen der Welt zu erklären, und wir postulieren ihre Unveränderbarkeit [immutability], um sowohl den individuellen wie den sozialen Solipsismus zu vermeiden. Gegen keines der beiden Postulate habe ich den geringsten Vorbehalt."[79]

Diesem Zitat lässt sich Folgendes über die Stimuli in der ersten Bedeutung entnehmen:

– Der Ansatz der Stimuli in diesem Sinn ist ein Postulat, nicht etwa eine empirisch feststellbare Tatsache;
– der Ansatz der Stimuli ist dadurch motiviert, dass durch ihn die Wahrneh-

---

76. Zur Analyse des Konstitutionsprozesses einer Erscheinungswelt siehe Kapitel 3.

77. 1970c, SSR p.193/S.204; ähnlich 1974a, ET p.308/S.403f.; 1970b, p.276/S.267; 1974b, p.509. – Das Gleiche ist schon in SSR mit ‚Netzhauteindrücken' und ‚ein Ding sehen' formuliert: SSR, pp.126–127/S.138.

78. Das eklatanteste Beispiel hierfür ist 1970c, SSR pp.192–193/S.204f.; weniger deutlich sind 1974a, ET pp.308–310/S.403–406 und 1970b, p.276/S.268. Einer der angesprochenen Kritiker ist Shapere 1971, p.708. – Vergleiche die Probleme, die in diesem und den weiteren Teilabschnitten von 2.2 diskutiert werden, mit den entsprechenden Probleme bei Kant und in der Kant-Diskussion; dort wurden sie unter dem Titel ‚transzendente versus empirische Affektion' diskutiert. Für eine zusammenfassende Darstellung siehe Vaihinger 1922, Bd.II, S.35–55, besonders S.52ff., sowie S.363f., S.366 Fn. und S.463. Kuhn befindet sich, wie zu sehen sein wird, in einer ähnlich „missliche[n] Lage", wie sie Vaihinger für Kant konstatiert (S.363).

79. 1970c, SSR pp.192–193/S.204f.; ähnlich 1970b, p.276/S.268.

mungen der Welt erklärt werden können und der individuelle wie der soziale Solipsismus vermieden werden kann[80];

–   den Stimuli kommt eigenes Sein zu, das heisst, ihr Sein ist unabhängig vom Aufgenommenwerden oder Nicht-Aufgenommenwerden durch Erkenntnissubjekte;
–   dieses eigene Sein der Stimuli ist Existenz in Raum und Zeit;
–   den Stimuli kommt eigene Bestimmtheit zu, das heisst, ihre Bestimmtheit ist unabhängig vom Aufgenommenwerden oder Nicht-Aufgenommenwerden oder von besonderen Weisen des Aufgenommenwerdens durch Erkenntnissubjekte[81];
–   die eigene Bestimmtheit der Stimuli ist kausal relevant für die Wahrnehmung, wenn sie die Objektwahrnehmung auch nicht determiniert[82].

In dieser Bedeutung sind die Stimuli also als rein objektseitig angesetzt, und es kommt ihnen eigenes raumzeitliches Sein und eigene Bestimmtheit zu. Darüber hinaus lässt sich über die Stimuli im Rahmen der Kuhnschen Theorie aber nichts aussagen: denn diese Theorie behauptet ja gerade, dass uns das rein Objektseitige nicht zugänglich ist[83]. Die Stimuli sind also *bestimmt*, aber für uns *nicht bestimmbar*[84]. Stimuli in dieser Bedeutung sind gegenüber verschiedenen Erscheinungswelten neutral: Sie sind gerade dasjenige, was in alle Erscheinungswelten von der Objektseite her eingeht, und was daher, wie Kuhn meint, eine Funktion für die Erklärung von Objektwahrnehmung und für die Vermeidung des Solipsismus haben kann[85].

Die andere Bedeutung von ‚Stimuli‘ findet sich bei Kuhns Entgegensetzung von Stimuli und Empfindungen. Während Empfindungen (und ihre Elemente) uns direkt ‚gegeben‘ sind, sind uns Stimuli in dieser zweiten Bedeutung nur über theoretische Konstruktionen bekannt: Sie sind dasjenige, was sich empirisch-wissenschaftlich als für die Empfindungen ursächlich identifizieren lässt, also beispielsweise Schallwellen, Photonen etc. Auch in dieser Bedeutung haben Stimuli eigenes raumzeitliches Sein und eigene Bestimmtheit, aber sie sind für uns mittels wissenschaftlicher Theorien bestimmbar. Dementsprechend sind diese Stimuli auch nicht rein originär objektseitig: Die wissenschaftliche Bestimmung von Stimuli hat sich historisch verändert und kann sich wieder verändern. Und natürlich sind Stimuli in dieser Bedeutung auch nicht neutral gegenüber verschiedenen Erscheinungswelten: Im Gegenteil, sie sind eine Konstruktion, die von einer bestimmten Erscheinungswelt ausgeht, und sie sind so etwas wie ein theoretischer Überbau in einer und zu dieser bestimmten Erscheinungswelt[86].

---

80. Ich komme auf diese Motive im nächsten Teilabschnitt 2.2.c genauer zu sprechen.

81. Die eigene Bestimmtheit der Stimuli ist in der ihnen zugesprochenen „Unveränderbarkeit [immutability]" enthalten; siehe auch 1974b, pp.508–509.

82. Diese allerletzte Bestimmung folgt aus der These von der Nichteindeutigkeit der Relation zwischen Stimulus und Sinnesempfindung: siehe Abschnitt 2.2.a.

83. Anders als der naive Realismus, der das Objektseitige für mehr oder weniger direkt zugänglich hält, und anders als ein etwas verfeinerter Realismus, der das Subjektseitige in unserer Erkenntnis auf irgendeine Weise für subtrahierbar hält.

84. Zu parallelen Ansätzen in der Kant-Diskussion, nämlich dem Ding an sich gewisse Bestimmtheiten zuzuschreiben, siehe Vaihinger 1922, Band II, S.180–184.

85. Die der Stimulus-Ontologie zugeschriebenen Leistungen werde ich ausführlicher in Teilabschnitt 2.2.c behandeln.

86. Darauf hat Kuhn selbst schon in SSR, p.129/S.141 aufmerksam gemacht.

Die beiden Bedeutungen von ‚Stimuli' korrespondieren, mit Husserl gesprochen, zu verschiedenen *Einstellungen*[87]. In der *natürlichen* Einstellung werden die Stimuli, so wie sie sich in der empirischen Untersuchung zeigen, völlig selbstverständlich als realseiend im Sinne absoluter Realität vorausgesetzt: Sie werden mitsamt ihren Eigenschaften als rein objektseitig aufgefasst. In der bestimmten *erkenntniskritischen* Einstellung, die für die Kuhnsche Theorie charakteristisch ist, kann dagegen die Annahme der reinen Objektseitigkeit dieser Stimuli nicht aufrechterhalten werden: Was in natürlicher Einstellung in selbstverständlicher Weise als gültig angenommen wird, dass nämlich die von *mir* (und von anderen Mitgliedern der gleichen Gemeinschaft) für real gehaltene Welt in identischer Weise auch für *alle* anderen Menschen *die* reale Welt ist, steht jetzt in Frage. Denn die These von der Pluralität der Erscheinungswelten, oder korrespondierend, die These von der Nichteindeutigkeit der Relation zwischen Stimuli und Empfindungen, bestreitet ja gerade die Berechtigung der Generalisierung, die in natürlicher Einstellung völlig selbstverständlich vorgenommen wird, nämlich die von mir für real gehaltene Welt als *die* reale Welt anzusehen. Infolgedessen können alle Bestimmungen, die den Stimuli von einer bestimmten Erscheinungswelt aus (bzw. in einer bestimmten Erscheinungswelt) zugesprochen werden, in der erkenntniskritischen Einstellung nicht als Bestimmungen des rein Objektseitigen aufrechterhalten werden. Die erkenntniskritische Einstellung schafft gewissermassen erst den Raum, in dem die These von der Pluralität der Erscheinungswelten formuliert werden kann, und der in natürlicher Einstellung durch die Alleinherrschaft einer Erscheinungswelt ausgefüllt ist. Die erkenntniskritische Einstellung, als Forderung an den Philosophen, korrespondiert zur Forderung an den Wissenschaftshistoriker, das je gegenwärtige wissenschaftliche Wissen von der Welt beiseitezulassen, um sich für die mögliche Fremdheit eines früheren Weltbildes zu öffnen[88]. Jede inhaltliche Annahme über die Stimuli bildet ein Vorurteil zugunsten einer bestimmten Erscheinungswelt (bzw. einer Klasse von Erscheinungswelten), und ist somit allem Anschein nach ein methodischer Fehler: Die These von der Pluralität der Erscheinungswelten verlangt vom Philosophen, der die Struktur der Wissenschaftsentwicklung untersucht, Neutralität gegenüber der Verschiedenheit der Erscheinungswelten.

Die Radikalität der erkenntniskritischen Einstellung verbietet es also, die rein objektseitigen Stimuli für uns für bestimmbar zu halten: Alle empirisch-wissenschaftlichen Bestimmungen stehen in der Gefahr, in der nächsten wissenschaftlichen Revolution mit guten Gründen überholt zu werden und sich damit gerade als nicht originär rein objektseitig zu erweisen. Trotz der Radikalität der erkenntniskritischen Einstellung hält Kuhn aber daran fest, *dass* den Stimuli eigenes Sein und eigene Bestimmtheit zukommt. Die Gründe hierfür liegen in den Leistungen, die Kuhn der Stimuli-Ontologie zuschreibt, und um derentwillen sie eingeführt wird.

c) Die der Stimulus-Ontologie zugeschriebenen Leistungen

Als Motive für das Postulat der rein objektseitigen, raumzeitlichen, bestimmten, für uns unbestimmbaren und für die Wahrnehmung kausal relevanten Stimuli hatte Kuhn ja ihre (partielle) Erklärungskraft für die Wahrnehmungen der Welt

---

87. Siehe Husserl 1922, §§ 27 ff.
88. Vergleiche Abschnitt 1.2.c.

und ihr Potential zur Vermeidung des individuellen und des sozialen Solipsismus genannt[89]. Betrachten wir diese Motive etwas genauer.

Erklärungsbedürftig ist für Kuhn zum einen, warum *innerhalb* einer bestimmten sozialen Gemeinschaft, z.B. in einer bestimmten Wissenschaftlergemeinschaft, Kommunikation über viele Objekte ihrer Aussenwelt ziemlich unproblematisch ist, und warum viele ihrer nonverbalen Reaktionen auf ihre Aussenwelt gruppenspezifisch ähnlich sind[90]. Als Basis für diese Ähnlichkeit der Verhaltensweisen ist zu unterstellen, dass die Mitglieder der Gemeinschaft, wenn sie zum gleichen Zeitpunkt am (beinahe) gleichen Ort in die gleiche Richtung sehen, die *gleichen Objektwahrnehmungen* haben. Damit diese Gleichheit der Objektwahrnehmungen zustandekommen kann, ist ein Zusammenspiel von drei heterogenen Faktoren notwendig: Einmal muss die für die Wahrnehmung relevante *biologische* Ausstattung der Wahrnehmungssubjekte gleich sein, dann muss die für ihre Wahrnehmung relevante *kulturelle* Prägung gleich sein[91], und schliesslich müssen die von der Objektseite her auf die Wahrnehmungssubjekte einwirkenden *Stimuli* gleich sein. Jeder dieser Faktoren ist für die Erklärung der Gleichheit der Wahrnehmungen notwendig, aber allenfalls miteinander sind sie dafür hinreichend. Insbesondere wäre nicht einzusehen, warum die Wahrnehmungen zweier biologisch und kulturell sogar identischer Wahrnehmungssubjekte in einer bestimmten Situation gleich sein sollten, wenn sie nicht die gleichen Stimuli erhielten. Dies setzt aber voraus, dass ein Stimulus (oder ein bestimmter Satz von Stimuli) nicht zu einer *beliebigen* Objektwahrnehmung verarbeitet werden kann, sondern dass der Stimulus der Verarbeitung zur Objektwahrnehmung gewissermassen Widerstand entgegensetzt – mit anderen Worten: Der Stimulus muss eine gewisse, für die Wahrnehmung kausal relevante eigene Bestimmtheit aufweisen[92].

Es verdient festgehalten zu werden, dass in dieser zu fordernden eigenen Bestimmtheit der Stimuli dreierlei nicht impliziert ist. Erstens folgt aus der eigenen Bestimmtheit der Stimuli nicht, dass ein bestimmter Stimulus die Objektwahrnehmung, die er bei einem auf bestimmte Weise kulturell geprägten Wahrnehmungssubjekt auslöst, ausnahmslos eindeutig determiniert. Ein Beispiel für diese fehlende Determination ist das ,Umkippen' des Bildes in einem Gestaltwechselexperiment. Zweitens folgt erst recht nicht aus der eigenen Bestimmtheit der Stimuli,

---

89. Siehe Abschnitt 2.2.b. – Für die Rekonstruktion der Kuhnschen Position in diesem Teilabschnitt stütze ich mich auch auf einige – zum Teil recht kontroverse – Diskussionen, die Thomas Kuhn und ich vor allem im Frühjahr 1985 geführt haben, sowie auf seine schriftlichen und mündlichen Reaktionen auf frühere Fassungen dieses Kapitels. Die Notwendigkeit für diese unüblichen Quellen ergibt sich daraus, dass einerseits die einschlägigen Stellen in Kuhns publizierten Arbeiten von kryptischer Kürze sind, andererseits aber mir dieser Aspekt der Kuhnschen Theorie als zu wichtig erscheint, um übergangen zu werden. Dass der Leser auf diese Weise die Angemessenheit dieses Teiles meiner Rekonstruktion nur teilweise überprüfen kann, muss ich in Kauf nehmen.

90. 1970c, SSR pp.193–194/S.204f.; ähnlich auch 1970b, p.276/S.268.

91. Zu den Details von Kuhns Wahrnehmungstheorie siehe Abschnitt 3.5.

92. Das Motiv für Kuhns Position (nicht aber das aus diesem Motiv Resultierende) ist hier offenbar identisch mit dem Motiv, das in der Kant-Diskussion der Neukantianer Alois Riehl so formuliert hat:

> „Der Begriff eines von dem empfindenden Subjekte unabhängigen, ihm und allen anderen Subjekten gemeinsamen Objektes – und dies und nichts anderes ist der Begriff eines ,Dinges an sich' – ist also so ungeheuerlich nicht, [...], und sogar als Forderung der ,Denkökonomie' lässt er sich rechtfertigen, als die einfachste Hypothese, die Verknüpfung der Wahrnehmungen verschiedener Subjekte zu einem übereinstimmenden Urteile zu erklären" (Riehl 1925, S.39).
Vergleiche ferner Schmidt 1985.

dass die kulturelle Prägung des Wahrnehmungssubjekts durch das Zusammenwirken der Bestimmtheit des Stimulus mit der biologischen Organisation des Wahrnehmungssubjekts überspielt würde. Vielmehr ist die Prägung des Wahrnehmungssubjekts durch die entsprechende Gemeinschaft eine notwendige zusätzliche Determinante für das Ergebnis eines Wahrnehmungsaktes. Und drittens folgt
nicht, dass die eigene Bestimmtheit der Stimuli, welche die Ursache für ihre Widerständigkeit bei ihrer Verarbeitung zu Wahrnehmung ist, für uns definitiv erkennbar
sein muss. Stimuli sind uns, wie andere Objekte der Welt auch, nur über Theorien
zugänglich, und eine Garantie für die Endgültigkeit von Theorien scheint es nicht
zu geben. Ja, wir können nicht einmal annehmen, dass sich die sukzessiven Bestimmungen der Stimuli, die in nacheinander folgenden Theorien getroffen werden, der den Stimuli eigenen Bestimmtheit ‚annähern‘[93].

Soweit die Skizze der Rolle, welche die bestimmten, aber für uns unbestimmbaren Stimuli nach Kuhn *innerhalb* einer bestimmten sozialen Gemeinschaft spielen sollen: Sie sind ein unaufgebbares Moment für die Erklärung der innerhalb der
Gruppe übereinstimmenden Objektwahrnehmungen – und damit ist der individuelle Solipsismus abgewehrt. Darüber hinaus sollen die Stimuli zum anderen eine
Rolle zur Abwehr des ‚sozialen Solipsismus‘ spielen. Was ist damit gemeint?

Unter sozialem Solipsismus versteht Kuhn eine Doktrin, die behauptet, dass
die gleiche Objektwahrnehmung, und korrespondierend dazu auch die gelingende Kommunikation über die Aussenwelt, ausschliesslich *innerhalb* bestimmter sozialer Gemeinschaften möglich ist, und dass den Mitgliedern einer bestimmten sozialen Gemeinschaft das Erlernen der Denk-, Sprech- und Wahrnehmungsweisen
anderer Gemeinschaften unmöglich ist. Gegen diese Doktrin spricht der Erfolg
von Ethnologen, Historikern, Linguisten und anderen Humanwissenschaftlern.
Wie kann man die Möglichkeit des Erfolges dieser Disziplinen erklären? Die Brüc-
ke zu fremden Gemeinschaften bildet einmal die im Grundsätzlichen gleiche biologische Ausstattung der Mitglieder anderer Kulturen und die Möglichkeit, sich in
die gleichen Stimuli-Situationen zu bringen wie die Mitglieder der fremden Gemeinschaft. Würden die Stimuli der kulturell geprägten Wahrnehmung keinen Widerstand bieten, so könnten Mitglieder zweier verschiedener Gemeinschaften in
der gleichen Situation (was immer das dann hiesse) innerhalb der von der biologischen Ausstattung gesetzten Grenzen *beliebig* Verschiedenes sehen, wenn sie am
annähernd gleichen Ort in die gleiche Richtung blicken. Insbesondere könnte das
Zusprechen der gleichen Wörter bei für den einen Sprecher *gleichen* Wahrnehmungssituationen für den anderen Sprecher *in irregulär verschiedenen* Wahrnehmungssituationen geschehen: Das Erlernen der Sprache der anderen Gemeinschaft
wäre dann unmöglich[94]. Die Tatsache aber, dass fremde Sprachen – und mit ihnen
die Kulturen, in denen sie gesprochen werden – für Mitglieder anderer Gemeinschaften zumindest nicht prinzipiell unzugänglich sind, spricht dafür, dass die
Wahrnehmung nicht beliebig kulturell überformbar ist, und das kann durch die
den Stimuli selbst zukommende Bestimmtheit erklärt werden.

Natürlich bietet die eigene Bestimmtheit der Stimuli keine *Garantie* für die
Möglichkeit des Zugangs zur Kultur einer bestimmten fremden Gemeinschaft. Al-

---

93. Siehe Abschnitt 7.6.d.

94. Hier ist vorausgesetzt, dass das Erlernen der Sprache einer fremden Kultur wesentlich vom Gelingen von wahrnehmungsmässiger Identifikation der Referenten von Wörtern der fremden Sprache
abhängt. Zu Kuhns diesbezüglichen Auffassungen siehe Kapitel 3, besonders Abschnitt 3.6.

les, was mittels der Stimulus-Ontologie gesagt werden kann, ist dieses: *dass es, was die Stimuli angeht, nicht prinzipiell unmöglich ist, in der gleichen Stimuli-Situation das Gleiche wahrzunehmen wie Mitglieder einer fremden Gemeinschaft.* Damit kann auch weder der Erfolg noch der Misserfolg einer Bemühung um das Verständnis einer fremden Kultur im Einzelfall erklärt werden: Im Erfolgsfall kann nur bestätigt werden, dass der Erfolg möglich war, und im Falle des Misserfolgs kann nur damit getröstet werden, dass es nicht die beliebige Formbarkeit der Stimuli war, die ihn verursacht hat. Die Abwehr des ‚sozialen Solipsismus' geht mittels der Stimuli-Ontologie also nur so weit, dass es – jedenfalls was die Stimuli angeht – nicht prinzipiell unmöglich ist, aus der jeweils eigenen Kultur auszubrechen. Diese Leistung der Stimuli-Ontologie hinsichtlich des sozialen Solipsismus ist aber genau das, was Kuhn für seine Theorie benötigt: die Möglichkeit, der völligen Relativierung von Realität auf verschiedene Kulturen vorzubeugen, ohne gleichzeitig ethnozentrisch oder präsentistisch den eigenen Realitätsbegriff in andere Kulturen zu projizieren. Die Abwehr der völligen Relativierung von Realität auf verschiedene Kulturen ist, wie schon gesagt wurde, vom Erfolg der Humanwissenschaften nahegelegt, sowie dadurch, dass Kuhn daran festhalten möchte, dass der Gang der Wissenschaften durch die Revolutionen hindurch Fortschritt aufweist und nicht blosse Änderung ist[95]. Und die Vorsicht hinsichtlich der Projektion des eigenen Realitätsbegriffs in andere Kulturen ist durch die Bekanntschaft mit der Fremdheit vergangener wissenschaftlicher Kulturen nahegelegt, welche nahezu alle Elemente gegenwärtiger wissenschaftlicher Kultur historisch zu Disposition stellen lässt[96].

Zusammenfassend: Die den Stimuli eigene Bestimmtheit soll also die Funktion haben, die vollständige Relativierung des Realitätsbegriffs auf Individuen oder auf Gemeinschaften abzuwehren, die droht, wenn man die für Kuhns Theorie charakteristische erkenntniskritische Einstellung einnimmt. Die Stimuli leisten also, wiewohl sie für uns nicht bestimmbar sind, kraft ihres *eigenen* Seins und ihrer *eigenen* Bestimmtheit gewissermassen Widerstand gegen die drohende Beliebigkeit von Wahrnehmung und Theoriebildung, und sie verhindern damit den völligen Relativismus.

d) Die Schwierigkeiten der Stimulus-Ontologie

Diese auf den ersten Blick eindrückliche Leistungsfähigkeit der Stimulus-Ontologie ist aber bei genauerem Zusehen mit fundamentalen Schwierigkeiten behaftet. Betrachten wir noch einmal die These von der Nichteindeutigkeit der Relation zwischen Stimulus und Sinnesempfindung:

> „Sehr verschiedene Stimuli können die gleichen Sinnesempfindungen hervorrufen, und der gleiche Stimulus kann sehr verschiedene Sinnesempfindungen hervorrufen".[97]

Kuhn macht diese Aussage im Zusammenhang seiner Reformulierung der These von der Pluralität der Erscheinungswelten und der Abwehr des Solipsismus, und daher müssen hier unter den Stimuli *zumindest auch* Stimuli im Sinne des rein Ob-

---

95. Siehe Abschnitt 7.6.
96. Siehe Abschnitt 2.1.b.
97. 1970c, SSR p.193/S.204; vergleiche Abschnitt 2.2.a.

jektseitigen verstanden werden, also bestimmte, aber für uns unbestimmbare Stimuli. Die für Kuhn wichtige Implikation der zitierten These ist,

> „dass zwei Gruppen, deren Mitglieder bei Empfang der gleichen Stimuli systematisch verschiedene Empfindungen haben, tatsächlich *in gewissem Sinn* in verschiedenen Welten leben."[98]

Doch hier scheint eine Schwierigkeit aufzutreten: Wie können *gleiche* von *verschiedenen* Stimuli faktisch unterschieden werden, wenn diese Stimuli doch für uns nicht bestimmbar sind? Die Identifikation insbesondere von gleichen Stimuli-Situationen ist aber unumgänglich, soll die These von der Nichteindeutigkeit der Relation von Stimuli und Empfindungen überhaupt in irgendeiner Form begründbar und tatsächlich anwendbar sein.

Anscheinend ist die Identifikation gleicher Stimuli-Situationen trotz deren inhaltlicher Unbestimm*barkeit* aufgrund der Besonderheit der Stimuli-Ontologie möglich:

> „Wenn zwei Leute am gleichen Ort stehen und in die gleiche Richtung schauen, müssen wir [...] schliessen, dass sie nahezu die gleichen Stimuli empfangen.(Wenn beide ihre Augen an den gleichen Ort bringen könnten, wären die Stimuli identisch.)"[99]

Im eingeklammerten Satz steht die Begründung für das unmittelbar davor genannte Kriterium für die *approximative* Gleichheit von Stimuli: Was von der Objektseite her auf einen bestimmten Punkt einwirkt, hängt ausschliesslich vom jeweiligen Ort, und man muss ergänzen, vom jeweiligen Zeitpunkt ab. Der eingeklammerte Satz ist somit lediglich eine andere Formulierung für den Kuhnschen Ansatz der Stimuli-Ontologie als raumzeitlichen, bestimmten und für die Wahrnehmung kausal relevanten Stimuli[100]. Die darin enthaltene *Objektseitigkeit von Raum und Zeit* scheint eine besondere Art der Kontaktnahme mit den rein objektseitigen Stimuli zu gestatten, welche diese rein objektseitigen Stimuli zwar nicht für uns bestimmbar macht, aber gleiche Stimuli-Situationen identifizieren lässt.

Nun ist es aber wegen der räumlichen Ausdehnung des menschlichen Körpers und seiner Sinnesorgane nicht möglich, die Sinnesorgane verschiedener Menschen zum genau gleichen Zeitpunkt an den genau gleichen Ort zu bringen. Daher klammert Kuhn im Zitat den operational folgenlosen Satz ein und ersetzt ihn durch eine Näherung. Doch diese Näherung, soll sie ihren Sinn erfüllen, macht offensichtlich eine Stetigkeitsannahme über rein objektseitig gedachte Stimuli: Kleine räumliche Änderungen bewirken nur kleine Änderungen hinsichtlich der empfangenen Stimuli, und das heisst, dass die Stimuli räumlich einigermassen stetig verteilt sein müssen. Wie könnte diese Stetigkeitsannahme aber begründet werden? Zu ihrer Begründung ist sogar in konkreten Fällen (geschweige denn im Allgemeinen) die *Wahrnehmung* ungeeignet: denn die These von der Nichteindeutigkeit der Relation zwischen Stimulus und Empfindung – so wie sie steht – verbietet gerade einen Rückschluss von der (annähernden) Gleichheit von Wahrnehmungen auf die (annähernde) Gleichheit von Stimuli. Auch empirisch-wissenschaftliche *Theorien* können über die Verteilung der rein objektseitig gedachten Stimuli in

---

98. Ebenda.

99. 1970c, SSR p.192/S.204.

100. Vergleiche Abschnitte 2.1.a und 2.2.b.

Raum und Zeit keine Aussagen machen: Diese Theorien haben immer Stimuli in der zweiten Bedeutung zum Thema, und diese Stimuli haben aber immer auch originär subjektseitige Anteile: Sie sind immer von einer bestimmten Erscheinungswelt abhängig. Die genannte Stetigkeitsannahme, die notwendig ist, um operational relevante Konsequenzen aus der Stimuli-Ontologie zu erhalten, erweist sich damit als ein *zusätzliches metaphysisches Postulat.*

Es ist sehr fraglich, ob Kuhn dieses zusätzliche metaphysische Postulat tatsächlich mit in seine Theorie aufnehmen wollte – und ob er es tun sollte. Denn für viele der Situationen, die für Kuhns Unternehmen einer Theorie der Struktur der Wissenschaftsentwicklung interessant sind, ist das von ihm genannte Näherungskriterium für die Identifikation gleicher Stimuli-Situationen ohnehin nicht anwendbar. Das genannte Kriterium ist ja nur für Situationen anwendbar, in denen sich zwei Beobachter *zum gleichen Zeitpunkt am annähernd gleichen Ort befinden.* Diese Situation mag für Wissenschaftler, die sich in einer Kontroverse über Theoriewahl befinden, manchmal gegeben sein. Für den Historiker aber, der die Wissenschaftsgeschichte rekonstruiert, ist sie im allgemeinen nicht gegeben: beispielsweise, wenn es um den Übergang von der Aristotelischen zur Galileischen Dynamik geht.

Tatsächlich geht Kuhn an manchen korrespondierenden Stellen von SSR auch anders vor[101]. Wo 1969 gleiche *rein objektseitige* Stimuli-Situationen identifiziert werden sollen, bezieht sich Kuhn in SSR auf eine *Erscheinungs*welt. So sagt er beispielsweise mit Bezug auf den Übergang von der Aristotelischen zur Galileischen Dynamik:

> „Wenn Aristoteles und Galilei *schwingende Steine* betrachteten [looked at], sah [saw] ersterer gehemmten Fall und letzterer ein Pendel."[102]

Hier wird offensichtlich das Aristoteles und Galilei gemeinsam Gegenüberstehende[103], nämlich schwingende Steine, *in einer Erscheinungswelt identifiziert,* und zwar in der, von der Kuhn wohl annimmt, dass er sie mit seinen Lesern teilt. Der Rekurs auf für Aristoteles und Galilei gleiche *rein objektseitige* Stimuli wird gar nicht in Betracht gezogen[104]. Allerdings, die Zweideutigkeit des Stimulus-Begriffs ist schon in SSR angelegt, wie man aus der folgenden Frage sieht, die Kuhn für manche Fälle positiv beantworten möchte:

---

101. Dieses andere Vorgehen lässt sich zu einer Modifikation der Stimuli-Ontologie ausarbeiten: siehe Abschnitt 2.2.e.

102. SSR, p.121/S.133, Hervorhbg. von mir. – Zum Unterschied von ‚seeing' und ‚looking at' siehe die entsprechende Fussnote in Abschnitt 2.1.a.

103. Beziehungsweise Gegenüberschwingende.

104. Sogar die Rede von gleichen Stimuli im zweiten Sinn, also von wissenschaftlich bestimmbaren Stimuli, ist hier problematisch: denn offensichtlich kann das mit ‚die gleiche Stimulus-Situation' *Gemeinte* tatsächlich durch *sehr* verschiedene Stimuli realisiert werden. Beispielsweise kommt es beim schwingenden Stein auf dessen Farbe, Grösse und Form, die Gesamthelligkeit, den Schattenwurf, die Länge und Dicke des Fadens usw. gerade nicht an; alles das trägt aber erheblich zu den Stimuli bei, die das Auge des Betrachters treffen. Als Kriterium für die ‚relevante' Ähnlichkeit der Stimuli-Situationen im zweiten Sinn müsste dann gerade die Möglichkeit fungieren, ob eine bestimmte Stimuli-Situation als schwingender Stein *gesehen* werden kann, und damit wäre man wieder bei einem Kriterium, das unmittelbar aus einer Erscheinungswelt genommen ist. – Vergleiche hierzu Jonas 1973, S.239ff.

> *„Sahen* diese Männer wirklich verschiedene Dinge, wenn sie die gleichen Arten von Objekten *betrachteten* [Did these men really *see* different things when *looking* at the same sorts of objects]?"[105]

Denn einerseits hebt hier Kuhn den Unterschied zwischen dem *Resultat* des Wahrnehmungsakts und dem *noch unbestimmten Objekt* des Aktes durch das terminologisch verwendete ‚to see' und ‚to look at' hervor, was bedeutet, dass er die „gleichen Arten von Objekten" der Welt an sich zurechnet. Andererseits können aber gerade „gleiche Arten von Objekten" zumindest zunächst einmal nicht in der Welt an sich identifiziert werden, sondern nur in einer Erscheinungswelt. Die Identifikation einer Art von Objekten in einer Erscheinungswelt lässt nun aber gemäss Kuhns eigener Theorie keinen Rückschluss auf die Gliederung der Welt an sich zu: denn Klassifikationen von Objekten können sich bei wissenschaftlichen Revolutionen in unvorhersehbarer Weise verändern.

Es scheint, dass sich an diesen Stellen die mangelnde Unterscheidung von Stimuli in beiden Bedeutungen rächt[106]. Denn einerseits operiert Kuhn hier mit Stimuli im Sinne des rein Objektseitigen und daher für uns Unbestimmbaren – richtigerweise, denn die Artikulation der These von der Pluralität der Erscheinungswelten scheint diejenige erkenntniskritische Einstellung zu erfordern, in welcher jeglicher Exklusivanspruch auf Wissen um die äussere Realität suspendiert ist; sie erfordert einen gegenüber allen Erscheinungswelten neutralen Standort. Andererseits stützt Kuhn sich aber zur Identifikation von gleichen Stimuli-Situationen auf Kriterien, die nur in der natürlichen Einstellung legitim sind: nämlich auf solche, die einer Erscheinungswelt entnommen sind. Der Übergang zwischen beiden Einstellungen wird durch die Zweideutigkeit des Stimulus-Begriffs unmerklich gemacht, und das fundamentale Problem der Identifikation von gleichen Konstellationen rein objektseitiger Stimuli scheint lösbar.

Wenn man einmal gesehen hat, wie radikal diejenige erkenntniskritische Einstellung ist, die den Exklusivitätsanspruch der eigenen Erscheinungwelt auf Realität ausser Kraft setzt, dann werden die Erklärungsansprüche, die Kuhn mit der Stimuli-Ontologie verbindet, nicht nur aufgrund der sehr zweifelhaften Möglichkeit der Identifikation gleicher Stimuli-Situationen fragwürdig. Denn wenn schon der Rekurs auf eine Erscheinungswelt zur Identifikation gleicher Stimuli-Situationen illegitim ist, dann wird auch die Rede von der gleichen biologischen Ausstattung der Wahrnehmungssubjekte und von ihrer gleichen kulturellen Prägung fragwürdig[107]. Offensichtlich sind diese Prämissen, die für die Entfaltung der Erklärungskraft der Stimuli-Ontologie angesetzt werden müssen, Aussagen *von in natürlicher Einstellung* gewonnenen Theorien und damit nicht neutral gegenüber allen Erscheinungswelten. Es ist aber zunächst nicht einzusehen, warum zugunsten der Möglichkeit der Formulierung der These von der Pluralität der Erscheinungswelten wohl die Geltung der physikalischen Theorien über Stimuli eingeklammert werden muss, aber Aussagen der Biologie und der Humanwissenschaften bestehen bleiben können, als bildeten sie kein Vorurteil zugunsten einer bestimmten Erscheinungswelt (bzw. einer Klasse von Erscheinungswelten).

Das Problem, das jetzt in aller Schärfe sichtbar geworden ist, betrifft den ‚Standort' jedes Analytikers, der die von fremder Subjektivität supponierte Realität

---

105. SSR, p.120/S.132, Kuhns Hervorhbg., ähnlich p.122/S.134.

106. Vergleiche Abschnitt 2.2.b.

107. Vergleiche Abschnitt 2.2.c.

vorurteilslos untersuchen will und dabei die Möglichkeit einräumt, dass diese Realität von der von ihm selbst supponierten verschieden ist. Einerseits ist hierzu Unparteilichkeit gegenüber verschiedenen Möglichkeiten, wie Realität angesetzt werden kann, notwendig. Das bedeutet insbesondere, dass der Analytiker seine eigenen Vorstellungen von Realität suspendieren muss. Tut er das tatsächlich so radikal, wie Kuhn es mit seiner Stimulus-Ontologie intendiert, so gibt er gleichzeitig alle Mittel aus der Hand, die er benötigt, um seine Untersuchung tatsächlich durchzuführen. Beispielsweise ist er dann nicht mehr in der Lage, gleiche Stimuli-Situationen zu identifizieren, da solche Identifikationen nur von einer bestimmten Erscheinungswelt aus bzw. in einer bestimmten Erscheinungswelt getroffen werden können. Darüber hinaus verliert er auch alle Möglichkeit, auch nur die geringsten Annahmen biologischer oder anthropologischer Art zu machen: denn alle diese Annahmen können nur relativ zu einer Erscheinungswelt legitimiert werden, und damit sind sie, gemessen am Ideal der vollkommenen Vorurteilslosigkeit gegenüber anderen Erscheinungswelten, illegitim.

Doch zeigt diese Überlegung nur, dass das Ideal der vollkommenen Vorurteilslosigkeit gegenüber anderen Erscheinungswelten, soll es mit einem Schlag einschränkungslos realisiert werden, eine Illusion ist. Wir können nicht einfach unsere je eigene Erscheinungswelt hinter uns lassen und uns vorurteilslos an die (Re-) Konstruktion der fremden Erscheinungswelten anderer Kulturen machen. Auch der Historiker, der Ethnologe und der fremde Erscheinungswelten untersuchende Philosoph ist an die je eigene Erscheinungswelt gebunden, und jede Konstruktion anderer Erscheinungswelten ist eine Konstruktion, *die von der je eigenen Erscheinungswelt ausgeht.* Der Notwendigkeit des Ausgangs von der je eigenen Erscheinungswelt ist nicht zu entrinnen. Wenn die Emanzipation von diesem Ausgangspunkt überhaupt möglich ist (was bezweifelt werden kann), dann allenfalls in einem Prozess, der schrittweise vor sich geht[108].

Was folgt aus alledem für die Kuhnsche Stimuli-Ontologie und die Motive, um derentwillen sie eingeführt wurde?

Die Stimuli sollten ja dafür aufkommen, dass die Mitglieder einer bestimmten Gemeinschaft in der gleichen Stimuli-Situation die gleichen Objektwahrnehmungen haben, und den Mitgliedern verschiedener Gemeinschaften der Weg zum Erlernen der jeweils fremden Wahrnehmungsweise zumindest nicht prinzipiell versperrt ist[109]. Nun können aber Stimuli-Situationen, in denen die rein objektseitigen Stimuli *nahezu* gleich sind, gemäss der Kuhnschen Theorie gar nicht identifiziert werden; dies aber wäre notwendig, um die Stimuli-Ontologie für konkrete Situationen tatsächlich anzuwenden[110]. Zudem benötigt man für die intendierte Erklärung weitere Prämissen aus der Biologie und den Humanwissenschaften, die, weil in natürlicher Einstellung gewonnen, in scharfem Kontrast zu den rein objektseitigen Stimuli stehen, die zur erkenntniskritischen Einstellung korrespondieren. Somit kann die Stimuli-Ontologie die Erklärungsleistungen nicht wirklich erbringen, um derentwillen sie eingeführt worden ist.

---

108. Ich komme auf den gesamten zuletzt diskutierten Problemkomplex in Abschnitt 3.8 zurück.

109. Vergleiche Abschnitt 2.2.c.

110. Es sei denn, man zahlt den Preis des vorhin genannten zusätzlichen, aber sehr fragwürdigen metaphysischen Postulats.

e) Die modifizierte Stimulus-Ontologie

Kann man die Stimuli-Ontologie so modifizieren, dass sie ihre intendierte Erklärungskraft doch entfalten kann? Die naheliegendste Modifikation, die de facto bisweilen schon in SSR verwendet wird[111], besteht in Folgendem: Als Kriterium für die annähernde Gleichheit von Stimuli-Situationen *im ersten Sinn*, als der rein objektseitigen Stimuli, gilt die annähernde Gleichheit der Stimuli *im zweiten Sinn*, also die Gleichheit der einfallenden elektromagnetischen Strahlung, der Schallwellen etc. Für die Identifikation rein objektseitig annähernd gleicher Stimuli-Situationen sind dann wissenschaftliche Methoden zulässig, und vergleichsweise unproblematisch wird diese Identifikation. Der Wechsel von den Stimuli im ersten Sinn, als rein objektseitig und für uns unbestimmbar, zu den Stimuli im zweiten Sinn, als wissenschaftlich bestimmbar, impliziert gleichzeitig einen Wechsel von der erkenntniskritischen Einstellung zur natürlichen Einstellung[112]. Daraus scheint sich aber nur ein weiterer Vorteil zu ergeben: denn nun ist man auch legitimiert, die in natürlicher Einstellung gewonnenen biologischen und humanwissenschaftlichen Theorien mitzuverwenden, was in erkenntniskritischer Einstellung höchst problematisch schien[113].

Betrachten wir also die folgende Modifikation der Stimulus-Ontologie: Wir unterstellen, dass man die Vermeidung des individuellen und des sozialen Solipsismus für erfolgreich hält, indem man argumentiert wie in Abschnitt 2.2.c, und als Kriterium für die annähernde Gleichheit von rein objektseitigen Stimuli-Situationen die wissenschaftlich identifizierte annähernde Gleichheit der Stimuli zulässt[114]. Dann scheint allerdings eine theoretische Konsequenz unvermeidlich, die in scharfem Gegensatz zu Kuhns Intentionen steht, nämlich ein deutliches Heranrücken an diejenige Form des Realismus, die im allgemeinen für das Selbstverständnis der empirischen Wissenschaften[115] und für die Poppersche Philosophie charakteristisch ist und die ich ‚Peirceschen Realismus' nennen werde[116]. Diese Art des Realismus behauptet, dass durch die Wissenschaften *die* Realität, wenn auch nicht absolut und endgültig, so doch näherungsweise richtig und im Verlauf der Wissenschaftsentwicklung in immer verbesserter Näherung erfasst wird[117]. Wie jetzt zu zeigen sein wird, ergibt sich diese für Kuhns Theorie unliebsame Konsequenz weniger daraus, dass es nun als gerechtfertigt gelten soll, zur Identifikation des rein objektseitig Gleichen wissenschaftliche Theorien zu verwenden, als vielmehr daraus, dass über die Wahrnehmungssubjekte empirisch-wissenschaftliche Aussagen gemacht werden müssen.

---

111. Vergleiche Abschnitt 2.2.d.

112. Vergleiche Abschnitt 2.2.b.

113. Vergleiche Abschnitt 2.2.d.

114. Ich frage jetzt nicht danach, wie man dieses Kriterium begründen könnte. Im Folgenden will ich nur analysieren, was in der ‚modifizierte Stimuli-Ontologie' genannten Position impliziert ist.

115. Ausgenommen bestimmte Deutungen der Quantenmechanik.

116. Allgemein wird diese Doktrin Peirce zugeschrieben (siehe z.B. Levi 1985, p.622; Rescher 1984, chpt.V; Scheffler 1967, p.11, p.19 und p.73). Für Poppers Darstellung und Verteidigung dieser Art des Realismus siehe besonders seine Arbeiten 1963, chpt.10; 1972, chpt.2 und 1979, pp.371–372.

117. Wobei das Hauptproblem dieser Position zunächst gar nicht ihre Begründung ist, sondern die Explikation dessen, was hier mit ‚näherungsweise richtig' eigentlich gemeint ist. Zu Kuhns Abwehr dieser Position siehe Abschnitt 7.6.d. Zur Verteidigung dieser Position gegen Kuhn siehe Shimony 1976; siehe ferner Niiniluoto 1985 und Oddie 1986 mit weiteren Verweisen.

Die Verwendung wissenschaftlicher Theorien zur Identifikation annähernd gleicher Stimulus-Situationen impliziert zunächst einmal nur einen gegenüber dem Peirceschen subtil abgeschwächten Realismus. Wenn man dem Gang der Wissenschaften kognitiven Fortschritt zubilligt, was Kuhn tut[118], dann wird man unter den gegebenen Prämissen eine Identifikation von annähernd gleichen Stimuli-Situationen, die mit einer *besseren* Theorie vorgenommen wird, zweifellos als eine *bessere* Identifikation ansehen müssen. In welchem Sinn kann eine Identifikation von rein objektseitig Gleichem ‚besser‘ sein? Wohl nur in dem Sinn, dass die rein objektseitig bestehende Gleichheit (oder Verschiedenheit) besser getroffen wird. Dies impliziert wohlgemerkt nicht, dass die bessere Theorie auch die *Natur* des rein Objektseitigen in besserer Annäherung trifft (was immer das auch heisst): es impliziert nur, dass eine objektseitig bestehende *Gleichheitsrelation* besser getroffen wird. Der wissenschaftliche Fortschritt wäre dann zwar nicht eine ‚Annäherung an die Wahrheit‘ im Sinne einer Annäherung an die wahre Natur der Dinge, wohl aber ein Wachsen der Fähigkeit zur Identifikation des rein objektseitig Gleichen.

Nun müssen aber, um die modifizierte Stimulus-Ontologie anwenden zu können, auch theoretische Aussagen über die Wahrnehmungssubjekte beigezogen werden[119]. Dazu gehört einmal die allgemeine Aussage, dass die verschiedenen Wahrnehmungssubjekte im Grundsätzlichen biologisch gleich ausgestattet sind. Doch reicht diese allgemeine Aussage nicht aus; vielmehr benötigt man – implizit oder explizit – Spezifikationen hinsichtlich der Gleichheit des Ansprechens der menschlichen Sinnesorgane. Beispielsweise muss man konkrete Annahmen über Schwellenwerte und Frequenzempfindlichkeiten der Sinnesorgane machen. Diese Annahmen sind notwendig, damit tatsächlich mittels wissenschaftlicher Theorien gleiche Stimuli-Situationen identifiziert werden können. Denn die Gleichheit zweier Stimulus-Situationen bedeutet ja nicht, dass diese Situationen hinsichtlich *allem* gleich sind, was auf die Wahrnehmungssubjekte einwirkt[120]. Vielmehr müssen zwei Situationen als gleiche Stimulus-Situationen gelten, wenn sie hinsichtlich ihrer aus biologischen Gründen *für die Wahrnehmung wirksamen* Aspekte übereinstimmen, auch wenn sie sich hinsichtlich ihrer für die Wahrnehmung unwirksamen Aspekte unterscheiden. Beispielsweise sind zwei Wahrnehmungssituationen, die sich ausschliesslich im Ultravioletten unterscheiden, als Situationen mit gleichen visuellen Stimuli anzusehen. Offensichtlich benötigt man also konkrete empirisch-wissenschaftliche Theorien über die menschliche Wahrnehmung, damit in der modifizierten Stimulus-Ontologie gleiche Stimuli-Situationen im angestrebten Sinn identifiziert werden können.

Nun stellt sich die Frage nach dem Status dieser Theorien über die menschliche Wahrnehmung: Stellen diese Theorien bestimmte Aspekte der menschlichen Wahrnehmung wenigstens annähernd so dar, *wie sie in Wahrheit sind*, oder kann man auch bei diesen Theorien nur zwischen besseren und schlechteren Theorien unterscheiden, ohne dass ihre ‚Wahrheitsnähe‘ beurteilbar ist?

Zunächst ist leicht zu sehen, dass eine Interpretation dieser Theorien im Sinne des genannten Peirceschen Realismus ihnen einen Status geben würde, der die

---

118. Siehe Abschnitte 5.5 und 7.6.

119. Vergleiche Abschnitt 2.2.c.

120. Vergleiche hierzu auch die entsprechende Fussnote in Abschnitt 2.2.d, wo ein weiterer Aspekt der Verschiedenheit zweier als gleich geltender Stimulus-Situationen dargestellt ist.

ihnen zugedachte Funktion rechtfertigen würde. Denn wenn die menschliche Wahrnehmung wenigstens annäherungsweise tatsächlich so funktioniert, wie die beizuziehenden Theorien über die Wahrnehmung es behaupten, dann können diese Theorien unproblematisch für *alle* Wahrnehmungssubjekte als annähernd gültig unterstellt werden, *unabhängig* davon, welche Erscheinungswelt diese Wahrnehmungssubjekte als reale Welt ansehen. Die Wahrheitsnähe der Theorien über die menschliche Wahrnehmung gestattet es dann, die Geltung von Aussagen über andere Wahrnehmungssubjekte, welche zunächst einmal nur *Objekte in meiner Erscheinungswelt sind*, nicht nur für *meine* Perspektive dieser Wahrnehmungssubjekte zu halten, sondern als auch auf sie tatsächlich zutreffend zu unterstellen – völlig unabhängig davon, ob diese Wahrnehmungssubjekte meine Theorien über Wahrnehmung teilen oder nicht. Mittels *realistisch gedeuteter* Theorien über die menschliche Wahrnehmung und Theorien über Stimuli könnten demnach gleiche Stimuli-Situationen identifiziert werden, und dann besteht die Möglichkeit, sich bewusst in die gleichen Stimuli-Situationen zu bringen wie die Mitglieder einer fremden Kultur – was immer die Stimuli in Wahrheit sein mögen. Und das Bestehen dieser Möglichkeit war ja eine notwendige Voraussetzung für die Zugänglichkeit fremder Kulturen[121].

Aber diese Interpretation der beizuziehenden Wahrnehmungstheorien im Sinne des Peirceschen Realismus ist hier höchst unbefriedigend. Denn es ist zunächst einmal nicht einzusehen, warum diese Theorien als mehr oder weniger wahrheitsnah interpretiert werden dürfen, die Theorien über die Stimuli aber nicht. Wenn man also innerhalb der Kuhnschen Theorie konsistent bleiben möchte, wird man auch die Theorien über die menschliche Wahrnehmung als relativ zu bestimmten Erscheinungswelten interpretieren müssen, was zwar einen Vergleich verschiedener Wahrnehmungstheorien hinsichtlich ihrer Qualität nicht ausschliesst, aber absolute oder komparative Aussagen über ihre Wahrheitsnähe illegitim macht[122]. Aber dann droht ein massiver sozialer Solipsismus: Die Wahrnehmungs- ubjekte, deren fremde Erscheinungswelt mir zugänglich werden soll, können jetzt von mir (und den anderen Mitgliedern meiner Kultur) hinsichtlich der Funktionen ihrer Wahrnehmung *auch nicht annähernd so erfasst werden, wie sie selbst sind*, sondern nur so, wie sie *mir als Objekte meiner Erscheinungswelt erscheinen*. Wohl kann ich – gemessen an meinen Massstäben – bessere oder schlechtere Theorien über das Funktionieren ihrer Wahrnehmung machen, und damit – gemessen an meinen Massstäben – für sie und mich annähernd gleiche Stimuli-Situationen identifizieren: Aber all dies geschieht *in meiner Erscheinungswelt*, und ich habe zunächst einmal nicht den geringsten Anspruch auf die Behauptung, dass diese Identifikationen gleicher Stimuli-Situationen tatsächlich das für meine *und* für die fremde Wahrnehmung relevante Objektseitige *auch nur annähernd richtig* erfassen. Damit aber wird die Behauptung unhaltbar, dass mit wissenschaftlichen Mitteln als gleich identifizierte Stimuli-Situationen die neutrale Basis und den sicheren Ausgangspunkt für den Zugang zu fremden Kulturen abgeben können: Alle solche Identifikationen sind von einer bestimmten Erscheinungswelt aus gemacht, und entsprechend sind sie gegenüber anderen Erscheinungswelten nicht auf begründbare Weise neutral. Damit aber wird jede Behauptung über die Möglichkeit des Verständnisses einer fremden Erscheinungswelt auf dem

---

121. Vergleiche Abschnitt 2.2.c.
122. Zum Theorienvergleich siehe später Abschnitt 7.4.

in Abschnitt 2.2.c dargestellten Weg hinfällig, jedenfalls, wenn eine fremde Erscheinungswelt so verstanden werden soll, wie sie *selbst* ist, und das heisst, wie diese Erscheinungswelt für die Mitglieder der fremden Kultur ist. Allenfalls kann ich von fremden Erscheinungswelten in meiner Erscheinungswelt Bilder oder Modelle haben, *deren Wahrheitsnähe aber prinzipiell unbeurteilbar ist* – als Konsequenz der prinzipiellen Unbeurteilbarkeit der Wahrheitsnähe meiner Theorien über die menschliche Wahrnehmung. Dies wäre eine Situation des sozialen Solipsismus.

Es scheint also, dass die diskutierte Modifikation der Stimulus-Ontologie die von ihr erwarteten Leistungen nicht erbringen kann, wenn man die beizuziehenden Theorien über die menschliche Wahrnehmung im gleichen kritischen Sinn interpretiert, in dem Kuhn im allgemeinen wissenschaftliche Theorien interpretiert: dass sie nämlich in keinem bestimmbaren Verhältnis zu *der* Realität stehen; *die* Realität, also die Welt an sich oder die Welt der Stimuli (im ersten Sinn), ist uns nicht zugänglich, und entsprechend ein Verhältnis der Nähe oder Ferne von Theorien zu dieser Realität weder absolut noch komparativ bestimmbar. Eine realistische Interpretation der Theorien der Wahrnehmung, die für das Erbringen der angestrebten Leistungen der modifizierten Stimuli-Ontologie hinreichend wäre, scheint aber aus Konsistenzgründen ausgeschlossen. Damit kann jedoch auch die modifizierte Stimulus-Ontologie die Funktionen nicht erfüllen, um derentwillen sie als ein Kandidat zur Stützung der Fundamente der Kuhnschen Theorie erschien.

Die Schwierigkeiten, in die sich sowohl die ursprüngliche als auch die modifizierte Fassung der Stimulus-Ontologie verstricken, sind Kuhn wohl weder in SSR noch in seinen Arbeiten von 1969 ganz bewusst geworden. Zweierlei ist hierfür vor allem verantwortlich: zum einen der Doppelsinn von ‚Natur‘ bzw. ‚Welt‘ in SSR und die dazu korrespondierende Zweideutigkeit des Stimulus-Begriffs in den Arbeiten von 1969. Zum anderen scheint Kuhn ungenügend zu berücksichtigen, dass die Subjekte fremder Kulturen zunächst einmal nur als Objekte in der jeweils eigenen Erscheinungswelt auftreten können, und dass infolgedessen jegliche Skepsis hinsichtlich der Einzigartigkeit der Realitätsvorstellung der eigenen Kultur sich ebenfalls auf die Subjekte fremder Kulturen beziehen muss, insofern diese mir zugänglich sein sollen. Die weniger realistische Lesart der Begriffe Natur/Welt und Stimulus scheint zunächst einmal den Intentionen der Kuhnschen Theorie angemessener, weil sie von der Vorsicht der besonderen, für diese Theorie anscheinend notwendigen erkenntniskritischen Einstellung geprägt ist. Doch gibt man in dieser erkenntniskritischen Einstellung anscheinend auch die Mittel aus der Hand, die notwendig wären, um den individuellen wie den sozialen Solipsismus zu vermeiden: denn die Identifikation annähernd gleicher Stimuli-Situationen wird aufgrund der Unzugänglichkeit des rein Objektseitigen unmöglich und die Verwendung von Theorien über die Wahrnehmungssubjekte aufgrund der erkenntniskritischen Haltung illegitim. Die stärker realistische Lesart der Begriffe Natur/Welt und Stimulus ist dagegen durch die natürliche Einstellung geprägt, und sie führt zur ‚modifizierten Stimulus-Ontologie‘. Jetzt scheint die Identifikation annähernd gleicher Stimuli-Situationen unproblematisch und die Verwendung von Theorien über die menschliche Wahrnehmung gerechtfertigt. Doch nun entsteht ein Dilemma: Interpretiert man die beizuziehenden Theorien über die Wahrnehmung im Sinne der Kuhnschen Theorie, so ist der soziale Solipsismus nicht mehr abzuwehren, und gerade dessen Abwehr ist das gewichtigste Motiv für die Einführung der Stimuli-Ontologie. Interpretiert man dagegen die Theorien über die Wahrnehmung im Sinne des Peirceschen Realismus, so setzt man sich mit den Grundintentionen der Kuhnschen Theorie in Widerspruch, eben dass *die* Realität für uns unzugänglich ist.

Kuhns undeklarierter Wechsel zwischen den beiden Lesarten der zentralen Begriffe Natur/Welt und Stimulus (besonders in seinem Postskript zu SSR[123]) erweckt den Anschein, als könnten die Vorzüge der beiden diskutieren Varianten der Stimulus-Ontologie verbunden werden. Tatsächlich aber werden damit die grundsätzlichen Schwierigkeiten verdeckt, die diese Ontologie für die Kuhnsche Theorie mit sich bringt. Das zugrundeliegende Problem, nämlich der Standort des Analytikers, der die von fremder Subjektivität supponierte Objektivität untersucht, wird in ähnlicher Form nochmals in Kapitel 3 bei der Analyse der Konstitution einer Erscheinungswelt auftreten, und ich werde in Abschnitt 3.8 darauf zurückkommen. Jetzt aber müssen wir uns zunächst den Änderungen in Kuhns Auffassung von der Welt als Gegenstand der Wissenschaft zuwenden, wie sie nach 1969, besonders seit 1979 zu verzeichnen sind.

2.3. Die Erscheinungswelt nach 1969

Aus Kuhns Schriften nach 1969 erfährt man zehn Jahre nichts zu dem erkenntnistheoretisch-ontologischen Problem der Erscheinungswelt. Erst in seiner Arbeit 1979b nimmt er dieses Thema wieder auf, wobei seine Position jetzt in zwei wesentlichen Punkten verändert ist.

Erstens verzichtet Kuhn jetzt ausdrücklich auf die Welt an sich, auf die „eine reale Welt, die immer noch unbekannt ist"[124]. Im Vergleich zu Kant bezeichnet er seine Position als „ebenfalls kantisch, aber ohne ‚Ding an sich'" (und mit zeitlich variierenden Kategorien)[125]. Ob und gegebenenfalls wie sich Kuhn von der 1969 für diesen Fall konstatierten Bedrohung durch den Solipsismus befreit, bleibt in den Texten offen. Kuhn behauptet zwar, dass seine Position eine ‚realistische' sei, aber es bleibt zugestandenermassen unausgeführt, was darunter genau zu verstehen ist[126]. Jedenfalls behauptet Kuhn, wenn auch mit einer gewissen Zurückhaltung, dass eine Position, die im obengenannten Sinne kantisch ist, „die Welt nicht weniger real machen muss"[127].

Zweitens wird die Erscheinungswelt jetzt mit etwas veränderten Akzenten gefasst: Die Rolle der Wahrnehmung tritt zugunsten einer noch stärkeren Betonung der Rolle der Sprache etwas in den Hintergrund; es ist dies eine der hauptsächlichen Entwicklungslinien in Kuhns Denken[128]. Die Sprache hatte in SSR und den Arbeiten von 1969 hinsichtlich der Erscheinungswelt zwar schon eine beträchtliche Rolle gespielt[129], aber das leitende Bild für die Begegnung mit der Welt war das visuelle Erfassen. Eine Erscheinungswelt ist in SSR eine Welt, die ‚gesehen' wird – sowohl im wörtlichen wie in einem mehr metaphorischen Sinn. In den Arbeiten

---

123. Vergleiche Abschnitt 2.2.b.

124. 1979b, p.418.

125. 1979b, pp.418–419; vergleiche auch 1979c, p.XI.

126. 1979b, p.415.

127. 1979b, p.419.

128. Eine zweite Hauptentwicklungslinie betrifft den Paradigmenbegriff; siehe dazu später Abschnitt 4.2.

129. Siehe dazu später besonders Abschnitt 3.6.b.

von 1969 sind es Stimuli, die immer als *visuelle* Stimuli gedacht sind, welche die Begegnung mit der Welt vermitteln. Natürlich schlagen sich verschiedene Weisen des Sehens der Welt auch in der Sprache nieder, aber die eigentlich dominante Rolle kommt dem Sehen selbst zu. Nun verschiebt sich die Gewichtung zugunsten der Sprache. So sagt Kuhn 1982

> „Wenn ich die ‚Struktur wissenschaftlicher Revolutionen‘ jetzt neu schreiben würde, würde ich die Sprachänderung stärker betonen [...]"[130].

In SSR hiess es zum Beispiel, die Erscheinungswelt sei „eine Welt, die schon wahrnehmungsmässig [perceptually] und begrifflich [conceptually] auf eine gewisse Weise unterteilt ist"[131]; jetzt lautet eine typische Formulierung, dass es „Gruppen von aufeinander bezogenen Ausdrücken [clusters of interrelated terms]" gibt, „die zum Teil miteinander gelernt werden müssen, und die, wenn sie gelernt sind, einem Ausschnitt der Erfahrungswelt eine Struktur geben"[132], kurz: eine „Sprache strukturiert die Welt"[133]. Unter der ‚Struktur der Welt‘ wird hier das Netz der Ähnlichkeiten und Unähnlichkeiten zwischen den Objekten der Welt verstanden, wie es sich vor allem in Begriffsextensionen und den zwischen ihnen bestehenden Verhältnissen niederschlägt[134].

Doch darf diese stärkere Rolle der Sprache nicht so missverstanden werden, als würde die Wahrnehmung jetzt für die Kuhnsche Theorie funktionslos. Denn einmal ist das Erlernen einer ersten Sprache an Wahrnehmung gebunden[135]. Zum anderen spielt die Wahrnehmung für die Dynamik der (wissenschaftlichen) Sprachen eine wichtige Rolle:

> „Die Veränderungen der Art, wie wissenschaftliche Ausdrücke auf die Natur angewendet werden, [...] sind weder rein formal noch rein linguistisch. Ganz im Gegenteil, sie entstehen als Antwort auf den Druck, den Beobachtung und Experiment erzeugen [...]"[136].

Die stärkere Betonung des Sprachlichen schlägt sich auch auf die Artikulation der These von der Pluralität der Erscheinungswelten nieder: Sie wird die

> „Behauptung, dass verschiedene Sprachen der Welt verschiedene Strukturen aufprägen"[137].

Die Begründung für die These verläuft ähnlich wie in früheren Arbeiten: Einmal gibt Kuhn Beispiele für unterschiedliche Strukturierungen der Welt durch verschie-

---

130. 1983b, p.715. – Dieser Trend zur stärkeren Betonung der Sprache setzt sich bei Kuhn auch in den Arbeiten fort, die erst nach 1988 erscheinen werden, und die in dieser Arbeit nicht mehr berücksichtigt werden können. So lautet beispielsweise der Titel der Thalheimer Lectures, die Kuhn vom 12.–19.11.1984 an der Johns Hopkins University gehalten hat, „Scientific Development and Lexical Change".

131. SSR, p.129/S.141, übs. mangelhaft.

132. 1983a, p.680.

133. 1983a, p.680; ähnlich 1979b, p.418; 1981, p.28/S.38f.; 1983a, p.676 und p.682; im Druck a, Ms. p.5; im Druck c, Ms. p.5.

134. Darauf komme ich ausführlich in Kapitel 3 zu sprechen.

135. 1983a, pp.680–681.

136. 1979b, p.416, ähnlich p.419.

137. 1983a, p.682; ähnlich 1979b, p.414; 1981, p.28/S.38f.; 1983a, p.680 und p.683. – Vergleiche auch schon 1970b, p.277/S.268.

dene Sprachen (bzw. Soziolekte), bzw. für Strukturierungsänderungen durch Sprachänderungen[138]. Zum anderen wird analysiert, wie die solche Strukturierungen tragenden Begriffe erlernt werden, und so plausibel gemacht, dass und wie das Erlernen verschiedener Sprachen zu verschiedenen Strukturierungen der Erscheinungswelt führt[139].

Doch legen Formulierungen wie „verschiedene Sprachen prägen der Welt verschiedene Strukturen auf [impose different structures on the world]" und „Ausdrücke werden auf die Natur angewendet [terms bzw. words bzw. phrases attach to nature]"[140] das Missverständnis nahe, es gäbe zunächst einmal eine strukturlose, ganz objektseitige Welt, und dann – subjektseitig – verschiedene Sprachen, mittels welcher dieser Welt verschiedene Strukturen aufgeprägt würden. Doch das hiesse, wieder mit einer Welt an sich zu operieren, und gerade das wird von Kuhn ja ausdrücklich abgelehnt. Vielmehr hält er jetzt *die Trennung des rein Objektseitigen vom originär Subjektseitigen für unmöglich*. Das geht beispielsweise aus folgenden rhetorischen Fragen hervor:

> „Ist es offensichtlich sinnvoller, von der Anpassung der Sprache an die Welt, als von der Anpassung der Welt an die Sprache zu sprechen? Oder sind Redeweisen, *die diese Unterscheidung implizieren*, selbst illusorisch? Ist vielleicht das, was wir mit ‚die Welt' ansprechen, das Produkt einer *wechselseitigen* Anpassung von Erfahrung und Sprache?"[141]

Einmal können also an der Welt nicht die originär subjektseitigen Momente identifiziert oder gar von ihr abgestreift werden. Aber auch das Umgekehrte ist nicht möglich: An einer Sprache kann das originär objektseitige Moment nicht identifiziert, geschweige denn abgestreift werden:

> „Bei einem grossen Teil des Spracherwerbs werden zwei Arten von Wissen zusammen erworben, Wissen der Wörter und Wissen von der Natur – aber eigentlich handelt es sich gar nicht um zwei verschiedene Arten von Wissen, sondern um zwei Seiten einer einzigen Münze, die von einer Sprache dargeboten wird. [...] Wissen von der Natur ist der Sprache selbst intrinsisch, und deshalb handelt es sich hierbei um eine Art von Wissen, die jenen Wissensarten vorgeordnet ist, die man in der Wissenschaft wie im Alltag wirklich als Beschreibungen oder Verallgemeinerungen bezeichnen kann."[142]

Die originär subjektseitigen und die originär objektseitigen Konstitutionsmomente sowohl an der Sprache als auch der Welt lassen sich also nicht voneinander trennen. Das ist auch der Grund, dass Kuhn den Ansatz eines rein Objektseitigen, einer wie auch immer gefassten Welt an sich, fallen lassen kann und muss: denn soll dieses rein Objektseitige für irgendetwas erklärungskräftig sein – und dafür wird es schliesslich eingeführt –, so müsste es *bestimmte und bestimmbare* Eigenschaften haben; etwas gänzlich Unbestimmtes oder Unbestimmbares kann nicht (für etwas *Bestimmtes*) erklärend sein. Aber es gibt keine Rekursinstanz, mit deren

---

138. 1979b, p.416 und p.418; 1981, p.25/S.35; 1983a, pp.679–680.

139. Siehe dazu später Kapitel 3, besonders Abschnitt 3.6.d.

140. 1979b, p.416; 1981, p.22/S.31, p.24/S.34, p.25/S.34, p.28/S.38; 1983a, pp.680–681.

141. 1979b, p.418, Hervorhbg. von mir; ähnlich 1983a, pp.681–682.

142. 1981, p.28/S.39; ähnlich 1983a, p.682; im Druck a, Ms. pp.14–15, p.19, p.22; im Druck c, Ms. p.11, p.15, p.19.

Hilfe reine Objektseitigkeit von Eigenschaften begründbar wäre: weder die anscheinend subjektseitige Sprache, noch die anscheinend objektseitige Welt, denn in beiden sind in Wahrheit beide Momente untrennbar miteinander verbunden. Aber nun bleibt offen, in welchem Sinn Kuhns Position eine realistische ist[143], die als solche den sozialen Solipsismus begründet abweisen kann.

---

143. Ich komme auf diese Frage in Abschnitt 3.2 zurück.

Kapitel 3

Die Konstitution einer Erscheinungswelt

Die Welt des Wissenschaftlers, d.h. die Welt, deren Objekte für ihn und die anderen Mitglieder seiner Gemeinschaft Forschungsgegenstände sind, ist eine Welt, zu der er durch Wahrnehmung, durch Sprache, durch Instrumente, durch Theorien Zugang hat. Diese Welt, so das Ergebnis von Kapitel 2, ist eine Erscheinungswelt, und das heisst, es ist eine Welt, deren Objekte neben den rein objektseitigen Momenten trotz allem gegenteiligen Anscheins auch originär subjektseitige Momente enthalten.

Nun lassen sich, wie Kuhn nach 1979 in aller Klarheit bemerkt, die originär subjektseitigen und die originär objektseitigen Momente an einer Erscheinungswelt nicht voneinander trennen. Bedeutet das, dass sich Erscheinungswelten überhaupt nicht hinsichtlich ihrer subjektseitigen Momente analysieren lassen? Noch zugespitzter, bedeutet das, dass wir Änderungen einer Erscheinungswelt, die ihren Grund allein in der Änderung subjektseitiger Momente haben, von Änderungen dieser Erscheinungswelt, die ihren Grund nicht allein auf der Subjektseite haben, überhaupt nicht unterscheiden können? Das ist für Kuhn natürlich nicht der Fall, denn sonst verlöre die Rede von wissenschaftlichen Revolutionen als Änderungen der Welt jeden Sinn[1]. Trotz der Untrennbarkeit der originär subjektseitigen von den objektseitigen Momente einer Erscheinungswelt lassen sich *manche* Änderungen einer Erscheinungswelt als originär subjektseitig verursacht beurteilen, ohne dass man aber das Subjektseitige vom Objektseitigen *vollständig* scheiden könnte. Entsprechend lassen sich auch Erscheinungswelten hinsichtlich ihrer originär subjektseitigen Momente ein Stück weit analysieren, wenn auch diese subjektseitigen Momente immer vereint mit objektseitigen Momenten auftreten. Wird eine solche Analyse nicht für eine einzelne, sondern allgemein, für alle Erscheinungswelten durchgeführt, so werde ich von der *allgemeinen Analyse der Konstitution von Erscheinungswelten* sprechen[2].

Kuhn führt eine solche allgemeine Analyse der Konstitution von Erscheinungswelten durch, indem er auf allgemeine Weise den *Prozess* untersucht, *durch den die einzelnen Mitglieder einer bestimmten* (wissenschaftlichen) *Gemeinschaft den Zugang zu der für diese Gemeinschaft spezifischen Erscheinungswelt gewinnen*, ein Prozess, bei dem „Ausbildung, Sprache, Erfahrung und Kultur" eine Rolle spielen[3]. Dreierlei ist an dieser Formulierung des Programms für die allgemeine Analyse der Konstitution von Erscheinungswelten zunächst klarzustellen.

Erstens: Die soeben verwendete Formulierung ‚Zugang zu einer Erscheinungswelt gewinnen' soll weder suggerieren, dass die Erscheinungswelt unabhän-

---

<ol>
<li>Siehe dazu später Abschnitt 6.2.</li>
<li>Kuhn betont neuerdings auch die Wichtigkeit des Beitrags der Wissenschaftshistoriographie zu solchen Analysen: 1986, p.33.</li>
<li>1970c, SSR p.193/S.205.</li>
</ol>

gig von der Gemeinschaft schon da ist und durch ihre Mitglieder nur entdeckt zu werden braucht, noch soll sie beinhalten, dass die Gemeinschaft diese Erscheinungswelt gänzlich nach eigener Massgabe schafft: Die Konstitution einer Erscheinungswelt ist weder ein rein passives Entgegennehmen noch ein rein aktives Hervorbringen. Vielmehr impliziert die Untrennbarkeit der originär subjektseitigen von den originär objektseitigen Momenten einer Erscheinungswelt gerade, dass das Gewinnen eines Zuganges zu einer Erscheinungswelt etwas zwischen den beiden Polen ‚Entdecken' und ‚Hervorbringen' Liegendes ist[4].

Zweitens: Eine Erscheinungswelt ist für eine bestimmte Gemeinschaft spezifisch, und in einem gewissen (wenn auch nicht ganz unproblematischen) Sinn ist die entsprechende Gemeinschaft das Subjekt der Konstitution dieser Erscheinungswelt[5]. Wie kann dann aber die Konstitution von Erscheinungswelten analysiert werden, indem der Prozess untersucht wird, durch den die *einzelnen* Mitglieder der Gemeinschaft im genannten Sinn den Zugang zu jeweiligen Erscheinungswelt gewinnen? Die Antwort darauf liegt in der besonderen Art, *wie* die einzelnen Mitglieder betrachtet werden, wenn die Konstitution von Erscheinungswelten untersucht wird. Dann werden die Mitglieder der Gemeinschaft nämlich hinsichtlich ihrer Mitgliedschaft betrachtet, d.h. es ist im Blick, was diese Mitglieder als Mitglieder der Gemeinschaft gemeinsam haben. In dieser Blickrichtung verschwindet die Individualität des Einzelnen, und jeder Einzelne wird zum Repräsentaten der Gemeinschaft. Das setzt natürlich voraus, dass die verschiedenen Einzelnen tatsächlich gruppenspezifische Gemeinsamkeiten haben, und es wird zu fragen sein, worin solche gruppenspezifische Gemeinsamkeiten bestehen und wie es zu ihrer Existenz kommt[6].

Drittens: Die Frage nach der Konstitution von Erscheinungswelten wird bei Kuhn als Frage nach dem Gewinn des Zugangs zu einer Erscheinungswelt gestellt. Dies ist eine Frage nach einer *Genese*, nämlich nach dem Werden des Fürjemanden-Seins einer Erscheinungswelt. Diese Frage ist scharf von der Frage nach der *Realgenese* einer Erscheinungswelt bzw. nach der Realgenese von Objekten einer Erscheinungswelt zu unterscheiden. Die Frage nach einer Realgenese geht z.B. dahin, wie die Bestandteile einer bestimmten Sache haben zusammenkommen müssen, in welcher Weise sie vielleicht miteinander haben umgebildet werden müssen etc., um diese Sache als Resultat zu ergeben. Dabei kann als ‚Baustein' für die Realgenese der Sache im allgemeinen[7] nur etwas gelten, was es in der Welt tatsächlich gibt, und das heisst, was *jenseits des Analytikers* real existiert oder existiert hat. Offenbar wird die Frage nach einer Realgenese in natürlicher Einstellung gestellt[8], den Blick auf gegenwärtige und vergangene Objekte der (jeweiligen Erscheinungs-) Welt gerichtet.

Anders, wenn man nach der Genese von Erscheinungswelten (bzw. von Regionen oder Objekten von Erscheinungswelten) im Sinne ihrer Konstitution fragt.

---

4. In Abschnitt 3.2 wird dargestellt werden, an welchem Punkt genau diese Zwischenstellung des Gewinnens des Zugangs zu einer Welt greifbar ist.

5. Entsprechend ist die Veränderung einer Erscheinungswelt aufgrund einer Veränderung ihrer originär subjektseitigen Momente, wie es in einer wissenschaftlichen Revolution geschieht, ein Prozess, dessen Subjekt die entsprechende wissenschaftliche Gemeinschaft ist: siehe Abschnitt 6.1.

6. Siehe Abschnitt 3.4.

7. Ich übergehe hier den speziellen Problemkomplex, die sich in der Quantenphysik aus dem Zusammenwirken von Beobachter und beobachteten Objekten zu ergeben scheint.

8. Vergleiche Abschnitt 2.2.b.

Dann ist im Blick, dass Erscheinungswelten wesentlich auch originär subjektseitige Momente enthalten, und die Frage geht gerade darauf, diese originär subjektseitigen Momente hinsichtlich ihrer weltkonstitutiven Funktionen zu analysieren. Im Idealfall soll ein Verständnis von Erscheinungswelten resultieren, bei dem zweierlei zugleich durchsichtig ist: einmal, dass Erscheinungswelten tatsächlich originär subjektseitige Momente enthalten und welche dies sind (soweit sie eben von den originär objektseitigen Momenten ablösbar sind). Zum anderen soll durchsichtig werden, warum eine Erscheinungswelt für die in ihnen Lebenden im allgemeinen den überwältigenden Anschein macht, die einzige und anscheinend rein objektseitige Welt zu sein, mit anderen Worten: *die* reale Welt zu sein. Um die Frage nach der Konstitution von Erscheinungswelten überhaupt stellen zu können, muss offensichtlich die natürliche Einstellung verlassen werden, welche die gänzliche Objektseitigkeit einer Erscheinungswelt und damit ihre absolute Realität für selbstverständlich nimmt. Die Notwendigkeit, zur Durchführung der allgemeinen Analyse der Konstitution von Erscheinungswelten die natürliche Einstellung zu verlassen, bringt einige methodische Probleme mit sich, auf die ich gleich eingehen werde.

Zunächst aber möchte ich mich der Frage zuwenden, warum für die Kuhnsche Theorie die Frage nach der Konstitution von Erscheinungswelten überhaupt von Interesse ist. Nehmen wir an, Kuhn könnte die Frage nach der Konstitution von Erscheinungswelten befriedigend beantworten, d.h. er könnte Erscheinungswelten hinsichtlich gewisser ihrer originär subjektseitigen Momente allgemein analysieren. Nehmen wir weiter an, Kuhn könnte zeigen, dass bezüglich dieser subjektseitigen Momente von Erscheinungswelten ein gewisser Spielraum von Möglichkeiten besteht, so dass aus einer Variation der subjektseitigen Momente verschiedene Erscheinungswelten resultieren. In diesem Fall hätte Kuhn ein schlagendes Argument für seine zentrale These von der Pluralität der Erscheinungswelten. Über die Verteidigung des blossen Faktums verschiedener möglicher Erscheinungswelten hinaus könnte aber auch einsichtig werden, *wie* verschiedene originär subjektseitige Momente verschiedene Erscheinungswelten konstituieren können. Dadurch gewönne Kuhns Theorie erheblichen Gehalt: denn dann ist in der Behauptung, dass eine bestimmte Gemeinschaft in einer bestimmten Erscheinungswelt lebt, impliziert, dass gewisse Spezifika dieser Erscheinungswelt verständlich gemacht werden können, indem auf die Weise der Zugangs (im genannten Sinn) der Mitglieder dieser Gemeinschaft zu dieser Welt rekurriert wird. Damit wären auch die Voraussetzungen für die Beantwortung der Frage geschaffen, auf welche Weise und aufgrund welcher Faktoren sich bei einer wissenschaftlichen Revolution die (Erscheinungs-)Welt einer Wissenschaftlergemeinschaft verändern kann[9].

Doch tritt bei der allgemeinen Analyse der Konstitution von Erscheinungswelten eine methodische Schwierigkeit auf, die nicht zufällig den Schwierigkeiten ähnlich ist, in die sich Kuhn bei seiner Verwendung der Stimuli-Ontologie verstrickt[10]. Kuhn wendet sich ja gegen die Einseitigkeit der früheren historiographischen und der früheren erkenntnistheoretischen Tradition, die nur die jeweils eigene Erscheinungswelt als die reale Welt anerkannten, und damit (explizit oder implizit) andere Erscheinungswelten für unmöglich erklärten[11]. Um diese Vorein-

---

9. Siehe später Abschnitt 6.2.

10. Vergleiche die Abschnitte 2.2.d und 2.2.e.

11. Vergleiche die Abschnitte 1.2.c und 2.1.b.

genommenheit für die je eigene Erscheinungswelt abzulegen und Unparteilichkeit gegenüber möglichen anderen Erscheinungswelten zu gewinnen, muss der sonst für selbstverständlich angesehene Exklusivitätsanspruch der je eigenen Erscheinungswelt auf absolute Realität suspendiert werden. Mit anderen Worten: die allgemeine Analyse der Konstitution von Erscheinungswelten muss in strikt erkenntniskritischer Haltung durchgeführt werden. Doch damit ist hier nicht nur wie bei Husserl gemeint, dass die Behauptung der alleinigen Existenz der je eigenen Erscheinungswelt nur „eingeklammert" wird, obwohl man von der Exklusivexistenz der eigenen Erscheinungswelt weiter fest überzeugt ist und lediglich von dieser Überzeugung aus methodischen Gründen vorübergehend „keinen Gebrauch" mehr macht[12]. Vielmehr sollen, gemäss der These von der Pluralität der Erscheinungswelten, die eigenen Vorstellungen davon, was empirisch real ist, tatsächlich *aufgegeben* werden, um den Raum für andere Vorstellungen von empirischer Realität zu eröffnen.

Aber lässt sich in einer so radikal erkenntniskritischen Haltung überhaupt eine allgemeine Analyse der Konstitution von Erscheinungswelten durchführen? Müssen nicht notwendigerweise die *Subjekte* der verschiedenen Erscheinungswelten als absolut seiend angenommen werden, das heisst, in ihrem Sein als gänzlich unabhängig von der Erscheinungswelt des Analytikers, und müssen nicht über diese Subjekte bestimmte Annahmen gemacht werden, nämlich hinsichtlich ihrer Fähigkeiten, die sie mitbringen müssen, um überhaupt Subjekte der Konstitution einer Erscheinungswelt sein zu können? Aus welchen Quellen kann für die Plausibilität solcher Annahmen argumentiert werden?[13] Eine empirische Begründung dieser Annahmen scheint deshalb nicht akzeptierbar, da dabei auf die Subjekte anderer Erscheinungswelten nur *als Objekte* der Erscheinungswelt des Analytikers Bezug genommen werden müsste, und damit die notwendige Neutralität hinsichtlich verschiedener Erscheinungswelten verletzt würde. Eine reflexive Begründung dieser Annahmen steht vor ähnlichen Schwierigkeiten, weil glaubhaft gemacht werden müsste, dass man durch Reflexion zu den für *alle* (menschlichen) Erkenntnissubjekte *in gleicher Weise* weltkonstitutiven Fähigkeiten der Subjektivität vordringen kann. Zudem sagt Kuhn selbst an einer Stelle, dass es – zumindest für Wissenschaftler – eine vollständige Transzendierung der je eigenen Erscheinungswelt zu einem Standpunkt, der alle möglichen Erscheinungswelten unparteiisch zu überschauen gestattet, nicht gäbe; allenfalls könne es für einen Wissenschaftler in einer bestimmten historischen Situation eine Entscheidung zwischen zwei möglichen Erscheinungswelten geben[14]. Von daher muss man wohl annehmen, dass Kuhn die

---

12. Siehe Husserl 1922, §§ 31 und 32 (vergleiche zu einigen Aspekten des Verhältnisses von Phänomenologie und Kuhnscher Theorie Embree 1981). – Es handelt sich hier also um einen Zweifel an der eigenen Erscheinungswelt, bei dem nicht das geschieht,

> „was unter Zweifeln verstanden zu werden pflegt, ein Rütteln an dieser oder jener vermeintlichen Wahrheit, auf welches ein gehöriges Wiederverschwinden des Zweifels und eine Rückkehr zu jener Wahrheit erfolgt, so dass am Ende die Sache genommen wird wie vorher. Sondern er [der Weg des Zweifels] ist die bewusste Einsicht in die Unwahrheit des erscheinenden Wissens [...]" (Hegel, Phänomenologie des Geistes, Einleitung; Werke Bd.3, S.72).

Die hier bestehende Parallele zwischen Hegels ‚Phänomemologie des Geistes' und der Kuhnschen Theorie ist nur eine neben anderen. Allerdings ist hier nicht der geeignete Ort um diese auszuarbeiten.

13. Vergleiche die Fragen, die Feigl 1964, pp.46–47 in Humescher Perspektive an bestimmte Annahmen der Kantschen Transzendentalphilosophie stellt.

14. 1974b, p.509.

Existenz eines solchen völlig neutralen Standpunktes auch nicht für den Wissenschaftsphilosophen (oder den Wissenschaftshistoriker) behaupten würde.

Es scheint also unausweichlich, die allgemeine Analyse der Konstitution von Erscheinungswelten in dem Sinne von der je eigenen Erscheinungswelt aus zu betreiben, dass bestimmte Annahmen gemacht werden müssen, die tatsächlich nur mit Bezug auf die Erscheinungswelt des Analytikers legitimierbar sind. Aber wie kann dann die allgemeine Analyse der Konstitution von Erscheinungswelten je ihr Ziel erreichen, nämlich eine von der eigenen Erscheinungswelt *unvoreingenommene* Rekonstruktion jenes Prozesses, durch welchen den Mitgliedern einer bestimmten Gemeinschaft ihre uns fremde Erscheinungswelt zugänglich wird? Diese methodische Schwierigkeit findet in Kuhns Texten keine Beachtung, und ihre Nichtbeachtung zeigt Ähnlichkeiten mit dem undeklarierten Wechsel zwischen den zwei Bedeutungen des Stimulus-Begriffs; dieser Wechsel hatte die Schwierigkeiten der Stimuli-Ontologie verdeckt[15]. Hier wie dort ist das Problem ein Standort, von dem aus eine unparteiische Betrachtung der von *fremder Subjektivität supponierten* Realität möglich ist. Kuhns allgemeine Analyse der Konstitution von Erscheinungswelten, die geradewegs, ohne die Reflexion auf den Standort des Analytikers, auf ihr Ziel zuzugehen versucht, ist daher ihrem Resultat nach streng genommen unbestimmt.

Ich werde dennoch im folgenden Kuhns Analyse rekonstruieren, ohne zunächst den Standort des Analytikers zu reflektieren. Erst wenn die Analyse durchgeführt ist, werden wir zurückblicken und fragen, ob es einen Standort des Analytikers gibt, von dem aus eine solche Analyse möglich ist, und welche Aussagekraft der Analyse dementsprechend zuzuschreiben ist[16].

Eine Einschränkung des Anspruchs von Kuhns allgemeiner Analyse der Konstitution von Erscheinungswelten kann aber hier schon gemacht werden: Kuhn beansprucht nämlich keinesfalls, die Konstitution von Erscheinungswelten erschöpfend zu behandeln. Vielmehr greift er nur *ein* Moment des Konstitutionsprozesses heraus, das er allerdings für das Verständnis der Struktur der Wissenschaftsentwicklung als fundamental ansieht[17]. Dieses Moment ist aber nicht nur für die Konstitution von für die *Wissenschaften* charakteristischen Erscheinungswelten von Bedeutung: vielmehr ist es in dem Sinne universell, dass es eine Rolle spielt, gleichgültig, ob es sich um die Erscheinungswelt

> „einer ganzen Kultur oder einer Subgemeinschaft von Spezialisten [den Fachleuten für ein bestimmtes wissenschaftliches Spezialgebiet] innerhalb ihrer handelt"[18].

Als methodische Konsequenz dieser Universalität ergibt sich, dass bestimmte, verhältnismässig einfach zu analysierende Lernprozesse, die für die Konstitution einer Alltagswelt von Bedeutung sind, als exemplarisch für die Konstitutionprozesse von

---

15. Vergleiche Abschnitte 2.2.b, 2.2.d und 2.2.e.

16. Siehe Abschnitt 3.8.

17. Kuhn spricht von „einer der fundamentalen Methoden [technique]" (1970c, SSR p.193/S.205; ähnlich 1979b, p.410); von einer ‚Methode' ist die Rede, weil die Konstitution einer Erscheinungswelt ein Lernprozess ist, der von einer bestimmten Art methodischer Unterweisung abhängt, wie nachher zu sehen sein wird.

18. 1970c, SSR p.193/S.205; auch 1974a, ET p.313/S.410, wo die Identität des Verfahrens für die Alltagswelt, die Taxonomie und die „abstrakteren Wissenschaften", wie die Newtonsche Mechanik, betont wird; auch 1970b, p.270/S.262, und schon SSR, p.127/S.139.

wissenschaftlichen Erscheinungswelten genommen werden können. Kuhn macht
von dieser Möglichkeit Gebrauch, indem er vielfach die Konstitution einer wissenschaftlichen Welt, was „ein notwendigerweise ausserordentlich komplexes Unternehmen" ist[19], an ausserwissenschaftlichen Beispielen illustriert[20].

Der Prozess der Konstitution von Erscheinungswelten, soweit er hier allgemein analysiert wird, lässt sich summarisch folgendermassen kennzeichnen: Es
handelt sich um einen Lernprozess (Abschnitt 3.1), bei dem durch Hinweisen (Abschnitt 3.2) eine bestimmte Art von Ähnlichkeitsrelationen (Abschnitt 3.3) erlernt
werden, über welche die Angehörigen einer bestimmten sozialen Gemeinschaft
(Abschnitt 3.4) schon verfügen. Diese Ähnlichkeitsrelationen sind für die Wahrnehmung (Abschnitt 3.5) und für die Bildung empirischer Begriffe (Abschnitt 3.6)
mitkonstitutiv. Die über solche Ähnlichkeitsrelationen eingeführten Begriffe sind
nicht präzise explizierbar, und sie enthalten Wissen über die Natur (Abschnitt
3.7)[21]. Die Veränderungen, die Kuhns Konzeption der Erscheinungswelt, und mit
ihr die Konzeption ihres Konstitutionsprozesses besonders zwischen den späten
60er und den späten 70er Jahren erfährt, werde ich vor allem in Abschnitt 3.6 behandeln. Schliesslich wird das Problem des Standortes des Analytikers, der die allgemeine Analyse der Konstitution von Erscheinungswelten durchführt, in Abschnitt 3.8 erörtert.

3.1. Lernprozess

Der Zugang zur Erscheinungswelt einer bestimmten (wissenschaftlichen) Gemeinschaft wird in einem zumindest teilweise reversiblen *Lernprozess* gewonnen[22].
In dieser Charakterisierung des Prozesses der Welterschliessung sind drei Negativkennzeichen impliziert. Erstens ist der auf die Seite der Subjekte fallende Anteil an
einer konstitutierten Welt nicht vollständig angeboren[23]. Zweitens ist der Prozess
der Welterschliessung, was die Subjektseite angeht, nicht die Realisierung einer inhaltlich eindeutig vorgegebenen Möglichkeit[24]. Drittens ist der Lernprozess auch
kein auschliesslich irreversibler Prägungsprozess, das heisst, sein Resultat kann zumindest zum Teil auch wieder entlernt bzw. überlernt werden[25]. Was in diesem
Lernprozess erlernt wird, und auf welche Weise der Lernprozess vor sich geht,

---

19. 1974a, ET p.309/S.404.

20. 1974a, ET pp.309–318/S.404–414; 1979b, pp.412–413; 1983a, p.682. – Daraus ergibt sich eine starke Kontinuität zwischen dem wissenschaftlichem Wissen und dem Alltagswissen, die ich hier aber
nicht weiter verfolge.

21. Die Kuhnsche Analyse der Konstitution einer Erscheinungswelt hat bemerkenswerte Ähnlichkeiten mit der „sprachlichen Erschliessung der Welt", wie sie von Kamlah und Lorenzen in ihrem für
die (re-)konstruktive Wissenschaftstheorie grundlegenden Buch dargestellt worden ist (Kamlah/
Lorenzen 1967). Ich werde im Folgenden die Parallelen ohne Anspruch auf einen systematischen
Vergleich in Fussnoten anmerken. – Zur vorhin genannten Universalität des Konstitutionsprozesses und ihrer methodischen Konsequenz vergleiche Kamlah/Lorenzen 1967, S.46.

22. SSR, p.113/S.125; 1970a, ET p.285 fn.34/S.387 Fn.35; 1974a, ET p.309/S.404, p.312/S.406; 1970b,
p.275/S.266; 1970c, SSR p.196/S.207; 1979b, pp.412–413; 1981, p.27/S.38; 1983a, pp.680–681;
1983d, p.566; im Druck a, Ms. pp.12–13; im Druck c, Ms. p.9. – Vergleiche Kamlah/Lorenzen
1967, S.29.

23. 1974a, ET pp.308–309/S.404. – Dieses Kennzeichen schliesst natürlich nicht aus, dass bestimmte
Voraussetzungen für die Möglichkeit solcher Lernprozesse angeboren sind.

24. Wie man bei Kant den ‚Erwerb' der Kategorien zu denken hat; vergleiche Vaihinger 1922, Bd.II,
S.89–101.

25. Z.B. 1970a, ET p.285 fn.34/S.387 Fn.35; 1983a, p.677.

wird in den folgenden Abschnitten diskutiert werden: In Abschnitt 3.2 wird dargestellt, was in diesem Lernprozess zur Hauptsache erlernt wird, in Abschnitt 3.3, welches Mittel dazu primär verwendet wird, in Abschnitt 3.4, von wem gelernt wird, und in den darauffolgenden Abschnitten, welche Funktionen und Konsequenzen das Erlernte für die konstituierte Welt und das wissenschaftliche Wissen von dieser Welt hat.

Aus den angegebenen Negativkennzeichen des Lernprozesses ergeben sich zwei für die Kuhnsche Theorie der Struktur der Wissenschaftsentwicklung zentrale Eigenschaften von Erscheinungswelten: einmal können die Erscheinungswelten verschiedener Gemeinschaften verschieden sein, und zum anderen kann sich die Erscheinungswelt einer Gemeinschaft verändern[26]. Insbesondere die letztere Eigenschaft von Erscheinungswelten wird für die Charakterisierung wissenschaftlicher Revolutionen von entscheidender Bedeutung sein[27].

3.2. Ähnlichkeitsrelationen

Kuhns allgemeine Analyse der Konstitution einer Erscheinungswelt beansprucht nicht, so wurde schon gesagt, alle Aspekte dieses Prozesses aufzuklären. Vielmehr hat er bei seiner Analyse vor allem denjenigen Aspekt des Prozesses im Auge, dessen Konsequenzen für seine Theorie der Wissenschaftsentwicklung von besonderer Bedeutung sind. Dies ist die Rolle, die *eine bestimmte Art von Ähnlichkeitsrelationen* für die Konstitution einer Erscheinungswelt spielen[28]. Bevor ich die Besonderheit dieser Art von Ähnlichkeitsrelationen kennzeichne, gebe ich ihre unmittelbare Funktion an.

Jede solche Ähnlichkeitsrelation ist konstitutiv für die Bildung einer *Ähnlichkeitsklasse*, das ist die Menge der durch die Ähnlichkeitsrelation als ähnlich bestimmten Elemente[29]. Kuhn unterscheidet drei verschiedene Bereiche, innerhalb derer Ähnlichkeitsklassen gebildet werden[30]:

–   verschiedene Sinneswahrnehmungen ein und desselben Objekts. Die Bildung der Ähnlichkeitsklasse der zu einem Wahrnehmungsobjekt gehörenden
     und insofern ähnlichen Wahrnehmungen ist konstitutiv für die erkennbare
     Identität dieses Objekts;
–   verschiedene Objekte, die in der zu konstituierenden Erscheinungswelt der

---

26. Vergleiche Kamlah/Lorenzen 1967, S.46ff. und S.67.

27. Siehe Abschnitt 6.2.

28. Obwohl Kuhn den Terminus ‚Ähnlichkeitsrelationen' erst und vor allem in seinen Arbeiten von
    1969 verwendet, ist die damit angesprochene Sache schon in SSR zentral; für Stellenangaben siehe
    die folgenden Fussnoten. – Die Quelle des Gedankens ist der späte Wittgenstein: SSR, pp.44–45/
    S.58f.

29. 1970c, SSR p.200/S.211f.

30. Die explizite Differenzierung von drei Bereichen, innerhalb derer Ähnlichkeitsrelationen gebildet
    werden, findet sich ausgearbeitet erst in 1970c, SSR p.194/S.205. In 1974a, ET p.313/S.408ff. wird
    von Ähnlichkeitsrelationen über Objekten direkt zu Ähnlichkeitsrelationen über Problemsituationen übergegangen; in 1970b, pp.273–274/S.264f. deutet sich die Differenzierung erst an. Die Differenzierung mag auf Suppe 1974a, besonders pp.486–489 zurückgehen (bzw. auf die auf dem
    Symposium vom März 1969 vorgetragene Version davon): siehe 1974b, p.504. Auch in 1981, p.26/
    S.37, p.27/S.37 und in 1983a, pp.680–682 nennt Kuhn als Relate der Ähnlichkeitsrelationen
    „Objekte und Situationen".

gleichen Art angehören. Solche Ähnlichkeitsklassen nennt Kuhn auch „natürliche Familien [natural families]" oder „natürliche Arten [natural kinds]"[31];
— verschiedene Problemsituationen[32], die mittels der gleichen symbolischen Verallgemeinerung behandelt werden können[33].

Das Erlernen von Ähnlichkeitsrelationen schliesst immer und notwendigerweise *das Erlernen von Unähnlichkeiten* mit ein[34]. Dies ist nicht nur in dem Sinn gemeint, dass jede Ähnlichkeit nur vor einem unbestimmten Hintergrund von Unähnlichkeit eine Ähnlichkeit ist. Vielmehr werden Ähnlichkeitsklassen immer *in bestimmter Abhebung voneinander* gelernt, so dass das Resultat des Lernprozesses ein sich mehr oder weniger weit erstreckendes Netz von Ähnlichkeiten und Unähnlichkeiten in dem jeweiligen Bereich ist.

Kuhns Interesse gilt hauptsächlich einer besonderen Art von Ähnlichkeitsrelationen, deren Charakteristikum für wesentliche Aspekte seiner Theorie tragend ist[35]. Es handelt sich um *unmittelbare* Ähnlichkeitsrelationen in dem Sinn, dass die Ähnlichkeit *nicht durch definierende Kennzeichen der Relate* gestiftet wird[36]. Mit

---

31. SSR, p.45/S.59; 1970a, ET p.285/S.375; 1974a, ET p.312/S.406; 1970c, SSR p.194/S.205 übs. mangelhaft; 1979b, p.411, p.413, p.414; 1981, p.6/S.12, p.26/S.36. – Das Adjektiv ‚natürlich' bedeutet hier nicht, dass es sich um Naturgegenstände handeln muss; vielmehr muss die Ähnlichkeit eine ‚natürliche' im Sinne der gleich zu besprechenden Unmittelbarkeit der Ähnlichkeitsrelationen sein.

32. Der Terminus ‚Problemsituation' ist der genaueste, den Kuhn verwendet (z.B. in 1970b, p.273/S.264). Daneben finden sich auch die Bezeichnungen „Probleme" (z.B. in 1974a, ET p.306/S.401; 1970c, SSR p.189/S.201), „Situationen" (z.B. 1970c, p.189/S.201, p.190/S.202; im Druck c, Ms. p.36 u.a.), „Forschungsprobleme" (z.B. SSR, p.45/S.59) und „intendierte Anwendungen" (einer Theorie) (1976b, pp.193–195/S.129ff.).

33. Was es heissen soll, dass ‚Problemsituationen mittels der gleichen symbolischen Verallgemeinerung behandelt werden können', wird in Abschnitt 3.6.e geklärt werden. – Zwischen Ähnlichkeitsrelationen innerhalb verschiedener Bereiche können Abhängigkeiten bestehen. Erstens kann die Bildung von natürlichen Familien von Ähnlichkeitsrelationen abhängen, die für die wahrnehmbare Identität von Einzelobjekten konstitutiv sind. Zweitens kann die Bildung von Ähnlichkeitsrelationen zwischen Problemsituationen interdependent mit der Bildung von natürlichen Familien von Objekten sein. Dies ist dann der Fall, wenn bestimmte Objekte (oder bestimmte Aspekte von ihnen) nur in einer bestimmten Klasse von Problemsituationen identifizierbar sind, und umgekehrt diese Problemsituationen nur dann vorliegen können, wenn diese Objekte gegeben sind (1983a, p.686 fn.14; auch 1970b, p.274/S.265).

34. Diesen für seine Theorie wichtigen Sachverhalt betont Kuhn an vielen Stellen, z.B. 1970a, ET p.285/S.376; 1974a, ET p.312/S.408; 1970b, p.274/S.265; 1970c, SSR pp.193–194/S.205; 1974b, p.504; 1976b, p.195/S.131, p.199 fn.14/S.135 Fn.31; 1979b, p.413; 1981, pp.26–27/S.36f.; 1983a, p.680, p.682, p.683; im Druck a, Ms. p.15; im Druck c, Ms. p.12. – Vergleiche Kamlah/Lorenzen 1967, S.30.

35. Kuhn sagt aber ausdrücklich, dass *nicht alle* für eine Erscheinungswelt relevanten Ähnlichkeitsrelationen an diesem Charakteristikum teilhaben: SSR, p.47/S.61; 1974a, ET pp.312–313/S.408 und p.318/S.414.

36. Kuhn verwendet verschiedene Formulierungen, um diese Art von Unmittelbarkeit der Ähnlichkeitsrelationen auszudrücken. Bei Ähnlichkeitsrelationen zwischen Objektansichten und bei Ähnlichkeitsrelationen zwischen Objekten weist er die Frage nach einem ähnlichkeitsstiftenden Dritten („similar with respect to what?") als illegitim zurück (z.B. 1974a, ET p.307/S.402; 1970b, p.274/S.266f.; 1970c, SSR p.200/S.212); im Sinne der Illegitimität dieser Frage nennt er die Ähnlichkeitsklassen bzw. die Wahrnehmung der Ähnlichkeit „elementar/unanalysierbar [primitive]" (1974a, ET p.312/S.408; 1970b, p.275/S.266f.; 1970c, SSR p.200/S.212); das Erkennen von Mitgliedern natürlicher Familien nennt Kuhn entsprechend „unmittelbar [immediate]" (1970c, SSR p.197 fn.14/S.238 Fn.14); und von solchen kognitiven Prozessen sagt er, dass ihre „Einheit und Ganzheit [integrity]" anerkannt werden müsse (1974a, ET p.313/S.408 übs. falsch; 1970c, SSR p.195/S.207). Mit Bezug auf die unmittelbaren Ähnlichkeitsrelationen zwischen Problemsituationen spricht Kuhn vom

dieser Kennzeichnung der Ähnlichkeitsrelationen als unmittelbar werden, in Kuhns Terminologie, bestimmte "Charakteristika", "Regeln", "Prinzipien" und „Kriterien" als definierende tertia comparationis der Ähnlichkeit abgewiesen[37].

Als Konsequenz der genannten Unmittelbarkeit der Ähnlichkeitsrelationen ergibt sich zweierlei. Einmal sind die Elemente einer Ähnlichkeitsklasse, die durch unmittelbare Ähnlichkeitsrelationen erzeugt ist, untereinander durch „Familienähnlichkeiten" im Sinne des späten Wittgenstein verbunden[38]. Das bedeutet, dass die Elemente einer Ähnlichkeitsklasse nicht hinsichtlich eines durchgängigen Kriteriums ähnlich sind. Vielmehr handelt es sich um

> „ein kompliziertes Netz von Ähnlichkeiten, die einander übergreifen und kreuzen. Ähnlichkeiten im Grossen und Kleinen".

Zum anderen ergibt sich, dass Ähnlichkeitsklassen Mengen mit unscharfen Rän-

---

Fortsetzung Fussnote 36

„direkten" Erfassen der Ähnlichkeit („direct inspection of paradigms", SSR, p.44/S.58; „direct modeling", SSR, p.47/S.61; 1974a, ET p.308/S.403), ohne dass vorgängig die Frage „ähnlich mit Bezug worauf?" beantwortet werden soll (1974a, ET p.308/S.403; 1977b, ET p.17/S.66). In den Arbeiten nach 1979, in denen der sprachliche Aspekt der Weltkonstitution stärker zum Tragen kommt, heisst es, dass wissenschaftliche Begriffe normalerweise

„eingeführt und danach verwendet würden, [...] ohne dass eine Liste von notwendigen und hinreichenden Kriterien erworben wird, welche die Referenten der entsprechenden Terme eindeutig festlegen" (1979b, p.409).

Die Ähnlichkeit ist „inexplizit" (ebd.), und man hat keine Explizitdefinitionen für die entsprechenden Terme. Das gleiche findet sich schon der Sache nach, aber nicht in der Terminologie von „Referentenbestimmung [reference determination]" in den Arbeiten von 1969, z.B. in 1974a, ET p.312/S.406ff. – Vergleiche Kamlah/Lorenzen 1967, S.29.

37. SSR, p.42/S.56, p.43/S.57, p.44/S.58; 1977b, ET p.17/S.66f.; 1974a, ET p.307/S.402, p.313/S.410; 1970b, p.275/S.266; 1970c, SSR pp.190–191/S.202, p.192/S.203f., p.194/S.206, p.197/S.209; 1974b, p.511; 1979b, p.409. – Hier muss auf eine Quelle von Missverständnissen hingewiesen werden, die in Kuhns Texten liegt. Kuhn verwendet das Wort ‚Kriterium' in einem weiten und in einem engen Sinn. Im engen Sinn ist ein *definitorisches Kennzeichen* gemeint: In diesem Sinn sind die Ähnlichkeitsrelationen, die Kuhn primär betrachtet, ohne Bezug auf Kriterien gestiftet. In der weiten Bedeutung handelt es sich um eine Eigenschaft der Relate, *ohne* dass spezifiziert wäre, ob diese Eigenschaft den Relaten aus begrifflichen oder aus empirischen Gründen zukommt. In diesem Sinn kann die Wahrnehmung eines bestimmten Merkmals das Kriterium für die Zuordnung einer Problemsituation zu einer bestimmten Ähnlichkeitsklasse sein (siehe z.B. 1974a, ET p.308/S.402; hier kommt die enge *und* die weite Bedeutung von ‚Kriterium' sogar in einem Satz vor:

„Aber sein grundlegendes Kriterium [weiter Sinn, P.H.] ist eine Wahrnehmung von Ähnlichkeit, die sowohl logisch wie psychologisch früher ist als irgendeines der zahlreichen Kriterien [enger Sinn, P.H.], durch das die gleiche Identifikation von Ähnlichkeit hätte gemacht werden können.").

Für die Verwendung von ‚Kriterium' im weiten Sinn finden sich viele Belegstellen: z.B. 1964, ET p.259/S.346; 1970c, SSR p.197 fn.14/S.238 Fn.14; 1981, p.3/S.7, p.22/S.31, p.24/S.34, p.25/S.34, p.25/S.35, p.26/S.36. Diese Quelle möglicher Missverständnisse legt Kuhn erst in seiner Arbeit 1983a, pp.685–686 fn.13 trocken, wo er sagt, dass Kriterien

„in einem sehr weiten Sinn [...] alle Techniken meint, die nicht einmal notwendigerweise bewusst sein müssen, die Leute benutzen, um Wörter an die Welt anzuheften [pinning words to the world]. Insbesondere schliesst diese Verwendung von ‚Kriterien' Ähnlichkeit zu paradigmatischen Beispielen mit ein [...]".

Für die gleiche weite Verwendung von ‚Kriterium' siehe auch Shapere 1977, fn.4.

38. SSR, p.45/S.59; 1970a, ET p.285/S.376, p.286 fn.35/S.387 Fn.36; 1974a, ET p.312/S.406; 1970c, SSR p.194/S.205 übs. mangelhaft; 1979b, pp.410–415; 1981, p.6/S.12 und p.25/S.35 übs. mangelhaft.

39. Wittgenstein 1953, Teil I, Nr.66.

dern sind[40]. Das heisst, dass eine unmittelbare Ähnlichkeitsrelation nicht in allen denkbaren Einzelfällen determiniert, ob ein bestimmtes Objekt bzw. eine bestimmte Situation Element der zugehörigen Ähnlichkeitsklasse ist oder nicht.

Da die Ähnlichkeitsrelationen in einer Erscheinungswelt bestehen, lässt sich die Frage stellen, ob sie originär rein objektseitig oder originär rein subjektseitig sind. Wie Shapere diese Frage an Kuhn gestellt hat: Sind die Ähnlichkeitsrelationen etwas, was es gibt, so dass sie *gefunden* werden müssen, oder sind sie etwas, was irgendwie *erfunden* werden muss?[41] Es hängt wesentlich von der Antwort auf diese Frage ab, wo die Kuhnsche Theorie in dem durch die Etiketten ‚Realismus‘, ‚Idealismus‘, ‚Subjektivismus‘, ‚Relativismus‘, ‚Konventionalismus‘, ‚Nominalismus‘ etc. aufgespannten Feld angesiedelt werden muss.

Zunächst ist leicht zu sehen, dass die zu erlernenden Ähnlichkeitsrelationen für Kuhn nicht originär rein objektseitig sein können. Dies stünde mit zentralen Theoriestücken in Widerspruch, denn die Rede von der Konstituiertheit einer Erscheinungswelt und damit die These von der Pluralität der Erscheinungswelten verlören ihren Sinn. Sind die Ähnlichkeitsrelationen demnach originär rein subjektseitig?[42] Sicherlich sind sie das nicht in dem Sinne, dass sie im völligen Belieben einer wissenschaftlichen Gemeinschaft oder gar eines Einzelnen stünden. So antwortet Kuhn, angesprochen auf die Alternative zwischen objektseitigem und subjektseitigem Ursprung der Ähnlichkeitsrelationen:

> „In [einem bestimmten] Sinn ist das Lernen einer Ähnlichkeitsrelation ein Lernen über die Natur, etwas, das es gibt und das gefunden werden muss. [...] Aber in einem anderen Sinn setzt die Gruppe [die Ähnlichkeitsrelationen] (oder findet sie bereits vor), und wogegen ich mich bei dieser Frage am stärksten wende, ist die Implikation, sie sei eine strikte Alternative [that it must have a yes or no answer].“[43]

Diese Stelle könnte noch den Anschein machen, dass eine wissenschaftliche Gemeinschaft bei ihrem freien Setzen von Ähnlichkeitsrelationen ausschliesslich durch frühere Setzungen von Ähnlichkeitsrelationen eingeschränkt wird, nicht aber durch originär objektseitige Widerstände. Aber dies ist durchaus nicht Kuhns Meinung. Ohne die Terminologie von Ähnlichkeitsrelationen zu benutzen, sagt Kuhn dies indirekt beispielsweise an einer – hier noch nicht ganz verständlichen – Stelle von SSR, wenn er nämlich die Normalwissenschaft als den Versuch beschreibt,

> „die Natur in die im Voraus gebildete und relativ unflexible Schublade zu *zwingen* [to force nature in the preformed and relatively unflexible box], die das Paradigma bereitstellt“[44].

---

40. Das gilt für Kuhn wie für Wittgenstein: Wittgenstein 1953, Teil I, Nr.71; Kuhn 1970a, ET p.285/ S.376, p.287 fn.37/S.387 Fn.38; 1974a, ET pp.316–318 fn.21/S.420 Fn.21; 1983b, p.715. – Vergleiche Kamlah/Lorenzen 1967, S.47.

41. Shapere in Kuhn 1974b, pp.506–507.

42. Dies wäre eine ‚subjektiv-idealistische‘ oder ‚subjektivistische‘ Position, wie sie Kuhn beispielsweise von Scheffler 1967, p.19 unterstellt wird.

43. 1974b, p.509, Hervorhbg. im Original. – Vergleiche Goodman 1975, p.22 und Putnam 1981, p.54.

44. SSR, p.24/S.38, Hervorhbg. von mir; ähnlich p.5/S.19, pp.151–152/S.162; 1970a, ET pp.270–271/ S.361; 1970b, p.260/S.252, p.263/S.255; auch 1961a, ET pp.200–201/S.275f. Die ‚relativ unflexible Schublade‘ ist das über Ähnlichkeitsrelationen inklusive paradigmatischer Beispiele eingeführte Begriffssystem; siehe Abschnitt 3.6.

Dieser Versuch kann aber scheitern, denn

> „die Natur kann nicht in einen beliebigen Satz von begrifflichen Schubladen gezwängt werden"[45].

Die gleiche Widerständigkeit kommt sowohl im spezifischen Ansatz der Welt an sich als auch in der Stimuli-Ontologie zum Ausdruck: Die Welt an sich bestimmt kraft ihrer eigenen Bestimmtheit die Erscheinungswelten mit; den Stimuli kommt eigenes Sein und für die Wahrnehmung kausal relevante eigene Bestimmtheit zu[46]. Demnach haben die unmittelbaren Ähnlichkeitsrelationen *sowohl* ein originär objektseitiges *als auch* ein originär subjektseitiges Moment, ohne dass diese Momente voneinander separierbar sind[47].

In SSR ist das Zusammenspiel von originär objektseitigen und originär subjektseitigen Momenten im wissenschaftlichen Wissen nur ganz allgemein formuliert, ohne den Bezug auf Ähnlichkeitsrelationen. Hier verwendet Kuhn die Gegenüberstellung von (originär objektseitiger) „Beobachtung und Erfahrung" und einem (originär subjektseitigen) „Element von Willkür":

> „Beobachtung und Erfahrung können und müssen den Bereich zulässiger wissenschaftlicher Überzeugungen drastisch einschränken; ansonsten gäbe es keine Wissenschaft. Aber Beobachtung und Erfahrung allein können ein bestimmtes Stück solcher Überzeugungen nicht determinieren. Ein offenbar willkürliches Element, zusammengesetzt aus persönlichen und historischen Zufälligkeiten, ist immer ein konstitutiver Bestandteil der Überzeugungen, für die eine bestimmte Wissenschaftlergemeinschaft zu einer bestimmten Zeit eintritt."[48]

Die Tatsache, dass Kuhn die Ähnlichkeitsrelationen als auch originär objektseitig ansieht, ist wohl auch der Grund dafür, dass er seine Position als eine *realistische Position* einstuft. Für Popper und sich sagt er beispielsweise, dass

---

45. 1970b, p.263/S.255; im ganzen Abschnitt, dem der zitierte Satz entnommen ist, wird die Widerständigkeit der Natur betont. – Im Vorgriff auf die in Abschnitt 3.5 zu diskutierende, konstitutive Rolle von Ähnlichkeitsrelationen für die Wahrnehmung kann auch noch die folgende Stelle von SSR beigezogen werden. Durch eine Revolution getrennte Wissenschaftler
    „sehen verschiedene Dinge, wenn sie vom gleichen Punkt aus in die gleiche Richtung blicken. Das heisst aber wiederum nicht, dass sie alles sehen können, was sie wollen." (SSR, p.150/ S.161)
    Kuhn wiederholt dies in seinem Postskipt:
    „Die Behauptung, dass die Mitglieder verschiedener Gruppen verschiedene Wahrnehmungen haben können, wenn sie mit den gleichen Stimuli konfrontiert werden, soll nicht implizieren, dass sie überhaupt beliebige Wahrnehmungen haben können." (1970c, SSR pp.195–196/S.207 übs. mangelhaft).

46. Vergleiche die Abschnitte 2.1.a, 2.2.b und 2.2.c.

47. Diese Auffassung der Ähnlichkeitsrelationen unterscheidet sich von der der sogenannten ‚Edinburgher Schule der Wissenschaftssoziologie', für die Ähnlichkeitsrelationen gänzlich originär subjektseitig sind: siehe Barnes 1982, vor allem Abschnitte 2.2 und 2.3. – Vergleiche auch Putnam 1981, p.54.

48. SSR, p.4/S.18f.; siehe ähnlich 1963b, p.393. – Ich habe in der zitierten Stelle von SSR die Wendung „an apparently arbitrary element" mit „ein *offenbar* willkürliches Element" und nicht mit „ein anscheinend ..." oder gar mit „ein scheinbar willkürliches Element" übersetzt, da Kuhn die beiden auf die zitierte Stelle folgenden Abschnitte mit Bezugnahme auf dieses, als tatsächlich vorhanden angesetzte „Element von Willkür" beginnt. Vergleiche auch SSR, p.76/S.89, wo Kuhn auf die bekannte Tatsache hinweist, „dass mehr als eine theoretische Konstruktion auf ein gegebene Menge von Daten passt".

„wir beide behaupten, dass Wissenschaftler mit Berechtigung versuchen können, Theorien zu erfinden, die beobachtete Phänomene erklären, und zwar mittels *realer* Objekte, was immer der letztere Ausdruck bedeuten mag."[49]

Und für Boyd und sich sagt er analog:

„Wir sind beide eindeutige Realisten [unregenerate realists]"[50],

wobei er allerdings einschränkend bermerkt, dass er die Verpflichtungen, die seine realistische Position impliziert, nicht ausgearbeitet habe. Boyd selbst dagegen bezeichnet die Kuhnsche Position als eine antirealistische Position, genauer als „konstruktivistischen Antirealismus"[51]. Dies deshalb, weil

„die Welt, die die Wissenschaftler untersuchen, in einem massiven Sinn durch die theoretische Tradition, in der die entsprechende wissenschaftliche Gemeinschaft arbeitet, definiert oder konstituiert oder ‚konstruiert' sei muss"[52].

In seinen allerneuesten Arbeiten gibt Kuhn denn auch zu, dass seine Position doch nicht umstandslos als realistisch bezeichnet werden könne. Vielmehr gebe es hier eine „wirkliche Bedrohung des Realismus"[53]. Dies ist deshalb der Fall, weil die Ähnlichkeitsrelationen auch ein originär subjektseitiges Moment enthalten, und eine mit durch solche Ähnlichkeitsrelationen konstituierte Welt daher nicht rein objektseitig ist, wie das der Realismus unterstellt[54]. Eine Auseinandersetzung mit den drängenden Problemen, die sich für die realistische Perspektive aus einer solchen Präsenz originär subjektseitiger Momente ergibt, ist von Kuhn für später angekündigt[55].

3.3. Hinweisen, Zuweisen und Abweisen

Die Bildung von unmittelbaren Ähnlichkeitsrelationen ist nach Kuhn ein Lernprozess, bei dem das Hinweisen, Zuweisen und Abweisen eine wesentliche Rolle spielt, und der daher neben sprachlichen Momenten ein wesentlich nicht-sprachliches Moment enthält[56]. Kuhn erläutert die Rolle des Hin-, Zu- und Abwei-

---

49. 1970a, ET p.267/S.358.

50. 1979b, p.415.

51. Boyd 1984, pp.51–58.

52. Boyd 1984, p.52. – Hacking macht daher den Vorschlag, Kuhns Position nicht primär mittels der Gegenüberstellung von *Idealismus* und Realismus, sondern mittels der älteren Unterscheidung von *Nominalismus* und Realismus zu charakterisieren; Kuhns Position sei als ein „revolutionärer Nominalismus" zu bezeichnen (Hacking 1984, p.117; auch Hacking 1983, pp.108–111) (die Gründe hierfür werden aus der konstitutiven Rolle der unmittelbaren Ähnlichkeitsrelationen für die Begriffsbildung (Abschnitt 3.6) und den Charakteristika wissenschaftlicher Revolutionen (Kapitel 6) einsichtig). Doch ist Hacking entgegenzuhalten, dass Kuhns Position *zwischen* Nominalismus und Realismus anzusiedeln ist, weil die begriffskonstitutiven Ähnlichkeitsrelationen originär subjektseitige *und* originär objektseitige Momente enthalten.

53. Im Druck a, Ms. p.29; im Druck c, Ms. fn.21.

54. Kuhns eigene Formulierung hierfür ist, dass „die Welt selbst auf irgendeine Weise lexikonabhängig sein muss": im Druck a, p.31. Ich komme auf den Begriff des Lexikons in den Abschnitten 3.6.g und 4.4.a zu sprechen.

55. Im Druck a, Ms. p.31.

56. Als nicht-sprachlichen Prozess („non-verbal or incompletely verbal", „not fully linguistic", „non-linguistic") bezeichnet Kuhn das Hin-, Zu- und Abweisen in 1970b, p.270/S.262 und p.271/S.262; ähnlich 1970c, SSR p.191/S.202f. Die Wichtigkeit des Hinweisens wird in 1974a, ET p.309/S.404

sens ausführlich am Erlernen von Ähnlichkeitsrelationen, die zwischen *Objekten* bestehen sollen[57]. Bei diesem Lernprozess gibt es einen Unterweisenden und einen Unterwiesenen[58]. Der Unterweisende weist dabei in Gegenwart des Unterwiesenen auf verschiedene Mitglieder der für ihn schon etablierten gleichen Ähnlichkeitsklasse hin, und weist sie dieser Ähnlichkeitsklasse zu, ebenso weist er auf Nichtmitglieder dieser Ähnlichkeitsklasse hin und verneint ihre Mitgliedschaft in dieser Klasse. Die Zuweisung zu und die Abweisung von der jeweiligen Ähnlichkeitsklasse geschieht dabei nicht dadurch, dass definierende Merkmale der Klassenmitglieder angegeben würden, so dass der Unterwiesene die Ähnlichkeit dieser Mitglieder vermittels solcher definierender Kennzeichen erlernen würde. Vielmehr wird die Klasse durch blosse Nennung ihres Namens identifiziert. Der Unterwiesene hat somit die Ähnlichkeit ohne die Spezifikation *definitorischer* Merkmale der Ähnlichkeitsklasse zu erlernen, indem er das Verfahren der Unterweisenden wiederholt, bei korrektem Zu- oder Abweisen bestätigt und bei inkorrektem korrigiert wird. Es scheint eine empirische Tatsache zu sein, dass solches Lernen von unmittelbaren Ähnlichkeitsrelationen möglich ist, das heisst, dass ohne Vermittlung durch Kriterien, welche die Ähnlichkeit explizieren und eine *Definition* der Ähnlichkeitsklasse liefern, der Unterwiesene die gleiche Ähnlichkeitsklasse wie der Unterweisende bilden kann[59].

Auch für das Erlernen von unmittelbaren Ähnlichkeitsrelationen zwischen *Problemsituationen* spielt das Hin-, Zu- und Abweisen eine entscheidende Rolle. Allerdings schwächt hier Kuhn etwas ab, wenn er sagt, dass

> „die gleiche Methode [wie das Erlernen von unmittelbaren Ähnlichkeitsrelationen zwischen Objekten], wenn auch in weniger reiner Form, für die abstrakteren Wissenschaften wesentlich ist"[60].

Hier handelt es sich um „Hinweisen oder eine komplexere Ausarbeitung [some elaboration] davon"[61], und es ist ja auch einsichtig, dass auf eine bestimmte Problemsituation nicht einfach mit dem ausgestreckten Finger Bezug genommen werden kann[62]. In seinen allerneuesten Arbeiten bemerkt Kuhn dann auch, dass die Bezugnahme auf die entsprechenden Problemsituationen sogar durch blosse Beschreibungen möglich ist, ohne die tatsächliche physische Präsenz der Situation[63].

Auf welche Objekte und auf welche Problemsituationen wird nun hingewiesen, wenn unmittelbare Ähnlichkeitsrelationen erlernt werden sollen? Diese Rolle

---

Fortsetzung Fussnote 56

    betont, wo gesagt wird, dass es das primäre pädagogische Hilfsmittel sei; ähnlich 1970a, ET p.285/S.376; 1970b, p.274/S.265; 1970c, SSR p.193/S.205; 1974b, pp.503–506; 1979b, pp.411–414; 1983a, p.680; im Druck a, Ms. p.14; im Druck c, Ms. pp.10–11. – Vergleiche Kamlah/Lorenzen 1967, S.27f.

57. 1974a, ET pp.308–318/S.404–414; 1981, p.27/S.37f.

58. Auf den Unterweisenden und den Unterwiesenen komme ich im folgenden Abschnitt zurück.

59. 1974a, ET p.309/S.404; 1979b. pp.412–413. Auf die Voraussetzungen, die erfüllt sein müssen, damit solches Lernen möglich ist, komme ich gleich zu sprechen. – Vergleiche Kamlah/Lorenzen 1967, S.29.

60. 1974a, ET p.313/S.410.

61. 1970b, p.271/S.262 übs. grundfalsch; ähnlich 1974b, p.504; 1979b, pp.413–414.

62. Auf die Probleme, die schon bei der deiktischen Bezugnahme auf sichtbare materielle Objekte bestehen, komme ich weiter unten zu sprechen.

63. Im Druck a, Ms. p.14; im Druck c, Ms. p.11.

wird von *Paradigmen* (in einem bestimmtem Sinn) gespielt[64]; sie bilden gewissermassen die Fixpunkte eines Netzes von Ähnlichkeits- und Unähnlichkeitsrelationen, welches das Kernelement der Weltkonstitution ist. Doch bedarf der Paradigmenbegriff und seine Entwicklung bei Kuhn einer eingehenden Erörterung, welche die Analyse der Weltkonstitution hier über Gebühr aufhalten würde. Ich ver-
schiebe daher die Diskussion von Paradigmen als den Gegenständen des Hinweisens auf Kapitel 4.

Bei Kuhn wird von dem Faktum ausgegangen, dass es diese nicht ausschliesslich sprachlichen, vielmehr – wie in Abschnitt 3.6 zu sehen sein wird – in
gewissem Sinn sprachfundierenden Prozesse des Hin-, Zu- und Abweisens gibt,
d.h. dass sie vorgeführt, verstanden und nachgemacht werden können[65]. Dieses
Faktum wird bei Kuhn als Faktum hingenommen und lediglich hinsichtlich seiner
Funktionen und Konsequenzen untersucht; dagegen wird dieses Faktum selbst
nicht weiter analysiert[66]. Doch ist eine solche Analyse in mindestens drei Hinsichten für die Kuhnsche Theorie von Bedeutung.

a) Nach Kuhn werden die unmittelbaren Ähnlichkeitsrelationen nicht nur in
den vorhin genannten Bereichen der Objekte und der Problemsituationen gebildet, sondern auch in dem Bereich der verschiedenen zu einem Objekt gehörenden
Einzelwahrnehmungen[67]. Als Beispiel verwendet Kuhn die verschiedenen Einzelwahrnehmungen der Mutter durch ein Kind, das in seiner Wahrnehmungswelt
noch keine Personen als beständige und wiederkehrende Individuen hat. Diese
verschiedenen Einzelwahrnehmungen werden nach Kuhn durch unmittelbare
Ähnlichkeitsrelationen zur Wahrnehmung ein und derselben Person verbunden[68].
Mit diesem Beispiel sind ontogenetisch frühe Prozesse der Objektkonstitution angesprochen – hier die erstmalige Konstitution einer Person. Nun ist aber gar nicht
durchsichtig, wie das Hinweisen verstanden werden kann, wenn es in der Wahrnehmungswelt dessen, der das Hinweisen verstehen soll, noch gar keine bestimmten Personen gibt. Denn gewöhnlich setzt das Verständnis eines Hinweiseaktes
voraus, dass die hinweisende Person wahrgenommen und in ihrer Intention verstanden werden kann. Genau diese Voraussetzung ist aber im diskutierten Fall
nicht gegeben, da die Ähnlichkeitsrelationen ja erst erkennbare Einzelpersonen
konstituieren sollen[69]. Die Rolle des Hinweisens für die Stiftung von Ähnlichkeits-

---

64. 1970a, ET pp.284–285/S.375f.; 1970b, p.271/S.262; 1974a, ET pp.318–319/414f.

65. Kuhn lokalisiert die zentrale Differenz seiner Wissenschaftstheorie zu der Poppers genau an die-
sem Punkt:
  „Wenn Sir Karl und ich einen fundamentalen philosophischen Streitpunkt haben, dann ist es
  die Bedeutsamkeit dieser letztgenannten Art des Sprache-Natur-Lernens [durch Hin-, Zu- und
  Abweisen] für die Wissenschaftsphilosophie. [...] Ich glaube, [Popper] verfehlt einen zentralen
  Punkt, den nämlich, der mich dazu geführt hat, den Begriff des Paradigmas in meinem Buch
  ‚Die Struktur wissenschaftlicher Revolutionen‘ einzuführen“ (1970b, p.271/S.262).

66. Dies ist besonders deutlich in 1981, pp.26–27/S.37.

67. Siehe Abschnitt 3.2.

68. 1970b, p.274/S.265; 1970c, SSR p.194/S.205.

69. Die naheliegende Antwort hierzu ist, dass das Hinweisen für diesen Fall nicht wörtlich als ein Zeigen verstanden werden darf, sondern nur als ein Aufmerksammachen durch Laute und Berührun-
gen, und dass die Parallele zu den vorhin diskutierten Fällen darin besteht, dass der Unterweisende die Ähnlichkeit nicht sprachlich durch definierende Merkmale weitergibt. Aber wie weist der
Unterweisende dann in diesem Fall die zur gleichen Ähnlichkeitsklasse gehörenden Einzelwahrnehmungen dieser zu? Ist dieser Teil des Lernprozesses wirklich das Resultat eines Unterweisens?

relationen, die für ontogenetisch frühe Prozesse der Konstitution von Personen verantwortlich sein sollen, ist daher undurchsichtig.

b) Am gerade genannten Fall ist deutlich geworden, dass das Verstehen des Hin-, Zu- und Abweisens von bestimmten Voraussetzungen aufseiten des Unterwiesenen abhängt. Diese Voraussetzungen lassen sich in drei Gruppen einteilen.

Erstens müssen die Akte des Bezugnehmens, die der Unterweisende vorführt, vom Unterwiesenen als solche verstanden werden können. So muss der Unterwiesene beispielsweise, wenn ihm mit dem ausgestreckten Finger etwas gezeigt wird, diese Geste wirklich als ein Zeigen verstehen: Blickt er nur ständig auf die Hand selbst und verfolgt er nur ihre physische Bewegung, so scheitert notwendig der Nachvollzug der Bezugnahme auf das, worauf gezeigt wird[70].

Zweitens muss die Bezugnahme nicht nur überhaupt, sondern als Bezugnahme auf etwas Bestimmtes verstanden werden. Dies ist offensichtlich schon beim Zeigen problematisch: denn worauf wird mit dem ausgestreckten Finger denn gezeigt, was ist der ,Endpunkt' dieses Zeigens[71]? Unbestimmt ist durch blosses Zeigen, ob beispielsweise ein bestimmtes Objekt, eine bestimmte Ansicht oder Eigenschaft des Objekts, eine bestimmte Gruppe von Objekten oder die zwischen ihnen bestehenden Relationen oder nur die Richtung selbst gemeint ist. Entsprechend setzt Kuhn beim Beispiel des Erlernens der Ähnlichkeitsklassen der Schwäne, der Gänse und der Enten voraus, dass der Unterwiesene schon gelernt hat, Vögel zu erkennen[72]. Offensichtlich erlangt das Zeigen seine Bestimmtheit dadurch, dass dem einzelnen Zeigeakt vorgängig der Bereich dessen bestimmt ist, woraus der Zeigeakt etwas hervorheben soll. Wenn aber das Verständnis eines jeden Zeigens als eines Zeigens auf etwas Bestimmtes vom vorgängigen Verständnis einer Bereichsbestimmung abhängig ist, dann hat die Möglichkeit des Zeigens letzten Endes allgemeinste Bereichsbestimmungen zur Voraussetzung, die ihrerseits nicht mehr durch Zeigen erlernt werden können. Solche allgemeinste Bereichsbestimmungen sind *Kategorien* wie beispielsweise ,Ding', ,Eigenschaft', ,Relation' etc. Kuhn muss also beim Unterweisenden wie beim Unterwiesenen einen Satz von Kategorien als verstanden voraussetzen, die das bestimmte Zeigen als Mittel des Lernens von unmittelbaren Ähnlichkeitsrelationen ermöglichen.

---

70. Vergleiche Friedmann 1981, S.48. – Das Zeigen-Können ist nach Giehl 1969 spezifisch menschlich: Man könnte den Menschen „geradezu als das zeigende Lebewesen definieren" (S.53.). Falls das zutrifft, ist die Erklärung Holensteins für das Verständnis des Zeigens sehr unbefriedigend:

> „Es ist jedoch denkbar, dass der blosse Zeigefinger unmittelbar verstanden werden kann, [...] kraft der in länglichen, sich in einer Richtung verdünnenden Gegenständen innewohnenden Tendenz, über sich hinauszuweisen auf eine mögliche Fortsetzung" (Holenstein 1980, S.23).

Was immer die ,Tendenz, über sich hinauszuweisen' auch sein mag, wenn sie etwas wäre, was physischen Dingen ,innewohnt', dann müsste für ein Verständnis des Zeigens auf die Spezifika des Menschen wohl nicht eingegangen werden. – Ontogenetisch scheint mir das Zeigen aus dem Greifen hervorzugehen. Zunächst gibt es den Greifreflex des Kleinkinds. Dann werden Dinge in physischer Reichweite unter visueller Kontrolle ergriffen. Schliesslich versucht das Kleinkind Gegenstände ausserhalb seiner Reichweite zu ergreifen: Es beugt sich vor und streckt Arm und Hand. Hier ist die Intentionalität auf den momentan ungreifbaren Gegenstand bereits voll ausgebildet. Fällt das tatsächliche Greifenwollen nun weg, so bleibt das Zeigen übrig. – Ich danke Sarah Hoyningen-Huene für empirische Daten zu diesem Thema.

71. Vergleiche hierzu Wittgenstein 1953, Nr.28 ff.

72. 1970a, ET p.285/S.376; 1974a, ET p.309/S.404. Analog setzt das Erlernen des Vokabulars der Newtonschen Mechanik die Vertrautheit mit bestimmten anderen Begriffen voraus: im Druck a, Ms. pp.13–14; im Druck c, Ms. p.10.

Eine dritte Gruppe von Voraussetzungen ergibt sich daraus, dass auf Objekte und Situationen nicht nur hingewiesen werden muss, sondern diese auch den entsprechenden Ähnlichkeitsklassen zu- bzw. von ihnen abgewiesen werden müssen. Das Verständnis des Zu- und Abweisens setzt voraus, dass der Unterwiesene in gewissem Sinn schon weiss, wonach er suchen muss, nämlich nach Ähnlichkeit, in der die Einzelnen übereinkommen[73]. Zum anderen muss der Unterwiesene auch die Negation verstehen, damit ihm ein Abweisen von Ähnlichkeitsklassen verständlich ist.

c) Die genannten Voraussetzungen sind nun nicht nur im Hinblick darauf inter-essant, welche Fähigkeiten der Unterwiesene schon mitbringen muss, damit das Erlernen von unmittelbaren Ähnlichkeitsrelationen durch Hin-, Zu- und Abweisen möglich ist. Denn diese Voraussetzungen implizieren zugleich Bedingungen, die jede Erscheinungswelt erfüllen muss, deren Konstitution durch den genannten Unterweisungsprozess möglich sein soll[74].

Am offensichtlichsten ist das bei der zweiten Gruppe von Voraussetzungen. Jede Erscheinungswelt muss eine kategoriale Ordnung aufweisen: denn jeder Zeigeakt gewinnt seine Bestimmtheit vermittels einer vorgängigen Bereichsbestimmung, was auf die Existenz allgemeinster Bereichsbestimmungen, d.h. Kategorien zurückweist, die das Zeigen ermöglichen. Allerdings ist damit nicht impliziert, dass alle Erscheinungswelten die gleiche kategoriale Ordung aufweisen: Aus dem Gelingen des Zeigens kann lediglich das Bestehen einer kategorialen Ordnung in der jeweiligen Erscheinungswelt abgeleitet werden, nicht aber deren besondere Bestimmtheit. Will man die Frage beantworten, ob es eine universelle kategoriale Ordnung für alle Erscheinungswelten gibt, oder aber ob verschiedene kategoriale Ordnungen für verschiedene Erscheinungswelten möglich sind, so stellen sich heikle Begründungsfragen. Im ersten Fall stellt sich vor allem die Frage, worauf bei der Begründung der Universalität der einen kategorialen Ordnung zu rekurrieren wäre, im zweiten Fall vor allem die Frage, wie eine bestimmte kategoriale Ordnung erworben wird.

Als erste Voraussetzung für das Erlernen von Ähnlichkeitsrelationen durch Hin-, Zu- und Abweisen war auf der Seite des Unterwiesenen die Fähigkeit zum Verständnis des Hinweisens als solchem genannt worden. Auf der Seite der Erscheinungswelt bedeutet dies, dass es in jeder Erscheinungswelt hin-, zu- und abweisende Menschen geben muss. Es ist aber schwer zu sagen, was darin für die kategoriale Ordnung einer Erscheinungswelt impliziert ist.

Die dritte Gruppe von Voraussetzungen betraf die zu bildenden Ähnlichkeitsklassen. Auf der Seite der Erscheinungswelt ist darin impliziert, dass es in allen Erscheinungswelten nicht nur die Globalordnung durch die Kategorien gibt, sondern dass es darüber hinaus innerhalb der Kategorien Ähnlichkeiten und Unähnlichkeiten gibt, die in mehr oder weniger präzise bestimmten Klassifikationen der Objekte der Erscheinungswelt resultieren.

Die genannten Voraussetzungen führen also zu einer *endogenen Begrenzung der Kuhnschen These von der Pluralität der Erscheinungswelten*: Die Bedingungen, die notwendig erfüllt sein müssen, damit die Konstitution einer Erscheinungswelt über das Erlernen unmittelbarer Ähnlichkeitsrelationen möglich ist, implizieren Einschränkungen für die überhaupt mögliche Verschiedenheit der so konstituierten Erscheinungswelten. Alle Erscheinungswelten sind notwendig kategorial

---

73. Vergleiche hierzu natürlich schon Platon, Phaidon 72e–77d und Theaitet 184b–186e.

74. Vergleiche hierzu Kant, Kritik der reinen Vernunft, A 158/B 197.

geordnet, innerhalb der Kategorien gibt es Klassifikationen, und es gibt erscheinende fremde Intentionalität. Unbeantwortet ist in der Kuhnschen Theorie die Frage, ob die Kategorien universell sind oder nicht, und wie sie zu verstehen sind.

3.4. Soziale Gemeinschaft

Wie aus dem Hinweisen als einem nichtsprachlichen Moment beim Erlernen von unmittelbaren Ähnlichkeitsrelationen ersichtlich ist, bedarf der Lernprozess eines Unterweisenden und ist keinesfalls eine autonome Tätigkeit des Lernenden[75]. Ganz im Gegenteil: Es handelt sich um einen strengen und rigiden Lernprozess, der wesentlich auf der Autorität des Unterweisenden beruht; diese Autorität kommt ihm durch seine Mitgliedschaft bei der entsprechenden Gemeinschaft zu. In diesem Lernprozess werden keinerlei Alternativen präsentiert, geschweige denn durch den Unterweisenden oder gar durch den Unterwiesenen evaluiert[76]. Der Unterweisende gibt die Ähnlichkeitsrelationen weiter, über welche die Mitglieder der jeweiligen sozialen Gemeinschaft schon verfügen. Mit ‚sozialer Gemeinschaft' kann hier, entsprechend der Universalität der Thematik des Lernprozesses, der zu einer Erscheinungswelt führt, eine ganze Kultur, oder es können kleinere Gemeinschaften bis hinab zu Gruppen von wissenschaftlichen Spezialisten gemeint sein, die weniger als fünfundzwanzig Leute umfassen mögen[77]. Diese „Ausbildungs-, wissenschaftlichen oder Sprachgemeinschaften" sind „relativ homogen", und das heisst gerade, dass ihre Mitglieder in den für sie relevanten Bereichen über im wesentlichen gleiche Ähnlichkeitsrelationen verfügen[78]. Diese Ähnlichkeitsrelationen sind durch die entsprechende Gemeinschaft in gewissem Sinn legitimiert[79], weil sie in ihr über längere Zeit hinweg[80] erfolgreich[81] verwendet worden sind. Das Erlernen der in einer bestimmten Gruppe etablierten Ähnlichkeitsrelationen kann dann als Teil des Sozialisierungsprozesses verstanden werden, in dem die Zugehörigkeit zu dieser Gruppe erworben wird[82].

Die wissenschaftliche Gemeinschaft tritt hier, wie schon früher gesagt wurde[83], als das Subjekt der Wissenschaft auf. Es ist nicht der Wissenschaftler als Ein-

---

75. 1974a, ET p.310/S.406. – Durch die genannte Abhängigkeit von einem Unterweisenden soll natürlich nicht ausgeschlossen sein, dass erlernte Ähnlichkeitsrelationen auch ohne einen solchen produktiv umgebildet werden können, wie das die Avantgarde einer wissenschaftlichen Revolution tut. – Vergleiche Kamlah/Lorenzen 1967, S.27.

76. 1959a, ET pp.227–230/S.310–313, p.232/S.316, p.237/S.321; SSR, p.5/S.19, pp.136–138/S.147ff., pp.165–166/S.76f., pp.168–169/S.180; 1963a, pp.350–351; 1974a, ET p.312/S.406; im Druck c, Ms. p.36. – Vergleiche Abschnitt 5.5.a.

77. 1970c, SSR p.181/S.192, p.193/S.205.

78. 1974a, ET p.309/S.404; ähnlich 1970c, SSR p.193/S.205. In den Arbeiten, wo der sprachliche Aspekt der Weltkonstitution im Vordergrund steht, wird natürlich die Eigenschaft der Gemeinschaft hervorgehoben, eine Sprachgemeinschaft zu sein: siehe z.B. 1983a, p.682; im Druck a, Ms. p.12; im Druck c, Ms. p.9.

79. 1974a, ET p.306/S.401; 1970c, SSR p.189/S.201; 1974b, p.509.

80. 1970a, ET p.285/S.376; 1970c, SSR p.189/S.201.

81. Was hier ‚erfolgreich' heissen soll, kann an dieser Stelle noch nicht geklärt werden, denn dazu muss erst die Funktion der Ähnlichkeitsrelationen für das wissenschaftliche Wissen dargelegt werden: siehe Abschnitt 3.7.

82. SSR, pp.10–11/S.26; 1970a, ET p.291/S.382f.; 1974a, ET p.313/S.408; 1970b, p.275/S.266; 1970c, SSR p.191/S.203; im Druck a, Ms. p.13; im Druck c, Ms. p.9.

83. Siehe Abschnitt 1.1.b und Kapitel 3, Anfang.

zelner, der über bestimmte Ähnlichkeitsrelationen verfügt, vielmehr sind sie Besitz oder Charakteristikum von bestimmten Gemeinschaften; der Einzelne hat den Zugang zu diesen Ähnlichkeitsrelationen nur als Mitglied der entsprechenden Gemeinschaft. Einer bestimmten Gemeinschaft anzugehören bedeutet unter anderem, über die gleichen Ähnlichkeitsrelationen zu verfügen wie ihre übrigen Mitglieder[84].

3.5. Wahrnehmung

Wie schon früher gesagt wurde[85], tritt in den Arbeiten Kuhns nach 1969 die Rolle der Wahrnehmung für die Weltkonstitution etwas in den Hintergrund, wenn sie auch nicht verschwindet. Daher werden in diesem Abschnitt vor allem die Arbeiten bis 1969 zur Sprache kommen. Später wird darzustellen sein, wie sich Kuhns Motive für seine Wahrnehmungstheorie innerhalb der späteren, stärker sprachorientierten Konzeption der Erscheinungswelt in seiner Begriffstheorie wiederfinden[86].

Um zu verstehen, warum und wie nach Kuhn unmittelbare Ähnlichkeitsrelationen für die Wahrnehmung mitkonstitutiv sind, ist zunächst ein wesentliches Kennzeichen der Wahrnehmung zu betrachten. Jeder vollzogene Wahrnehmungsakt ist durch eine Als-Struktur[87] gekennzeichnet: Ein Wahrnehmungsakt, der ein Objekt *als* ein bestimmtes Individuum, wie auch ein Wahrnehmungsakt, der ein Objekt *als* ein Mitglied einer bestimmten natürlichen Familie identifiziert, weist diese Als-Struktur auf[88]. Die Als-Struktur der Wahrnehmung besagt demnach, dass ein Wahrnehmungsakt gar nicht als vollzogen gelten kann, wenn nicht sein Objekt als ein bestimmtes Objekt identifiziert worden ist. Hier ist daran zu erinnern, dass ‚Objekt' bei Kuhn in weitem Sinn zu nehmen ist und nicht im engen Sinn von ‚materielles Ding'[89]: Eigenschaften materieller Dinge können ebenfalls Objekte der Wahrnehmung sein. Dann ist die These von der Als-Struktur sehr einleuchtend: denn der Versuch eines Wahrnehmungsaktes, der in völliger Unbestimmtheit, d.h. in keinerlei als-etwas Identifikation des Objektes endet, muss als gescheitert und der Wahrnehmungsakt damit als nicht vollzogen angesehen werden. Der Vollzug einer Wahrnehmung bedeutet also die sinnlich vermittelte Identifikation eines Objektes als eines bestimmten Objektes, sei es als eines bestimmten individuellen Objektes, sei es als Mitglied einer bestimmten Art von Objekten.

---

84. Z.B. 1974a, ET p.305/S.400; 1970b, p.273/S.264; 1970c, SSR p.189/S.200f.; im Druck a, Ms. p.12; im Druck c, Ms. p.9.

85. Siehe Abschnitt 2.3.

86. Siehe Abschnitt 3.6.d.

87. Ich übernehme den Terminus ‚Als-Struktur' aus Heideggers 1927, § 32, S.149 wegen der sachlichen Parallele von Kuhns Theorie der Wahrnehmung und Heideggers Explikation des „Verstehens der Welt". — Zu weiteren Parallelen (und Divergenzen) zwischen Kuhn und Heidegger siehe Rouse 1981.

88. Die These von der Als-Struktur der Wahrnehmung ist bei Kuhn nicht explizit formuliert, wohl aber implizit vorausgesetzt. Am deutlichsten kommt das in 1970c, SSR pp.193–194/S.205 zum Ausdruck:
     „Eine der grundlegenden Methoden, durch welche die Gruppenmitglieder [...] lernen, das Gleiche zu sehen, wenn sie den gleichen Reizen ausgesetzt sind, ist das Zeigen von Beispielen von Situationen, welche die eingesessenen Gruppenmitglieder schon *als* einander ähnlich und *als* von anderen Situationen verschieden zu sehen gelernt haben" (Hervorhbg. von mir).

89. Vergleiche Abschnitt 2.2.a.

Hier ist allerdings ein mögliches Missverständnis abzuweisen. Wenn gesagt wird, dass die Wahrnehmung durch eine Als-Struktur gekennzeichnet ist, so ist damit nicht gemeint, dass sie beispielsweise im visuellen Fall darin besteht, ein etwas$_1$ als ein etwas$_2$ zu sehen:

„Wissenschaftler sehen nicht etwas *als* etwas anderes, stattdessen sehen sie es einfach"[90].

Kuhn wendet sich an dieser Stelle gegen eine Auffassung der Wahrnehmung, die durch die Analogie von Wahrnehmungsänderungen bei Gestaltwechselexperimenten nahegelegt werden könnte: dass nämlich die visuelle Wahrnehmung im Sehen von etwas$_1$ als etwas$_2$ bestünde. Wahrnehmung wäre dann in gewissem Sinn[91] die Interpretation eines eigentlich sinnlich Gegebenen etwas$_1$ mit dem Resultat etwas$_2$ – so wie im Gestaltwechselexperiment das eigentlich sinnlich Gegebene bestimmte Linien sind, die als verschiedene Figuren gesehen werden können. Aber das etwas$_1$, das angeblich ‚eigentlich sinnlich Gegebene‘, ist uns in Wahrheit gerade *nicht wahrnehmungsmässig* zugänglich. Wahrnehmungsmässig zugänglich sind uns nur Objekte (im weiten Sinn), also das etwas$_2$, und von ihnen müssen wir ausgehen, wenn wir etwas über das etwas^1 erfahren wollen. Den Zugang zum etwas$_1$ gewinnen wir allenfalls sehr indirekt, nämlich mittels wissenschaftlicher Theorien[92]. Man könnte, um dieses Missverständnis abzuwehren, die Als-Struktur der Wahrnehmung als eine nichtrelationale Als-Struktur kennzeichnen[93].

Nun ist nach Kuhn entsprechend der These von der Pluralität der Erscheinungswelten in einer bestimmten äusseren Situation die Objektwahrnehmung durch diese Situation allein nicht eindeutig bestimmt. Gemäss der Als-Struktur der Wahrnehmung besteht aber eine vollzogene Wahrnehmung aus der eindeutigen, sinnlich vermittelten Identifikation eines Objektes als eines bestimmten Objektes. Infolgedessen müssen die rein objektseitigen Anteile an der Wahrnehmung, die das Resultat eines Wahrnehmungsaktes nicht eindeutig bestimmen, durch originär subjektseitige Anteile ergänzt werden, und diese subjektseitigen Anteile werden durch die gelernten Ähnlichkeitsrelationen geliefert[94]. Durch sie wird im Akt des Wahrnehmens das wahrzunehmende Objekt mit einem schon bekannten Einzelobjekt bzw. mit den Mitgliedern einer schon bekannten natürlichen Familie als hinreichend ähnlich identifiziert[95]. Dieser Zuordnungsvorgang geschieht nach Kuhn unmittelbar in dem Sinne, dass er nicht durch definierende Kennzeichen des

---

90. SSR, p.85/S.98 übs. mangelhaft; ähnlich 1979c, p.IX.

91. Auf diesen Sinn komme ich nachher zurück.

92. Vergleiche SSR, p.129/S.141; 1974a, ET p.308/S.403; 1970c, SSR p.196/S.208; 1974b, p.509.

93. Vergleiche Heidegger 1927, S.149f.

94. Hier ist aber daran zu erinnern, dass die Ähnlichkeitsrelationen nicht *rein* originär subjektseitig sind, vielmehr sind sie *auch* originär subjektseitig: vergleiche Abschnitt 3.2.

95. In SSR wird dieser Sachverhalt noch ohne expliziten Bezug auf Ähnlichkeitsrelationen, dafür mit Bezug auf Paradigmen und visuell-begriffliche Erfahrung formuliert:
„[...] lässt vermuten, dass so etwas wie ein Paradigma mitkonstitutiv [a prerequisite] für die Wahrnehmung selbst ist. Was jemand sieht, hängt sowohl davon ab, worauf er blickt, als auch davon, was seine visuell-begriffliche Erfahrung ihn zu sehen gelehrt hat. Ohne eine solche Übung [training] kann es nur eine [...] ‚verteufelt wilde Verwirrung‘ geben" (SSR, p.113/ S.125 übs. mangelhaft).

jeweiligen Objektes bzw. der jeweiligen Objekte vermittelt wird[96]. Die gelernten Ähnlichkeitsrelationen können also verständlich machen, warum die Eindeutigkeit der Wahrnehmung von Objekten trotz der Pluralität der Erscheinungswelten zustandekommt.

Um zu erklären, wie die erlernten Ähnlichkeitsrelationen ohne Rekurs auf definierende Kennzeichen der Ähnlichkeitsklassen für die Wahrnehmung mitkonstitutiv sind, verwendet Kuhn eine den Computer-Wissenschaften entliehene Metaphorik[97]. Die Grundvorstellung ist dabei, dass sich zwischen den Organen, welche die Wahrnehmungsreize aufnehmen, und der Wahrnehmung selbst ein Computer-ähnliches, materielles Nervensystem [neural apparatus] befindet, das programmierbar und auch umprogrammierbar ist, und das die Verarbeitung [neural processing] der Wirkung der Wahrnehmungsreize zu Objektwahrnehmungen leistet. Das Lernen von Ähnlichkeitsrelationen kann dann als ein bestimmtes Programmieren bzw. Umprogrammieren dieses Nervensystems verstanden werden. Das Programm, das die Transformation der Reize zu Wahrnehmungen steuert, gruppiert dabei die zu einer Ähnlichkeitsklasse gehörigen Wahrnehmungen im Wahrnehmungsraum in geringeren gegenseitigen Abständen im Vergleich zu ihren Abständen zu den Mitgliedern anderer Ähnlichkeitsklassen. Als Resultat werden die Mitglieder einer Ähnlichkeitsklasse als untereinander ähnlich und als unähnlich zu Mitgliedern anderer Ähnlichkeitsklassen gesehen. Diese Differenz der Abstände im Wahrnehmungsraum erreicht das Programm dadurch, dass es bestimmte Eigenschaften der jeweiligen Objekte hervorhebt und andere dämpft[98]; hervorgehoben werden Eigenschaften, die ähnlichkeitsklassenspezifisch sind, gedämpft werden solche, die spezifisch für Differenzen innerhalb der Ähnlichkeitsklassen sind. *Welche* Eigenschaften im Wahrnehmungsraum als ähnlichkeitsklassenspezifisch hervorgehoben werden sollen, wird dem Programm beim Lernprozess gerade nicht vorgegeben; vorgegeben wird ihm nur, dass bestimmte exemplarische Objekte einander ähnlich bzw. unähnlich sein sollen. Wie das Programm dann genau den Wahrnehmungsraum organisiert, um die vorgebenen Ähnlichkeiten und Unähnlichkeiten zu reproduzieren, ist gleichgültig, solange es sie nur reproduziert.

Fortsetzung Fussnote 95

  Ähnlich äussert sich Kuhn auch in 1964, ET p.263 fn.33/S.356 Fn.33, wie an der vorigen Stelle mit Bezug auf Hanson. Explizit ist das Mit-Konstituiertsein der Wahrnehmung durch Ähnlichkeitsrelationen etwa in 1970b, p.274/S.265 formuliert:
  „Bevor wir [die Ähnlichkeitsrelationen] erworben haben, sehen wir überhaupt keine Welt".
  Kuhns Wahrnehmungstheorie ist am ausführlichsten in 1970c, SSR pp.192–196/S.204–208 dargestellt; auf p.196/S.208 heisst es dort ausdrücklich, es handele sich um eine „Hypothese über die visuelle Wahrnehmung".

96. Die genannte Unmittelbarkeit der Zuordnung zu einer Ähnlichkeitsklasse schliesst natürlich nicht aus, dass man, *nachdem* eine Ähnlichkeitsklasse gebildet ist, definierende Kennzeichen für diese Klasse entdecken kann. Behauptet ist lediglich, dass solche Kennzeichen nicht für die Klassenbildung, und das bedeutet, auch nicht für die Wahrnehmung konstitutiv sind. Für das Auffinden solcher definierender Kennzeichen sind vielmehr umgekehrt gelingende Wahrnehmungsakte, deren Vollzug auf unmittelbaren Ähnlichkeitsrelationen basiert, die Voraussetzung: Um definierende Kennzeichen einer Ähnlichkeitsklasse zu entdecken, muss man zuvor gelernt haben, ihre Mitglieder als untereinander ähnlich zu sehen (1970c, SSR pp.194–195/S.206f.; auch SSR, p.122/S.134; 1970b, p.274/S.265; 1974a, ET p.308/S.402; 1974b, p.511). Siehe jedoch später Abschnitt 3.6.f.

97. Siehe zum Folgenden 1974a, ET pp.308–312/S.403–408; 1970b, p.276/S.267; 1970c, SSR pp.194–197/S.206–209, p.201/S.213, p.204/S.216; 1974b, p.511.

98. Zum Hervorgehobensein von Eigenschaften im Wahrnehmungsraum siehe schon SSR, p.125/S.137.

Mithin macht das Programm weder von definitorischen Kennzeichen der Ähnlichkeitsklasse Gebrauch, noch hat es solche zum Resultat: Gebrauch macht es von vorgegebenen Ähnlichkeiten und Unähnlichkeiten; sein Resultat ist zwar eine Hervorhebung bestimmter Eigenschaften einer Ähnlichkeitsklasse, ohne dass diese aber als *definitorische* Eigenschaften ausgezeichnet und damit von den bloss aus empirischen Gründen bestehenden Eigenschaften abgegrenzt würden.

Das Gelingen der Einübung von wahrnehmungsrelevanten Ähnlichkeitsrelationen ist demnach davon abhängig, dass das Programm den Wahrnehmungsraum so organisieren kann, dass sich in diesem die Mitglieder von vorgegebenen Ähnlichkeitsklassen zu Haufen zusammenballen, welche untereinander hinreichend Abstand haben[99]. Ob dies dem Programm gelingt, liegt sicher einmal an dem Programm selbst. Doch darüber hinaus behauptet Kuhn, dass es auch an der Art der Wahrnehmungsreize liegt:

> „In einem Universum, in dem die Stimuli zufällig verteilt sind, wird keine Art
> ihrer Verarbeitung dauerhafte Datenhaufen liefern, weil der nächste Stimulus
> genauso wahrscheinlich in den leeren Raum [zwischen den Datenhaufen] wie
> in einen Haufen fällt."[100]

Es ist allerdings für uns unerkennbar, wie diese ‚nicht-zufällige‘ Verteilung der Stimuli als des rein Objektseitigen tatsächlich bestimmt ist; aus der Tatsache, dass es im *Wahrnehmungsraum* dauerhafte natürlichen Familien gibt, können und müssen wir nach Kuhn lediglich schliessen, *dass* es auch im rein Objektseitigen Unterschiede gibt[101]. Der Zugang zu diesem rein Objektseitigen als solchem ist uns jedoch verbaut; wenn wir in wissenschaftlicher Einstellung darüber Aussagen machen, kommen notwendigerweise originär subjektseitige Momente hinzu[102].

An diese Darstellung der Transformation von Wahrnehmungsreizen zu Wahrnehmungen lässt sich eine Reihe von Fragen richten. Erstens scheint die Vorstellung einer rein materiellen Vermittlung zwischen Reizen und Wahrnehmungserlebnis durch das Nervensystem das heikle philosophische Problem des Übergangs von der materiellen Sphäre der Reize zur Sphäre des Bewusstseins zu unterschlagen[103]. Zweitens kann man fragen, ob die gegebene Darstellung mit den einschlägigen Einzelwissenschaften in Übereinstimmung steht. Drittens kann man fragen, welche Bedeutung es hat, dass die von Kuhn wohl wörtlich gemeinte Charakterisierung der Transformation von Wahrnehmungsreizen zu Wahrnehmungen durch ein Computer-ähnliches und programmierbares Nervensystem nicht doch stark metaphorische Züge aufweist.

Diese Fragen sind intrinsisch interessant, aber sie können ausser Betracht bleiben. Denn worauf es Kuhn zentral ankommt, ist, dass die Ähnlichkeitsrelationen, welche für die Wahrnehmung mitkonstitutiv sind, nicht durch definierende Kennzeichen der jeweiligen Relata vermittelt sind. Dies wird auch aus der folgenden, primär negativen Charakterisierung der Wahrnehmung deutlich.

Kuhn behauptet nämlich, die Wahrnehmung sei kein

---

99. 1974a, ET p.312 fn.20/S.420 Fn.20; auch 1970a, ET p.286 fn.35/S.387 Fn.36; 1974a, ET p.318 fn.21/
    S.420 Fn.21; 1970c, SSR p.197 fn.14/S.238 Fn.14.
100. 1974b, p.509.
101. Vergleiche Abschnitt 3.2.
102. Vergleiche Abschnitt 2.2.a.
103. Vergleiche Dreyfus 1979, vor allem chpt.IV.

„interpretativer Prozess, eine unbewusste Version dessen, was wir tun, nachdem wir wahrgenommen haben"[104].

Seinem eigenen Urteil nach setzt er sich mit dieser Behauptung von der geläufigen erkenntnistheoretischen Tradition ab, die mit Descartes begonnen habe[105]. Gemäss dieser Auffassung würde das, was Kuhn als Änderungen der Wahrnehmung *selbst* beschreibt – durch Änderung von wahrnehmungskonstitutiven Ähnlichkeitsrelationen –, als Änderung der *Interpretation* von sinnlich Gegebenem, von für alle normalen Beobachter identisch Beobachtbarem beschrieben werden[106].

Um zu verstehen, wohin Kuhn zielt, ist zunächst zu fragen, was hier ‚interpretieren‘ bedeuten soll[107]. Kuhns Texten können folgende Charakteristika der Relation ‚etwas$_2$ interpretiert etwas$_1$‘ entnommen werden:

1. das etwas$_1$, das zu Interpretierende, ist gegenüber dem Prozess der Interpretation und seinem Resultat stabil[108];
2. das etwas$_1$, das zu Interpretierende, ist nicht nur als ein Ganzes, sondern auch stückweise zugänglich[109];
3. der Interpretationsprozess selbst ist „ein bewusster Überlegungsprozess [deliberative process], in dem wir zwischen Alternativen wählen", und in dem „wir Kriterien und Regeln suchen und anwenden"[110];
4. das etwas$_2$, das Resultat des Interpretationsprozesses, ist „logisch oder stückweise mit den gesonderten Bestandsstücken" des etwas$_1$ „verbunden"[111].

Alle diese Merkmale von Interpretationen treffen nach Kuhn auf die Wahrnehmung nicht zu[112]. Was wäre für die Wahrnehmung das etwas$_1$, das zu Interpretierende, das gegenüber verschiedenen Interpretationen stabil bliebe (Merkmal 1)? Zunächst einmal kann es, wenn man der Kuhnschen Wahrnehmungstheorie folgt, nichts in der Wahrnehmung selbst unmittelbar Gegebenes sein. Denn das unmittelbare Ergebnis von Wahrnehmungsakten ist die Identifikation von Objekten, und da diese Identifikation mit von erlernten Ähnlichkeitsrelationen abhängig ist, ist sie gerade nicht im verlangten Sinn stabil. Dafür spricht auch die Erfolglosigkeit der Versuche, reine Beobachtungssprachen zu konstruieren, welche gerade denjenigen Bereich der Wahrnehmung artikulieren sollten, der gänzlich theoriefrei, d.h. unabhängig von möglicher subjektseitiger Variation wäre. Entsprechend können auch verschiedene Wahrnehmungsweisen nicht als auf verschiedene Art stückweise mit elementaren Wahrnehmungsdaten verbunden charakterisiert werden (Merkmale 2 und 4). Änderungen der Wahrnehmungsweise sind viel eher Gestaltwech-

---

104. 1970c, SSR p.195/S.207; ähnlich 1979c, p.IX.
105. SSR, p.121/S.133, p.126/S.137; 1970c, SSR p.195/S.207. – Vergleiche Abschnitt 2.1.b.
106. SSR, p.120/S.132.
107. Der hier zu explizierende Begriff von Interpretation ist nicht notwendigerweise mit dem Begriff der Textinterpretation identisch, weil sich Kuhn am Sprachgebrauch von Wissenschaftlern orientiert, die von Interpretation von Beobachtungen, von Interpretation von experimentellen Resultaten etc. sprechen: siehe dazu die in den folgenden Fussnoten genannten Stellen.
108. „Fixed": SSR, p.120/S.132, p.122/S.134, p.126/S.137, p.128/S.140; „stable": SSR, p.121/S.133, p.125/S.137; „unequivocal": SSR, p.126/S.137.
109. „Piecemeal": SSR, p.123/S.135; „individual": SSR, p.121/S.133.
110. 1970c, SSR p.194/S.206 und p.195/S.206f.; ähnlich 1974b, p.511.
111. SSR, p.123/S.135.
112. Siehe zum Folgenden SSR, p.120–129/S.132–141; 1970c, SSR pp.194–195/S.206f.; 1974b, p.511.

seln ähnlich, bei denen das Wahrgenommene als Ganzes transformiert wird. Schliesslich können auch verschiedene Wahrnehmungsweisen nicht angemessen als Resultat der Änderung von in ihnen verwendeten Regeln oder Kriterien verstanden werden (Merkmal 3). Einmal suggeriert die Terminologie von ‚Regeln‘ und ‚Kriterien‘, dass wir hinsichtlich ihrer Anwendung in der Wahrnehmung gewisse Freiheiten hätten, wie eine Regel zu brechen, ein Kriterium falsch anzuwenden oder mit alternativen Regeln oder Kriterien zu experimentieren. Dies wird der Erlebnisqualität von Wahrnehmungsakten insofern nicht gerecht, als Wahrnehmungsakte in ihrem Vollzug subjektseitige, womöglich variable Momente gerade nicht zu Bewusstsein kommen lassen; vielmehr erscheint das Resultat eines Wahrnehmungsaktes gänzlich vom wahrgenommenen Objekt her bestimmt. Die Mitteilung der Wahrnehmung lautet gewissermassen: Weil das Objekt *ein* bestimmtes ist, ist auch dessen Wahrnehmung *eine* bestimmte[113]. Zum anderen operiert die Wahrnehmung gemäss Kuhns Wahrnehmungstheorie nicht mit Regeln und Kriterien im Sinne definierender Kennzeichen der wahrgenommenen Objekte, sondern mit exemplarisch vorgegebenen Ähnlichkeitsklassen.

Mit alledem will Kuhn natürlich keineswegs leugnen, dass Interpretationen *von* Beobachtungen und Daten in der Wissenschaft eine zentrale Rolle spielen[114]. Selbstverständlich werden in der Wissenschaft Beobachtungen und Daten mittels allgemeiner Kriterien (z.B. für etwas Gesuchtes) ausgewertet oder auf allgemeine Kriterien oder Regeln hin untersucht (Merkmal 3). Aber diese Tätigkeit setzt sachlich und zeitlich bestimmte Wahrnehmungen voraus und unterscheidet sich hinsichtlich der verwendeten Mittel und Ziele wesentlich von Wahrnehmungsprozessen.

Zwei Aspekte der Kuhnschen Wahrnehmungstheorie bedürfen nun noch der Erörterung.

1. Nach Kuhn sind für die Wahrnehmung erlernte unmittelbare Ähnlichkeitsrelationen mitkonstitutiv: Ohne sie kann man überhaupt keine bestimmte und damit überhaupt keine Wahrnehmung haben. Nun ist diese These, wenn sie nicht geeignet relativiert wird, in sich widersprüchlich. Denn der Lernprozess zum Erwerb von Ähnlichkeitsrelationen ist – so wie er bei Kuhn angesetzt ist – selbst vom Vollzug bestimmter Wahrnehmungen abhängig. Beispielsweise müssen, damit ein individuelles Objekt durch unmittelbare Ähnlichkeitsrelationen zwischen visuellen Einzelwahrnehmungen konstituiert werden kann, diese Einzelwahrnehmungen hinreichend bestimmt sein. Ähnlich muss die akustische Wahrnehmung von Namen von Ähnlichkeitsklassen hinreichend differenziert sein, damit der Name überhaupt identifiziert und wiedererkannt werden kann[115]. Infolgedessen kann nicht *jegliche* Wahrnehmung durch erlernte Ähnlichkeitsrelationen mitkonstituiert sein. Vielmehr muss es einen gewissen Bereich von Wahrnehmung geben, in den noch nichts Erlerntes eingegangen ist, und der umgekehrt das Erlernen von Ähnlichkeitsrelationen erst ermöglicht. Nur wenn ein solcher Bereich nichterlernter Wahrnehmung vorausgesetzt wird, können *verschiedene* Wahrnehmungsweisen erlernt werden. Wie dieser Bereich nichterlernter Wahrnehmung zu charakterisieren ist, ist zumindest zum Teil eine empirische Frage, die uns hier nicht beschäftigen

---

113. Worauf schon das Wort Wahr-nehmung hinweist.
114. SSR, p.122/S.134; 1970c, SSR pp.194–195/S.206f., pp.197–198/S.208f.
115. Vergleiche Holenstein 1980, S.19 und Eimas 1985.
116. Siehe hierzu Holenstein 1980, wo auch auf einschlägige empirische Literatur verwiesen wird.

kann[116]. Jedenfalls aber, und dies ist hier von systematischem Interesse, impliziert die Existenz eines solchen Bereichs eine weitere endogene Begrenzung der Kuhnschen These von der Pluralität der Erscheinungswelten, wenn auch die Lage dieser Grenzen hier nicht ausgemacht werden kann[117].

2. Zu fragen ist jetzt, wie Kuhn den für ihn zentralen Aspekt seiner Wahrnehmungstheorie begründet, dass nämlich diejenigen Ähnlichkeitsklassen, die für die Wahrnehmung mitkonstitutiv sind, nicht vermittels definierender Kennzeichen der jeweiligen Klassenelemente gebildet werden. Neben der „Plausibilität", die Kuhn für seine Wahrnehmungstheorie in Anspruch nimmt[118], und der indirekten Stützung, die seine Theorie durch die Kontrastierung mit den Schwächen der Interpretationsauffassung der Wahrnehmung erhält, führt er zwei Begründungsstrategien an.

Einmal gibt es die Möglichkeit der Computersimulation, in der die beiden Weisen, wie wahrnehmungsrelevante Ähnlichkeitsklassen gebildet werden können, modelliert und dann hinsichtlich ihrer Ähnlichkeit mit tatsächlichen Wahrnehmungsprozessen verglichen werden. Im einen Fall wird simuliert, dass das Programm, dass die Transformation der Wahrnehmungsreize zu Wahrnehmungen leistet, für die Haufenbildung im Wahrnehmungsraum vorgegebene Transformationsregeln verwendet. Im anderen Fall werden dem Programm nicht die Transformationsregeln vorgegeben, sondern die zu erreichende Haufenbildung im simulierten Wahrnehmungsraum, also wie beim realen Lernprozess die zu bildenden Ähnlichkeitsklassen; das Programm hat damit verträgliche Transformationen selbst zu bilden. Kuhn hat sich selbst mit solchen Computersimulationen beschäftigt[119], ist aber anscheinend über die „frühen Phasen eines solchen Experiments"[120] nicht hinausgekommen; jedenfalls hat er ausser einer groben Beschreibung seines Simulationsprogramms nichts darüber veröffentlicht.

Zum anderen sollte seine

„Hypothese über die visuelle Wahrnehmung experimentell untersucht werden, wenn sie auch wahrscheinlich einer direkten Überprüfung nicht zugänglich ist"[121].

Allerdings gibt sich Kuhn hinsichtlich der Realisierungschancen dieser naturwissenschaftlichen Überprüfung keinen besonderen Hoffnungen hin, und dies ist wohl einer der Gründe, welche seine Hinwendung zur stärker sprachlich als wahrnehmungsmässig akzentuierten Konzeption der Erscheinungswelt herbeigeführt haben[122]. Denn, so Kuhn, „Übersetzung", also die Betrachtung eines bestimmten Verhältnisses zwischen Sprachen,

---

117. Vergleiche Abschnitt 3.3. – Die hier verwendete Argumentationsstrategie ist die gleiche wie die in Mandelbaum 1979, bes. p.403 verwendete; Mandelbaums Aufsatz kam mir leider erst kurz vor der Drucklegung dieser Arbeit zu Gesicht.

118. 1974a, ET p.309/S.404f.

119. Die ausführlichsten Angaben sind 1974a, ET p.310/S.406f. und 1970b, pp.274–275/S.266. Erwähnt wird die Simulation in 1969b, p.944; 1970c, SSR pp.191–192/S.203 und p.197/S.208; 1974b, pp.508–509 und p.511.

120. 1974a, ET p.310/S.405.

121. „[...] should be subject to experimental investigation though probably not to direct check", 1970c, SSR p.196/S.208.

122. Vergleiche Abschnitt 2.3.

„kann Ansatzpunkte für die Behandlung der Nerven-Umprogrammierung bieten, wie unerforschbar diese zur Zeit auch ist [...]"[123].

Es wird sich zeigen, dass sich die Intention der Kuhnschen Wahrnehmungstheorie in der stärker sprachlich orientierten Konzeption der Erscheinungswelt in seiner Begriffstheorie auf eine Weise realisieren lässt, welche die heiklen Begründungsfragen der Wahrnehmungstheorie umgeht[124].

3.6. Empirische Begriffe

a) Vorbemerkungen

Bevor Kuhns Theorie der Rolle von unmittelbaren Ähnlichkeitsrelationen für das Erlernen empirischer Begriffe dargestellt werden kann, sind drei Vorbemerkungen zu machen.

Erstens: Kuhn beginnt erst in seiner Arbeit 1970a damit, die Rolle von unmittelbaren Ähnlichkeitsrelationen für das Erlernen empirischer Begriffe explizit auszuarbeiten: Was in SSR diesbezüglich nur angedeutet ist, wird jetzt aus der engen Verbindung mit anderen Themen herausgelöst und mittels des Begriffs der unmittelbaren Ähnlichkeitsrelation expliziert. Mit dieser Ausarbeitung beginnt zugleich Kuhns explizite Distanzierung von einem traditionellen Begriff der Bedeutung [meaning]. Da ohne ein Verständnis von Kuhns Auffassung des Bedeutungsbegriffs seine Theorie über das Erlernen empirischer Begriffe unverständlich ist, müssen wir zunächst auf die Entwicklung dieser Auffassung eingehen.

In SSR gebraucht Kuhn das Wort ‚Bedeutung' umgangssprachlich und ohne es zu problematisieren. Begriffe und Wörter haben eine Bedeutung, und durch diese Bedeutung ist sowohl festgelegt, was zur Extension des jeweiligen Begriffs gehört und was nicht, als auch, wie die Elemente der Extension des Begriffs beschaffen sind[125]. Allerdings – und darin ist in nuce bereits die Distanzierung zur traditionellen Bedeutungstheorie enthalten – ist diese Bedeutung in der wissenschaftlichen Praxis im allgemeinen nicht in einer Definition vollständig spezifiziert. Denn wenn in der wissenschaftlichen Praxis empirische Begriffe überhaupt expliziert werden, dann ist das Ergebnis im allgemeinen keine vollständige Definition, vermittels welcher determiniert wäre, wie der Begriff in der jeweiligen Gemeinschaft zu verwenden ist. Vielmehr haben solche Explikationen lediglich eine Hilfsfunktion für die Begriffsanwendung und dies vor allem im pädagogischen Kontext: Ganz kommt die Bedeutung eines empirischen Begriffs nur in seinen Relationen zu anderen Begriffen, zu praktischen Verfahrensweisen und bei seinem Gebrauch im Rahmen der Anwendung von Theorien zur Geltung[126]. Zudem wird die einheitliche Verwendung empirischer Begriffe in der wissenschaftlichen Praxis einer bestimmten Gemeinschaft durch andere Mittel als durch Explizitdefinitionen sichergestellt.

Nach 1962 führt Kuhn dann einen weiteren, in SSR eher implizit enthaltenen Grund für das faktische Fehlen von Definitionen empirischer Begriffe in der wis-

---

123. 1970c, SSR p.204/S.216.

124. Siehe Abschnitt 3.6, besonders 3.6.d.

125. Das geht indirekt aus Kuhns Diskussion der Bedeutungsänderung [meaning change] in SSR hervor: siehe besonders SSR, pp.101–102/S.113ff., pp.128–129/S.140, pp.149–150/S.160f.

126. SSR, pp.46–47/S.60f. und pp.141–143/S.153f.

senschaftlichen Praxis weiter aus[127]. Empirische Begriffe lassen sich im allgemeinen *grundsätzlich nicht* in einer Definition angemessen explizieren, durch welche die Anwendung des Begriffs für alle denkbaren Fälle spezifiziert würde[128]. Diese Tatsache sei aber nicht einer Vagheit der Bedeutung empirischer Begriffe zuzuschreiben, also einer Defizienz in ihrer Bestimmtheit. Vielmehr seien Bedeutungen empirischer Begriffe nicht etwas, was durch einen Satz von notwendigen und hinreichenden Bedingungen für die korrekte Begriffsanwendung explizierbar ist. Weder er, Kuhn, noch irgend jemand anderer könne aber über diese Negativbehauptung hinausgehen und sagen, was positiv unter ‚Bedeutung' genau zu verstehen sei[129]. Kuhn vermeidet dementsprechend in den Arbeiten nach 1962 vielfach das Wort Bedeutung bzw. parallelisiert es mit mehr oder weniger vagen Formulierungen wie „die Bedingungen der Anwendbarkeit" eines Wortes, oder „Kriterien, die den Gebrauch des Begriffs regeln" u.a[130]. Solche Redeweisen seien dadurch legitimiert, dass es im gegenwärtigen Zustand der Theorie der Bedeutung ohnehin keinen fassbaren Unterschied zwischen der Bedeutung eines Wortes und seiner Anwendungsweise gebe[131].

Als Konsequenz ergibt sich zunächst einmal, dass bei der Darlegung der Rolle von Ähnlichkeitsrelationen für das Erlernen empirischer Begriffe nicht erwartet werden kann, dass Ähnlichkeitsrelationen für eine Bedeutung im traditionellen Sinn konstitutiv sind, eine Bedeutung also, die in einer Definition explizierbar wäre. Ich werde dennoch im folgenden Teilabschnitt 3.6.b mit Kuhns Theorie über das Erlernen empirischer Begriffe beginnen, ohne zunächst auf die intendierte Änderung des Bedeutungsbegriffs einzugehen. Dies entspricht der Entwicklung des Kuhnschen Denkens: Die Ausarbeitung seiner Auffassungen vom Erlernen empirischer Begriffe begann ohne eine Reflexion des Bedeutungsbegriffs, und die Konsequenzen für den Bedeutungsbegriff wurden erst im Verlauf der Entwicklung dieser Auffassungen gezogen.

Zweitens: Kuhns Theorie über das Erlernen empirischer Begriffe hat eine Unterscheidung zur Voraussetzung, deren genaue Artikulation sich in der analytischen Wissenschaftstheorie trotz einer sehr einleuchtenden Unterscheidungsabsicht als ziemlich problematisch herausgestellt hat. Diese Unterscheidung wurde zunächst als die Unterscheidung von ‚theoretischen' und ‚Beobachtungsbegriffen' getroffen. Beobachtungsbegriffe sollten sich gänzlich theoriefrei auf das rein sinnlich Gegebene beziehen, und theoretische Begriffe sollten ihre Bedeutung ausschliesslich über Korrespondenzregeln erhalten, welche sie mit dem schon bedeutungstragenden Beobachtungsvokabular verbinden[132]. Dieser speziellen Artikulation der gesuchten Unterscheidung stand Kuhn immer kritisch gegenüber[133]. Ja, er bezeichnet

---

127. SSR, Kap.V; vergleiche dazu Abschnitt 4.1.

128. Siehe Abschnitt 3.6.f.

129. 1974b, p.506 und p.516.

130. Z.B. 1964, ET p.259/S.346, p.260/S.346; 1974a, ET p.316/S.412; 1970b, p.266/S.258; 1970c, SSR p.188/S.200 und p.198/S.210 u.a.

131. 1970b, p.266 fn.2/S.258 Fn.62.

132. Vergleiche hierzu z.B. Stegmüller 1970, Teil C; Suppe 1974, pp.66–109.

133. SSR, p.7/S.22, pp.52–53/S.65f., p.66/S.79; 1962d, ET p.171/S.244; 1970a, ET p.267/S.358; 1974a, ET p.300/S.396, p.302 fn.11/S.417f. Fn.11; 1974b, p.505; 1979b, p.410.

„die Künstlichkeit [der Unterscheidung von Tatsache und Theorie als] einen wichtigen Schlüssel zu etlichen Hauptthesen [von SSR]"[134]

und damit zu seiner Wissenschaftsphilosophie. Nichtsdestotrotz bestreitet Kuhn aber nicht die Legitimität der Unterscheidungs*absicht*, insofern diese hervorhebt, dass in der Wissenschaft sowohl Dinge thematisch sind, die dem unbewaffneten (wenn auch vielleicht nicht dem untrainierten) Auge zugänglich sind, als auch Dinge, die nicht so unmittelbar sichtbar sind, und in deren wissenschaftliche Thematisierung daher in irgendeiner Weise wissenschaftliche Gesetze oder Theorien miteingehen müssen.

In SSR ist diese zugestandene Differenz meist unter dem gleitenden Übergang von der wörtlichen zu einer metaphorischen Verwendung des Wortes ‚sehen' zugedeckt, worauf Kuhn in SSR selbst nur mit dem Hinweis auf eine „ausgeweitete Verwendungsweise von ‚Wahrnehmung' und von ‚Sehen'" aufmerksam macht[135]. Seit 1969 macht Kuhn in seinen Arbeiten von dieser Differenz expliziten Gebrauch[136], und dementsprechend spricht er auch von „Basisbegriffen" und „theoretischen Begriffen", von „theoretischen" bzw. „unbeobachtbaren" Entitäten[137]. Natürlich meint Kuhn dann nicht Beobachtungsbegriffe und theoretische Begriffe im Sinne der abgelehnten Unterscheidung, sondern am ehesten

„Begriffe, die gewöhnlich über direkte Beobachtung [by direct inspection] angewendet werden",

versus Begriffe, bei denen

„auch Gesetze und Theorien zum Etablieren ihrer Referenz beigezogen werden"[138].

Aber Kuhn hat auch dieser Unterscheidung gegenüber Vorbehalte, wenn er auch den Grund seiner Vorbehalte nicht mitteilt[139].

Ich werde daher im folgenden nicht von einer Unterscheidung von theoretischen und Beobachtungsbegriffen Gebrauch machen, sondern nur von einer Unterscheidung von *Weisen des Erlernens von Begriffen*, so wie Kuhn sie tatsächlich in seinen Texten trifft: Manche empirische Begriffe werden im Kontext der Anwendung von Gesetzen oder Theorien erlernt, so dass beim Erlernen des Gebrauchs dieser Begriffe Gesetze oder Theorien mitspielen; bei manchen Begriffen wird ihr Gebrauch durch ‚direkte' Wahrnehmung der Objekte erlernt, auf die sie angewendet bzw. nicht angewendet werden sollen[140]. Ob zu dieser Unterscheidung von

---

134. SSR, p.52/S.65.

135. SSR, p.117/S.129. – In späteren Arbeiten distanziert sich Kuhn mehr und mehr von diesem gleitenden übergang zwischen der wörtlichen und der metaphorischen Verwendungsweise von ‚sehen' (1964, ET p.263 fn.33/S.356 Fn.33; 1970c, SSR pp.196–198/S.208f.; 1983a, p.669), auch weil darin eine Angleichung von wissenschaftlichen Revolutionen an visuelle Gestaltwechsel impliziert ist (1983a, p.669), der Kuhn später kritisch gegenübersteht: siehe Kuhn im Druck b, pp.3–4; vergleiche Abschnitt 6.2.

136. Siehe dazu besonders seine Arbeiten 1974a und 1979b.

137. Z.B. 1974a, ET p.300/S.395f., p.302 fn.11/S.417 Fn.11; 1970c, SSR p.196/S.208, p.197 fn.14/S.238 Fn.14; 1977c, ET p.338/S.443.

138. 1979b, p.412.

139. 1979b, p.410; siehe auch 1981, pp.30–31 fn.2/S.40ff. Fn.2.

140. Natürlich ist damit nicht impliziert, dass die so erlernten Begriffe sich auf pure Faktizität beziehen.

verschiedenen Weisen des Erlernens von Begriffen auch eine (mehr oder weniger
gleitende) Unterscheidung zweier Klassen empirischer Begriffe korrespondiert, ist
fraglich, denn vermutlich werden gewisse empirische Begriffe sowohl im Kontext
von Theorieanwendungen als auch vermittels direkter Wahrnehmung angewendet[141].

Drittens: In diesem Abschnitt muss die Änderung von der stärker an der
Wahrnehmung orientierten Konzeption der Erscheinungswelt zur stärker an der
Sprache orientierten berücksichtigt werden[142]. Dies gilt besonders für diejenige
Weise des Erlernens von empirischen Begriffen, bei der nicht von Gesetzen und
Theorien Gebrauch gemacht wird. Demgemäss werde ich diese Art des Erlernens
von Begriffen für die beiden genannten Phasen Kuhns gesondert behandeln (Teilabschnitte 3.6.b und 3.6.c) und anschliessend fragen, wie das Verhältnis dieser
beiden Konzeptionen zueinander zu bestimmen ist (Teilabschnitt 3.6.d). Dagegen
ist für das Erlernen von Begriffen im Kontext der Anwendung von Gesetzen und
Theorien eine Differenzierung gemäss den beiden Konzeptionen der Erscheinungswelt nicht notwendig, da Kuhn in den Arbeiten nach 1979 hierfür keine
Neuerungen vorgenommen hat (Teilabschnitt 3.6.e). Anschliessend wird die Unmöglichkeit von Explizitdefinitionen für empirische Begriffe behandelt (Teilabschnitt 3.6.f), die für Kuhns Theorie der Wissenschaftsentwicklung zentrale Bedeutung hat und die sich in seiner Bedeutungstheorie empirischer Begriffe niederschlägt (Teilabschnitt 3.6.g).

b) Begriffserlernen ohne Verwendung von Gesetzen und Theorien in den Arbeiten
   bis 1969

In der Konzeption der Erscheinungswelt, die stärker an der Wahrnehmung
orientiert ist, ist das Erlernen von Begriffen, bei dem nicht von Gesetzen und Theorien Gebrauch gemacht wird, eine unmittelbare Konsequenz von Kuhns Theorie
der Wahrnehmung. Das Erlernen von denjenigen Ähnlichkeitsrelationen, die für
die Wahrnehmung mitkonstitutiv sind, führt auf direkte Weise auch zum Erlernen
von bestimmten empirischen Begriffen[143]: Eine Klasse von im Wahrnehmungsraum hinreichend benachbarter, d.h. als untereinander ähnlich wahrgenommener
Objekte ist gerade die Extension eines solchen Begriffs. Wird also eine wahrneh-
mungskonstitutive Ähnlichkeitsrelation zusammen mit den notwendigen Unähnlichkeitsrelationen und dem entsprechenden Begriffsnamen erlernt, so kann dieser
Begriff ebenso Objekten zu- und abgesprochen werden, wie das die anderen Mitglieder der entsprechenden Gemeinschaft tun: Seine ‚korrekte' Verwendungsweise
ist erlernt. Offensichtlich ist die problemlose Verwendung und Weitergabe solcher
empirischer Begriffe in einer bestimmten Gemeinschaft nicht vom Erlernen von
Definitionen abhängig, sondern nur davon, dass die fundierenden unmittelbaren
Ähnlichkeitsrelationen tatsächlich eingeübt werden können, und das heisst, dass
die entsprechenden Objekte tatsächlich als ähnlich gesehen werden können. Die
Bedeutung dieser Begriffe (was immer das auch sei) ist somit wenigstens zunächst
einmal nicht in Definitionen lokalisiert, sondern in Ähnlichkeitsrelationen.

Das Abhängigkeitsverhältnis zwischen gelingender Objektwahrnehmung und
gelingender Begriffsverwendung innerhalb einer Gemeinschaft verführt Kuhn in

---

141. 1976b, pp.186–187/S.121f.
142. Vergleiche Abschnitt 2.3.
143. 1970a, ET pp.284–286/S.375ff.; 1974a, ET pp.309–318/S.404– 414; 1970b, pp.274–275/S.266.

SSR zu Redeweisen, die im Widerspruch zu seiner Theorie der Wahrnehmung zu
stehen scheinen. So fragt Kuhn mit Wittgenstein:

> „Was müssen wir wissen, [...] damit wir Begriffe wie Stuhl, Blatt oder Spiel
> eindeutig und ohne [bei den anderen Mitgliedern der entsprechenden
> Sprachgemeinschaft] Widerspruch hervorzurufen, anwenden können?"[144]

Diese Frage zielt in negativer Stossrichtung auf die Abwehr definitorischer Charakteristika als einer notwendigen Bedingung für die einheitliche Verwendung solcher Begriffe innerhalb einer Sprachgemeinschaft und positiv auf die Wittgenstein-
sche Familienähnlichkeit. Aber Kuhn möchte über Wittgenstein hinausgehen und
schreibt in der Fussnote zum soeben zitierten Satz:

> „Aber Wittgenstein sagt fast nichts über die Art von Welt, die notwendig ist,
> um die Unterlage für das von ihm geschilderte Benennungsverfahren abzuge-
> ben [the sort of world necessary to support the naming procedure he outli-
> nes]."[145]

Welche ‚Art von Welt' ist dafür notwendig? Nach Kuhn eine Art von Welt, in der

> „die von uns benannten natürlichen Familien sich [nicht] überlappen und
> nicht fliessend ineinander übergehen, [...] in der es also *natürliche* Familien
> gibt"[146].

Mit ‚Welt' ist hier natürlich eine den Sprachbenutzern zugängliche Welt gemeint,
eine Erscheinungswelt also, wie Kuhn an späteren Stellen auch explizit bemerkt:

> „Die Möglichkeit, die Mitglieder natürlicher Familien unmittelbar zu erken-
> nen, hängt von der Existenz – nach der Verarbeitung durch das Nervensy-
> stem – von leerem *Wahrnehmungsraum* zwischen den zu unterscheidenden
> Familien ab"[147].

Kuhn spricht an diesen Stellen so, als sei eine bestimmte Wahrnehmungswelt,
nämlich eine solche, in der es diskrete natürliche Familien gibt, eine notwendige
Bedingung für die Möglichkeit eines Benennungsverfahrens, das ohne definitorische Charakteristika der jeweiligen Objekte auskommt. Das scheint aber im Widerspruch zu anderen Stellen zu stehen, etwa wenn Kuhn sagt, dass die

> „erlernten Ähnlichkeits- und Unähnlichkeitsrelationen [...] Teile einer sprach-
> bedingten oder sprachkorrelierten Art des Sehens der Welt sind [language-
> conditioned or language-correlated way of seeing the world]. Bevor wir sie
> erworben haben, sehen wir überhaupt keine Welt"[148].

Hier wird anscheinend das umgekehrte Bedingungsverhältnis behauptet, dass
nämlich das ‚Sehen der Welt' wesentlich durch Sprache mitbedingt ist.

---

144. SSR, pp.44–45/S.59.

145. SSR, p.45 fn.2/S.227 Fn.2, übs. mangelhaft.

146. SSR, p.45/S.59.

147. 1970c, SSR p.197 fn.14/S.238 Fn.14 übs. mangelhaft, Hervorhbg. von mir; ähnlich 1970a, ET p.286
fn.35/S.387 Fn.36; 1974a, ET p.312 fn.20/S.420 Fn.20 und p.318 fn.21/S.420 Fn.21.

148. 1970b, p.274/S.265; vergleiche Abschnitt 3.5.

Doch lässt sich dieser Widerspruch leicht auflösen, wenn der Geltungsanspruch der beiden entgegengesetzten Aussagen geeignet eingeschränkt wird[149]. Eine erlernte Sprache kann sicher nicht uneingeschränkt eine notwendige Bedingung für jegliche Wahrnehmung sein, weil das Sprachelernen selbst von einem bestimmten Bereich vorsprachlicher Wahrnehmung abhängig ist. Das schliesst aber nicht aus, dass dieser Bereich der Wahrnehmung durch die auf ihm basierenden Teile der Sprache differenziert und überformt werden kann, was seinerseits den Grund für weitere Differenzierung und Überformung der anfänglich verwendeten Teile der Sprache abgeben kann. Man wird daher das Verhältnis von Sprache und Wahrnehmung nicht als ein einseitiges Bedingungsverhältnis in einer der beiden möglichen Richtungen auffassen können, sondern als einen dialektischen Differenzierungs- und Überformungsprozess ansehen müssen.

Nun ist zu fragen, unter welchen Voraussetzungen dieser Prozess überhaupt in Gang kommen kann, wobei das Motiv für diese Frage hinsichtlich der Kuhnschen Theorie vor allem darin besteht, endogene Begrenzungen von Kuhns These von der Pluralität der Erscheinungswelten auszumachen[150]. Sicherlich beginnt der Prozess mit der Wahrnehmung, aber es ist genauer zu bestimmen, welche Leistungen der Wahrnehmung den genannten Prozess des Spracherwerbs ermöglichen. Man kann hier zweierlei unterscheiden. Einmal müssen bestimmte Unterscheidungsleistungen von Sinnesempfindungen ausgebildet sein, vor allem im visuellen und akustischen Bereich[151]. Darüber hinaus müssen bestimmte Verarbeitungsleistungen der Sinnesempfindungen ausgebildet sein, damit diese Sinnesempfindungen nicht blosse „Modifikationen des Zustands des Subjekts"[152] sind, sondern einem (wie auch immer bestimmten) Gegenüber des Empfindenden zugeschrieben werden können[153]. Denn empirische Begriffe sollen sich ja auf etwas beziehen, was vielen Beobachtern ein ihnen gemeinsames, wahrnehmbares Gegenüber ist, und dies setzt die Verarbeitung von subjektseitigen Sinnesempfindungen zur Objektwahrnehmung voraus. Hier kommt es nicht darauf an, dass verschiedene Beobachter – gemäss der These von der Pluralität der Erscheinungswelten – in einer bestimmten Wahrnehmungssituation womöglich verschieden beschaffene Objekte sehen, sondern darauf, dass sie überhaupt etwas als sich gegenüber sehen, dass sie überhaupt *Gegen-stände* wahrnehmen.

Diese beiden Leistungen der Wahrnehmung, die vorauszusetzen sind, um den Prozess des Erwerbs von empirischen Begriffen zu ermöglichen, implizieren wieder zugleich Bedingungen, die jede Erscheinungswelt erfüllen muss, um mit durch solche empirische Begriffe konstituierbar zu sein. Einmal weist eine Erscheinungswelt notwendigerweise gewisse sinnlich erfassbare Unterschiede auf; eine ähnliche Bedingung war schon bei der Analyse des Hinweisens und der Wahrnehmung aufgetreten[154]. Die Bedingungen, die zum anderen darin enthalten

---

149. Vergleiche die Einschränkung des Anspruchs, dass Ähnlichkeitsrelationen für die Wahrnehmung konstitutiv sind, in Abschnitt 3.5.

150. Vergleiche Abschnitte 3.3 und 3.5.

151. Vergleiche Quine 1960, Abschnitte 17 und 18.

152. Kant, Kritik der reinen Vernunft, A 320/B 376.

153. Ich unterstelle hier natürlich, dass eine Erscheinungswelt eine Welt von Objekten ist. Wenn man den Begriff der Erscheinungswelt weiter fasst und diese Bedingung fallenlässt, trifft das folgende Argument nicht zu.

154. Vergleiche Abschnitte 3.3 und 3.5.

sind, dass eine jede Erscheinungswelt eine Welt von Objekten ist, sind schon im Umriss ungleich schwieriger anzugeben. Kants Lehre von den transzendental zu begründenden synthetischen Grundsätzen a priori ist ein Versuch diese Bedingungen zu explizieren[155], wenn auch für Kant von vorneherein nur *eine* mögliche Erscheinungswelt zur Debatte stand, nämlich die der Newtonschen Physik. Diese Analyse unter den veränderten Bedingungen der Kuhnschen Theorie zu wiederholen, würde den Rahmen dieser Arbeit überschreiten. Aber es ist festzuhalten, dass allein die Tatsache, dass Beobachtungsbegriffe sich auf Objekte beziehen sollen, bereits eine Quelle für eine weitere endogene Begrenzung der Kuhnschen These von der Pluralität der Erscheinungswelten darstellt.

c) Begriffserlernen ohne Verwendung von Gesetzen und Theorien in den Arbeiten nach 1969

Kuhn war sich 1969 völlig bewusst, dass er hinsichtlich des Bedeutungsbegriffs empirischer Begriffe nicht bei seinem damaligen, nur negativen und darum unbefriedigenden Standpunkt stehenbleiben konnte[156]. So sagt er in der auf den Vortrag seiner Arbeit 1974a folgenden Diskussion, dass

> „wir nicht über das Anpassen von Wörtern an die Natur sprechen können, ohne nicht schliesslich zum Problem der Bedeutung etwas sagen zu müssen. Zu diesem Problem kann im Moment eigentlich niemand etwas sagen, und auch ich nicht. Aber ich glaube, dass das, woran ich mit Ähnlichkeitsrelationen herankomme, eines der Mittel ist, die nützlich sein können."[157]

Der Zwang zu dieser Auseinandersetzung mit dem Bedeutungsbegriff besteht für Kuhn darin, dass die ihn speziell interessierenden Änderungen von Begriffen während wissenschaftlicher Revolutionen *sich nicht restlos auf Veränderungen von Begriffsextensionen im Sinne des blossen Hinzufügens oder Wegnehmens von Elementen der Extension reduzieren lassen.* Dieser Sachverhalt wird von Kuhn zu verschiedenen Zeiten auf verschiedene Weise formuliert. In SSR sagt Kuhn beispielsweise, dass der Übergang von der Newtonschen zur Einsteinschen Mechanik gerade darum ein besonders klares Beispiel für die Verschiebung des begrifflichen Netzwerkes während einer wissenschaftlichen Revolution sei, weil bei diesem Übergang gerade keine zusätzlichen Objekte (und Begriffe) eingeführt worden seien[158]. Auf andere Weise stellt Kuhn den nicht ganz auf das Extensionale reduzierbaren Charakter von revolutionären Begriffsveränderungen 1969 heraus, wenn er vermutet, dass es ein Charakteristikum von wissenschaftlichen Revolutionen sei, dass in ihnen Sätze, die bis zu gewissem Grad den Charakter von analytischen (bzw. ‚quasianalytischen') Sätzen gehabt hätten, diesen Status verlören[159]. Im Kontext der Diskussion von wissenschaftlichen Revolutionen als Sprachänderungen, die bestimmte Unübersetzbarkeiten implizieren, sagt Kuhn, dass perfekte Übersetzungen gerade Bedeutungen erhalten[160], aber dass

---

155. Vergleiche dazu Heidegger 1962.

156. Vergleiche Abschnitt 3.6.a.

157. 1974b, pp.515–516.

158. SSR, p.102/S.115.

159. 1974a, ET p.304 fn.14/S.419 Fn.14; 1970c, SSR pp.183–184/S.195; 1976b, p.198 fn.9/S.134 Fn.18. – Siehe hierzu später Abschnitt 6.3.a, Punkt 2.

160. 1983a, p.670, p.671, p.672, p.680, p.682.

„beim gegenwärtigen Stand der Bedeutungstheorie die Unterscheidung zwischen Wörtern, die ihre Bedeutung ändern, und solchen, die sie beibehalten, im besten Fall schwierig zu explizieren oder anzuwenden ist"[161].

Kuhn steht also vor dem Problem, dass eine rein extensionale Behandlung empirischer Begriffe für ihn ungenügend ist, aber ein direkter Zugang zu dem, was der Bedeutungsbegriff fassen soll, nicht möglich ist. Entsprechend ist auch „,Bedeutungswandel' eher der Name eines Problems als ein isolierbares Phänomen"[162]. Kuhns Strategie beim Umgang mit diesem Problem besteht darin, den problematischen Bedeutungsbegriff zunächst einmal beiseitezulassen und stattdessen danach zu fragen, wie die *Referentenbestimmung* [reference determination] empirischer Begriffe erlernt wird: Auf welche Weise diese Wörter „mit der Natur verbunden werden [attach to nature]"[163]. Es wird also zunächst nicht danach gefragt, was Bedeutung eigentlich sei, sondern danach, wie eine der Funktionen erlernt wird, welche die Bedeutung eines Begriffs haben soll, nämlich Referenten und Nicht-Referenten des Begriffs identifizieren zu können. In Kontinuität mit der früheren Konzeption wird hinsichtlich des Bedeutungsbegriffs negativ daran festgehalten, dass die Bedeutung nicht aus einem Satz von notwendigen und hinreichenden Kriterien für die eindeutige Begriffsanwendung besteht und dass dementsprechend die traditionelle Bedeutungstheorie bankrott sei[164]. In den Arbeiten von 1983 versucht Kuhn dann, aus der Analyse des Lernens der Referentenbestimmung Hinweise für die Bedeutungstheorie empirischer Begriffe zu erhalten. Ich werde mich wieder Kuhns Vorgehen anschliessen und zunächst die neue Konzeption des Lernens empirischer Begriffe ohne Verwendung von Gesetzen und Theorien diskutieren; in Teilabschnitt 3.6.g werde ich dann auf die Konsequenzen für die Bedeutungstheorie zurückkommen.

Die Frage nach dem Erlernen empirischer Begriffe wird in den Arbeiten nach 1969 also folgendermassen gestellt: Wie werden durch Hinweisen unmittelbare Ähnlichkeitsrelationen erlernt, die für die Identifikation der Referenten und der Nichtreferenten eines empirischen Begriffs relevant sind? Im Gegensatz zur früheren Konzeption bleibt dabei ausser Betracht, ob bei diesem Lernprozess Änderungen der Wahrnehmungsweise auftreten.

Das Erlernen empirischer Begriffe geschieht in einem „metaphernähnlichen [metaphor-like] Prozess"[165], in dem exemplarisch Elemente aus der Extension des zu erlernenden Begriffs nebeneinandergestellt werden, und dieses

„Nebeneinanderstellen von Beispielen diejenigen Ähnlichkeiten hervorruft, von denen [...] die Referentenbestimmung abhängt"[166].

Die Parallele zur Funktion von Metaphern besteht darin, dass auch hier eine

„Liste der Hinsichten, in welchen die durch die Metapher nebeneinandergestellten Gegenstände ähnlich sind, weder stillschweigend vorausgesetzt noch

---

161. 1983a, p.671.

162. ET, p.XXII/S.45.

163. 1979b, pp.409–410; 1981, pp.24–25/S.33f.; 1983a, pp.676–677, pp.680–681 u.a.

164. 1979b, p.409, p.413; 1983a, p.685 fn.13; 1983b, p.713.

165. 1979b, p.409, p.414, ähnlich p.410, p.413; 1981, p.26/S.37 übs. mangelhaft; p.27/S.38 übs. falsch; 1983b, p.714; im Druck a, Ms. p.7; im Druck c, Ms. p.7.

166. 1979b, p.413.

geliefert wird. Im Gegenteil, es ist erhellend [...], die Metapher als das anzusehen, was diejenige Ähnlichkeit erzeugt oder hervorruft, von der ihre Funktion abhängt."[167]

Derjenige, der den entsprechenden empirischen Begriff zu erlernen hat, muss
demgemäss selbst

> „die Charakteristika entdecken, in Bezug auf die [die Beispiele] gleich sind,
> die Eigenschaften, die sie ähnlich machen, und die deshalb für die Referen-
> tenbestimmung relevant sind."[168]

Welche Eigenschaften der autoritativ als ähnlich vorgegebenen Objekte von dem,
der den Begriff erlernt, verwendet werden, um diese Ähnlichkeit zu reproduzieren, ist gleichgültig. Mit anderen Worten, es ist gleichgültig, worauf man sich bei
der Identifikation von Referenten und Nichtreferenten des jeweiligen Begriffs
stützt, denn

> „alles, was man über diese Referenten weiss oder zu wissen glaubt, kann man
> legitimerweise verwenden"[169].

Ausschlaggebend ist nur, dass tatsächlich die exemplarisch vorgegebene Ähnlichkeitsklasse als Extension des jeweiligen Begriffs erlernt wird[170]. Als Konsequenz
ist davon auszugehen, dass verschiedene Mitglieder einer Sprachgemeinschaft bei
der Anwendung der gleichen empirischen Begriffe unterschiedliche Eigenschaften
der Referenten dieser Begriffe benutzen, um diese Referenten zu identifizieren und
von den Nichtreferenten zu unterscheiden[171].

Wie wird aber dann die einheitliche Verwendung dieser Begriffe innerhalb
der Sprachgemeinschaft sichergestellt, wenn verschiedene Sprecher verschiedene
Eigenschaften von Referenten der gleichen Begriffe zur Referentenidentifikation
benutzen? Zweierlei spielt hinsichtlich der Gestaltung des Lernprozesses eine Rolle[172]. Einmal muss auf mehrere Repräsentanten der jeweiligen Ähnlichkeitsklasse
hingewiesen werden. Zum anderen muss zur Abgrenzung von anderen, insbesondere benachbarten natürlichen Familien auch auf verschiedene Nichtmitglieder der
jeweiligen Ähnlichkeitsklasse hingewiesen werden. Doch dass der so gestaltete
Prozess der Unterweisung tatsächlich zu einem Lernen der entsprechenden Begriffe führen kann, hängt auch von Eigenschaften der jeweiligen Erscheinungswelt ab,
wie schon früher dargelegt wurde[173].

Weil zum Erlernen eines bestimmten Begriffs auch auf Mitglieder benachbarter Ähnlichkeitsklassen hingewiesen werden muss, kann dieser Begriff nicht isoliert von anderen empirischen Begriffen erlernt werden. Vielmehr wird er entweder allein oder schon korreliert mit anderen empirischen Begriffen in ein bereits

---

167. 1979b, p.409. – Vergleiche hierzu auch z.B. Künne 1983, S.182.

168. 1979b, p.413; ähnlich 1981, p.27/S.37.

169. 1983a, p.681; ähnlich 1981, p.24/S.34; 1983a, pp.685–686 fn.13; 1983b, p.714.

170. 1983a, pp.682–683.

171. 1983a, p.681, p.683; im Druck a, Ms. p.8, pp.15–16, fn.25; im Druck b, Ms. p.5; im Druck c, Ms.
    p.8, p.12, fn.22.

172. 1979b, pp.412–414; 1981, pp.26–27/S.37; 1983a, p.680 und p.682; im Druck a, Ms. p.15; im Druck
    c, Ms. p.12. – Vergleiche Abschnitt 3.3.

173. Siehe Abschnitt 3.3; auch 1983a, pp.681–682.

bestehendes Netz von ihrerseits miteinander korrelierten Begriffen eingefügt[174]. Kuhn nennt diese Vernetzung des empirischen Vokabulars den „lokalen Holismus" der Sprache[175]: *lokaler* Holismus, weil bei der Referentenbestimmung eines empirischen Begriffs nicht alle anderen empirischen Begriffe mitspielen; *Holismus*, weil untereinander korrelierte Begriffe ein Ganzes bilden, so dass die dafür konstitutiven einzelnen Begriffe nicht selbstständig bestehende Teile oder Elemente dieses Ganzen sind, sondern nur unselbstständige Momente, die jenseits dieser Einheit nichts sind. Das Vernetztsein der empirischen Begriffe hat wichtige Konsequenzen, einmal für die Bedeutungstheorie[176] und zum anderen für den Theoriewahldiskurs[177].

d) Das Verhältnis der früheren Konzeption des Begriffserlernens ohne Verwendung von Gesetzen und Theorien zur späteren Konzeption

Zwischen den in den beiden letzten Teilabschnitten diskutierten Konzeptionen des Begriffserlernens ohne die Verwendung von Gesetzen und Theorien besteht trotz eines zum Teil voneinander abweichenden Vokabulars eine starke sachliche Kontinuität. Dies ist eine Konsequenz davon, dass hinsichtlich des Lernens von Ähnlichkeitsrelationen durch Hinweisen in beiden Konzeptionen kein Unterschied besteht.

Der einzige wesentliche Unterschied zwischen beiden Konzeptionen ist subtil, aber nicht bedeutungslos. Was in der früheren Konzeption als eine bestimmte Organisation des *Wahrnehmungsraumes* beschrieben wurde, nämlich die Herstellung von Ähnlichkeit und Unähnlichkeit durch Hervorhebung und Dämpfung von Eigenschaften der jeweiligen Objekte im Wahrnehmungsraum[178], wird jetzt als ein Entdecken von bestimmten Eigenschaften der Objekte beschrieben, welche die in der jeweiligen Gemeinschaft übliche *Begriffsanwendung* ermöglichen, indem sie Referenten und Nichtreferenten des jeweiligen Begriffs identifizieren lassen.

Im ersten Fall ist es primär die Wahrnehmung, welche die Verbindung zur Welt herstellt: Die Begegnung mit der Welt ist ein Sehen. Das Subjekt der Wahrnehmung ist zwar ein Einzelner, aber diese Wahrnehmung wird in einem Prozess geprägt, in dem die Gemeinschaft, der dieser Einzelne angehört bzw. angehören soll, wesentlich mitspielt. Denn für die Wahrnehmung sind (bis zu einem unbestimmten Grad) erlernte Ähnlichkeits- und Unähnlichkeitsrelationen mitkonstitutiv, die als ein Besitz oder Charakteristikum dieser Gemeinschaft anzusehen sind[179]. Diese Prägung der Wahrnehmung durch die jeweilige Gemeinschaft schlägt sich

---

174. 1979b, pp.415–416; 1981, pp.7–10/S.13–17, pp.23–25/S.32–35; 1983a, pp.670–671, pp.676–677, p.682; 1983b, pp.714–716; im Druck c, p.37. – Vergleiche Kamlah/Lorenzen 1967, S.50.

175. 1983a, p.682; 1983d, p.566. – Der Sache nach ist dieser lokale Holismus der Sprache schon in SSR (und den Arbeiten von 1969) enthalten:
   „[W]issenschaftliche Begriffe [...] erhalten ihre volle Bedeutung erst dann, wenn sie in einem Lehrbuch oder einer anderen systematischen Darstellung mit anderen wissenschaftlichen Begriffen, mit praktischen Verfahrensweisen und mit Paradigmen-Anwendungen in Beziehung gesetzt werden." (SSR, p.142/S.153)
   Ähnliche Stellen finden sich beispielsweise auf p.149/S.160 und pp.149–150/S.160f.

176. Siehe später Abschnitt 3.6.g.

177. Siehe später Abschnitt 7.5.

178. Vergleiche Abschnitt 3.5.

179. Vergleiche Abschnitt 3.4.

dann in den besonderen empirischen Begriffen nieder, die in der Gemeinschaft verwendet werden.

Im zweiten Fall ist es dagegen primär die Sprache, welche die Verbindung zur Welt herstellt: Die Begegnung mit der Welt ist ein sprachliches Erfassen. Insofern das Subjekt einer Sprache die jeweilige Sprachgemeinschaft ist, besteht die Verbindung zur Welt primär zwischen dieser Sprachgemeinschaft und der Welt; der Einzelne hat diese Verbindung mit der Welt nur, indem er Mitglied der Sprachgemeinschaft ist. Die Wahrnehmung spielt bei dieser Verbindung mit der Welt zwar mit, aber sie ist eher subsidiär: Sie hilft dem Einzelnen eine bestimmte Art der Verbindung zur Welt zu realisieren, welche ihm durch die Sprache von Repräsentanten der Sprachgemeinschaft vorgegeben wird.

Mit dieser betonteren Rolle der Sprache kommt ein wichtiger Aspekt der Kuhnschen Theorie schärfer in den Blick. Es handelt sich um individuelle Unterschiede, die zwischen Wissenschaftlern der gleichen Wissenschaftlergemeinschaft bestehen können und die für die Wissenschaftspraxis unter ganz bestimmten Umständen relevant werden können. Die *gleiche Verwendung* eines empirischen Begriffs durch die Mitglieder einer Sprachgemeinschaft impliziert ja nicht, dass die einzelnen Mitglieder zur Identifikation von Referenten und Nichtreferenten des Begriffs auch *die gleichen Kriterien* verwenden[180]. Diese individuelle Verschiedenheit der Mitglieder einer Sprachgemeinschaft kommt in der gemeinsamen Sprachpraxis dann nicht zum Vorschein, wenn diese Sprachpraxis in dem Sinn gelingt, dass die empirischen Begriffe von allen Mitgliedern in der gleichen Weise Gegenständen zu- und abgesprochen werden[181]. Aber diese Verschiedenheit kann offensichtlich und wichtig werden, wenn bezüglich gewisser neuartiger Phänomene verschiedene Kriterien für die Identifikation von Referenten und Nichtreferenten, die bislang die gleichen Identifikationen ergaben, verschiedene Ergebnisse haben[182]. Dann kann ein Aneinander-vorbei-Reden innerhalb der Gruppe entstehen, indem gleiche Wörter nicht mehr von allen Sprechern mit den gleichen Extensionen verbunden werden.

e) Begriffserlernen mit Verwendung von Gesetzen und Theorien

Für Kuhn ist die Frage, wie Begriffe im Kontext der Anwendung von Gesetzen und Theorien erlernt werden, daran zu untersuchen, wie erlernt wird, diese Gesetze und Theorien anzuwenden. Gesetze und Theorien werden auf ‚Problemsituationen‘ angewandt, d.h. auf bestimmte Objekte oder Konstellationen von Objekten, für welche die Theorien oder Gesetze Aussagen machen sollen. Die Anwendung eines Gesetzes oder einer Theorie erfordert fünferlei[183]:

---

180. Das Analoge gilt auch für die ältere Konzeption: Die gleichen Abstandsverhältnisse im Wahrnehmungsraum verschiedener Beobachter implizieren natürlich nicht, dass bei beiden auch die gleichen Eigenschaften hervorgehoben bzw. gedämpft sind. Aber in der stärker sprachlich orientierten Konzeption ist die angesprochene individuelle Verschiedenheit viel offensichtlicher und bei weitem leichter überprüfbar.

181. Und, muss man ergänzen, solange die Mitglieder der Sprachgemeinschaft nicht *über* diese Verwendung nachdenken und miteinander darüber sprechen.

182. Siehe hierzu Abschnitt 7.5, besonders 7.5.c. – Für zwei weitere Quellen epistemisch unter bestimmten Bedingungen relevanter, individueller Unterschiede zwischen den Mitgliedern einer Wissenschaftlergemeinschaft siehe die Abschnitte 4.3.c und 5.5.a.

183. Vergleiche zum folgenden vor allem 1976b, wo die in Stegmüllers 1973 herausgearbeiteten Parallelen zwischen Sneeds 1971 und Kuhns Wissenschaftstheorie diskutiert werden. – In seinen neue-

1. Die Identifikation einer Problemsituation, die in den intendierten Anwendungsbereich des Gesetzes bzw. der Theorie fällt,
2. die Auswahl einer der verschiedenen äquivalenten Formulierungen des Gesetzes bzw. der Theorie,
3. die Spezifikation dieser Formulierung des Gesetzes bzw. der Theorie für die besondere Problemsituation,
4. mathematisch-logische Operationen an der spezifizierten Formulierung des Gesetzes bzw. der Theorie, um Aussagen über die Problemsituation zu gewinnen, und
5. die Zuordnung dieser Aussagen zu experimentell oder durch Beobachtung gewonnenen Aussagen über die Problemsituation.

Beispielsweise erfordert die Behandlung des freien Falles eines Körpers im Schwerefeld erstens die Identifikation dieses Problems als eines Problems der klassischen Mechanik. Zweitens muss eine der äquivalenten Formulierungen der klassischen Mechanik gewählt werden, z.B. das 2. Newtonschen Gesetz ‚Kraft gleich Masse mal Beschleunigung‘. Drittens muss dieses Gesetz für die gegebene Situation spezifiziert werden, nämlich zu $mg = md^2s/dt^2$. Viertens muss diese Differentialgleichung gelöst werden, was $s(t) = gt^2/2 + v_0t + s_0$ ergibt. Fünftens muss diese Lösung für einzelne Fallwege bzw. Fallzeiten ausgewertet und mit den entsprechenden beobachteten Daten verglichen werden.

Offensichtlich spielt vor allem beim ersten, dem dritten und dem fünften Schritt[184] die Bedeutung der in der gewählten Formulierung des Gesetzes bzw. der Theorie vorkommenden empirischen Begriffe eine Rolle: Eine Problemsituation kann nur dann in den intendierten Anwendungsbereich einer Formulierung des Gesetzes bzw. der Theorie fallen, wenn die empirischen Begriffe in dieser Situation Referenten haben; das Gesetz bzw. die Theorie kann nur dann für die besondere Situation spezifiziert, und die daraus gefolgerten Aussagen können nur dann mit empirischen Aussagen über diese Situation verglichen werden, wenn die Referenten der im Gesetz bzw. der Theorie vorkommenden empirischen Begriffe in der Problemsituation tatsächlich identifiziert worden sind[185]. Kuhns Frage danach, wie im Kontext der Anwendung von Gesetzen bzw. Theorien empirische Begriffe erlernt werden, kann damit so gestellt werden: Wie wird erlernt, beim ersten, dem

---

Fortsetzung Fussnote 183
    sten Arbeiten setzt Kuhn die Akzente seiner Darstellung, wie Begriffe unter Verwendung von Gesetzen und Theorien erlernt werden, etwas anders: siehe im Druck a und im Druck c. Hier findet man auch ein detailliert ausgearbeitetes Beispiel, nämlich das Erlernen der Grundbegriffe der Newtonschen Mechanik. Die involvierten Akzentverschiebungen konnten in dieser Arbeit aber nicht mehr berücksichtigt werden.

184. Es handelt sich nicht notwendigerweise um diskrete, zeitlich aufeinanderfolgende Schritte: beispielsweise können die Identifikation der Problemsituation und die Spezifikation der gewählten Formulierung des Gesetzes bzw. der Theorie in einem wechselseitigen Bedingungsverhältnis stehen; vergleiche auch 1974a, ET pp.301–302/S.397.

185. Auch beim zweiten und dem vierten Schritt kann die Bedeutung der jeweiligen empirischen Begriffe mitspielen: Die Wahl der besonderen Formulierung des Gesetzes bzw. der Theorie kann mit dem Blick auf besonders einfache Identifikation der Referenten der jeweiligen empirischen Begriffe getroffen werden. Beim vierten Schritt, den logisch-mathematischen Operationen, kann die Bedeutung der empirischen Begriffe mitspielen, beispielsweise wenn bestimmte Näherungen nicht rein mathematisch rechtfertigbar sind, sondern nur mit Rekurs auf das — im Physiker-Jargon gesprochen – ‚vernünftige Verhalten‘ bestimmter Grössen.

dritten und dem fünften Schritt der Anwendung eines Gesetzes bzw. einer Theorie den in ihnen vorkommenden empirischen Begriffen Referenten zuzuweisen?

Um in den Blick zu bekommen, was genau für diese Identifikation von Referenten erlernt werden muss, abstrahiert Kuhn zunächst von der Bedeutung der in einer besonderen Formulierung eines Gesetzes bzw. einer Theorie vorkommenden empirischen Begriffe. Ein Beispiel wäre die Formel K = mb, wobei ‚K', ‚m' und ‚b' als uninterpretierte Platzhalter aufzufassen sind. Formulierungen von Gesetzen oder Theorien, bei denen von der Bedeutung der empirischen, nicht aber der logischen und mathematischen Begriffe abstrahiert ist, nennt Kuhn „symbolische Verallgemeinerungen"[186] bzw. genauer „Skizzen von (symbolischen) Verallgemeinerungen [generalization-sketches]", „schematische Formen [schematic forms]", „Gesetzesskizzen" oder „Gesetzesschemata"[187]. Durch die letztgenannten Termini soll weniger zum Ausdruck kommen, dass in ihnen statt der empirischen Begriffe uninterpretierte Platzhalter stehen, als vielmehr, dass *vor* der möglichen Deduktion von Konsequenzen für eine bestimmte Problemsituation (und erst recht vor dem Vergleich mit Beobachtung und Experiment) die jeweilige Verallgemeinerung für diese Situation spezifiziert werden muss[188]. Damit lautet die Frage nach dem Erlernen von empirischen Begriffen, die in besonderen Formulierungen von Gesetzen und Theorien vorkommen: Wie wird erlernt, den in Gesetzesschemata enthaltenen Platzhaltern für empirische Begriffe in Anwendung auf eine bestimmte Problemsituation Referenten zuzuweisen, so dass das Gesetzesschema spezifiziert und nach mathematisch-logischen Operationen mit Beobachtung und Experiment verglichen werden kann?

Den Schlüssel hierfür liefern die besondere Art der Ausbildung von Wissenschaftlern und die typische Weise, wie Wissenschaftler neue Probleme in Analogie zu schon gelösten Problemen bearbeiten[189]: In beiden Fällen spielen *unmittelbare Ähnlichkeitsrelationen zwischen Problemsituationen* eine wesentliche Rolle. Dem Studenten, der in Gesetzen und Theorien vorkommende Begriffe erlernen soll, wird zunächst der Gebrauch dieser Begriffe bei der Lösung exemplarischer Problemsituationen vorgeführt. Anschliessend hat er selbst weitere Problemsituationen zu bearbeiten, *für die ihm vorgegeben wird, dass sie mit dem gleichen Gesetz bzw. der gleichen Theorie bearbeitbar sind.* Ähnlich wie in der wissenschaftlichen Praxis, wenn eine bekannte Theorie auf ein bisher nicht bearbeitetes Problem angewendet wird, muss eine neue Problemsituation mit Problemsituationen analogisiert werden, für welche die Spezifikation des entsprechenden Gesetzesschemas

---

186. 1974a, ET p.299/S.394f.; 1970c, SSR pp.182–184/S.194f. – Die Rede von ‚symbolischen Verallgemeinerungen' ist für die Arbeiten von 1969 spezifisch, wo sie als Bestandteile der ‚disziplinären Matrix' vorkommen (siehe hierzu Abschnitt 4.3). In 1979b heisst es dagegen unspezifisch, dass „auch Gesetze und Theorien beim Etablieren der Referenz mitspielen": p.412; ähnlich 1981, p.2/S.7.

187. 1970c, SSR p.188/S.200; 1974a, ET p.299/S.395, p.300 fn.10/S.417 fn.10; 1970b, p.272/S.264; 1974b, p.505; 1983a, p.678. – Mit den Begriffen Gesetzesschema und Gesetzesskizze soll hier nicht präjudiziert sein, dass die symbolischen Verallgemeinerungen, sobald interpretiert, synthetische Sätze wären, die damit keine begriffserläuternde oder begriffsfestsetzende Funktion haben könnten. Vielmehr ist ihr Status hinsichtlich der analytisch/synthetisch-Unterscheidung schillernd; vergleiche hierzu die Abschnitte 3.6.f und 6.3.a.

188. 1974a, ET pp.299–301/S.395ff.; 1970b, pp.272–273/S.264; 1970c, SSR pp.188–189/S.199f.; 1974b, p.517.

189. SSR, pp.46–47/S.60f.; 1974a, ET pp.305–307/S.400ff.; 1970b, p.273/S.264f., p.275/S.266f.; 1970c, SSR pp.189–190/S.200ff., p.200/S.211f.; 1976b, p.181/S.116; ET, p.XIX/S.41f.

schon bekannt ist. Wie bei der Wahrnehmung bzw. den Begriffen, die direkt Objekten zu- oder abgesprochen werden[190], hebt die Analogisierung der schon bearbeiteten Problemsituationen mit der neuen Problemsituation solche Eigenschaften der neuen Situation hervor, vermittels welcher die neue Situation als ähnlich mit den schon bearbeiteten gesehen werden kann. Diese Ähnlichkeiten ermöglichen dann die Spezifizierungen des Gesetzesschemas für die neuen Situation in Analogie mit den Spezifizierungen für schon bekannte Situationen, mit anderen Worten, sie ermöglichen die Anwendung der im Schema vorkommenden Begriffe auf neue Problemsituationen.

Es tritt also hier wie bei der Wahrnehmung von Objekten eine Als-Struktur auf[191]: Die neue Problemsituation muss *als* eine Situation gesehen werden, für die ein bestimmtes Gesetzesschema in analoger Weise wie bei schon bekannten Fällen spezifiziert werden kann. Und ebenfalls hat diese Analogisierung in dem Sinne unmittelbar zu erfolgen, dass nicht auf Charakteristika rekurriert wird, welche die Klasse der Problemsituationen definieren würden, die mit einer bestimmten symbolischen Verallgemeinerung behandelt werden können[192]. Offensichtlich ist die problemlose Verwendung und Weitergabe der in Gesetzen und Theorien vorkommenden Begriffe in einer bestimmten Gemeinschaft dann nicht vom Erlernen von Definitionen abhängig, sondern nur davon, dass die fundierenden unmittelbaren Ähnlichkeitsrelationen tatsächlich eingeübt werden können, und das heisst, dass die entsprechenden Problemsituationen tatsächlich als einander ähnlich gesehen werden können. Die Bedeutung dieser Begriffe (was immer das auch sei) ist somit zumindest zunächst einmal nicht in Definitionen lokalisiert, sondern in Ähnlichkeitsrelationen.

Auch bei den Begriffen, deren Verwendung bei der Anwendung von Gesetzen und Theorien auf Problemsituationen erlernt wird, gibt es den ‚lokalen Holismus der Sprache', und zwar auf noch komplexere Weise als bei den ohne Bezug zu Gesetzen und Theorien erlernten empirischen Begriffen. Drei unterschiedliche Quellen des Holismus lassen sich hier ausmachen.

Erstens: Bei den ohne Verwendung von Gesetzen und Theorien erlernten Begriffen ergab sich ihre gegenseitige Vernetzung dadurch, dass das Erlernen der entsprechenden Ähnlichkeitsrelationen nur möglich ist, wenn auch auf Mitglieder anderer, insbesondere benachbarter Ähnlichkeitsklassen hingewiesen wird: Nur so können Eigenschaften entdeckt werden, die zur Unterscheidung der Referenten des Begriffs von den Nichtreferenten dienen[193]. Diese Art der Vernetzung hat ihr Analogon darin, dass das für ein Gesetz bzw. eine Theorie charakteristische Begriffssystem in einer gewissen Abhebung von den Begriffssystemen anderer Gesetze bzw. Theorien erlernt werden muss. Denn für eine bestimmte vorliegende Problemsituation muss zuallererst entschieden werden, mit welcher Theorie bzw. mit welchem Gesetz sie bearbeitet werden soll.

Zweitens sind die in einem Gesetz bzw. einer Theorie vorkommenden empirischen Begriffe auch untereinander vernetzt, da sie nicht nur in einem zeitlichen

---

190. Vergleiche Abschnitte 3.5 und 3.6.b bis 3.6.d.

191. Vergleiche Abschnitt 3.5.

192. Diese beiden Parallelen zur Wahrnehmung, die Als-Struktur und die Erfüllung des in ihr zum Ausdruck kommenden Zuordnungspostulats ohne Rekurs auf definitorische Merkmale, sind wohl der Grund für die Möglichkeit der Verwendung von ‚sehen' im wörtlichen und einem metaphorischen, mehr theoretischen Sinn: siehe Abschnitt 3.6.a.

193. Siehe Abschnitt 3.6.c.

Sinne miteinander erlernt werden. Wenn das entspechende Gesetzesschema auf eine bestimmte Problemsituation angewendet wird, ist die Bestimmung des oder der Referenten eines Begriffes auch davon abhängig, mit welchem Ergebnis die Referenten der anderen, im gleichen Gesetzesschema vorkommenden Begriffe bestimmt wurden[194]. Infolgedessen können diese Begriffe wegen ihrer sachlichen Interdependenz nur miteinander erlernt werden.

Drittens sind die in einem Gesetz bzw. einer Theorie vorkommenden Begriffe auch mit Begriffen vernetzt, die mittels direkter Beobachtung von Objekten erlernt und verwendet werden. Denn solche Begriffe spielen sowohl eine Rolle, wenn die für die Bearbeitung einer bestimmten Problemsituation passenden Gesetze bzw. Theorien identifiziert werden, als auch bei der Referentenzuweisung der in ihnen vorkommenden Begriffe[195].

f) Die Unmöglichkeit von Explizitdefinitionen für empirische Begriffe

Die jetzt zu diskutierende These von der Unmöglichkeit von Explizitdefinitionen für empirische Begriffe ist sowohl für Kuhns Theorie im Ganzen, als auch für seine Bedeutungstheorie von besonderer Wichtigkeit. Diese These baut auf der schwächeren These auf, wonach faktisch in der Wissenschaft empirische Begriffe im allgemeinen ohne Rekurs auf Explizitdefinitionen erlernt und in der jeweiligen Gemeinschaft einheitlich verwendet werden[196]. Dies lässt sich an drei Aspekten wissenschaftlicher Praxis ablesen.

Erstens kann man feststellen, dass man

> „in wissenschaftlichen Lehrbüchern oder dem wissenschaftlichen Unterricht sehr wenige Korrespondenzregeln finden kann",

und

> „dass Wissenschaftler, wenn sie von einem Philosophen nach solchen Regeln gefragt werden, regelmässig deren Relevanz bestreiten"[197].

Mit ‚Korrespondenzregel' ist hier – vom üblichen Gebrauch dieses Wortes in der Wissenschaftstheorie etwas abweichend – alles gemeint, was einen empirischen Begriff explizit definiert, sei es in der Form einer intensionalen, einer bloss extensionalen oder einer operationalen Definition[198].

Zweitens lassen sich die Funktion von Übungen, die den Studenten der Naturwissenschaften gestellt werden, und die Schwierigkeiten, die sie mit ihnen haben, dahingehend interpretieren, dass in ihnen weniger *schon bekannte* Begriffe auf neue Problemsituationen angewendet werden, als vielmehr dem Studenten

---

194. 1970c, SSR pp.183–184/S.195; 1979b, p.412; 1983a, pp.675–677; 1983d, p.566; im Druck a, Ms. p.15; im Druck c, Ms. p.12.

195. Vergleiche die Fussnote in Abschnitt 3.2 zur Interdependenz von Ähnlichkeitsrelationen in verschiedenen Bereichen.

196. Z.B. 1970a, ET p.286/S.377; 1974a, ET p.302 fn.11/S.418 Fn.11 und p.312/S.406ff.; 1970b, p.274/S.265 und p.276/S.267; ET, pp.XVIII–XIX/S.41f.; 1979b, p.409 und p.413; 1983a, p.681; im Druck a, Ms. p.14, p.16; im Druck c, Ms. p.10, p.12. – Vergleiche Kamlah/Lorenzen 1967, S.29.

197. 1974a, ET p.305/S.399f.; ähnlich ET, pp.XVIII–XIX/S.41; siehe auch SSR, pp.142–143/S.153f.

198. 1974a, ET p.302 fn.11/S.418 Fn.11.

noch nicht hinreichend bekannte Begriffe über unmittelbare Ähnlichkeitsrelationen zwischen Problemsituationen eingeübt werden[199].

Drittens findet man in der Wissenschaftsgeschichte häufig, dass ein neues Problem nach dem Muster eines schon gelösten, aber phänomenal möglicherweise recht verschiedenen Problems bearbeitet wird[200]. Die Übertragung der Begriffe von gelösten zum neuen Problem erfolgt dabei nicht mittels definitorischer Kriterien, sondern über die unmittelbaren Ähnlichkeitsrelationen zwischen den Problemsituationen.

Mit der (Descartes-) Leibnizschen Unterscheidung von *Klarheit* und *Distinktheit* von Begriffen formuliert: Empirische Begriffe der Wissenschaft können wohl klar, d.h. eindeutig anwendbar sein, ohne deshalb distinkt zu sein, d.h. ohne dass definitorische Kriterien für sie bekannt sind[201].

Bisher wurde nur eine These über den faktischen Gebrauch empirischer Begriffe in der Wissenschaft aufgestellt. Doch darüber hinausgehend behauptet Kuhn, dass empirische Begriffe *grundsätzlich nicht mittels Definitionen angemessen expliziert werden können*[202]. Den Hintergrund dieser Behauptung bildet Kuhns Zweifel an der durchgängigen Anwendbarkeit der analytisch-synthetisch Unterscheidung, den er in der Nachfolge Quines hegt[203].

Zunächst: Was versteht Kuhn unter einer Definition? Kuhns Definitionsverständnis ist ein *pragmatisches*: Eine Definition eines Begriffs erbringt eine bestimmte Leistung, nämlich notwendige und hinreichende Kriterien für die eindeutige Begriffsanwendung in allen denkmöglichen Situationen[204]. Anders gesagt: Eine Definition macht die Begriffsanwendung *entscheidbar*: ob eine Definition diese Leistung mit Rekurs auf Intensionen, Extensionen oder operationale Kriterien erbringt, spielt dabei keine Rolle. Kuhn ist sich bewusst, dass sich die Behauptung, dass empirische Begriffe in diesem Sinne nicht definierbar sind, wie überhaupt

---

199. SSR pp.46–47/S.60f., p.80/S.94; 1974a, ET pp.305–308/S.399–403; 1970b, pp.272–274/S.264f.; 1970c, SSR p.189/S.200f., p.191/S.202f.

200. Vergleiche Abschnitt 3.6.e.

201. Allerdings unterstellte Leibniz, dass auch bei nicht-distinkten Begriffen grundsätzlich eine Auflösung in Merkmale möglich ist, wenn sie dem Begriffsverwender auch unbekannt sein mag. Ausgenommen sind nur Begriffe vom Status eines „Grundbegriffs, der das Merkmal seiner selbst ist, [..] daher in Merkmale unauflöslich ist und nur durch sich selbst erfasst wird". Zu diesen Grundbegriffen gehören aber „Farben, Gerüche, Geschmäcke und andere besondere Sinnesobjekte" nicht (Leibniz 1684, Band 4, pp.422–423/S.10f.). Dagegen bestreitet Kuhn (mit Wittgenstein), wie gleich zu sehen sein wird, dass eine solche Auflösung auf angemessene Weise möglich ist.

202. SSR, Kap.V (sowie etwas zurückhaltender p.142/S.153); 1964, ET p.259/S.346; 1970a, ET p.287 & fns.36 und 37/S.378 & S.387 Fn.36 und 37; 1974a, ET p.302 & fn.11/S.398 und S.417f. Fn.11, p.316 & fn.21/S.412 & S.420 Fn.21; 1970c, SSR p.192/S.203f.; 1974b, p.511; ET, p.XIX/S.41, p.XXII/S.44; 1984, p.245; im Druck a, fn.19; im Druck c, fn.17. – Vergleiche hierzu Kant, KrV A 727f./B 755f. und Kant, Logik (Hg. Jäsche), 103, Band 5, S.573.

203. 1961a, ET p.186 fn.9/S.299f. Fn.9; SSR, p.VI/S.8, p.45/S.59; 1964, ET p.258/S.345; 1970c, SSR pp.183184/S.195. Kuhn geht mit seinem Zweifel aber nicht so weit, dass er behaupten würde, die analytisch-synthetisch Unterscheidung sei grundsätzlich nicht explizierbar. Was er behauptet, ist, dass diese Unterscheidung zur Klassifikation wissenschaftlicher Sätze ungeeignet sei. Es sei, so sagt er im Anschluss an Braithwaite, ein „unentwirrbares Gemisch von Gesetz und Definition, das die Funktion auch relativ elementarer wissenschaftlicher Begriffe kennzeichnen muss" (1964, ET, p.258/S.345). Die idealtypische Unterscheidbarkeit von ‚Gesetz' und ‚Definition' wird damit natürlich nicht bestritten, sondern im Gegenteil vorausgesetzt.

204. SSR, p.45/S.59; 1970a, ET p.287 & fns.36 und 37/S.378 & S.387 Fn.36 und 37; 1974a, ET p.302 & fn.11/S.398 und S.417f. Fn.11, p.316 & fn.21/S.412 & S.420 Fn.21; 1974b, p.511.

„Negativbehauptungen dieser Art, kaum strikt beweisen lässt"[205]. Die Behauptung lässt sich aber plausibel machen, wenn man die Kuhnsche Theorie über das Erlernen empirischer Begriffe mittels unmittelbarer Ähnlichkeitsrelationen unterstellt.

Betrachten wir einen Begriff, der mittels unmittelbarer Ähnlichkeitsrelationen erlernt wurde, und der in einer bestimmten Gemeinschaft problemlos verwendet wird (oder wurde). Versucht man diesen Begriff mittels notwendiger und hinreichender Bedingungen für die Begriffsverwendung zu explizieren, so sind sehr wahrscheinlich verschiedene Sätze solcher Regeln möglich, welche allesamt hinsichtlich der *bisherigen* Verwendung des Begriffs in der Gemeinschaft äquivalent sind[206]. Dann ist aber nicht entscheidbar, welcher dieser verschiedenen Regelsätze nun wirklich den verwendeten Begriff definiert. Aber ihre Differenz ist durchaus nicht unerheblich, weil bezüglich der Begriffsanwendung in einer *neuen* Situation diese Regelsätze unterschiedliche Resultate haben können. Die Verschiedenheit der Explizitdefinitionen zeigt eine gewisse ‚Offenheit' eines über unmittelbare Ähnlichkeitsrelationen erlernten Begriffs an, die mittels einer Explizitdefinition nicht erfasst werden kann. Explizitdefinitionen können einen bestimmten empirischen Begriff verschärfen, aber sie können ihn gerade so, wie er in einer bestimmten Gemeinschaft verwendet wird, nicht angemessen wiedergeben[207]. Das Erlernen und die Verwendung empirischer Begriffe mittels unmittelbarer Ähnlichkeitsrelationen ist eben von grundsätzlich anderer Art als mittels Explizitdefinitionen[208].

Ein wichtiger Unterschied zwischen den praktizierenden Wissenschaftlern und dem ihre Praxis rekonstruierenden Wissenschaftsphilosophen oder -historiker verdient hier Beachtung[209]. Für Wissenschaftler ist es möglich (und es ist unter bestimmten Umständen sogar geboten[210]), einen bislang ohne Explizitdefinition verwendeten Begriff zu definieren und die Sprachpraxis damit zu normieren, wobei die Definition die bisherige Sprachpraxis genau reproduzieren mag oder auch nicht. Aber der Sinn, den solche Definitionen für die *Wissenschaftler* unter diesen Umständen tatsächlich haben können, legitimiert nicht den Philosophen oder Historiker dazu, Begriffe dort mittels Explizitdefinitionen zu rekonstruieren, wo Wissenschaftler sie, erlernt über unmittelbare Ähnlichkeitsrelationen, ohne Explizitdefinitionen verwenden. Die These von der Unmöglichkeit angemessener Explizitdefinitionen für empirische Begriffe besagt also nicht, dass Explizitdefinitionen zu normativen Zwecken generell untauglich wären. Sie besagt lediglich, dass zur angemessenen Beschreibung bzw. Rekonstruktion einer Sprachpraxis, die empirische Begriffe verwendet, *ohne* dabei auf Explizitdefinitionen zu rekurrieren, Explizitdefinitionen kein geeignetes Rekonstruktionsmittel darstellen.

Aber bedeutet das Fehlen von Explizitdefinitionen für empirische Begriffe nicht einen wesentlichen Nachteil für die wissenschaftliche Praxis? Sind nicht gerade Definitionen eine notwendige Voraussetzung für die einheitliche Verwendung von Begriffen innerhalb einer wissenschaftlichen Gemeinschaft? Dieser mögliche Schein der Unabdingbarkeit von Definitionen verschwindet, wenn man bedenkt, dass Erscheinungswelten immer auf eine bestimmte Weise gegliedert

---

205. 1974a, ET p.305/S.399.
206. 1974a, ET p.303/S.398.
207. 1974a, ET pp.303–304 & fn.13/S.398f. & S.418f. Fn.13, pp.313–318/S.410–414.
208. 1974a, ET pp.312–313/S.406ff.; 1970c, SSR p.198/S.209.
209. 1974a, ET pp.303–304 & fn.13/S.398f. & S.418f. Fn.13, pp.313–318/S.410–414; 1974b, pp.512–513.
210. 1970a, ET p.286/S.377; 1974a, ET p.318/S.412ff.

sind, das heisst, dass es in ihnen natürliche Familien gibt[211]. Um empirische Begriffe in einer auf eine bestimmte Weise gegliederten Erscheinungswelt individuell wie kollektiv einheitlich verwenden zu können, ist daher nämlich zweierlei unnötig. Erstens sind definitorische Charakteristika unnötig, welche notwendige und hinreichende Bedingungen für die Begriffsanwendung für *alle denkbaren* empirischen Situationen liefern: denn Regeln für die eindeutige Begriffsanwendung in Situationen, die durch die besondere Gliederung der Erscheinungswelt gerade ausgeschlossen sind, sind überflüssig[212]. Es genügt, wenn die empirischen Begriffe in derjenigen Erscheinungswelt eindeutig angewendet werden können, für die sie eingeführt worden sind. Negativ gesprochen heisst das, dass beim Erlernen eines Begriffs nur diejenigen Fehlanwendungen des Begriffs ausgeschlossen werden müssen, die in dieser Erscheinungswelt tatsächlich möglich sind. Zweitens ist für eine einheitliche Begriffsverwendung auch die Entscheidung darüber unnötig, ob die Kriterien, die ein Sprecher zur Identifikation der Referenten des Begriffs verwendet, mit in eine Definition des Begriffs aufzunehmen wären, oder ob es sich um Merkmale handelt, die den Begriffsreferenten aus empirischen Gründen zukommen. Jedenfalls ist diese Entscheidung solange unnötig, als die einheitliche Verwendung des Begriffs durch die besondere Gliederung der Erscheinungswelt ermöglicht wird

Aber explizite Definitionen empirischer Begriffe sind nicht nur unnötig, wenn die einheitliche Begriffsverwendung in der Gemeinschaft über das Erlernen unmittelbarer Ähnlichkeitsrelationen erreicht werden kann, sie wären sogar vielfach für die wissenschaftliche Praxis hinderlich[213]. Denn wenn Definitionen ernst genommen werden, dann sind sie auch für die Begriffsanwendung in mehr oder weniger neuartigen Situationen, die im Verlauf der Forschung auftreten, bindend. Beispielsweise können Objekte entdeckt werden, mit denen nicht gerechnet worden ist[214]. Manche solcher Fälle können für die Begriffsanwendung mittels vorgegebener Definitionen schwer entscheidbare Grenzfälle sein, während sie mit unmittelbaren Ähnlichkeitsrelationen unproblematisch gehandhabt werden können. Andere Fälle stellen eine etablierte Klassifikation in Frage. Doch dann ist durch den Vorentscheid einer Definition nichts gewonnen: Ob die etablierte Klassifikation angesichts unerwarteter Objekte beibehalten werden kann oder nicht, muss mit durch empirische Untersuchungen dieser Objekte entschieden werden und nicht durch Definitionen, die in Unkenntnis dieser Objekte aufgestellt wurden.

g) Konsequenzen für die Bedeutungstheorie empirischer Begriffe

Was folgt nun aus alledem für den Begriff der Bedeutung von empirischen Begriffen? Zur Entscheidung steht die folgende Alternative. Entweder hält man daran fest, dass ein empirischer Begriff nur dann im vollen Sinn eine Bedeutung hat, wenn sich für seinen Gebrauch im Prinzip eine angemessene Definition angeben lässt. In diesem Fall hätten die meisten empirischen Begriffe der Wissenschaften nicht im vollen Sinn eine Bedeutung. Oder aber man hält diesen Bedeutungsbegriff für unangemessen – jedenfalls in dieser Allgemeinheit – und unterstellt,

---

211. Vergleiche Abschnitt 3.3.

212. 1964, ET pp.259–260/S.346; 1970a, ET p.286/S.376f., p.288/S.378; 1974a, ET p.312 fn.20/S.420 Fn.20 und p.318 fn.21/S.420 Fn.21; 1970c, SSR p.197 fn.14/S.238 Fn.14 übs. mangelhaft; 1983a, p.682; im Druck a, Ms. pp.24–25; im Druck c, Ms. p.21.

213. 1970a, ET pp.287–288/S.377f.; 1974a, ET pp.314–316/S.410ff.; 1970c, SSR pp.197–198/S.208f.

dass empirische Begriffe, die in einer bestimmten Sprachgemeinschaft einheitlich verwendet werden, im vollen Sinn eine Bedeutung haben, auch wenn diese nicht in einer Definition artikulierbar ist. Jemand hätte dann ‚einen Begriff erlernt‘ oder ‚kennt seine Bedeutung‘, wenn er den Begriff in der gleichen Weise wie die anderen Mitglieder seiner Sprachgemeinschaft verwenden kann. Dann stellt sich allerdings die Frage, worin die Bedeutung eines empirischen Begriffs besteht.

Kuhn wählt hier die zweite Alternative, und diese Wahl wird aus der Art, wie er die beiden Alternativen einander gegenüberstellt, verständlich[215]. Die Angabe einer Definition für einen empirischen Begriff ermöglicht (im Idealfall) dessen eindeutige Anwendung *für alle überhaupt denkbaren* Situationen. Das Erlernen eines empirischen Begriffs über unmittelbare Ähnlichkeitsrelationen ermöglicht dagegen (im Idealfall) nur dessen eindeutige Anwendung *für alle in der jeweiligen Erscheinungswelt zu erwartenden* Situationen[216]. Der in der ersten Alternative enthaltene Überschuss an Bestimmtheit ist nun offensichtlich für die eindeutige Begriffsverwendung in der jeweiligen Erscheinungswelt irrelevant, und er kann sogar hinderlich werden. Infolgedessen muss ein empirischer Begriff, der über unmittelbare Ähnlichkeitsrelationen erlernt in einer bestimmten Erscheinungswelt einheitlich verwendet werden kann, als wohlbestimmt angesehen werden; anders gesagt: er hat eine bestimmte Bedeutung.

Kuhn verwendet bei dieser Überlegung offensichtlich eine *pragmatische Adäquatheitsbedingung für den Bedeutungsbegriff:* Jemand verfügt genau dann über die Bedeutung – was immer das auch sei – eines empirischen Begriffs, wenn er den Begriff – relativ zur entsprechenden Sprachgemeinschaft – korrekt verwenden kann[217]. Mittels dieser Adäquatheitsbedingung beurteilt ist die erste Alternative – genaue Bedeutung gleich definitorische Explizierbarkeit – für empirische Begriffe nicht angemessen und daher zu verwerfen.

Fragt man mit dem Blick auf die Klärung des Bedeutungsbegriffs, was bei empirischen Begriffen darin impliziert ist, sie relativ zu einer Sprachgemeinschaft korrekt verwenden zu können, so ist zunächst zweierlei zu beachten. Erstens spielen die je besonderen Kriterien, die ein individueller Sprecher verwendet, um das Zutreffen bzw. Nicht-Zutreffen eines Begriffs festzustellen, ihrem besonderen Inhalt nach so lange keine Rolle, als sie die korrekte Begriffsanwendung ermöglichen[218]. Infolgedessen können diese je besonderen Kriterien verschiedener Sprecher *unmittelbar* keinen Beitrag zur Bedeutung des Begriffs liefern. Zweitens kann gemäss der als ‚lokaler Holismus‘ bezeichneten Eigenschaft eines empirischen Begriffssystems die korrekte Verwendung eines empirischen Begriffs nicht in Isolation von der korrekten Verwendung anderer Begriffe erlernt werden[219]. Das impliziert, *dass ein bestimmter Begriff überhaupt nicht als einzelner eine Bedeutung hat,* sondern nur als ein unselbstständiges Moment in einem Netz von Be-

---

214. Eines von Kuhns Beispielen sind die durch starken wissenschaftstheoretischen Gebrauch schon fast farblos gewordenen schwarzen Schwäne.

215. Siehe z.B. 1964, ET p.254/S.341.

216. Siehe auch im Druck a, Ms. p.23; im Druck c, Ms. pp.19–20.

217. Siehe z.B. 1974a, ET p.305/S.400, p.312/S.406ff., p.316 & fn.21/S.412 & S.420 Fn.21; 1974b, p.511; 1979b, p.413; im Druck a, Ms. p.8; im Druck c, Ms. p.8.

218. Siehe Abschnitt 3.6.c.

219. Siehe Abschnitte 3.6.c und 3.6.e.

griffen[220]. Ein solches Netz von Begriffen nennt Kuhn, mit einem der Linguistik entliehenen Terminus, ein „Lexikon" oder ein „lexikalisches Geflecht [lexical network]"[221]. Denn wie bei jenem Buchtyp stehen die Begriffe eines Systems empirischer Begriffe in einem wechselseitigen Verweisungszusammenhang.

Nun lässt sich angeben, was es heisst, die Bedeutung eines Begriffes zu kennen[222]. Für jeden einzelnen Sprecher stehen die empirischen Begriffe vermittels der Kriterien, die er zur Referentenbestimmung benutzt, in bestimmten Verhältnissen zueinander, nämlich Extensionsausschluss, Extensionsüberlappung, Gattung und Art, Synonymie und andere. Für die korrekte, d.h. innerhalb der Sprachgemeinschaft einheitliche Anwendung *eines* Begriffs muss für jeden Sprecher dieses Geflecht von Beziehungen *zwischen* Begriffen das gleiche sein, und das bedeutet, dass es nicht von der besonderen Wahl der Kriterien abhängig sein darf, die dem einzelnen Sprecher die Verflechtung der Begriffe vermitteln. Dieses für die Sprachgemeinschaft also universelle Gefüge von Beziehungen heisst die ‚Struktur des Lexikons'[223]. Die Bedeutung eines Begriffs kennen, und das ist, den Begriff korrekt verwenden zu können, heisst demnach: vermittels Kriterien, die dem Sprecher zur Identifikation von Referenten und Nichtreferenten des Begriffs dienen und die in der jeweiligen Sprachgemeinschaft nicht universell sind, vermittels solcher Kriterien die Struktur des Teiles des Lexikons zu kennen, in dem der Begriff vorkommt.

3.7. Wissen über die Natur

Wir haben bisher gesehen, welche Rolle unmittelbare Ähnlichkeitsrelationen für die Konstitution einer Erscheinungswelt spielen: Sie sind mitkonstitutiv für die Wahrnehmung und für die Bildung empirischer Begriffe. Da eine Erscheinungswelt eine wahrnehmungsmässig und begrifflich gegliederte Welt ist[224], sind damit die für die Weltkonstitution wesentlichen Momente angegeben. Über diese Funktion der Ähnlichkeitsrelationen hinaus behauptet Kuhn verschiedentlich, dass in ihnen bzw. in den über sie eingeführten Begriffen „Wissen über die Natur" bzw. die „Welt" enthalten sei[225]. Zweierlei ist hier klärungsbedürftig: Was genau ist der Inhalt dieses Wissens (Teilabschnitt 3.7.a)? In genau welchem Sinn wird hier von Wissen gesprochen, d.h. was sind die Charakteristika und Leistungen dieser Art von Wissen (Teilabschnitt 3.7.b)?

a) Der Inhalt dieses Wissens

Das in den Ähnlichkeitsrelationen enthaltene Wissen über die Natur/Welt hat nach Kuhn zweierlei zum Inhalt: einmal die Existenz einigermassen gut umrissener Ähnlichkeitsklassen in einer Erscheinungswelt, und zum anderen Regularitäten,

---

220. 1983b, pp.713–714; im Druck a, Ms. p.8 und fn.25; im Druck c, Ms. p.8 und fn.22.

221. 1983a, pp.682–683; 1983b, pp.713–714; im Druck a; im Druck c.

222. 1983a, pp.682–683; 1983b, pp.713–714.

223. Ebenda.

224. Vergleiche Kapitel 2.

225. SSR, p.127/S.139, p.128/S.140; 1964, ET p.255/S.342, p.258/S.345, p.260/S.346f.; 1970a, ET p.285/
S.376; 1974a, ET pp.312–313/S.406ff.; 1970b, pp.270–272/S.261–264, p.274/S.265f.; 1970c, SSR
p.175/S.187, pp.190–191/S.202, p.196/S.207; 1974b, pp.503–504; 1981, p.28/S.39; im Druck c, Ms.
p.38. – Vergleiche Kamlah/Lorenzen 1967, S.169 und Rescher 1982, pp.18–23.

denen die durch Ähnlichkeitsrelationen konstituierten Objekte gehorchen[226]. Die erste Wissenskomponente nenne ich *quasi-ontologisches Wissen* – quasiontologisch, weil es sich auf eine Erscheinungswelt bezieht, die nicht als einzige Anspruch auf Realität haben kann. Die zweite Wissenskomponente nenne ich *Regularitätenwissen*. Beide Wissenskomponenten sind voneinander unabtrennbare Momente des in die unmittelbaren Ähnlichkeitsrelationen eingelassenen Wissens[227]. Warum dies so ist, wird nach der inhaltlichen Diskussion der beiden Wissenskomponenten am Schluss dieses Teilabschnitts begründet werden.

Die unmittelbaren Ähnlichkeitsrelationen, die zur Bildung von natürlichen Familien führen, enthalten, so die Behauptung, *quasi-ontologisches Wissen*. Die Unmittelbarkeit der Ähnlichkeitsrelationen bedeutet ja, dass die Ähnlichkeit zwischen den Relaten nicht durch definierende Kennzeichen der Relate gelehrt und gelernt wird, sondern durch wiederholtes Hinweisen auf exemplarische Elemente und Nicht-Elemente der jeweiligen Ähnlichkeitsklasse[228]. Für das Begriffslernen ohne die Verwendung von Gesetzen und Theorien bedeutet das, dass die Identifikation der Referenten dieser Begriffe durch die Wahrnehmung ohne grosse Abgrenzungsprobleme erlernbar sein muss. Es darf also zwischen verschiedenen natürlichen Familien von Objekten kein gleitender Übergang bestehen, so dass nur durch eine Konvention eine scharfe Grenze gezogen werden könnte[229]. Für das Begriffslernen mit Verwendung von Gesetzen und Theorien bedeutet die Erlernbarkeit unmittelbarer Ähnlichkeitsrelationen, dass die Ähnlichkeitsklassen von Problemsituationen nicht gleitend ineinander übergehen dürfen, und dass die in den einschlägigen symbolischen Verallgemeinerungen enhaltenen Begriffe ohne grenzziehende Konventionen angewendet werden können. Der quasiontologische Wissensgehalt, den die Ähnlichkeitsrelationen nur unter dieser Voraussetzung ihrer unmittelbaren Lehr- und Lernbarkeit enthalten, besteht dann darin, dass durch ihren Erwerb mitgelernt ist, dass es Objekte, die zwischen die Ähnlichkeitsklassen fallen, nicht gibt[230]. Mit anderen Worten: In unmittelbaren Ähnlichkeitsrelationen ist der Wissensanspruch impliziert, dass die Erscheinungswelt – anscheinend ‚gänzlich von sich her' – auf eine bestimmte Weise gegliedert ist. Diese Gliederungen scheinen sich bei beobachtbaren Objekten der Wahrnehmung unmittelbar aufzudrängen; Problemsituationen zeigen analog einen hohen Grad an Unbeliebigkeit sowohl hinsichtlich der ‚passenden' symbolischen Verallgemeinerung, als auch bei der Referentenbestimmung der in dieser Verallgemeinerung vorkommenden Begriffe. Die kritische Pointe Kuhns an dieser Stelle ist, dass es sich lediglich um *quasi*-ontologisches Wissen in dem Sinne handelt, das sich nur auf eine bestimmte Erscheinungswelt bezieht und nicht auf alle möglichen Erscheinungswelten und schon gar nicht auf die Welt an sich[231].

Das quasiontologische Wissen wird ineins mit dem Erlernen der Bezeichnungen der entsprechenden natürlichen Familien erworben. Tatsächlich sind diese

---

226. Z.B. 1974b, p.503.

227. In Kuhns Texten werden die beiden Wissenskomponenten daher immer gemeinsam behandelt. Dennoch scheint mir die getrennte Behandlung dieser beiden Momente des in die Ähnlichkeitsrelationen eingelassenen Wissens um der Klarheit der Darstellung willen sinnvoll.

228. Vergleiche die Abschnitte 3.2 und 3.3.

229. Vergleiche Abschnitt 3.5.

230. Z.B. 1970a, ET 285/S.376; 1974a, ET p.312/S.406; 1981, p.28/S.38; 1983a, pp.681–682.

231. Das ist bisher am besten ausgearbeitet in 1979b, p.414 und pp.417–419.

beiden Arten von Wissen – Wissen über Sprache und quasiontologisches Wissen – nur unterscheidbar, aber nicht voneinander trennbar; es handelt sich

> „nicht wirklich um zwei Arten von Wissen, sondern um zwei Seiten einer Medaille, die eine Sprache vorgibt"[232].

Diese ‚Medaille' ist das Netz von unmittelbaren Ähnlichkeits- und Unähnlichkeitsrelationen: denn diese Relationen sind für die Bedeutung der entsprechenden Begriffe konstitutiv, und ineins damit enthalten sie den entsprechenden quasiontologischen Wissensanspruch.

Die über unmittelbare Ähnlichkeitsrelationen erlernten Begriffe enthalten über das quasiontologische Wissen hinaus noch *Regularitätenwissen*; mit einem Terminus, den Kuhn nur in seinem 1964 gebraucht: sie haben „legislativen Gehalt"[233]. Angesprochen ist damit, dass in diesen Begriffen Wissen darüber enthalten ist, „wie die Welt sich verhält"[234], „welche Situationen die Natur hervorbringt und welche nicht"[235]. Die Möglichkeit für einen solchen Wissensgehalt empirischer Begriffe entsteht dadurch, dass sie ohne bindende Explizitdefinitionen verwendet werden. Versucht man nämlich für einen bestimmten empirischen Begriff aufgrund der zeitgenössischen Begriffsexplikationen *und* der tatsächlichen Verwendung in konkreten Fällen explizite Anwendungskriterien zu formulieren[236], so stellt man dreierlei fest. Erstens benötigt man mehrere verschiedene Kriterien, die je nach Situation die Anwendung des Begriffes regeln[237]. Zweitens hat die Konjunktion dieser Kriterien empirischen Gehalt[238]. Drittens kann

> „die Koexistenz dieser Kriterien nur mit Rekurs auf viele andere wissenschaftliche (und manchmal ausserwissenschaftliche) Auffassungen verstanden werden, welche die Leute leiten, die diese Kriterien verwenden"[239].

Nimmt man diese drei Punkte zusammen, so kann man sehen, wie die fehlende bindende Explizitdefinition eines Begriffes die Möglichkeit eröffnet, in der Verwendung dieses Begriffes auf implizite Weise ‚legislativen Gehalt' anzusiedeln. Wenn über die Korrektheit der Begriffsanwendung immer mittels einer festen Explizitdefinition entschieden wird, dann kann aus dem tatsächlich vorkommenden Zusprechen dieses Begriffes nur geschlossen werden, dass es in der entsprechenden Erscheinungswelt Objekte mit den in der Definition genannten Merkmalen

---

232. 1981, p.28/S.39; ähnlich SSR, pp.127–128/S.139f.; 1964, ET pp.257–260/S.344ff.; 1970a, ET pp.285–286/S.375ff.; 1974a, ET p.302 fn.11/S.418 Fn.11 und pp.312–313/S.406–410; 1970b, pp.270–271/S.261ff., p.272/S.264, p.274/S.265, p.276/S.267; 1970c, SSR pp.190–191/S.202f.; 1974b, pp.503–504.

233. 1964, ET p.258/S.345, p.260/S.346.

234. 1970b, p.274/S.265; ähnlich 1964, ET p.260/S.346; 1974a, ET p.312/S.407f.; 1974b, pp.503–504; 1981, p.28/S.38f.; 1983a, pp.681–682.

235. 1970c, SSR p.191/S.202.

236. Es tut bei dieser Überlegung nichts zur Sache, dass diese Explikation den Begriff nicht präzise erfassen kann (vergleiche Abschnitt 3.6.f). Klar werden soll nur, *dass* der Begriff Regularitätenwissen enthält.

237. 1964, ET pp.258–259/S.345f.; Kuhn beruft sich hier auch auf Braithwaite und Carnap. Für den aristotelischen Begriff der Geschwindigkeit expliziert Kuhn zwei verschiedene Kriterien in 1964, besonders ET pp.246–247/S.333f. Ein ähnlicher Fall ist der Carnotsche Begriff ‚calorique'; siehe dazu 1964, ET p.259 fn.30/S.355f. Fn.30, sowie Kuhns dort erwähntes 1955b.

238. 1964, ET p.259/S.346. Für den aristotelischen Begriff der Geschwindigkeit ist dieser empirische Gehalt die Behauptung, dass alle Bewegungen „quasi-uniform" sind: 1964, ET pp.254–256/S.341ff.

239. 1964, ET p.259/S.346

gibt; welchen Regularitäten diese Objekte gehorchen mögen, kann dem Faktum der Begriffsanwendung allein nicht entnommen werden. Wird dagegen über die Korrektheit der Begriffsanwendung mittels unmittelbar weitergegebener Ähnlichkeitsrelationen entschieden, dann kann die Möglichkeit entstehen, die Mitglieder einer Ähnlichkeitsklasse aufgrund verschiedener logisch unabhängiger, aber aus empirischen Gründen miteinander auftretenden Merkmale zu identifizieren. Dies ist mit der korrekten Begriffsverwendung genau dann verträglich, wenn die empirische Korrelation zwischen diesen Merkmalen tatsächlich besteht; expliziert man diese Merkmale als Kriterien für die Begriffsverwendung, so hat ihre Konjunktion natürlich empirischen Gehalt. In der späteren Konzeption des Begriffelernens gesprochen[240]: Was immer einzelne Mitglieder einer Sprachgemeinschaft zur Identifikation der Referenten eines Begriffes benutzen wollen, es ist legitim, solange nur das Ergebnis, d.h. die Bestimmung der entsprechenden Ähnlichkeitsklasse korrekt ist. Demnach kann jegliches neu gewonnene empirische Wissen über irgendwelche Merkmale dieser Elemente zur Referentenidentifikation benutzt werden[241]. Infolgedessen kann sich mit zunehmendem empirischen Wissen über die Elemente der Extension eines Begriffs die Menge der für die Referentenidentifikation zulässigen Kriterien wandeln: Neue Kriterien können hinzutreten, alte modifiziert oder verdrängt werden, ohne dass sich dabei die Begriffsextension verändert. Dieser Prozess des Kriterienwandels muss dabei keineswegs für alle Mitglieder der Sprachgemeinschaft auf die gleiche Weise ablaufen, so dass sich Art und Grad der Inhomogenität der Gemeinschaft hinsichtlich der Kriterienverwendung ändern kann.

Die Tatsache, dass in empirischen Begriffen Regularitätenwissen lokalisiert ist, hat einige wichtige Konsequenzen.

Erstens schafft das in einem oder mehreren Begriffen lokalisierte Regularitätenwissen Präjudizien für die Möglichkeit der Einführung weiterer Begriffe: denn das im Begriffssystem insgesamt lokalisierte Regularitätenwissen muss, wenn keine Widersprüche auftreten sollen, konsistent sein.

Zweitens ist der Bereich möglicher Theoriebildung mittels Begriffen, die Regularitätenwissen enthalten, eingeschränkt: Konsistent formulieren lassen sich nur Aussagen, die dem inhärenten Regularitätenwissen nicht widersprechen[242].

Drittens ergibt sich die Möglichkeit bestimmter ‚zwingend einleuchtender‘ Aussagen, die einen Status haben, der eigenartig zwischen analytisch und synthetisch schillert. Es sind dies diejenigen Aussagen, die das in den empirischen Begriffe eingelassene Regularitätenwissen explizit artikulieren[243].

Eng damit zusammenhängend ergibt sich viertens ein Verständnis dafür, warum empirische Begriffe überwundener wissenschaftlicher Theorien heute als selbstwidersprüchlich oder verworren erscheinen können, während sie das für die damaligen Sprachbenutzer nicht waren. Denn die in die Begriffsverwendung eingelassenen Ansprüche auf Regularitätenwissen können sich als nur beschränkt

---

240. Vergleiche Abschnitte 3.6.c und 3.6.d.

241. Vergleiche hierzu 1981, p.24/S.34 übs. mangelhaft; 1983a, pp.681–683.

242. Kuhn diskutiert diese Vernetzung von Begriffen und Theoriebildung an drei Beispielen: an der Aristotelischen Dynamik in 1964, ET pp.255–260/S.342–347; 1977b, ET p.20/S.70; 1981, pp.3–10/S.8–17; am Beispiel der Phlogiston-Theorie in 1983a, pp.674–676; und am Beispiel der klassischen Mechanik in 1964, ET p.260/S.346f.; 1983a, pp.676–677; 1983d, pp.566–567.

243. SSR, p.78/S.91. – Auf den eigenartigen Status solcher Sätze komme ich in Abschnitt 6.3.a, Punkt 2 zurück.

oder gar nicht berechtigt herausstellen, und in diesem Fall kann die Anwendung verschiedener Kriterien für die Referentenbestimmung in der gleichen Situation zu widersprüchlichen Ergebnissen führen. Der Begriff selbst erscheint dann als verworren oder selbstwidersprüchlich. Tatsächlich aber handelt es sich nicht um einen *logischen* Fehler bei der Begriffsbildung, der die konsistente Verwendung des Begriffs in ‚allen möglichen‘ Welten verhindern würde. Vielmehr handelt es sich um die Ungültigkeit von bestimmten als gültig angenommen *empirischen* Korrelationen, was die konsistente Verwendung des Begriffs nur in bestimmten Welten verhindert: gerade in den Welten, in denen diese empirischen Korrelationen nicht gelten[244].

Ein Beispiel aus der zeitgenössischen Physik kann die Kuhnsche These über das in der Begriffsverwendung eingelassene Regularitätenwissen illustrieren. In der Arbeit Czonka 1969 wird versucht, eine Theorie zu konstruieren, welche die elementare Wechselwirkung zwischen Teilchen als zeitsymmetrisch ansetzt und nicht, wie üblich, als retardiert[245]. Dieser Gedanke, der für den Spezialfall der Elektrodynamik schon seit Anfang dieses Jahrhunderts geäussert und ausgearbeitet worden war[246], impliziert, dass auch der Kausalitätsbegriff zeitsymmetrisch gefasst werden muss. Das bedeutet, dass neben der üblichen zeitlichen Reihenfolge von Ursache und Wirkung auch zugelassen ist, dass die Wirkung der Ursache zeitlich vorhergeht[247]. Die Konstruktion und sprachliche Artikulation einer solchen Theorie stösst nun nach Czonka auf die Schwierigkeit, dass

> „unsere Sprache nicht mehr eine Welt zu beschreiben imstande ist, in der die Wirkung vor ihrer Ursache stattfinden kann“.

Denn

> „die Begriffe einer Zeitreihe und einer Kausalreihe sind partiell miteinan-der verschmolzen“[248].

In Kuhns Sprache formuliert: Erstens findet man für die Rekonstruktion der Verwendung der ohne Explizitdefinition eingeführten Relation Ursache – Wirkung findet man zwei verschiedene Kriterien: einmal das spezifisch ‚kausale Hervorbringen‘, das die Ursache mit der Wirkung verbindet, und zum anderen das (nur notwendige) Kriterium, dass die Wirkung nach der Ursache stattfindet[249]. Zweitens hat die Konjunktion dieser beiden Kriterien den empirischen Gehalt (obwohl der Satz auch analytisch erscheinen mag), dass Ursachen ihren Wirkungen immer vorausgehen. Drittens kann die Koexistenz dieser beiden Kriterien mit Rekurs auf die Anfangsphase der neuzeitlichen Wissenschaft verstanden werden, wo Finalursa-

---

244. 1964, ET p.242/S.328f. Für den genannten Sachverhalt ist Kuhns Analyse der anscheinenden Verworrenheit und/oder Selbstwidersprüchlichkeit des Aristotelischen Geschwindigkeitsbegriffs exemplarisch: ebd., pp.253–258/S.340–345.

245. Diese Arbeit nimmt keinen Bezug auf Kuhn, obwohl manche ihrer Formulierungen und Schlussfolgerungen den entsprechenden Kuhnschen Theoriestücken überraschend ähnlich sind.

246. Die klassischen Arbeiten sind bei Czonka 1969, p.1267 fns. 2 – 4 genannt. Eine zusammenfassende Darstellung für den Stand von 1975 gibt Pegg 1975.

247. Czonka 1969, p.1266.

248. Ebenda.

249. Die Problematik, wie dieses ‚kausale Hervorbringen‘ genau zu verstehen ist, muss uns hier nicht beschäftigen. Vergleiche dazu Brand 1979.

chen als wissenschaftlich illegitim ausgeschlossen wurden[250]. Viertens ergibt sich als Konsequenz der Durchsetzung dieses neuzeitlichen Kausalbegriffs, dass „tatsächlich manche es für unvorstellbar halten", dass die Wirkung ihrer Ursache vorausgeht und dies aus „selbst-evidenten" Gründen[251]. Und fünftens schränkt dieser Kausalbegriff tatsächlich die übrige, als wissenschaftlich legitim angesehene Begriffs- und Theoriebildung enorm ein: denn jegliche Teleologie, die sich nicht auf diese Kausalität reduzieren lässt, wird (natur-)wissenschaftlich illegitim[252].

Ich hatte zu Beginn dieses Teilabschnittes behauptet, dass quasiontologisches und Regularitätenwissen untrennbare Momente des in die Ähnlichkeitsrelationen eingelassenen Wissens sind. Dies folgt aus der Unmittelbarkeit der Ähnlichkeitsrelationen: denn empirische Begriffe sind nicht präzise explizierbar[253], d.h. eine Klassifikation der Merkmale eines Begriffes (ganz abgesehen von der fehlenden Eindeutigkeit dieser Klasse) in definitorische und in empirische Merkmale ist nicht möglich. Dann aber lassen sich Merkmale, die ein Objekt bzw. eine bestimmte Situation als ein bestimmtes Objekt bzw. als eine bestimmte Situation *identifizieren* lassen, nicht von Verhaltensmerkmalen unterscheiden, die einer vorgängig bestimmten Klasse von Objekten bzw. Situationen aus bloss empirischen Gründen zukommen. Damit aber verschmelzen Wissen um das Dasein von bestimmten Objekten/Situationen mit dem Wissen um das Verhalten von Objekten/Situationen, und die beiden Wissenskomponenten erweisen sich als Momente des in die unmittelbaren Ähnlichkeitsrelationen eingelassenen Wissens.

Schliesslich lässt sich nun die von Kuhn behauptete Verwobenheit der Sprache (genauer: des Systems der empirischen Begriffe, oder des Lexikons) mit der Welt weiter explizieren[254]. Kuhn formuliert diesen Zusammenhang beispielsweise so, dass die in einer bestimmten Gemeinschaft verwendeten

> „Begriffe nicht für die Anwendung in jeder möglichen Welt gedacht waren, sondern nur in der Welt, wie sie der Wissenschaftler sah"[255].

Zunächst einmal sind die genannten Begriffe ja nur unter bestimmten Voraussetzungen mittels unmittelbarer Ähnlichkeitsrelationen überhaupt erlernbar[256]. Darüber hinaus können sich in der Verwendung dieses Begriffssystems Wissensansprüche hinsichtlich der Natur niederschlagen, indem empirisch korrelierte Merkmale der entsprechenden Extensionselemente zur Identifikation dieser Elemente bei der Begriffsanwendung benutzt werden. Die Verwendung dieses mit Wissen über die Natur/Welt aufgeladenen Begriffssystems kann nur solange im Grundsätzlichen

---

250. Czonka 1969, pp.1266–1267.

251. Czonka 1969, p.1266.

252. Vergleiche Spaemann/Löw 1981. – Für die „Verwirrung, die aus der unbewussten Verschmelzung zweier Begriffe" resultieren kann, bringt Czonka „ein Beispiel, in dem unsere eigenen Vorurteile nicht involviert sind", nämlich die Identifikation der Begriffe ‚nordwärts' und ‚flussabwärts' im alten ägypten (p.1266 und p.1280). Im Nilbereich war diese Identifikation empirisch richtig und für die Wortverwendung unproblematisch, während sie beim später entdeckten, nach Süden fliessenden Euphrat zu inkonsistenten Beschreibungen führte, was auf einer Stele des König Thutmosis I. (16. Jhdt. v. Chr.) festgehalten ist.

253. Vergleiche Abschnitt 3.6.f.

254. Vergleiche besonders Abschnitte 2.3 und 3.2.

255. 1964, ET pp.259–260/S.346, auch p.254/S.341; ähnlich 1970a, ET p.288/S.378; 1970b, p.270/S.262; ET, pp.XXII–XXIII/S.45.

256. Vergleiche Abschnitte 3.3, 3.5 und 3.6.b.

problemlos sein, als sich die Natur/Welt tatsächlich so verhält, wie es dieses Wissen implizit behauptet.

b) Die Charakteristika dieses Wissens

Zu klären ist nun, welcher Sinn von ‚Wissen' genau gemeint ist, wenn von dem in unmittelbaren Ähnlichkeitsrelationen enthaltenen quasiontologischen und Regularitätenwissen die Rede ist. Kuhn ist selbst mit ihrer Bezeichnung als ‚Wissen' etwas zurückhaltend, denn er räumt durchaus die Möglichkeit ein, dass „‚Wissen' [knowledge] vielleicht das falsche Wort" sei[257]. Betrachten wir die Merkmale und Leistungen dieses ‚Wissens', die diese Bezeichnung nahelegen.

Erstens ist dieses Wissen lehr- und lernbar und auch wieder umlernbar[258]. Dies ist eine Konsequenz der Lehr- und Lernbarkeit und auch Umlernbarkeit der unmittelbaren Ähnlichkeitsrelationen, die von Kuhn vorausgesetzt wird[259]. Zweitens ist dieses Wissen sowohl bestätigungs- als auch widerlegungsfähig[260], denn die Ansprüche auf quasiontologisches und auf Regularitätenwissen können erfüllt oder enttäuscht werden. Drittens ist dieses Wissen „systematisch"[261]. Mit der Qualifikation ‚systematisch' soll der Eindruck abgewiesen werden, dass es sich aufgrund der Inexplizitheit dieses Wissens um „unanalysierbare, individuelle Intuitionen" handelt[262]. Vielmehr sind diese Wissensbestände einmal Besitz bestimmter Wissenschaftlergemeinschaften und damit nicht individuell-subjektiv. Zum anderen sind sie durchaus analysierbar, wenn auch diese Analyse zu berücksichtigen hat, dass diese Wissensbestände in unmittelbaren Ähnlichkeitsrelationen implizit enthalten sind, die ihrerseits durch paradigmatische Beispiele gestiftet sind. Die Gesamtorganisation wissenschaftlichen Wissens gleicht daher viel mehr dem Systemcharakter des Fallrechts angelsächsischer Prägung als dem Systemcharakter des kodifizierten Rechts der römischen Rechtstradition[263] oder dem eines axiomatischen Systems. Dementsprechend kann die Analyse des impliziten Wissens auch nicht von vorneherein davon ausgehen, dass dieses mittels allgemeiner Aussagen adäquat rekonstruierbar ist[264].

An Leistungen dieses Wissens nennt Kuhn folgendes. Erstens liefert dieses Wissens die Basis für mehr oder weniger explizite Prognosen und Erwartungen, wie die Natur sich verhalten wird. Dies bezieht sich sowohl auf Objekte und Situationen, die vorkommen können, als auch auch auf ihre Eigenschaften und ihr Verhalten[265]. Zweitens „liefert es die Basis für rationales Handeln"[266]. Auch dies ist unmittelbar verständlich, da handlungsrelevante, zutreffende Erwartungen über

---

257. 1970c, SSR p.196/S.207f.

258. 1970a, ET pp.285–286/S.376; 1970c, SSR p.196/S.207f.; 1974b, p.509.

259. Vergleiche Abschnitt 3.1.

260. 1970a, ET pp.285–286/S.376; 1970c, SSR p.175/S.187, p.196/S.207f.; 1974b, p.509.

261. 1970c, SSR p.175/S.187, pp.191–192/S.203f.; ähnlich 1970b, pp.274–275/S.266; 1974b, pp.510–511.

262. 1970c, SSR p.191/S.203.

263. Die Parallele zur angelsächsischen Rechtstradition wird von Kuhn eher beiläufig in SSR, p.23/S.37 und 1970b, p.275/S.266 erwähnt. King hat sie in King 1971, Abschnitt 4b ein Stück weit ausgearbeitet.

264. Vergleiche Abschnitt 3.6.f. Auf die Frage, ob das implizite Wissen – analog den empirischen Begriffen – grundsätzlich nicht angemessen explizierbar ist, komme ich gleich zurück.

265. Z.B. SSR, pp.62–65/S.75–78 sowie die zu Beginn dieses Abschnitts genannten Stellen.

266. 1970a, ET p.285/S.376; ähnlich 1974a, ET p.312/S.406.

das Verhalten der Natur die Erfolgsaussichten von zweckrationalem Handeln erhöhen. Drittens ergibt sich ersichtlicherweise damit die Möglichkeit, verschiedene konkurrierende Wissensansprüche vergleichend zu bewerten und damit einen der beiden als „erfolgreicher [more effective]" einzuschätzen[267].

Die genannten Merkmale und Leistungen lassen die Verwendung der Bezeichnung ‚Wissen' für die genannte Wissensart als legitim erscheinen. Aber ein sonst mit ‚Wissen' assoziiertes Merkmal fehlt:

> „wir haben keinen direkten Zugang zu dem, was wir wissen, keine Regeln oder Verallgemeinerungen, durch welche dieses Wissen auszudrücken wäre"[268].

Dies bedeutet zunächst einmal, dass dieses Wissen implizites Wissen ist; mit dem von M. Polanyi eingeführten Ausdruck: Es ist „stummes Wissen [tacit knowledge]"[269]. Positiv gesagt: Dieses Wissen ist „in die Sprache eingebaut", es ist „der Sprache intrinsisch"[270]. Hierbei ist mit ‚Sprache' offenbar die Sprach*praxis* gemeint, nämlich das Erlernen und die Verwendung empirischer Begriffe aufgrund unmittelbarer Ähnlichkeitsrelationen, also ohne Explizitdefinitionen. Darüber hinaus ist bei Kuhn aber auch gemeint, dass dieses Wissen grundsätzlich nicht präzise explizier*bar* ist:

> „Es ist natürlich unmöglich, die Reichweite und den Gehalt dieses Wissens genau zu spezifizieren, aber es handelt sich nichtsdestotrotz um solides Wissen"[271].

Genauer gesagt:

> „[D]ie neuen Mitglieder [einer Wissenschaftlergemeinschaft] müssen [den für die Gemeinschaft spezifischen Dialekt] erlernen, um an der Arbeit ihrer Gemeinschaft teilnehmen zu können. Dabei erwerben sie einen Satz von kognitiven Bindungen [cognitive commitments], die grundsätzlich nicht innerhalb dieser Sprache vollständig analysierbar sind."[272]

Mit anderen Worten: Das *in* die Sprache eingebaute Wissen ist *mittels* dieser Sprache nicht vollständig explizierbar. Warum aber soll die genaue Explikation dieses impliziten Wissens mittels dieser Sprache unmöglich sein? Wohl weil eine Explikation, wie Kuhn an anderer Stelle ausführt, dieses Wissen in der Form von „Regeln und Verallgemeinerungen" artikulieren müsste[273] und eine solche Artikula-

---

267. 1970c, SSR p.196/S.207.

268. 1970c, SSR p.196/S.208; ähnlich 1970a, ET pp.285–286/S.376f.; 1970b, p.275/S.266.

269. SSR, p.44 fn.1/S.266 Fn.1 von Kap.V; 1963b, pp.392–393; 1970b, p.275/S.266; 1970c, SSR p.175/S.187, p.191/S.203, p.196/S.208. – McIntyre behauptet, Kuhns Sicht der Naturwissenschaft verdanke den Schriften Polanyis viel, ohne diesen jedoch irgendwo zu erwähnen („[...] a view of natural science which seems largely indebted to the writings of Michael Polanyi (*Kuhn nowhere acknowledges any such debt*).", MacIntyre 1977, zitiert nach dem Abdruck in Gutting 1980a, p.67, Hervorhbg. von mir.). Diese nicht gerade schmeichelhafte Unterstellung wird durch SSR, p.44/S.266 fn.1; 1963a, p.347 fn.1 und 1970c, SSR p.191/S.203 widerlegt.

270. 1970b, p.270/S.262, p.271/S.262, p.272/S.264; 1981, p.28/S.39.

271. 1970a, ET p.285/S.376 übs. mangelhaft; ähnlich 1963b, pp.392–393.

272. ET, p.XXII/S.44.

273. 1970c, SSR p.196/S.208.

tion „das Wesen [nature] des Wissens, das die Gemeinschaft besitzt, verändern"
würde[274]; denn es handelt sich

> „um eine Art des Wissensbesitzes [a manner of knowing], die missdeutet wird
> [misconstrued], wenn sie mittels Regeln rekonstruiert wird"[275].

Natürlich, wenn dieses Wissen zunächst nicht in der *Form* von Regeln und
Verallgemeinerungen ‚gespeichert' ist, dann verändert eine Explikation, die es in
die Form von Regeln und Verallgemeinerungen bringt, in gewissem Sinn sein Wesen. Zudem, wenn seine Inexplizitheit eine wesentliche Bestimmung dieses Wissens ist, dann verfehlt jede Explikation dieses Wissens qua Explikation gerade diesen besonderen Wissenstyp. Dies ist dann für die Wissenschaftstheorie nicht vernachlässigbar, wenn die Inexplizitheit des in die Sprache eingebauten Wissens für
das Verständnis der Wissenschaftsentwicklung von Bedeutung ist, worauf Kuhn
wiederholt hinweist[276].

Aber dies einmal zugestanden, es ist nicht einsichtig, warum der *Inhalt* des in
ein System von empirischen Begriffen eingelassenen Wissens prinzipiell nicht mittel *der* Sprache explizierbar (oder „analysierbar") sein soll, von der diese empirischen Begriffe ein Teil sind; jedenfalls liefert Kuhn für diese Behauptung kein Argument. Zunächst einmal lassen sich die quasiontologischen Wissensansprüche,
die in der problemlosen Verwendung der über Ähnlichkeitsrelationen erlernten
empirischen Begriffe eingelassen sind, tatsächlich explizieren. Denn es scheint
keinem Sprecher ein grundsätzliches Hindernis entgegenzustehen, sich diejenigen
Merkmale bewusst zu machen, mittels welcher er die Mitglieder benachbarter
Ähnlichkeitsklassen erfolgreich voneinander unterscheidet. Diese ohne die Vermittlung von Definitionen mögliche Unterscheidungsleistung ist es ja, welche die
Basis für die Erwartung liefert, dass Entitäten, die zwischen diese Klassen fallen,
nicht existieren[277]. Das gleiche gilt für das Regularitätenwissen: Es besteht kein
grundsätzliches Hindernis, die Erwartungen hinsichtlich des Verhaltens der Objekte der Welt zu artikulieren, die in den Begriffsgebrauch eingewoben sind. Dies
wird von Kuhn indirekt auch zugegeben. Über jemanden, der den Begriff
‚Schwan' über unmittelbare Ähnlichkeitsrelationen erlernt hat, sagt Kuhn:

> „Er kann auf einen Schwan zeigen und feststellen, *dass Wasser in der Nähe
> sein muss* [...]"[278],

und gerade dies ist die Explikation des Wissens um eine Regularität.

Dreierlei ist dieser Kritik an Kuhns Anspruch, dass das in der Verwendung
von empirischen Begriffen eingelassene Wissen nicht explizierbar sein soll, qualifi-
zierend hinzuzufügen.

Erstens ist hier nur behauptet, dass bei Kuhn nicht einsichtig geworden ist,
dass dieses Wissen aus *prinzipiellen* Gründen nicht explizierbar sein soll. Dass die

---

274. 1974a, ET p.314/S.410 übs. mangelhaft, ähnlich p.318/S.414 übs. mangelhaft; 1970c, SSR p.175/
   S.187.
275. 1970c, SSR p.192/S.203.
276. Z.B. 1974a, ET pp.312–313/S.408; 1970c, SSR pp.191–198/S.203–209; 1981, p.28/S.39 übs. falsch. –
   Siehe später Abschnitt 7.5.c.
277. Siehe Abschnitt 3.7.a.
278. 1974a, ET p.312/S.408; ähnlich 1970a, ET pp.285–286/S.376.

Explikation dieses Wissens aus *faktischen* Gründen ausserordentlich schwierig sein kann, soll damit keineswegs geleugnet werden.

Zweitens darf aus der grundsätzlichen Explizierbarkeit dieser Wissensansprüche nicht geschlossen werden, dass sie damit als gänzlich synthetisch, also als gänzlich frei von jeglicher begriffsbestimmenden Funktion zu qualifizieren wären. Dies ist nicht der Fall und ist mit der Nichtdefinierbarkeit der empirischen Begriffe äquivalent[279]. Die Nichtdefinierbarkeit der empirischen Begriffe beruhte ja darauf, dass die Merkmale, die zur Identifikation der Referenten von Begriffen verwendet werden können, sich gerade nicht in definitorische und bloss empirisch korrelierte Merkmale klassifizieren lassen. Damit ist aber hinsichtlich der analytisch/ synthetisch Unterscheidung auch der Status von denjenigen Merkmalen nicht eindeutig, die ,Wissen' über die entsprechenden Objekte repräsentieren sollen. Mit anderen Worten: Die analytisch/synthetisch Unterscheidung ist auf das in den empirischen Begriffen eingelassene Wissen gar nicht sinnvoll anwendbar[280]. Wie Kuhn das 1981 formuliert:

> „Bei einem grossen Teil des Spracherwerbs werden zwei Arten von Wissen zusammen erworben, Wissen der Wörter und Wissen von der Natur – aber eigenlich handelt es sich gar nicht um zwei verschiedene Arten von Wissen, sondern um zwei Seiten einer einzigen Münze, die von einer Sprache dargeboten wird."[281]

Drittens ist mit der Behauptung, dass der *Inhalt* dieses Wissens grundsätzlich expliziert werden kann, der Kuhnschen Behauptung, dass diese Explikation sehr irreführend sein kann, nicht widersprochen. Denn tatsächlich assimiliert die Explikation dieses Wissen an andere, explizite Formen des Wissens. Diese Assimilation ist aber dann irreführend, wenn gerade die Form der Inexplizitheit dieses Wissens für das Verständnis der Wissenschaftsentwicklung von Bedeutung ist.

3.8. Die Nichtneutralität des Standortes des Analytikers

Es ist nun notwendig, auf die Kuhnsche allgemeine Analyse der Konstitution von Erscheinungswelten im Ganzen zurückzublicken. Denn es war ja von Anfang an offen geblieben, welchen methodischen Status diese Analyse eigentlich beanspruchen darf. Welche Qualifikation muss die Kuhnsche allgemeine Analyse der Konstitution von Erscheinungswelten von daher erhalten, dass es für den Analytiker dieser Konstitution keinen neutralen Standort jenseits von bestimmten Erscheinungswelten gibt? Dieses Problem wird sich allerdings als so weitläufig und komplex erweisen, dass hier gezwungenermassen nur sehr Vorläufiges und Unvollständiges dazu gesagt werden kann[282].

Schon in Abschnitt 2.2.d war deutlich geworden, dass die Stimuli-Ontologie in derjenigen Fassung, in der die Stimuli als an sich bestimmt, aber für uns als unbestimmbar angesetzt worden waren, zu erheblichen Schwierigkeiten führt. Zwar scheint der Ansatz solcher Stimuli die Neutralität gegenüber allen möglichen Er-

---

279. Siehe Abschnitt 3.6.f.

280. Dies mag ein weiterer Grund für Kuhns Zögern sein, dieses ,Wissen' unter den Begriff des Wissens zu subsumieren.

281. 1981, p.28/S.39.

282. Vergleiche zum Folgenden die ähnlich gelagerte Kritik, die Gerhard Seel in seinem 1988 am ,wissenschaftssoziologischen Konstruktivismus' übt, wie er von Karin Knorr-Cetina vertreten wird.

scheinungswelten zu garantieren, da er alle von einer bestimmten Erscheinungswelt aus getroffenen Bestimmungen der Stimuli zu vermeiden scheint[283]. Aber der
Preis für diese Neutralität ist, dass es keine Möglichkeit gibt, für verschiedene Beobachter (annähernd) gleiche Stimuli-Situationen zu identifizieren. Damit aber
wird die so gefasste Stimuli-Ontologie für diejenigen Zwecke unverwendbar, um
derentwillen sie eingeführt wurde. Stimuli-Situationen können nicht auf neutrale
Weise, unabhängig von Erscheinungswelten, als gleich oder verschieden beurteilt
werden (jedenfalls, wenn man allen Theorien über Stimuli die Fähigkeit abspricht,
die eine universelle Realität wenigstens annähernd so zu erfassen, wie sie an sich
ist).

Ähnlich war zu Beginn von Kapitel 3 darauf hingewiesen worden, dass auch
die allgemeine Analyse der Konstitution von Erscheinungswelten nicht jenseits
von der je eigenen Erscheinungswelt des Analytikers durchgeführt werden kann.
Dies gilt zunächst einmal für den *Ausgangspunkt einer solchen Analyse*: In der je
eigenen Erscheinungswelt gibt es wissenschaftshistorische Quellentexte bzw. Äusserungen von anderen Kulturen zugehörigen Personen, die teilweise unverständlich sind. Nur unter ganz bestimmten Voraussetzungen wird diese Unverständlichkeit das Motiv dafür abgeben können, dass man den Autoren dieser Äusserungen/
Texte eine von der eigenen Erscheinungswelt verschiedene Erscheinungswelt unterstellt und dass man diese fremde Erscheinungswelt hinsichtlich ihrer Konstitution für analysierbar hält[284].

Erstens muss man die fremden Texte/Äusserungen nach dem Modell von
Texten/ Äusserungen aus der eigenen Kultur betrachten, mit denen man die Erfahrung gemacht hat, dass sie zunächst ganz oder teilweise unverständlich waren und
dann doch einen verstehbaren Sinn enthielten. Zu der Bereitschaft, den unverständlichen Texten/Äusserungen einen Sinn zu unterstellen, kann beitragen, dass
sich bestimmte Aspekte des Verhaltens der Mitglieder der fremden Kultur *untereinander* als gelingende Kommunikation deuten lassen. Diese Deutung ist natürlich so lange hypothetisch, als man das Kommunizierte nicht versteht; aber es gibt
auch in der eigenen Kultur Situationen, die sinnvollerweise als Kommunikation
gedeutet werden können, obwohl man an ihr nicht teilhat, und solche Situationen
können als Analoga verwendet werden.

Zweitens muss man sich, wie rudimentär auch immer, plausibel machen können, dass und wie die (partielle) Unverständlichkeit der Äusserungen/Texte aus
der fremden Kultur ein Indikator für eine von der eigenen verschiedene Erscheinungswelt sein kann. Beispielsweise können Ergebnisse der Wahrnehmungspsychologie zeigen, dass manche meiner Wahrnehmungen (wie die von anderen Mitgliedern meiner Kultur) von originär subjektseitigen, veränderbaren Faktoren be-

---

283. In Wahrheit ist selbst bei diesem Ansatz keine strikte Neutralität gegenüber allen möglichen Erscheinungswelten gegeben, denn im genannten Ansatz steckt die Vorausetzung, dass das originär
Subjektseitige vom originär Objektseitigen *an sich* getrennt ist – wie wenig diese an sich getrennten Seiten für uns auch getrennt voneinander zugänglich sein mögen. Diese These mag relativ zu
einer ganz bestimmten Klasse von Erscheinungswelten neutral sein, und gerade in dieser Klasse
von Erscheinungswelten mögen sich viele Erscheinungswelten der Wissenschaften befinden. Aber
es ist bereits fragwürdig, ob damit wenigstens alle in den Naturwissenschaften angesetzten Erscheinungswelten erfasst sind: denn in bestimmten Deutungen der Quantenmechanik ist ja die
Trennung von Beobachter und Beobachtetem nicht einmal im Prinzip möglich (siehe z.B. Bohm
1980).

284. Für die ersten beiden der folgenden Punkte findet man in Kuhn 1970c, SSR p.193/S.205 einige
komprimierte Andeutungen.

einflusst sind[285]. Von daher kann plausibel werden, dass die Wahrnehmung *generell* von subjektseitigen Faktoren mitbeeinflusst sein könnte, und diese subjektseitigen Faktoren sich bei verschiedenen Kulturen systematisch unterscheiden können, weil sie das Ergebnis von systematisch verschiedenen Lernprozessen sind. Damit könnten die Erscheinungswelten der beiden verschiedenen Kulturen verschieden sein, und die für eine bestimmte Erscheinungswelt charakteristischen empirischen Begriffe müssten dann in einer anderen Erscheinungswelt kein genaues Pendant finden.

Drittens muss man der Überzeugung sein, dass eine fremde Erscheinungswelt für jemanden, der in einer anderen Erscheinungswelt heimisch ist, nicht prinzipiell unzugänglich ist. Beispielsweise kann man aufgrund der eigenen Erfahrungen als Historiker oder Ethnologe fremde Erscheinungswelten für zugänglich halten[286]. Diese Meinung mag durch ontologische und biologische Argumente gestützt werden können[287]. In jedem Fall aber wird die Überzeugung, dass fremde Erscheinungswelten nicht prinzipiell unzugänglich sind, bestimmte Stützen in der je eigenen Erscheinungswelt haben.

Aber auch die *Durchführung der allgemeinen Analyse* der Konstitution von Erscheinungswelten ist bei Kuhn notwendig und fundamental von der Erscheinungswelt des Analytikers mitgeprägt. Denn es muss eine Fülle von Voraussetzungen gemacht werden, die ihre Plausibilität zunächst einmal *nur relativ zur Erscheinungswelt des Analytikers* gewinnen können, weil sie sich auf Objekte dieser Erscheinungswelt beziehen. Diese Voraussetzungen sind vor allem anthropologischer Art. Menschen werden bei Kuhn als auf eine Weise lernfähig vorausgesetzt, die es möglich macht, sie einem Unterweisungsprozess zu unterziehen, der ihre Realitätsauffassung wesentlich beeinflusst[288]. Damit dieser Lernprozess auf die Weise möglich ist, wie Kuhn ihn darstellt, müssen Menschen bestimmte Wahrnehmungsfähigkeiten haben, sie müssen die Fähigkeit haben, das zeigende Hinweisen als solches zu verstehen[289], sie müssen über bestimmte Kategorien verfügen, die sie nicht vermittels des zeigenden Hinweisens erlernt haben können, und sie müssen sowohl den Ähnlichkeitsbegriff als auch den Negationsbegriff verstehen und verwenden können[290].

Der Charakter der Selbstverständlichkeit und beinahe Trivialität, den die meisten dieser anthropologischen Annahmen haben mögen, rührt daher, dass anscheinend jeder Mensch, der einem begegnet, die genannten Fähigkeiten besitzt. Doch in unserem Zusammenhang sind diese Annahmen durchaus nicht so harmlos, wie sie erscheinen mögen. Denn zweifellos handelt es sich dabei um in *natürlicher* Einstellung gewonnene empirische Aussagen über Objekte einer bestimmten Erscheinungswelt, nämlich der des Analytikers, und diese Annahmen sind zunächst einmal *realistisch* gedeutet. Das bedeutet, dass unterstellt wird, dass diese Menschen wirklich existieren, unabhängig vom Analytiker und seinen Theorien über sie, und dass diese Menschen *an sich* die genannten Fähigkeiten haben und nicht nur in ihrer Relation zum Analytiker. Offensichtlich werden damit aber

---

285. Vergleiche Abschnitt 2.1.b.

286. Vergleiche Abschnitt 2.1.b.

287. Vergleiche Abschnitt 2.2.c.

288. Vergleiche Abschnitt 3.1.

289. Vergleiche Abschnitte 3.5 und 3.6.b.

290. Vergleiche Abschnitt 3.3.

Aussagen gemacht, die den Anspruch haben, bestimmte Objekte *der* Realität wenigstens näherungsweise richtig zu beschreiben.

Damit aber scheint für die allgemeine Analyse der Konstitution von Erscheinungswelten ein ähnliches Dilemma wie bei der modifizierten Stimulus-Ontologie zu entstehen[291]. Entweder akzeptiert man die genannten anthropologischen Aussagen als genau in der Weise gültig, wie die natürliche Einstellung es nahelegt, nämlich als tatsächlich (wenigstens näherungsweise) gültige Aussagen über *die* Realität. In diesem Falle wäre aber nicht einzusehen, warum nicht wenigstens auch Aussagen über andere Objekte des ‚Mesokosmos‘[292], die ähnlich überzeugend scheinen wie die anthropologischen Aussagen, als zumindest annähernd gültige Aussagen über die Realität angesehen werden dürfen. Dies würde aber den Grundintentionen der Kuhnschen Theorie widersprechen: denn Kuhn behauptet ja gerade, dass auch bei den elementarsten empirischen Begriffen, die durch Hinweisen erlernt werden, sowohl originär objektseitige als auch originär subjektseitige Momente zusammenspielen[293]. Die Interpretation der anthropologischen Aussagen, die Kuhns Konstitutionsanalyse zugrundeliegen, lassen sich also anscheinend nicht im Sinne des Peirceschen Realismus deuten, wenn man nicht in Widerspruch zu zentralen Teilen von Kuhns Theorie geraten will.

Als Alternative drängt sich auf, den Anspruch der anthropologischen Aussagen auf Realitätsgehalt abzuschwächen, und es liegt nahe, dies in Analogie zu dem abgeschwächten Anspruch auf Realitätsgehalt zu tun, den der Stimulus-Begriffs in der zweiten Bedeutung im Lichte des Stimulus-Begriffs in der ersten Bedeutung erhielt[294]. Konkret: In diesem Falle wären die anthropologischen Aussagen zwar als nicht beliebig in dem Sinne anzusehen, dass sie gänzlich unabhängig von den Bestimmtheiten und damit der Widerständigkeit des an sich Seienden wären. Aber die Bestimmtheit der anthropologischen Aussagen stünde in keinem für uns erfassbaren Verhältnis zur Bestimmtheit des an sich Seienden: Die anthropologischen Aussagen könnten nicht einmal näherungsweise für *die* subjektsunabhängige und selbst Bestimmtheit aufweisende Realität Geltung beanspruchen. Ihre Geltung wäre auf die Erscheinungswelt des Analytikers beschränkt: In einer anderen Erscheinungswelt könnten die zu den Menschen der Erscheinungswelt des Analytikers in etwa korrespondierenden Objekte – falls es solche gibt – auf inkommensurable Weise von den Menschen verschieden sein, wie der Analytiker sie sieht[295]. In diesem Falle könnte aber auch die Analyse der Konstitution einer fremden Erscheinungswelt keinesfalls den Anspruch erheben, diese auch nur annähernd so zu erfassen, wie sie wirklich ist. Die anscheinend nun zugängliche fremde Erscheinungswelt wäre in Wahrheit eine Konstruktion von der Erscheinungswelt des Analytikers aus, und diese Konstruktion wäre unaufhebbar relativ zur Erschei-

---

291. Vergleiche Abschnitt 2.2.e.

292. Der Ausdruck ‚Mesokosmos‘ stammt von Gerhard Vollmer; siehe z.B. Vollmer 1983, besonders Abschnitt 4.

293. Vergleiche Abschnitte 3.2, 3.6.b und 3.6.c. – Das Argument, dass auch bei den elementarsten empirischen Begriffen subjektseitige Momente mitspielen und sich diese Begriffe *deshalb* nicht einfach auf *die* Realität beziehen können, gilt nur in der Kuhnschen, nicht aber etwa in der Kantschen Theorie: denn bei Kuhn sind anscheinend *alle* subjektseitigen Momente von Realität als erlernt angesetzt und damit zumindest potentiell variabel.

294. Vergleiche Abschnitte 2.2.b und 2.2.c.

295. Auf den Begriff der Inkommensurabilität, den ich hier vorgreifend verwende, komme ich in Abschnitt 6.3 ausführlich zu sprechen.

nungswelt des Analytikers: Ein Konstitutionsanalytiker, der in einer anderen Erscheinungswelt lebte, könnte mit dem gleichen Recht zu ganz anderen Ergebnissen kommen (falls eine solche Analyse in der entsprechenden Erscheinungswelt
überhaupt sinnvoll wäre). Damit wäre wohl aber eine Situation des sozialen Solipsismus gegeben: Der Zugang zu fremden Erscheinungswelten ist nicht wirklich
möglich, weil die je eigene Kultur nicht abschüttelbar ist.

Aber ist die letztgenannte Situation des Konstitutionsanalytikers nicht ganz
analog der Erkenntnissituation des Naturwissenschaftlers, so wie Kuhn sie beschreibt, und darum doch erträglich? In beiden Fällen geht es um die Erkenntnis
eines bestimmten Gegenstandes, hier einer bestimmten fremden Erscheinungswelt, dort eines gewissen Bereichs der Natur, und in beiden Fällen kann es miteinander unverträgliche (und sogar inkommensurable) Ansätze geben. Im Falle der
Naturwissenschaft lassen sich verschiedene Theorien vergleichend bewerten,
wenn auch die jeweils bessere Theorie nach Kuhn nicht den Anspruch erheben
kann, die Realität in besserer Annäherung zu erfassen; dennoch sind die Naturwissenschaften ein Unternehmen, das durch Fortschritt ausgezeichnet ist[296]. Wenn
man unterstellt, dass es ebenfalls vergleichende Bewertungen für verschiedene
theoretische Ansätze der Weltkonstitution gibt, so könnte es auch in diesem Bereich wissenschaftlichen Fortschritt geben, ohne dass der Anspruch erhoben werden müsste, dass die mittels der verschiedenen Konstitutionsansätze rekonstruierten Erscheinungswelten diese in immer besserer Annäherung träfen, wie sie an
sich sind. Wer nun von den vom Konstitutionsanalytiker rekonstruierten Erscheinungswelten verlangte, diese müssten ihre Originale wenigstens annähernd so
treffen, wie sie an sich sind, der verlangte gemäss naturwissenschaftlichem Standard zu viel. Annäherung an *die* Wahrheit (oder gar die Wahrheit selbst) sei ein
uns Menschen schon in den Naturwissenschaften nicht realisierbares Ziel, und
auch der Konstitutionsanalytiker müsse sich mit weniger bescheiden.

Dennoch wäre es mit den Intentionen der Kuhnsche Theorie nicht vereinbar,
wenn die Aussagen über fremde Erscheinungswelten nicht realistisch deutbar sein
sollten. Denn der Sinn der Bemühung um ein Verständnis anderer Erscheinungswelten liegt ja gerade darin, diese anderen Erscheinungwelten in ihrer eigenen
Fremdheit zu erfassen – und das heisst nichts anderes, als sie so zu erfassen, wie
sie an sich sind[297]. Verzichtet man auf den Anspruch, dass fremde Erscheinungswelten wenigstens annähernd so erfasst werden können, wie sie selbst sind, so
scheint das Bemühen um ihr Verständnis jeglichen Sinn zu verlieren. Denn dann
handelte es sich bei ihrer Rekonstruktion um Bilder oder Modelle, die ganz der Erscheinungswelt des Analytikers verhaftet sind und die mit den Erscheinungswelten, so wie diese für die Mitglieder der fremden Kultur sind, auch nicht annähernd

---

296. Siehe später Abschnitte 5.4 und 7.6.

297. Dem liesse sich entgegenhalten, dass es ebenfalls das intendierte Ziel naturwissenschaftlicher Erkenntnisbemühungen sei, die Realität so zu erfassen, wie sie an sich ist, und dass daher nicht eliminierbare, originär subjektseitige Momente in der naturwissenschaftlichen Erkenntnis diesem Ziel
widersprechen würden. Dennoch scheinen hier zwei wesentliche Unterschiede zwischen den Na-
tur- und den Kulturwissenschaften zu bestehen. Erstens kann im Falle der Naturwissenschaften die
Präsenz von originär subjektseitigen Momenten in der Erkenntnis durch ein gewandeltes Verständnis davon aufgefangen werden, was unter ‚empirischer Realität' zu verstehen ist: Die uns theoretisch und praktisch tatsächlich zugängliche Realität sei *weder im Alltag noch in der Wissenschaft* gänzlich subjektunabhängig, sei es, dass Kantische (historisch konstante) oder Kuhnsche
(historisch variable) originär subjektseitige Momente an ihrer Konstitution beteiligt sind. Im Falle
der Kulturwissenschaften dagegen ist eine analoge Wendung nicht möglich: Sie bestünde im Zu-

übereinstimmen müssen. Gerade dies aber wäre die Situation des sozialen Solipsismus.

Tatsächlich scheint Kuhn nun die Ergebnisse seiner allgemeinen Analyse der Konstitution von Erscheinungswelten realistisch zu interpretieren. Dies korrespondiert zu seiner Interpretation der Ergebnisse der neueren wissenschaftsinternen Historiographie[298]. Nirgends finden sich bei Kuhn Hinweise darauf, dass die Ergebnisse dieser Historiographie nicht im Sinne des Peirceschen Realismus interpretiert werden dürften[299]. Ganz im Gegenteil: In vielen Wendungen scheint durch, dass die neue Historiographie die Wissenschaftsgeschichte nun endlich so darzustellen sucht, wie diese *wirklich* war. Ihrem Ziel nach will die neue Historiographie ja die

> „historische Einheit und Ganzheit [historical integrity] einer Wissenschaft *in ihrer eigenen Zeit*"

darstellen[300], sie will

> „eine ältere Wissenschaft *in ihren eigenen Begriffen* [in its own terms] analysieren"[301].

Daher spricht Kuhn auch unbefangen davon, dass eine bestimmte allgemeine Aussage über die Wissenschaftsgeschichte

> „eine Feststellung aufgrund *historischer Tatsachen* ist [statement from historic fact], die auf Beispielen [nämlich historischen Fallstudien] basiert"[302],

oder dass eine bestimmte Art der historischen Darstellung „den Vorzug grosser Wahrheitsnähe hat [the virtue of great verisimilitude]"[303]. Dem entspricht, dass Kuhn bestimmte Ergebnisse der älteren Wissenschaftshistoriographie schlicht als fehlerhaft einstuft:

Fortsetzung Fussnote 297

    geständnis, dass uns Erscheinungswelten niemals so zugänglich sind, wie sie an sich sind. Dies ist aber unrichtig: denn die je *eigene* Erscheinungswelt ist tatsächlich so zugänglich, wie sie *an sich* ist, da bei ihr das ‚an sich‘ und das ‚für mich‘ zusammenfällt (ich komme darauf gleich im Text zurück). Zweitens lässt sich den neuzeitlichen Naturwissenschaften auch unabhängig davon, wie man genau den Charakter ihrer Erkenntnis bestimmt, von daher Sinn abgewinnen, dass ihre Ergebnisse im Prinzip technisch verwertbar sind (vergleiche Hoyningen-Huene 1984a, S.491ff. und Hoyningen-Huene, im Druck). Dieser Verwertbarkeitsaspekt ist aber auf die allgemeine Analyse der Konstitution von Erscheinungswelten wohl nicht zu übertragen.

298. Vergleiche Abschnitt 1.2.c.

299. Einzig in seinem Aufsatz 1980a kann man den Eindruck gewinnen, dass Kuhn die Historiographie eventuell doch nicht im Sinne des Peirceschen Realismus interpretieren möchte. Dort weist er nämlich darauf hin, dass alle sog. historischen Fakten ein interpretatives Moment enthalten, was er in dem Satz zusammenfasst: „Geschichte ist durch und durch interpretativ" (1980a, p.184). Dennoch aber ist der Zweck der (u.a. interpretativen) Gewinnung historischer Fakten, dass sich Geschichten erzählen lassen, „die darauf abzielen zu sagen, was vorgegangen ist, und es plausibel zu machen" (1980a, p.185). Demnach scheint das interpretative Moment von Geschichte für Kuhn mit ihrer realistischen Deutung verträglich.

300. SSR, p.3/S.17, Hervorhbg. von mir; ähnlich 1970e, p.68; 1977b, ET p.11/S.59.

301. SSR, p.167 fn.3/S.236 Fn.3, Hervorhbg. von mir; ähnlich auch 1984, p.250.

302. SSR, p.77/S.90 Hervorhbg. von mir; ähnlich p.96/S.108.

303. SSR, p.147/S.158.

> „[D]ies illustriert einmal mehr das Muster *historischer Fehler* [historical mista-
> kes], das sowohl Fachleute wie Laien hinsichtlich der Natur des Unterneh-
> mens Wissenschaft in die Irre führt."[304]

Die Verwendung des Wortes ‚Fehler' ist hier deshalb von Bedeutung, da sich Kuhn
zum einen sehr dagegen verwehrt, (natur-)wissenschaftliche Revolutionen als das
Überwinden von Fehlern zu bezeichnen, wie Popper das tut[305]. Zum anderen hält
Kuhn auch im Bereich der Erkenntnistheorie die Verwendung des Fehlerbegriffs
zur Qualifizierung überwundener oder zu überwindender Positionen für unangemessen:

> „Diese sehr geläufige Ansicht [...] kann weder ganz falsch noch *ein blosser
> Fehler* sein [neither all wrong nor a mere mistake]. Sie ist vielmehr ein we-
> sentlicher Teil eines philosophischen Paradigmas"[306].

All dies weist darauf hin, dass Kuhn den Übergang zur neuen wissenschaftsinternen Historiographie als den Übergang zu einer berechtigterweise realistisch inter-
pretierbaren Historiographie sieht[307].

Einige Kritiker haben Kuhns realistische Lesart historiographischer Erkennt-
nisse aus verständlichen Gründen als einen inneren Widerspruch seiner Theorie
angesehen[308]. Welche Argumente könnte man anführen, die legitimieren würden,
dass wohl die Wissenschaftshistoriographie und die allgemeine Analyse der Konstitution von Erscheinungswelten im Sinne des Peirceschen Realismus[309] interpretiert werden dürfen, während man eine solche Interpretation den Ergebnissen der
Wissenschaften von der Natur versagt?[310] Gibt es einen für diese Frage relevanten
Unterschied zwischen den Wissenschaften von der Natur und den Wissenschaften,
die fremdes Weltverständnis beschreiben, analysieren und erklären?

Es scheint nun allerdings eine Begründungsstrategie zu geben, die den genannten Kulturwissenschaften einen anderen Status als den der Naturwissenschaften zuzusprechen gestattet. Diese Strategie geht von der Behauptung aus, dass je-

---

304. SSR, p.142/S.153 Hervorhbg. von mir; auf der gleichen Seite ist noch mehrfach von solchen Feh-
    lern die Rede.

305. 1970a, ET pp.277–280/S.368–371.

306. SSR, p.121/S.132f. Hervorhbg. von mir.

307. Siehe auch 1983a, p.671, wo Kuhn sagt, dass er weder für Historiker noch für Ethnologen
    „grundsätzliche Grenzen" ihrer Erkenntnisbemühungen sehe.

308. Z.B. Giedymin 1970, pp.257–258 fn.1; Munz 1985, p.118; Phillips 1975, pp.58–60; Radnitzky 1982,
    p.71; Scheffler 1967, pp.21–22, p.74 und 1972, pp.366–367; Shapere 1964, p.387; siehe auch Curd
    1984, pp.3–4. – Vergleiche auch die analoge Kritik an Feyerabends 1984 in Hentschel 1985, p.388
    mit fn.9.

309. Vergleiche Abschnitt 2.2.e.

310. Der Gedanke, dass die Kulturwissenschaften *bessere* Erkenntnischancen als die Naturwissenschaf-
    ten haben, ist anscheinend zum ersten Mal von Vico ausgesprochen worden:
    > „Dieser Umstand muss jeden, der ihn bedenkt, mit Erstaunen erfüllen: wie alle Philosophen
    > voll Ernst sich bemüht haben, die Wissenschaft von der Welt der Natur zu erringen; welche,
    > da Gott sie geschaffen hat, von ihm allein erkannt wird; und vernachlässigt haben nachzuden-
    > ken über die Welt der Nationen, oder historische Welt, die die Menschen erkennen können,
    > weil sie die Menschen geschaffen haben." (Vico 1744, erstes Buch, dritte Abteilung, deutsche
    > Ausgabe S.125).
    Vico greift bei der Begründung seiner These explizit auf bestimmte, in einem weiten Sinn anthro-
    pologische Annahmen zurück; Kuhn ist dazu ebenfalls gezwungen, wie nachher zu sehen sein
    wird.

der Kulturwissenschaftler über immerhin einen Fall verfügt, in dem die Kenntnis eines Weltverständnisses tatsächlich die Kenntnis des *an sich* bestehenden Sachverhalts ist. Dieser Fall ist die Kenntnis des *eigenen* Weltbildes, denn hier (und nur hier) fällt das An-sich und das Für-mich zusammen[311]. Nun wird ein Wissen um fremde Weltbilder primär durch deren Abweichungen vom je eigenen Weltbild dargestellt. Diese Darstellung zeigt, wie die vom eigenen Weltbild abweichenden Teile untereinander auf solche Weise aufeinander bezogen sind, dass insgesamt ein Weltbild entsteht, das hinsichtlich seiner Überzeugungskraft als intendiertes Bild von *der* Realität nicht hinter dem eigenen Weltbild zurücksteht[312]. Natürlich kann man bei dieser Rekonstruktion fremder Weltbilder Fehler machen. Dennoch scheint eine immerhin mehr oder weniger wahrheitsgetreue Rekonstruktion nicht grundsätzlich unmöglich zu sein. Denn erstens kennt man ja im voraus ein Exemplar aus der Klasse der zu rekonstruierenden Weltbilder so, wie es an sich ist. Dieses eigene Weltbild mag sogar exemplarischen Charakter für andere Weltbilder haben; vor allem aber dient es als Ausgangspunkt für die Rekonstruktion des fremden Weltbildes. Das fremde Weltbild wird nun hinsichtlich seiner Abweichungen vom eigenen Weltbild dargestellt. Dass auch diese Abweichungen mehr oder weniger wahrheitsgetreu erfassbar sind, dafür spricht zweitens zumindest für die europäische Wissenschaftsgeschichte die historische Kontinuität zwischen den verschiedenen Weltbildern. Damit erscheint tatsächlich den genannten Kulturwissenschaften ein mehr oder weniger wahrheitsgetreuer Zugang zu fremden Weltbildern möglich. Dagegen tappt man nach Kuhn in den Wissenschaften von der Natur, was die wirkliche Natur der Dinge angeht, immer im Dunklen: eben weil man nicht über die Möglichkeit verfügt, einen Spezialfall eines erkannten An-sich zum Ausgangspunkt weiterer Naturerkenntnis zu machen. Und der von Kuhn ja keinesfalls geleugnete Fortschritt der Naturwissenschaft kann nicht im Sinne einer Annäherung an die Wahrheit gedeutet werden[313].

Jedoch stösst auch dieses Argument für die unterschiedlichen Erkenntnisbedingungen in den Natur- und den genannten Kulturwissenschaften auf das Problem, dass in ihm bestimmte Voraussetzungen enthalten sind, deren Begründbarkeit undurchsichtig ist. Zum einen sind in dem Argument anthropologische Voraussetzungen enthalten, nämlich die Annahme der mehr oder weniger strikten Universalität von denjenigen Fähigkeiten, die für die Bildung von Weltbildern konstitutiv sind. Zum anderen sind die fremden Weltbilder nur über bestimmte physische Vermittlungen zugänglich, nämlich die physisch vorliegenden Quellen, aus denen Information über die fremden Weltbilder entnommen wird. Diese Quellen müssen eine gewisse physische Konstanz aufweisen, damit sie als zuverlässige Träger des Sinnes fungieren können, der ihnen entnommen werden soll. Beide Gruppen von Voraussetzungen sind normalerweise, das heisst in natürlicher Einstellung, verhältnismässig unproblematisch, im Kontext des diskutierten Arguments dagegen nicht. Denn unter der Voraussetzung, dass das Physische uns niemals auch nur annähernd so zugänglich ist, wie es an sich ist, wird auch fragwür-

---

311. Ich möchte keinesfalls behaupten, dass die Kenntnis des eigenen Weltverständnisses eine unproblematische Angelegenheit sei. Dennoch scheint es so etwas wie einen vergleichsweise ‚privilegierten Zugang‘ zum eigenen Weltverständnis zu geben.

312. Siehe als Beispiel hierzu etwa Kuhns Darstellung des Aristotelischen Bildes der Natur in seiner Arbeit 1981, pp.6–10/S.11–17.

313. Siehe später Abschnitt 7.6.d.

dig, wie die anthropologischen Annahmen und das physische Gleichbleiben der Quellen relativ zu *verschiedenen* Erscheinungswelten begründet werden soll.

Wenn dieses grundsätzliche Problem eine befriedigende Lösung finden sollte, dann wäre sowohl für die Historiographie als auch für die allgemeine Analyse der Konstitution von Erscheinungswelten eine realistische Deutung gestattet. Für die allgemeine Analyse der Konstitution von Erscheinungswelten bleibt aber ein weiteres Problem. Denn diese Analyse beansprucht ja Allgemeinheit, das heisst Geltung für alle möglichen Erscheinungswelten. Dieser Anspruch auf Allgemeinheit wird mit dem Nachweis, dass das Ergebnis der Analyse im Prinzip realistisch interpretiert werden darf, natürlich noch nicht eingelöst: denn die Analyse könnte für viele (und sogar für alle) Erscheinungswelten beliebig weit von der Wahrheit entfernt sein. Wie könnte nachgewiesen werden, dass die allgemeine Analyse der Konstitution von Erscheinungswelten tatsächlich zu Ergebnissen kommt, die für *alle* Erscheinungswelten gelten? Am naheliegendsten ist natürlich die Überprüfung der Ergebnisse der allgemeinen Analyse an konkreten Einzelfällen. Doch selbst wenn diese Prüfung an den dem Historiker bekannten, historisch aufgetretenen Erscheinungswelten erfolgreich ist, kann der Anspruch auf Allgemeinheit nicht wirklich erhoben werden. Denn es ist keineswegs gesagt, dass die für die Konstitution dieser Klasse von Erscheinungswelten gefundenen Charakteristika tatsächlich für *alle* Erscheinungswelten Geltung haben. Es könnte ja sein, dass die Erscheinungswelten der untersuchten Klasse deshalb auf vergleichbare Weise konstituiert worden sind, weil sie einer gemeinsamen, mehr oder weniger engen Tradition angehören: Dieser Verdacht könnte sich gerade dann aufdrängen, wenn alle Testfälle der europäischen Wissenschaftsgeschichte entnommen sind.

Eine stringentere Begründung für die Allgemeinheit der Ergebnisse der Analyse der Konstitution von Erscheinungswelten schiene nur dadurch möglich, dass auf anthropologische Grundlagen der Weltkonstitution Bezug genommen wird. Dazu müsste man wissen, welche für die Konstitution einer Welt notwendigen Fähigkeiten der Mensch von seinen Anlagen her mitbringt, und welche er in Wechselwirkung mit seiner Umgebung zu entwickeln imstande ist. Wenn es solche anthropologischen Grundlagen der Weltkonstitution in hinreichender Stärke gibt, dann liessen sich vermutlich über die bei der Konstitution einer Welt *notwendigerweise* beteiligten Prozesse und Strukturen allgemeine Aussagen machen. Beispielsweise könnte es sein, dass das Zeigen dadurch als ein notwendiges Moment der Welterschliessung durch das Individuum ausgewiesen werden könnte, dass aufgrund der Fähigkeiten und Unfähigkeiten des Individuums dieses auf einen durch Zeigen vermittelten Lernprozess angewiesen ist, soll ihm überhaupt eine Welt zugänglich werden. Aber dies ist hier natürlich Spekulation. Zudem steht diese Argumentationsstrategie natürlich vor dem nun schon verschiedentlich angesprochenen Problem, ihrerseits die Allgemeingültigkeit ihrer anthropologischen Annahmen auf eine Weise zu begründen, die mit anderen Teilen der Kuhnschen Theorie verträglich ist – wenn diese Teile nicht preisgegeben werden sollen.

Kapitel 4

Der Paradigmenbegriff

Im vorangehenden Kapitel war bis zu einem gewissen Grad offen geblieben, wodurch das Netz von Ähnlichkeits- und Unähnlichkeitsrelationen, das für die Konstitution einer Erscheinungswelt erlernt werden muss, seine Fixpunkte erhält. Ich hatte lediglich gesagt, dass in der Kuhnschen Theorie diese Fixpunkte die Gegenstände des Hinweisens sind und dass diese Gegenstände Paradigmen genannt werden[1]. Nun ist der Begriff Paradigma das Etikett für denjenigen Teil der Kuhnschen Wissenschaftstheorie, der – zumindest dem Namen nach – am bekanntesten geworden ist. In den verschiedensten wissenschaftlichen und weniger wissenschaftlichen Gebieten wird heute von Paradigmen gesprochen bzw. ihre Existenz geleugnet[2]; wie Margaret Mastermann schon in den 60er Jahren so schön sagt:

„[B]esonders in neuen wissenschaftlichen Gebieten ist ‚Paradigma‘ und nicht ‚Hypothese‘ jetzt das neue ‚O.K.-Wort‘"[3].

Hierbei handelt es sich aber um eine Verwendung des Paradigmenbegriffs in einem viel weiteren Sinn als dem ursprünglich von Kuhn intendierten. Zuallerst wird demgemäss zu fragen sein, in genau welchem Sinn und aus welchen Gründen Kuhn den Paradigmenbegriff ursprünglich einführt (Abschnitt 4.1).

Nun ist es aber durchaus nicht so, dass die Verwendung des Paradigmenbegriffs in einem weiteren Sinn einfach Kuhns Lesern anzulasten ist. Vielmehr verwendet Kuhn selbst den Paradigmenbegriff schon sehr bald nach seiner ersten Einführung auch in weiteren Bedeutungen. Diese Unschärfe dieses für die Kuhnsche Theorie zentralen Begriffes ist denn auch der Grund dafür, dass der Paradigmenbegriff sehr schnell in das Zentrum der Kritik gerückt ist[4]. In der Folge hat Kuhn versucht, dieser Kritik durch die Unterscheidung zweier Hauptbedeutungen des Paradigmenbegriffs Rechnung zu tragen. Zudem hat er auch diese beiden Be-

---

1. Vergleiche Abschnitt 3.3.
2. Eine Auswahl findet sich in der Bibliographie von Gutting 1980, pp.330–339; siehe z.B. auch Barnes 1982; Barnett 1977; Bayertz 1981b; Bluhm 1982; Böhler 1972; Bryant 1975; Crane 1980 und 1980a; Engelhardt 1977; Harrey 1982; Haverkamp 1987; Hodysh 1977; Jauss 1979; Kobi 1977; neuer Titel von Merton 1945; de Mey 1982; Meyer-Abich 1986, S.120; Percival 1976 und 1979; Postiglione/Scirnecca 1983; Roth 1984; Rüsen 1977; Schmidt 1981; Schorsch 1988, S.24–31; Seiler 1980; Shrader-Frechette 1977; Spaemann 1983b, S.111–122; Strug 1984; Thimm 1975; Toellner 1977; Törnebohm 1978; Trenckmann/Ortmann 1980; Young 1979 und viele andere mehr.
3. Mastermann 1970, p.60/S.60.
4. Eine Auswahl: Austin 1972; Buchdahl 1965; Erpenbeck/Röseberg 1981, S.441f.; Hall 1963; Mastermann 1970; Röseberg 1984, S.25f.; Schramm 1975; Shapere 1964, 1966, pp.70–71 und 1971; Suppe 1974a; Toulmin 1963; Wisdom 1974. Vergleiche dazu Stegmüller 1973, S.195–207, der die Funktion, die Kuhn dem Paradigmenbegriff zugedacht hat, im Gegensatz zu vielen Kritikern sehr genau trifft: Kuhn 1976b, p.182/S.117; siehe auch Cedarbaum 1983.

deutungen noch gegenüber den Bedeutungen des Paradigmenbegriffs in SSR modifiziert. In Abschnitt 4.2 wird diese Entwicklung des Paradigmenbegriffs von der ursprünglichen engsten Bedeutung über seine Aufblähung und sein Mehrdeutigwerden bis hin zu den Differenzierungen, die Kuhn 1969 vornimmt, verfolgt. Diese Entwicklung kann als eine zweite Hauptentwicklungslinie von Kuhns bisherigem Denken angesehen werden[5].

Das Ergebnis der Differenzierung des Paradigmenbegriffs ist 1969 der Begriff der disziplinären Matrix. Dieser Begriff wird in Abschnitt 4.3 diskutiert werden. Dabei wird insbesondere zu fragen sein, in welchem Verhältnis die sogenannten Komponenten der disziplinären Matrix zueinander stehen. Von daher kann verständlich werden, warum der ursprüngliche Paradigmenbegriff mehrdeutig werden konnte und warum Kuhn den Begriff der disziplinären Matrix nach 1969 nicht mehr verwendet.

In Abschnitt 4.4 wird schliesslich diskutiert werden, welche Funktionen Paradigmen im engsten Sinn von exemplarische Problemlösungen in der Kuhnschen Wissenschaftsphilosophie haben.

4.1. Die Gründe für die Einführung des ursprünglichen Paradigmenbegriffs

Der Ausgangspunkt für Kuhns Einführung des Paradigmenbegriffs[6] ist die nach Kuhn historisch und auch durch Betrachtung der zeitgenössischen Wissenschaften leicht belegbare Tatsache, dass es in vielen Teilbereichen insbesondere der neuzeitlichen Naturwissenschaft Forschungstraditionen gibt, die auf relativ festgefügten Konsensen aller beteiligten Fachleute beruhen[7]. Wie sehr oder wie wenig monolithisch solche Konsense bei näherer Betrachtung auch sein mögen, jedenfalls lassen sich die Phasen der Wissenschaftsentwicklung mit solchen konsensuellen Forschungstraditionen verhältnismässig leicht von denjenigen Phasen

---

5. So schreibt Kuhn 1969 selbst:
   „Kein Aspekt meiner Auffassung hat sich, seit ich das Buch geschrieben habe, mehr entwickelt [...]" (1970b, p.234/S.226; ähnlich 1970c, SSR p.174/S.186). –
   Die andere Hauptentwicklungslinie ist der übergang von der stärker an der Wahrnehmung orientierten Konzeption der Erscheinungswelt zur stärker an der Sprache orientierten: vergleiche die Abschnitte 2.3 und 3.6.d.

6. Zur Geschichte des Paradigmenbegriffs vor der berühmten Kuhnschen Verwendung siehe vor allem Cedarbaum 1983; ferner Blumenberg 1971; Toulmin 1972, pp.106–107; Cohen 1985, p.519. Keiner dieser Autoren erwähnt, dass sich der Paradigmenbegriff auch bei Neurath, Schlick und Cassirer findet. Neurath verwendet in seiner Kritik von Poppers ‚Logik der Forschung' den Paradigmenbegriff mehrfach etwa im Sinne von ‚Idealmodell' (Neurath 1935, S.353, S.357, S.361). Schlick verwendet den Paradigmenbegriff etwa in der Bedeutung von ‚exemplarisches Beispiel', und zwar in seiner ‚Allgemeinen Erkenntnislehre' und in seiner Vorlesung vom Wintersemester 1933/34 (Schlick 1918, 21925, Kapitel 7, Ende erster Absatz; Schlick 1933/34, S.45). Lichtenberg, der nach Toulmin und Cedarbaum den Paradigmenbegriff eingeführt hat, war für Schlick kein Unbekannter, wie Schlicks Bezug auf ihn in Kapitel 20 seiner Erkenntnislehre belegt. Schlicks Verwendung des Paradigmenbegriffs kann aber auch durch Cassirers ‚Substanzbegriff und Funktionsbegriff' von 1910 vermittelt sein; dieser spricht nämlich auf S.243 (sogar durch Sperrdruck hervorgehoben) von ‚Paradigma' im Sinne einer exemplarischen Veranschaulichung (für bestimmte Grund- und Lehrsätze der reinen Mechanik). Schlick zitiert Cassirers Buch in Kapitel 40 seiner Erkenntnislehre. – Schliesslich ist zu bemerken, dass Kuhn in SSR, p.63 fn.12/S.229 Fn.12 eine Arbeit zitiert, die den Terminus Paradigma schon im Titel enthält: „On the Perception of Incongruity: A Paradigm" von J.S. Bruner und L. Postman.

7. Man beachte aber die einschränkenden Qualifikationen des Status anscheinender Konkurrenzlosigkeit von Gemeinschaften in Abschnitt 1.1.b.

der Wissenschaftsentwicklung unterscheiden, in denen es unter den Fachleuten eines Gebietes keinen generellen Konsens gibt[8]. Zeitgenössische Beispiele für Gebiete ohne einen allgemeinen Konsens liefern die meisten Sozialwissenschaften. Aber auch in den meisten[9] naturwissenschaftlichen Gebieten lassen sich Phasen mangelnden allgemeinen Konsenses finden, indem man entweder bis in die Zeit vor der ersten Konsensbildung zurückgeht, oder indem man diejenigen Phasen der Wissenschaftsentwicklung aufsucht, in denen ein Konsens gerade zerbrochen und ein neuer Konsens noch nicht gefunden worden ist[10]. In seiner Arbeit 1959a bezeichnet Kuhn die Phasen vor bzw. mit einem Konsens als „Präkonsens-Phase" bzw. als Phase mit einem „festen Konsens"[11]. Diese Unterscheidung lebt in SSR und 1963a der Sache nach gleich, aber unter neuem Namen als „vorparadigmatische" und „paradigmatische" Phase fort[12], wobei der Grund für diese neuen Bezeichnungen gleich klar werden wird[13].

Hinsichtlich eines solchen allgemeinen Konsenses in einem Wissenschaftsgebiet lassen sich vor allem zwei Fragen stellen:

— Was ist genau der Gegenstand des Konsenses? Diese Frage stellt sich, da man nicht unterstellen kann, dass der Konsens sich unterschiedslos auf alle möglichen Themen der wissenschaftlichen Kommunikation erstreckt.

— Mit welchen Mitteln wird dieser Konsens hergestellt, sei es in der wissenschaftlichen Ausbildung oder nach einer Phase des Dissenses in einer wissenschaftlichen Gemeinschaft?

Natürlich sind diese beiden Fragen nicht voneinander unabhängig: Sie können, wie gleich zu sehen sein wird, bei Kuhn als verschiedene Zugangsweisen zum gleichen Thema angesehen werden, eben dem Verständnis der Spezifika des allgemeinen wissenschaftlichen Konsenses. Die ersten drei Publikationen Kuhns, in denen vom Paradigmenbegriff die Rede ist, unterscheiden sich unter anderem gerade in der Gewichtung und der Reihenfolge, welche diese beiden Zugangsweisen in ihnen erhalten[14].

Fundamental für den Gesamtbereich, worauf sich der Konsens einer Wissenschaftlergemeinschaft erstreckt, sind nun nach Kuhn „konkrete Problemlösungen, die die Fachwelt [...] akzeptiert hat"[15]. Der Konsens einer Wissenschaftlergemein-

---

8. 1959a, ET p.227/S.310; SSR, pp.VII–VIII/S.9f., p.43/S.57; 1963a, p.349 und p.351; 1963b, pp.387–388; ET, pp.XVIII–XIX/S.40f.

9. Ausnahme können Gebiete sein, die durch Abspaltung oder Kombination von Gebieten mit Konsens entstanden sind: 1959a, ET p.231/S.315; SSR, p.15/S.29f.; 1963a, p.353.

10. 1959a, ET pp.230–232/S.313–316; 1961a, ET p.187 fn.11/S.300 Fn.11, p.222/S.295f.; SSR, p.VIII/S.9, pp.11–15/S.26–30, p.21/S.35 u.a.; 1963a, pp.353–357.

11. 1959a, ET pp.231–232/S.315f.

12. 1963a, pp.353–359; SSR, p.47/S.62, p.163/S.174 u.a.

13. Eine weitere Bezeichnung für die Phase mit festem Konsens ist ‚normale Wissenschaft'. Ich komme auf diesen Begriff in Abschnitt 5.1 ausführlich zu sprechen.

14. In 1959a ist fast ausschliesslich der Ausbildungsaspekt betont, da es als Vortrag an einer Konferenz über die Identifikation von wissenschaftlicher Begabung, vorwiegend vor Psychologen also, gehalten wurde. SSR beginnt mit wissenschaftsgeschichtlichen Überlegungen und nimmt die Ausbildungsaspekte erst später auf (pp.46–47/S.60). 1963a beginnt mit dem Ausbildungsaspekt und wendet sich dann rasch der Wissenschaftsgeschichte zu, da es als Vortrag an einem wissenschaftsgeschichtlichen Symposium gehalten wurde.

15. 1959a, ET p.229/S.312 und identisch 1963a, p.351; ähnlich SSR, p.VIII/S.10, p.10/S.25; p.11/S.26, p.42/S.56, Kap.V u.a.; 1963a, pp.351–352; 1963b, pp.392–393; 1969c, ET p.351/S.459; 1974a, ET

schaft erschöpft sich zwar nicht mit diesen konkreten Problemlösungen, aber diese sind ein besonders wichtiger Teilbereich des Konsenses, der auch in wissenschaftstheoretischer Hinsicht am interessantesten ist[16]. Wie Kuhn bei seiner späteren Klärung des Paradigmenbegriff sagt:

> „Die eine Bedeutung von ‚Paradigma' ist global und umfasst alle gemeinsamen Bindungen [commitments] einer wissenschaftlichen Gruppe; die andere Bedeutung isoliert eine besonders wichtige Art der Bindung und ist daher eine Teilmenge der ersten."[17]

Die genannten konkreten Problemlösungen umfassen einmal diejenigen Problemlösungen, mit denen Studenten in ihrer Ausbildung konfrontiert werden, in Vorlesungen, Übungen, Praktika, Lehrbüchern etc. Darüber hinaus sind Problemlösungen gemeint, die man nur in der Fachliteratur findet und die ebenfalls von der jeweiligen Gemeinschaft akzeptiert sind[18]. Offensichtlich sind im Konsens über bestimmte konkrete Problemlösungen mindestens zwei unterscheidbare konsensuelle Momente enthalten, nämlich einmal der Konsens darüber, dass eine bestimmte Situation in einer bestimmten Artikulation ein *wissenschaftliches Problem* darstellt, und zum anderen, dass ein bestimmter Umgang mit diesem Problem eine *wissenschaftlich akzeptierbare Lösung* dieses Problems ist. Darauf wird später einzugehen sein[19].

Zunächst aber ist zu fragen, was es genau heissen soll, dass konkrete Problemlösungen von der jeweiligen Gemeinschaft akzeptiert sind: denn *als was* sind sie akzeptiert? Diese Frage zielt auf die Spezifikation des Konsenses hinsichtlich der konkreten Problemlösungen, und Kuhns Antwort lautet, dass diese *nicht nur als sie selbst*, eben als konkrete Lösungen eines bestimmten Problems, *sondern als forschungsleitend*, als Grundlage der wissenschaftlichen Praxis anerkannt sind[20]. Es lassen sich demnach zwei Aspekte des Konsenses unterscheiden: einmal sein *lokal-normativer* Aspekt, gemäss dem eine vorgeschlagene Problemlösung tatsächlich eine Lösung eines Problems ist. Zum anderen hat der Konsens einen *global-normativen* Aspekt, der in der Forderung nach Generalisierung des lokal-normativen Aspekts auf die weitere im entsprechenden Gebiet stattfindende Forschung besteht[21]. Der global-normative Aspekt des Konsenses hinsichtlich der

---

Fortsetzung Fussnote 15

    p.298/S.393; 1970b, p.235/S.227, p.272/S.263; 1970c, SSR pp.186–187/S.198; 1974b, pp.500–501; ET, p.XXII/S.44f.; 1984, p.245. – Welcher Art die wissenschaftlichen Probleme typischerweise sind, wird in Abschnitt 5.3 diskutiert werden.

16. 1970b, p.235/S.227; 1974a, ET p.298/S.393; 1970c, SSR p.175/S.186f., p.181/S.193, p.187/S.199.

17. 1974a, ET p.294/Satz fehlt in der übs.; ähnlich 1970c, SSR p.175/S.186. – Ob man bei den konkreten Problemlösungen wirklich von einer „Teilmenge [subset]" der gemeinsamen Bindungen sprechen kann, wird in Teilabschnitt 4.3.e zu klären sein.

18. SSR, p.43/S.57; 1974a, ET pp.305–307/S.400ff.; 1970b, p.272/S.263; 1970c, SSR p.187/S.198. – Natürlich ist die je besondere Einordung von Problemlösungen in diese zwei Arten nicht zeitlich konstant.

19. Siehe Teilabschnitte 4.4.b und 4.4.c.

20. Z.B. 1959a, ET p.235/S.318f.; SSR, p.10/S.25, p.100/S.113 u.v.a.; 1963a, pp.351–352. – Der zweite Aspekt des Konsenses kommt bei Kuhn immer wieder im schwer übersetzbaren Wort „commitment" zum Ausdruck.

21. Die Unterscheidung der beiden Aspekte deckt sich nur annähernd mit Kuhns Unterscheidung der „kognitiven Funktion" und der „normativen Funktion" von Paradigmen (SSR, p.109/S.121f.). Kuhn verwendet nämlich an dieser Stelle ‚Paradigma' im weiten Sinn, wie aus dem Ende des Absatzes hervorgeht, der die Unterscheidung enthält.

konkreten Problemlösungen, also ihre *Funktion als Exempel*, führte Kuhn zu ihrer Bezeichnung als „paradigms"[22]. In Abschnitt 4.4 werden wir diskutieren, was in dieser besonderen Weise der Anerkennung von Paradigmen für die Forschungspraxis impliziert ist. Jetzt ist zu fragen, wie Kuhn es begründet, dass konkrete Problemlösungen ein besonders wichtiges Element des forschungsleitenden Konsenses einer Wissenschaftlergemeinschaft sind.

Für Kuhn hat diese Begründung komparativ zu verlaufen, indem gezeigt wird, dass hinsichtlich der Stiftung und Erhaltung der besonderen Art von Konsens in einer Wissenschaftlergemeinschaft konkrete Problemlösungen vor anderen Kandidaten für Konsensstiftung Priorität geniessen[23]. Als solche Kandidaten nennt Kuhn „Begriffe"[24], „begriffliche Modelle [conceptual models]"[25], „Definitionen"[26], „definierende Charakteristika quasi-theoretischer Terme"[27], „Gesetze"[28], „Theorien"[29], „Standpunkte [points of view]"[30], „(explizite) Regeln"[31], „(grundlegende) Annahmen"[32], „Prinzipien"[33], „(explizite) Verallgemeinerungen [generalizations]"[34], „Rationalisierungen [rationalizations] (von Paradigmen)"[35], „logisch atomare Komponenten (von Paradigmen)"[36] und „abstrakte Charakteristika (von Paradigmen)"[37].

Was ist mit dieser anscheinend ziemlich heterogenen Liste angesprochen? Kuhn zielt dahin, dass der global-normative Aspekt des Konsenses nicht ausschliesslich ein Konsens über *explizite und eindeutige* (bedingte oder unbedingte) *Handlungsanweisungen* ist: denn Paradigmen

„definieren *implizit* die legitimen Probleme und Methoden eines Forschungsgebiets für die folgenden Generationen von Fachleuten"[38].

---

22. Allerdings enthält das englische Wort ‚paradigm' ein Bedeutungsmoment, das Kuhn für seinen Gebrauch des Wortes als inadäquat abweist, nämlich die beliebige Ersetzbarkeit gleichartiger Exempel: SSR, p.23/S.37; ET, p.XIX/S.42.

23. Vergleiche zum Folgenden auch Lugg 1987.

24. SSR, p.11/S.26, p.46/S.60.

25. 1963b, p.391.

26. SSR, p.47/S.61; ähnlich 1974b, p.511; ET, p.XIX/S.41; 1984, p.245.

27. ET, p.XVIII/S.41.

28. SSR, p.11/S.26, p.46/S.60; 1970c, SSR p.191/S.202.

29. SSR, p.11/S.26, p.46/S.60; 1970c, SSR pp.187–188/S.199; 1969c, ET p.351/S.459f.

30. SSR, p.11/S.26, p.42/S.56.

31. SSR, pp.42–49/S.56–63, p.88/S.101; 1974a, ET pp.302–307/S.397–402, ET pp.318–319/S.414f.; 1970b, pp.272–273/S.264; 1970c, SSR p.175/S.186, p.187/S.199, p.191/S.202f.; 1974b, p.511; 1984, p.245.

32. SSR, p.42/S.56, p.44/S.58, p.45/S.59, p.46/S.60, p.49/S.62, p.88/S.101; 1963b, p.391.

33. SSR, p.43/S.57.

34. SSR, p.43/S.58; 1970a, ET pp.284–288/S.375–378; 1974a, ET p.302 fn.11/S.418 Fn.11; 1970b, pp.274–275/S.265f.

35. SSR, p.44/S.58, p.49/S.62.

36. SSR, p.11/S.26.

37. SSR, p.44/S.58, p.46/S.60.

38. SSR, p.10/S.25 übs. falsch, Hervorhbg. von mir; ähnlich pp.16–17/S.31. Vergleiche auch die Stellen mit Bezug auf Polanyis „stummes Wissen" in Abschnitt 3.7.

Demnach soll der Konsens einer wissenschaftlichen Gemeinschaft nicht vorwiegend, geschweige denn ausschliesslich durch Elemente der folgenden Art gestiftet sein:

- durch Explizitdefinitionen von Begriffen, d.h. durch explizite notwendige und hinreichende Kriterien der Begriffsanwendung: Durch sie wären explizite Handlungsanweisungen für die Begriffsanwendung gegeben;
- durch Gesetze und Theorien jenseits ihrer durchgeführten Anwendungen auf konkrete Einzelfälle, wobei diese Gesetze und Theorien als so spezifiziert gedacht sind, dass sie auf alle möglichen Fälle eindeutig anwendbar sind;
- durch explizite eindeutige methodologische Anweisungen aller Art, z.B. für Problemwahl, Problemlösungsbewertung, Krisenidentifikation, Theorienverbesserung, Theorienbewertung, Theorienvergleich, Theorienverwerfung etc.[39]

Alle solchen expliziten Handlungsanweisungen nennt Kuhn vielfach – vom üblichen Sprachgebrauch nicht ganz gedeckt – „Regeln". Von der Gemeinschaft konsensuell akzeptierte konkrete Problemlösungen spielen demgegenüber ihre global-normative Rolle implizit: Sie dienen als exemplarische Modelle für die wissenschaftliche Praxis, als Quelle von Analogiebildungen[40].

Wie lässt sich nun begründen, dass für die Stiftung und Erhaltung des wissenschaftlichen Konsenses konkrete Problemlösungen die dominante Rolle spielen und nicht Regeln im genannten Sinne? Kuhns Begründung hierfür besteht aus folgenden vier Argumenten.

1. Untersucht ein Historiker (oder ein Zeitgenosse) eine bestimmte Forschungstradition auf ihre konsensuellen Momente hin, so ist die Bestimmung eines Kernes gemeinschaftlicher, konkreter Problemlösungen im allgemeinen unproblematisch. Die Kohärenz der daran anknüpfenden Forschungstradition ergibt sich dadurch, dass die Wissenschaftler ihre Forschungsprobleme durch Analogiebildung zu diesen Problemlösungen finden und bearbeiten[41]. Dagegen ist die Suche nach einem Satz gemeinschaftlicher, *die Forschungspraxis hinreichend determinierender Regeln* im allgemeinen nicht erfolgreich; wohl gibt es einzelne solcher Regeln, aber sie sind ungenügend, um die Kohärenz der Forschungstradition zu erklären. Auch der Versuch, einen Satz solcher Regeln zu rekonstruieren und als der Forschungspraxis *implizit* unterliegend anzunehmen, schlägt im allgemeinen fehl[42].

Die Möglichkeit dieses sachlichen Vorrangs von konkreten Problemlösungen vor Regeln im genannten Sinn gründet in folgendem Sachverhalt[43]. Der Konsens über konkrete Problemlösungen, die eine bestimmte gemeinsame Forschungspraxis anleiten, impliziert nicht, dass auch über solche Charakteristika dieser For-

---

39. Vergleiche später Abschnitt 4.3.c.

40. 1984, p.245. – Siehe später Abschnitt 4.4.

41. Vergleiche Abschnitt 3.6.e. – Hier wird es wesentlich, dass es sich tatsächlich um Grundlagenforschung handelt: Vor allem die Problemfindung kann in den angewandten Wissenschaften durch externe Determinanten bestimmt sein; vergleiche Abschnitt 1.1.a.

42. SSR, pp.42–46/S.56–60; 1970a, ET pp.284–288/S.375–379; 1974a, ET pp.302–319/S.397–415; 1970b, pp.273–275/S.264ff.; 1970c, SSR pp.187–198/S.199–209; 1979b, pp.412–415; 1981, pp.24–29/S.33–39; 1984, p.245. – Vergleiche auch Abschnitt 3.6.f., sowie zum ganzen Problemkomplex der Regeln auch Dreyfus 1979, chpt.8.

43. Vergleiche SSR, p.44/S.58.

schungspraxis Einigkeit besteht, die man wegen ihrer Unartikuliertheit nur durch Reflexion auf diese Praxis gewinnen kann. Kurz: eine gemeinsame Praxis impliziert nicht eine gemeinsame Theorie über diese Praxis. Das bedeutet für den Fall der paradigmengeleiteten Forschung, dass solche Explizitdefinitionen von Begriffen und solche methodologischen Anweisungen, die nur durch Reflexion auf diese Forschungstradition gewonnen werden können, nicht notwendig auch Bestandteil des Konsenses sind. Damit scheiden sie als primäre Vermittler der Kohärenz der Forschungstradition aus.

2. Die unter 1. genannte Tatsache zeigt sich auch in der wissenschaftlichen Ausbildung. Die wissenschaftlichen Inhalte – Begriffe, Gesetze, Theorien – werden immer zusammen mit exemplarischen Problemlösungen gelernt, wobei die konkreten Problemlösungen dabei nicht bloss als Illustrationen fungieren. Vielmehr dienen sie vor allem dazu, die Bedeutung der verwendeten Begriffe zu fixieren, und dadurch ist in ihnen ein wesentliches Moment des wissenschaftlichen Wissens lokalisiert[44].

3. Indirekt wird nach Kuhn der Vorrang von konkreten Problemlösungen vor expliziten Regeln als Trägern des global-normativen Aspekts eines Forschungskonsenses dadurch bestätigt, dass in Zeiten fehlender bzw. schwindender Konsense über konkrete Problemlösungen regelmässig Debatten über Regeln aufkommen: Das Bedürfnis nach expliziten Regeln entsteht nur, wenn die eigentlichen Konsensträger ihre Funktion nicht erfüllen[45].

Dieses wissenschaftshistorische Faktum begründet zunächst einmal nur, dass es nicht primär *explizite* Regeln sind, die einen bestehenden Forschungskonsens tragen. Hinzuzunehmen ist aber nun, dass die genannten Debatten im allgemeinen nicht zu einem Konsens über die zu explizierenden Regeln führen. Dies lässt sich zwanglos durch die Annahme erklären, dass auch keine Regeln existieren, welche die Forschung *implizit* hinreichend anleiten.

4. Schliesslich kann die Vielfalt der Wissenschaften, und zwar insbesondere die Vielfalt von Spezialisierungen innerhalb grösserer Gebiete, besser vermittels konkreter Problemlösungen als durch Regeln verstanden werden. Denn verschiedene Spezialistengruppen, die hinsichtlich allgemeiner Forschungsmethoden, anzuwendender Theorien und ähnlichem übereinstimmen, unterscheiden sich gerade in den besonderen Theorieanwendungen, eben den konkreten Problemlösungen, die der Arbeit der jeweiligen Gruppe zugrundeliegen[46].

Dieses Argument ist für die Begründung des Vorrangs der Problemlösungen vor Regeln für die Stiftung des wissenschaftlichen Konsenses allerdings nicht überzeugend. Denn die verschiedenen Problemlösungen könnten ja ihre soziale Funktion der Feinstrukturierung der wissenschaftlichen Gemeinschaften durch die Operation unbewusster Regeln erfüllen. Entsprechend modifiziert Kuhn dieses Argument auch in den 1969 verfassten Arbeiten[47]: Im Vergleich zu bestimmten Regeln[48], über die ebenfalls Konsens herrscht, sind die konkreten Problemlösungen

---

44. SSR, pp.46–47/S.60f., p.80/S.93f.; 1970a, ET pp.284–288/S.375–379; 1977b, ET p.17/S.67; 1974a, ET pp.306–307/S.401f.; 1970b, pp.272–275/S.263–266; 1970c, SSR pp.187–191/S.199–203; 1974b, p.501. – Vergleiche die Abschnitte 3.6.e und 3.7.

45. SSR, pp.47–49/S.61f.

46. SSR, pp.50–51/S.62ff.

47. 1974a, ET p.307 fn.17/S.420 Fn.17; 1970c, SSR p.187/S.198f.

48. Gemeint sind die ‚symbolischen Verallgemeinerungen'; siehe später Abschnitt 4.3.a.

am geeignetsten, um die Feinstruktur der wissenschaftlichen Gemeinschaft zu bestimmen. Dem mag durchaus zuzustimmen sein, aber es ist für unsere im Moment diskutierte Frage irrelevant.

Das erste der genannten vier Argumente ist das wichtigste, und Kuhn widmet ihm auch bei weitem den meisten Raum. Dieses Argument versucht die Priorität von konkreten Problemlösungen vor ‚Regeln' für die konsensuelle Forschungspraxis direkt darzulegen, wobei unter ‚Regeln' hier vor allem Explizitdefinitionen von Begriffen und allgemeine Gesetze bzw. Theorien jenseits ihrer Anwendung auf Einzelfälle verstanden werden. Wohl findet man Gesetze und Theorien als Bestandteil des Konsenses, aber sie sind – für sich genommen, jenseits ihrer konkreten Anwendungen – zu wenig spezifiziert, haben zu wenig Gehalt, um konsensuell die Problem-Situationen zu bestimmen, auf die sie angewendet werden sollen, und die Weise der Anwendung auf diese Situationen hinreichend genau festzulegen[49]. Wie wird nun aber dieser fehlende Gehalt beigesteuert, über den eine wissenschaftliche Gemeinschaft mit gemeinsamer Forschungspraxis gerade verfügt? Jedenfalls nicht durch Explizitdefinitionen der entsprechenden Begriffe, da diese in der wissenschaftlichen Praxis nur eine sehr geringe Rolle spielen. Dieser Gehalt lässt sich aber auch nicht mittels Explizitdefinitionen *angemessen rekonstruieren*[50]. Vielmehr besteht er aus den unmittelbaren Ähnlichkeitsrelationen, die mittels der konkreten Problemlösungen erlernt werden[51]. Der gleiche Zusammenhang von ‚Regeln' und konkreten Problemlösungen wird auch im zweiten Argument formuliert, nur aus der anderen Perspektive der wissenschaftlichen Ausbildung.

Ist damit der Kuhnsche Anspruch auf die Begründung der Priorität von konkreten Problemlösungen gegenüber ‚Regeln' eingelöst? Diese Frage lässt sich so gar nicht positiv oder negativ beantworten. Vielmehr muss gemäss den verschiedenen Arten von Regeln differenziert werden:

a) Es gibt keine Priorität von konkreten Problemlösungen gegenüber Regeln im Sinne von *Gesetzen oder Theorien*, wenn diese Gesetze und Theorien bei der Referentenbestimmung der in ihnen vorkommenden empirischen Begriffe mitbenutzt werden; gerade diese Rolle räumt Kuhn ihnen aber ein[52]. Dann bilden konkrete Problemlösungen und Gesetz oder Theorie eine untrennbare Einheit: Das Gesetz oder die Theorie *ohne* hinreichend viele Anwendungsfälle ist unverständlich, da die empirischen Begriffe unterbestimmt sind; die einzelnen Problemlösungen *ohne* die Gesetze bzw. Theorien sind nur partiell verständlich und zudem untereinander unverbunden, da die Einheitsstiftung durch das Gesetz oder die Theorie fehlen, deren Anwendungsfälle sie sind[53].

b) Dagegen besteht eine Priorität von konkreten Problemlösungen gegenüber Regeln im Sinne von *Explizitdefinitionen*. Denn Explizitdefinitionen der verwendeten empirischen Begriffe können nur – mehr oder weniger angemessen – durch Abstraktion von den konkreten Problemlösungen gewonnen werden[54]. Al-

---

49. 1970a, ET p.284/S.375; 1970c, SSR p.188/S.199f. – Vergleiche Abschnitt 3.6.e.

50. Vergleiche Abschnitt 3.6.f.

51. Vergleiche Abschnitte 3.6 und später 4.4.a.

52. Vergleiche Abschnitt 3.6.e.

53. Mit Hegelschen Termini: Theorie oder Gesetz und Anwendungsfälle bilden als *konkret* Allgemeines eine dialektische Einheit, deren Momente voneinander untrennbar sind; jedes der Momente enthält das jeweils andere Moment in sich. Ich komme auf diesen Zusammenhang in Abschnitt 4.3.e zurück.

54. Vergleiche Abschnitt 3.6.f.

lerdings: Jetzt dürfen die konkreten Problemlösungen nicht für sich genommen werden, als unabhängig von den Gesetzen und Theorien, die bei der Referentenbestimmung der in ihnen vorkommenden Begriffe mitgespielt haben; vielmehr sind diese Gesetze und Theorien als ein Moment in den Problemlösungen enthalten.

Schliesslich spricht Kuhn noch an manchen Stellen in anderer Bedeutung von der „Priorität von Paradigmen"[55]. In dieser Bedeutung der Wendung sind Paradigmen im weiten Sinn gemeint, also das jeweilige Ganze des wissenschaftlichen Konsenses. Paradigmen in diesem Sinn geniessen Priorität gegenüber allen drei Arten von Regeln, also den Explizitdefinitionen, Gesetzen und Theorien, und expliziten methodischen Anweisungen. Denn diese ‚Regeln' können vom Ganzen des wissenschaftlichen Konsenses nur durch Abstraktion gewonnen werden[56], und insofern sind sie ihm gegenüber auch tatsächlich sekundär.

4.2. Die Entwicklung des Paradigmenbegriffs

Es ist in Kuhns Schriften nicht nur bei der ursprünglichen Bedeutung des Paradigmenbegriffs geblieben. In dieser ursprünglichen Bedeutung sind Paradigmen „konkrete Problemlösungen, die die Fachwelt [...] akzeptiert hat", so die erste Einführung des Paradigmenbegriffs[57]. Vielmehr hat Kuhn schon in seinen im zeitlichen Umkreis von SSR stehenden Arbeiten und in SSR selbst den Paradigmenbegriff auch in anderen Bedeutungen verwendet, ohne dass ihm das selbst ganz zu Bewusstsein gekommen wäre. Und schliesslich hat Kuhn besonders in seinen 1969 verfassten Arbeiten den Paradigmenbegriff bewusst verändert, um der durch die Mehrdeutigkeit des Paradigmenbegriffs provozierten Kritik Rechnung zu tragen. Diese bewussten Veränderungen des Paradigmenbegriffs können als eine zweite Hauptentwicklungslinie in Kuhns bisherigem Denken angesehen werden[58], wenn auch diese Entwicklungslinie weit mehr blosse Korrekturen von Formulierungen und Explikationen von nur Angedeutetem als wirkliche Zurücknahmen in der Sache beinhaltet. „Im Grundsätzlichen ist meine Auffassung praktisch unverändert"[59], sagt Kuhn zehn Jahre nach der ersten Einführung des Paradigmenbegriffs; hier findet er nach wie vor „das zentrale Element des [...] neuartigsten und am wenigsten verstandenen Aspekts" seines SSR[60] und damit seiner Wissenschaftstheorie. Ich skizziere in diesem Abschnitt diese zweite Hauptentwicklungslinie in Kuhns Denken. Später wird zu fragen sein, wie bestimmte Aspekte dieser Entwicklung verständlich zu machen sind[61].

Bevor Kuhn in seinem Aufsatz 1959a den Begriff Paradigma einführt, spricht er in seinen wissenschaftshistorischen Arbeiten an den Stellen, an denen dieser Begriff später auch auftauchen wird, ganz traditionell von Theorien und Theo-

---

55. So die überschrift von Kapitel V von SSR; auch p.11/S.26.

56. SSR, p.11/S.26, p.42/S.56, p.43/S.57. — Dass es sich dabei tatsächlich um eine Abstraktion handelt, und nicht einfach um eine separate Betrachtung von Teilen, Komponenten oder Elementen des Ganzen, wird in Abschnitt 4.3.e klar werden.

57. Vergleiche Abschnitt 4.1.

58. Eine erste Hauptentwicklungslinie war der übergang von der stärker wahrnehmungsorientierten zur stärker sprachorientierten Konzeption der Erscheinungswelt und ihrer Konstitution: vergleiche vor allem Abschnitte 2.3 und 3.6.d.

59. 1970c, SSR p.174/S.186.

60. 1970c, SSR p.187/S.199; ähnlich auch 1974a, ET p.294/S.390; 1970b, p.234/S.226 und p.235/S.227.

61. Siehe Abschnitt 4.3.e.

rieanwendungen, von Glauben [belief] und Ansichten [views], wobei er als Paraphrase für ,Theorie' häufig „begriffliches Schema [conceptual schema]" verwendet[62]. Diese Betonung des begrifflichen Moments von Theorien steht in starker Kontinuität mit dem späteren Paradigmenbegriff, wo ebenfalls das Begriffliche besonders hervortritt[63]; entsprechend gibt es auch eine Kontinuität des Sprachgebrauchs hinsichtlich wissenschaftlicher Revolutionen als „begrifflicher Umwälzungen [conceptual transformation]" und vieler ähnlicher Formulierungen[64].

Bei der Betrachtung der Entwicklung des Kuhnschen Paradigmenbegriffs ab 1959 sind zwei zueinander parallel verlaufende Teilentwicklungen zu unterscheiden: Einmal die Differenzierung des Paradigmenbegriffs in die Begriffe ,disziplinären Matrix' und ,Musterbeispiel' (Teilabschnitt 4.2.a), und zum anderen eine gewisse Abschwächung des Paradigmenbegriffs (Teilabschnitt 4.2.b).

a) Von ,Paradigma' zu ,disziplinäre Matrix'

In der Phase zwischen der erstmaligen Verwendung des Paradigmenbegriffs in seiner Arbeit 1959a und der berühmt gewordenen Verwendung in SSR gibt es in Kuhns Denken schon eine Entwicklung, die er zunächst selbst gar nicht bemerkt und die – seinem eigenem Urteil nach – für einen grossen Teil der Verwirrung um den Paradigmenbegriff verantwortlich ist[65]. Diese Entwicklung ist besonders gut an seiner Arbeit 1963a ablesbar, die 1961 direkt nach der Fertigstellung der ersten Fassung von SSR geschrieben wurde[66]. Der Ausgangspunkt dieser Entwicklung ist ,Paradigma' im Sinne einer allgemein anerkannten exemplarischen Problemlösung, wie man sie in wissenschaftlichen Lehrbüchern finden kann[67]. Dann nennt Kuhn nicht nur solche Problemlösungen Paradigmen, sondern auch wissenschaftliche Klassiker, die eine Vorbildsfunktion für die wissenschaftliche Praxis besessen hatten[68]. Daran anschliessend wendet Kuhn das Wort Paradigma auch auf die in Klassikern enthaltenen Theorien an[69]. Und schliesslich umfasst ,Paradigma' das Ganze: eine allgemein anerkannte, fundamentale forschungsleitende Theorie inklusive exemplarischer Problemlösungen mit Implikationen dafür, was es in der Welt gibt, wie es sich verhält, welche Fragen man daran stellen kann, welche Methoden man zur Beantwortung dieser Fragen verwenden kann, und welche Antworten man auf diese Fragen erwarten kann[70]. Wie Kuhn selbst später sagt, bezieht sich ,Paradigma' damit auf alles, was in einer bestimmten Wissenschaftlergemeinschaft Gegenstand des fachlichen Konsenses ist[71]. In SSR finden sich eben-

---

62. Z.B. 1952a, p.27, p.36; 1957a, pp.36–41, pp.75–77 und passim (siehe Index p.293).

63. Siehe später Abschnitt 4.4.a.

64. Z.B. 1952a, p.14; 1955a, p.95; 1957a, p.VII, p.1, p.183 u.a.; siehe später Kapitel 6.

65. 1974a, ET pp.318–319/S.414f.; 1970b, p.234/S.226; 1970c, SSR pp.181–182/S.193; ET, pp.XVIII–XX/S.40–43 u.a. – Ich zitiere die 1969 verfassten Arbeiten 1974a, 1970b, 1970c und 1974b hier und im folgenden in der Reihenfolge ihrer Abfassung, nicht ihres Erscheinens; zu dieser Reihenfolge siehe 1974b, p.500 fn.2 und ET, p.XX & fn.8/S.43 & S.46 Fn.8.

66. 1963a, p.347 fn.1; 1970b, p.249/S.241; ET p.XVIII fn.6/S.46 Fn.6.

67. 1959a, ET pp.229–238/S.312–323 passim; 1963a, p.351.

68. Der Übergang zu dieser neuen Bedeutung findet in 1963a auf pp.351–352 statt.

69. 1963a, p.356 & fn.2, p.367.

70. 1963a, p.358 mit p.359 und p.362.

71. 1974a, ET p.294 (mit Druckfehler: Lies „*One* sense of ,paradigm' is global ...")/Satz fehlt in übs.; ET, p.XIX/S.42.

falls die engeren und die weiteren Verwendungsweisen von ‚Paradigma‘, und überdies haben Paradigmen sowohl in den engeren als auch in den weiteren Bedeutungen verschiedene Funktionen[72]. Dieser Umstand führte Margaret Mastermann zu der viel und z.T. genüsslich zitierten Behauptung, Kuhn verwende in SSR ‚Paradigma‘ in mindestens einundzwanzig oder zweiundzwanzig verschiedenen Bedeutungen[73].

In seiner im Jahr 1965 als Vortrag gehaltenen Arbeit 1970a beginnt Kuhn diese von ihm etliche Jahre gar nicht bemerkte Aufblähung des Paradigmenbegriffs[74] und die damit verbundene Verwirrung – was ihn selbst anbelangt – rückgängig zu machen[75]. In seinen 1969 verfassten Arbeiten führt er dazu, „um den ursprünglichen Sinn von Paradigmen zurückzugewinnen“[76], die Unterscheidung der „disziplinären Matrix“ von „Musterbeispielen [exemplars]“ ein: ‚Disziplinäre Matrix‘ ersetzt ‚Paradigma‘ im weitesten Sinn und ‚Musterbeispiele‘ ‚Paradigmen‘ im engsten Sinn[77]. Die disziplinäre Matrix, als Gesamtheit der Gegenstände des wissenschaftlichen Konsenses, enthält dabei – neben anderen Elementen – auch die Musterbeispiele, und für sie allein war die Bezeichnung ‚Paradigmen‘ sprachlich angemessen. Da er jedoch „die Kontrolle über das Wort verloren habe“, müsse er zwar auf diese Bezeichnung verzichten – die gemeinte Sache aber, nämlich exemplarische Gegenstände des Hin-, Zu- und Abweisens ist und bleibt für ihn bis heute unverzichtbar[78].

In den nach 1969 verfassten Arbeiten verwendet Kuhn ‚Paradigma‘ – wenn überhaupt – vorwiegend in dem für ihn fundamentaleren Sinn von ‚Musterbeispiel‘[79], wenn auch die Verwendung im weiten Sinn bisweilen auftaucht[80]. Dafür spricht er jetzt wieder von ‚Theorien‘ und ‚Theoriewahl‘, wo er in SSR in den entsprechenden Formulierungen noch vielfach, aber nicht ausschliesslich ‚Paradigma‘ verwendet hatte[81]. Den Terminus ‚disziplinäre Matrix‘ verwendet Kuhn nach 1969 überhaupt nicht mehr.

b) Die Zurücknahme des Charakteristikums ‚allgemeine Anerkennung‘

Parallel mit der genannten Entwicklung des Paradigmenbegriffs, aber sachlich weitgehend unabhängig davon, verändert Kuhn den Paradigmenbegriff in den 1969 verfassten Arbeiten in einer zweiten Dimension. In SSR sowie in 1959a und 1963a ist der Paradigmenbegriff eng mit dem Begriff der normalen Wissenschaft korreliert, wobei normale Wissenschaft eine Forschungspraxis bezeichnet, die auf

---

72. Siehe später Abschnitt 4.4.

73. Mastermann 1970, p.61/S.61. – Die in der Literatur weit verbreitete, aber falsche Behauptung, Margaret Mastermann habe mindestens *zwei*undzwanzig Bedeutungen des Paradigmenbegriffs unterschieden, geht auf Kuhn selbst zurück: 1974a, ET p.294/S.389 und 1970c, SSR p.181/S.193.

74. ET, p.XVIII fn.6/S.46 Fn.6.

75. 1970a, ET p.267 fn.3/S.384 Fn.4, p.284/S.375.

76. ET, p.XX/S.43.

77. 1974a, ET pp.293–294/S.389f., pp.297–298/S.392f.; 1970b, pp.271–272/S.263; 1970c, SSR p.175/S.186, pp.182–187/S.193–199.

78. 1974a, ET p.307 fn.16/S.419f. Fn.16 und p.319/S.415; 1970b, p.235/S.227 und p.272/S.263. – Als „(konkrete) Beispiele“ werden Paradigmen (im Sinne von: Gegenstände des Hinweisens) etwa im Druck a, Ms. fn.11, p.14 und im Druck c, Ms. fn.9, p.10, p.36 bezeichnet.

79. 1983b, p.715; 1984, p.245.

80. 1971a, pp.144–145/S.320; 1977c, ET p.320/S.421.

81. Z.B. 1977c; 1979b, pp.415–417.

einem Konsens im wesentlichen aller beteiligten Fachleute beruht[82]. Kuhn behauptet nun, so hatten wir in Abschnitt 4.1 gesehen, dass es einen gewissen Kernbestandteil dieses allgemeinen Konsenses gibt, aus dem die besondere Forschungspraxis der normalen Wissenschaft erklärt werden kann. Dieser Kernbestandteil des Konsenses ist das Paradigma bzw. sind die Paradigmen. Mit Blick auf die normale Wissenschaft charakterisiert Kuhn den Paradigmenbegriffs so, dass es sich dabei um den Kern eines *allgemeinen*, d.h. von allen einschlägigen Fachleuten getragenen Konsenses handelt: Paradigmen sind ja in der ursprünglichen Bedeutung „konkrete Problemlösungen, die die Fachwelt [...] akzeptiert hat"[83].

Doch später realisiert Kuhn, dass auch wissenschaftliche Schulen, die mit anderen Schulen in Konkurrenz stehen, einen Konsens hinsichtlich der gleichen Elemente haben können wie die konkurrenzlosen Gemeinschaften[84]. Doch darf nun weder der Kernbestandteil des Konsenses einer Schule noch die Gesamtheit der Konsenselemente als Paradigma bezeichnet werden, da das in der Paradigmendefinition enthaltene Merkmal der durchgängigen Anerkennung fehlt. Konsequenz hiervon ist, dass der Durchbruch von einer zunächst in Konkurrenz stehenden Schule zu einer konkurrenzlosen Gemeinschaft als der „Erwerb" oder das „Auftauchen [emergence]" eines Paradigmas beschrieben werden muss, wie Kuhn das in SSR auch getan hatte[85]. Doch haben solche Formulierungen zu dem Missverständnis geführt, ein Paradigma sei

> „eine quasi-mystische Entität oder Eigenschaft, die – wie das Charisma – jene verwandelt, die davon befallen werden."[86]

Um dieses und andere Missverständnisse zu vermeiden, lässt Kuhn 1969 das *allgemeine* Anerkanntsein als Bestimmung des Paradigmenbegriffs sowohl im engen als auch im weiten Sinn fallen:

> „Die Mitglieder aller wissenschaftlicher Gemeinschaften, eingeschlossen die Schulen der ‚vorparadigmatischen' Periode, haben die Elemente gemein, die ich kollektiv als ‚ein Paradigma' bezeichnet habe."[87]

Diese Abschwächung des Paradigmenbegriffs ist in SSR und in 1963a allerdings bereits angelegt bzw. implizit enthalten. Dies lässt sich auf zweierlei Weisen feststellen. Einmal hält sich Kuhn nicht streng an seine anfänglich gegebene Bestimmung des Paradigmenbegriffs. So spricht er beispielsweise vom „ersten nahezu *einheitlich akzeptierten* Paradigma", vom „ersten *festen* Paradigma", von den „ersten *allgemein* anerkannten Paradigmen"[88]; diese Formulierungen sind aber pleonastisch, legt man tatsächlich die ursprüngliche Bestimmung des Paradigmenbegriffs zugrunde. Kuhn schwebt bei diesen Formulierungen anscheinend schon der abgeschwächte Paradigmenbegriff vor: Dann bedarf es zur Charakterisierung all-

---

82. Siehe später Kapitel 5.

83. 1959a, ET p.229/S.312 und identisch 1963a, p.351; vergleiche Abschnitt 4.1.

84. 1974a, ET p.295 fn.4/S.416f. Fn.4; 1970b, p.272 fn.1/S.263 Fn.73; 1970c, SSR pp.178–179/S.190.

85. Z.B. p.11/S.26; p.13/S.28, p.15/S.29, p.15/S.30, p.18/S.33, p.19/S.34.

86. 1974a, ET p.295 fn.4/S.416f. Fn.4; 1970b, p.272 fn.1/S.263 Fn.73.

87. 1970c, SSR p.179/S.190.

88. SSR, p.13/S.28, p.15/S.29, p.15/S.30, p.61/S.74; 1963a, pp.351–352, p.365, alle Hervorhebungen von mir. Vergleiche z.B. auch SSR, p.123/S.135, wo Kuhn sagt, dass ein neues Paradigma durch Blitze von Intuition geboren würde: Auch hier ist offensichtlich die allgemeine Anerkennung im Paradigmenbegriff nicht mitgedacht.

gemeiner Konsense tatsächlich der beigefügten Bestimmungen. Darüber hinaus beginnt sich Kuhn bereits in dem am Schluss geschriebenen Vorwort von SSR[89] davon zu distanzieren, dass der Unterschied zwischen der Präkonsens-Phase und der Phase danach mittels des Paradigmenbegriffs charakterisiert werden kann. Dies sei „viel zu schematisch", denn

> „jede der Schulen, deren Konkurrenz die frühere Periode charakterisiert, ist von etwas angeleitet, das einem Paradigma sehr ähnlich ist [...]. Der blosse Besitz eines Paradigmas ist kein wirklich hinreichendes Kriterium"

für den Übergang von der Präkonsens-Phase zur Konsens-Phase[90]. Damit ist diejenige Abschwächung des Paradigmenbegriffs vorbereitet, die dann in den Arbeiten von 1969 explizit vorgenommen wird.

Nun ist Kuhn aber auch 1969 nicht der Meinung, dass der Unterschied zwischen den allgemein und den bloss schulintern anerkannten Paradigmen nur sozialer Natur sei und damit den Paradigmen selbst völlig äusserlich. Vielmehr sind die für die Konsens-Phase charakteristischen Paradigmen von anderer „Art" [„sort" oder „nature"][91]. Nur diese Art der Paradigmen ermöglicht nämlich diejenige Wissenschaftspraxis, die für die Konsensphase charakteristisch ist und diese deutlich von der Präkonsens-Phase unterscheidet[92].

4.3. Die disziplinäre Matrix

Die unkontrollierte Aufblähung und die damit verbundene Mehrdeutigkeit des Paradigmenbegriffs[93] ist der Grund dafür, dass Kuhn in den 1969 verfassten einschlägigen Arbeiten die Unterscheidung der „disziplinären Matrix" von „Musterbeispielen [exemplars]" einführt. ‚Disziplinäre Matrix' soll ‚Paradigma' im weiten Sinn ersetzen, und sie umfasst daher die Gesamtheit der Gegenstände des wissenschaftlichen Konsenses. Allerdings deckt sich ‚Paradigma' im weiten Sinn bezüglich der darunter zusammengefassten Elemente nicht genau mit ‚disziplinäre Matrix': denn Kuhn bemerkt, mit dem Blick *bewusst* auf die Gesamtheit der Gegenstände des wissenschaftlichen Konsenses gerichtet, Momente dieses Konsenses, die bei der *unkontrollierten* Aufblähung des Paradigmenbegriffs noch gar nicht thematisiert worden waren. Die der disziplinären Matrix zugeschriebene Funktion ist

> „für das relativ vollständige Gelingen der fachlichen Verständigung und die relative Einmütigkeit der fachlichen Urteile"

---

89. Das Vorwort ist in SSR auf Februar 1962 datiert: p.XII/S.14.

90. SSR, p.IX/S.11; ähnlich auch 1963a, p.353.

91. 1970c, SSR p.179/S.190. – An dieser Stelle schreibt Kuhn auch den folgenden, sehr missverständlichen Satz:
> „Was sich mit dem übergang zur Reife ändert, ist nicht die Präsenz eines Paradigmas, sondern eher seine Natur [What changes with the transition to maturity is not the presence of a paradigm but rather its nature.]"
Natürlich ändern diejenigen exemplarischen wissenschaftlichen Leistungen, die zunächst nur innerhalb einer Schule, aber dann in der gesamten Wissenschaftlergemeinschaft anerkannt sind, durch diesen übergang nicht ihre ‚Natur' im Sinne der änderung von bestimmten ihrer Wesensmerkmale.

92. Siehe später Kapitel 5, besonders Abschnitte 5.2 und 5.5.b.

93. Vergleiche Abschnitt 4.2.a.

unter den Mitgliedern einer bestimmten wissenschaftlichen Gemeinschaft aufzukommen[94]. Schon die Wortwahl soll andeuten, dass die disziplinäre Matrix aus
verschiedenen „Elementen" bzw. „Konstituentien" bzw. „Komponenten" bzw.
„Teilmengen" besteht. Ohne Anspruch auf Vollständigkeit[96] nennt Kuhn viererlei
Komponenten: symbolische Verallgemeinerungen, Modelle, Werte und exemplarische Problemlösungen. Diese vier Komponenten werden in den folgenden vier
Teilabschnitten diskutiert werden. Anschliessend ist zu fragen, wie das Verhältnis
dieser Komponenten der disziplinären Matrix zueinander zu bestimmen ist (Teilabschnitt 4.3.e).

a) Symbolische Verallgemeinerungen

Unter ‚symbolischen Verallgemeinerungen' versteht Kuhn die bereits formali-
sierten oder leicht formalisierbaren *allgemeinen* Sätze, die in einer wissenschaftlichen Gemeinschaft als Naturgesetze oder als Grundgleichungen von Theorien anerkannt sind[97]. Allerdings soll bei diesen allgemeinen Sätzen, wenn sie als Bestandteil der disziplinären Matrix angesehen werden, im Gegensatz zur wissenschaftlichen Praxis von der Bedeutung der nichtlogischen und nichtmathemati-
schen Zeichen abstrahiert werden, so dass eine hinsichtlich ihrer empirischen Begriffe uninterpretierte Zeichenreihe entsteht[98]. Symbolische Verallgemeinerungen
sind also *vom Wissenschaftstheoretiker* aus gleich zu diskutierenden Gründen *kon-
struierte Artefakte.* Hinsichtlich der Funktion von symbolischen Verallgemeinerungen soll nicht präjudiziert sein, dass sie, wenn interpretiert, nur als empirische Gesetze fungieren; vielmehr haben interpretierte symbolische Verallgemeinerungen
vielfach auch begriffsbestimmende Funktionen, und zwar untrennbar verbunden
mit ihrem Charakter als Gesetze[99].

Warum abstrahiert Kuhn von der Bedeutung der empirischen Begriffe in Gesetzen und in Grundgleichungen, wenn er diese als eine Komponente der diszipli-

---

94. 1970c, SSR p.182/S.193f.; ähnlich 1974a, ET p.297/S.392; 1970b, p.271/S.263.

95. 1974a, ET p.294/Satz fehlt in übs., pp.297–298/S.392f.; 1970b, pp.271–272/S.263; 1970c, SSR
    p.175/S.186, p.182/S.194 u.a. – Obwohl ich die Kuhnschen Bezeichnungen „Elemente",
    „Komponenten" etc. für die, wie sich zeigen wird, *Momente* der disziplinären Matrix für unange-
    messen halte, werde ich im folgenden wie Kuhn von ‚Komponenten' der disziplinären Matrix
    sprechen, bis ich in Teilabschnitt 4.3.e die Begründung für die Unangemessenheit dieser Bezeich-
    nung gegeben habe.

96. 1974a, ET p.297/S.392; 1970c, SSR p.182/S.194.

97. 1974a, ET pp.297–302/S.393–397; 1970b, pp.271–273/S.263f.; 1970c, SSR pp.182–184/S.194f.,
    pp.188–189/S.198ff.; 1974b, pp.516–517. – Kuhn unterscheidet an den genannten Stellen nicht
    zwischen Grundgleichungen von Theorien und Naturgesetzen und spricht explizit nur von Natur-
    gesetzen (1970c, SSR p.183/S.195). Gemeint sind aber auch Grundgleichungen von Theorien, die
    gewöhnlich nicht als Naturgesetze bezeichnet werden, wie sein Beispiel der Schrödinger-
    Gleichung (1974a, ET p.298/S.394 und p.307 fn.17/S.420 Fn.17) und eine Parallelstelle aus SSR zei-
    gen, wo er die Maxwellschen Gleichungen nennt (SSR, p.40/S.54). – Nach Kuhns eigenem Urteil
    ist die Rolle der „formalen Elemente einer Wissenschaft", wie z.B. der Gesetze, in SSR stark ver-
    nachlässigt (1974b, pp.516–517). Ihre notwendige stärkere Beachtung wird in den Arbeiten von
    1969 mit den symbolischen Verallgemeinerungen als Komponenten der disziplinären Matrix nach-
    geholt.

98. 1974a, ET p.299/S.394f. – Dass von der Bedeutung der mathematischen und logischen Zeichen
    nicht abstrahiert werden soll, geht daraus hervor, dass die Anerkennung von symbolischen Verall-
    gemeinerungen die Anerkennung der Resultate von (korrekten) mathematischen und logischen
    Operationen an ihnen implizieren soll (ebda.; 1970c, SSR p.183/S.194).

99. 1970c, SSR pp.183–184/S.195; vergleiche auch Abschnitt 3.6.e.

nären Matrix bestimmt? Der Grund dafür ist, dass im Konsens einer Wissenschaftlergemeinschaft hinsichtlich Gesetzen oder Grundgleichungen einer Theorie zwei unterscheidbare Konsensmomente enthalten sind, die eine gewisse relative Unabhängigkeit voneinander haben. Einmal gibt es ein Konsensmoment hinsichtlich der *logischen Form* der Gesetze bzw. der Grundgleichungen, d.h. hinsichtlich dessen, was Kuhn symbolische Verallgemeinerungen nennt. Zum anderen gibt es ein Konsensmoment hinsichtlich der *logischen Interpretation* dieser logischen Formen, d.h. hinsichtlich der Bedeutungszuweisung zu ihnen. Verschiedene Wis senschaftlergemeinschaften können durchaus hinsichtlich symbolischer Verallgemeinerungen übereinstimmen, aber sich hinsichtlich der Bedeutung der in sie einzusetzenden empirischen Begriffe unterscheiden[100]. Dementsprechend ist es sinnvoll, die beiden Konsensmomente auch in der disziplinären Matrix zu unterscheiden, zumal Kuhns Interesse besonders dem Problem der Bedeutung empirischer Begriffe gilt: denn die Träger der Bedeutung der empirischen Begriffe sind für Kuhn vor allem bei einer anderen Komponente der disziplinären Matrix zu suchen, nämlich den exemplarischen Problemlösungen[101].

b) Modelle

Kuhn fasst unter der Bezeichnung Modelle anscheinend Heterogenes zusammen: Einmal *heuristische* Modelle und Analogien, gemäss denen eine bestimmte Klasse von Phänomenen behandelt werden kann, *als ob* sie etwas ganz anderes wären als sie tatsächlich sind. Zum anderen sind unter den ‚Modellen' *ontologische* (oder äquivalent: metaphysische) Überzeugungen subsumiert, also Überzeugungen hinsichtlich dessen, was es tatsächlich gibt und was dessen fundamentale Charakteristika sind[102]. Die ontologischen Überzeugungen, die sich von Paradigmen ableiten, waren schon in SSR behandelt worden[103], während heuristische Modelle praktisch nicht erwähnt worden waren.

Der Grund, diese beiden heterogenen Konsensmomente in eine Rubrik der Modelle einzuordnen, ist für Kuhn der, dass beide für eine Wissenschaftlergemeinschaft ähnliche Funktionen haben: Sie spielen bei der Identifikation von ungelösten Forschungsproblemen und für die Akzeptierbarkeit von vorgeschlagenen Problemlösungen eine ähnliche Rolle[104]. Modelle in Kuhns Sinn können diese Funktion haben, weil sie eine Quelle von Ähnlichkeitsrelationen sind. Im Falle der heuristischen Modelle sind sie eine Quelle von „externen" Ähnlichkeitrelationen, von Ähnlichkeiten zu der Sache nach wesentlich verschiedenen Objekten und Situationen. Im Falle der ontologischen Überzeugungen sind sie eine Quelle von „internen" Ähnlichkeitsrelationen, also von Ähnlichkeiten zwischen ontologisch gleichartigen Objekten oder Situationen[105]. Diese Ähnlichkeitsrelationen ermöglichen die analoge Anwendung von Begriffen auf die ähnlichen Objekte bzw. in

---

100. 1974a, ET p.299/S.394f., p.307 fn.17/S.420 Fn.17; 1970c, SSR p.188/S.199f.; 1974b, pp.516–517.

101. Siehe später Abschnitt 4.4.a.

102. 1974a, ET pp.297–298/S.393; 1970b, pp.271–272/S.263; 1970c, SSR p.184/S.195f. – Die soeben benutzte Verwendungsweise der Wörter ‚ontologisch' und ‚metaphysisch' findet sich natürlich vor allem im Bereich der analytischen Philosophie.

103. Z.B. SSR pp.4–5/S.19, p.7/S.21, p.40/S.54, p.41/S.55, p.103/S.115f., p.109/S.121.

104. Siehe dazu die Abschnitte 4.4.b und 4.4.c.

105. 1981, p.26/S.36.

den ähnlichen Situationen: damit sind sie für die Bedeutung dieser Begriffe mitkonstitutiv[106].

Bezüglich der so bestimmten Modelle besteht für Kuhn im Vergleich zu den anderen Komponenten der disziplinären Matrix ein wesentlicher Unterschied: Zum Konsens einer wissenschaftlichen Gemeinschaft gehören zwar häufig solche Modelle, aber durchaus nicht immer. So kann es in bestimmten Stadien der Wissenschaftsentwicklung kohärente Forschungstraditionen geben, ohne dass hinsichtlich grundlegender ontologischer Fragen Einigkeit bestünde[107].

c) Werte

Kuhn spricht des öfteren davon, dass das wissenschaftliche Wissen das Produkt sehr spezieller Gruppen ist und dass viele Eigenschaften des von diesen Gruppen produzierten Wissens nur mit Rekurs auf die Spezifika dieser Gemeinschaften verständlich gemacht werden können[108]. Die Besonderheit wissenschaftlicher Gemeinschaften ist nun vor allem eine Besonderheit der Werte, die in diesen Gruppen soziale Geltung haben. Viele Eigenschaften der Wissenschaftsentwicklung gehen darauf zurück, dass die ihnen zugrundeliegenden Entscheidungen zugunsten bestimmter Alternativen aufgrund bestimmter wissenschaftlicher Werte gefällt wurden.

Werte bilden diejenige Komponente der disziplinären Matrix[109], die sowohl von wissenschaftlicher Gemeinschaft zu wissenschaftlicher Gemeinschaft als auch in ihrer zeitlichen Entwicklung am wenigsten variiert[110]: Es gibt einen gemeinsamen Kern der Wertsysteme aller wissenschaftlicher Gemeinschaften, so dass sich diese Wertsysteme abstrakt-allgemein beschreiben lassen. Dies ist auch der Grund dafür, dass alle (Natur-)Wissenschaftler in gewissem Sinne *eine* Gemeinschaft bilden[111].

Die wissenschaftlichen Werte operieren auf zwei Ebenen[112]. Einmal gibt es in der wissenschaftlichen Praxis Bewertungen einzelner Theorieanwendungen, zum

---

106. 1979b, p.415; 1981, pp.27–28/S.38; auch 1974b, p.506.

107. 1970b, p.255/S.247; 1970c, SSR p.180/S.191f., p.184/S.196. – Dies scheint eine gewisse Abschwächung der 1969 verfassten Arbeiten gegenüber SSR und 1963a zu sein, wo Kuhn noch gesagt hatte:

> „Effiziente Forschung beginnt kaum [scarcely], bevor eine wissenschaftliche Gemeinschaft glaubt, auf Fragen wie die folgenden sichere Antworten zu haben: Was sind die fundamentalen Entitäten, aus denen das Universum zusammengesetzt ist? Wie wechselwirken diese untereinander und mit den Sinnen? [...] Zumindest in den reifen Wissenschaften sind Antworten (oder vollwertiger Ersatz für Antworten) auf solche Fragen fest in den Ausbildungsprozess eingebettet, der die Studenten für die wissenschaftliche Praxis vorbereitet und sie ihnen ermöglicht" (SSR, pp.4–5/S.19; ähnlich 1963a, p.359).

> „Die überzeugungen [commitments], die normale Wissenschaft leiten, spezifizieren nicht nur, welche Arten von Entitäten das Universum enthält, sondern per Implikation auch, welche es nicht enthält" (SSR, p.7/S.21, übs. mangelhaft).

Siehe auch SSR, p.109/S.121.

108. SSR, p.153/S.165; pp.167–169/S.179f.; 1971a, p.146/S.321; ET, p.XX/S.43; 1983c, p.28.

109. 1970b, p.272/S.263; 1970c, SSR pp.184–186/S.196ff. – Kuhn nennt die Gesamtheit der Werte auch ein „Wertsystem" oder eine „Ideologie" (z.B. 1970a, ET p.290/S.381; 1970b, p.238/S.230).

110. 1970b, p.238/S.230; 1970c, SSR p.184/S.196; ET pp.XXI–XXII/Abschnitte fehlen in übs.; 1977c, ET pp.335–336/S.438ff.

111. 1970c, SSR p.184/S.196.

112. 1970a, ET pp.288–291/S.379–382; 1970b, pp.237–238/S.228f., p.248/S.239, p.272/S.262; 1970c, SSR pp.184–185/S.196, p.186/S.197f., p.205/S.216f.; ET, pp.XX–XXI/S.43f.; 1977c. – An einigen dieser

anderen Bewertungen ganzer Theorien. Bewertungen einzelner Theorieanwendungen (als mehr oder weniger erfolgreich) finden ständig statt, während die Bewertung ganzer Theorien besonderen Phasen der Wissenschaftsentwicklung vorbehalten ist[113]. In diesen Phasen erhalten die Bewertungen einzelner Theorieanwendungen eine instrumentelle Funktion für die Globalbewertung von Theorien. Für Kuhn sind die wissenschaftlichen Werte wegen seines primären Interesses an wissenschaftlichen Revolutionen vor allem als Grundlage für die Globalbewertung von Theorien von Interesse.

Welche wissenschaftlichen Werte enthält die disziplinäre Matrix nun in abstrakt-allgemeiner Beschreibung? Kuhns Antwort darauf ist, seinem eigenen Urteil nach, von der Antwort der wissenschaftstheoretischen Tradition im Hinblick auf die Wert*inhalte* nicht verschieden[114]. Dagegen ist die Art und Weise, wie diese Werte operativ werden, von der Konzeption der wissenschaftstheoretischen Tradition sehr verschieden, wie nachher darzulegen ist. Kuhn zählt in seiner Arbeit 1977c, wo er am ausführlichsten auf wissenschaftliche Werte eingeht, ohne Anspruch auf Vollständigkeit folgende Werte auf[115]:

— *Genauigkeit* [accuracy][116]: Theorieanwendungen, d.h. aus Theorien abgeleitete Aussagen über faktische Situationen sollen qualitativ und quantitativ genau sein. Dieser Wert hat grosses, wenn auch nicht ausschlaggebendes Gewicht, und die Geschichte der Wissenschaften ist durch das Anwachsen der Bedeutung der quantitativen Genauigkeit gekennzeichnet[117];

— *Konsistenz*[118]: eine Theorie soll intern widerspruchsfrei und mit anderen akzeptierten Theorien verträglich sein;

— *grosser Anwendungsbereich*[119]: eine Theorie soll einen grossen Bereich möglicher Anwendungen haben;

Fortsetzung Fussnote 112

    Stellen verwendet Kuhn das Wort ‚prediction' im weiten Sinn, wie es bei Naturwissenschaftlern üblich ist: ‚Vorhersagen' sind in diesem Sinn alle *aus* Theorien abgeleiteten Aussagen über Ereignisse oder Zustände, unabhängig von deren Zeitverhältnis zum Zeitpunkt der Äusserung der Aussagen.

113. Im Vorgriff auf Teil III sei gesagt: Während der Normalwissenschaft wird die leitende Theorie nicht bewertet, vielmehr geniesst sie einen Status selbstverständlicher Geltung zur Anleitung der Forschung. Eine Krise besteht in der Bewertung einer bislang forschungsanleitenden Theorie als revisionsbedürftig, meist weil bestimmte Anomalien als wesentliche Anomalien bewertet werden. In der Theoriewahlsituation werden verschiedene Theorien hinsichtlich ihrer Leistungsfähigkeit vergleichend bewertet.

114. 1970b, pp.261–262/S.253; 1970c, SSR p.199/S.211; 1971a, p.146/S.321; ET, pp.XXI–XXII/Abschnitt fehlt in übs.; 1977c, ET p.322/S.423, p.333/S.436f.

115. ET, pp.321–322/S.422f. – An den entsprechenden Stellen in SSR spricht Kuhn vorwiegend von „Argumenten", nicht „Werten" (pp.153–159/S.164–170), gemäss der argumentativen Funktion, die Werte in Theoriewahldebatten haben (1970b, p.261–262/S.253); vergleiche Abschnitt 7.4. – Vergleiche McMullin 1983, pp.15–16.

116. Auch 1961a, ET pp.212–213/S.286f.; SSR, p.138/S.150, p.147/S.158, pp.153–154/S.164f.; 1970a, ET p.289/S.380; 1970b, p.272/S.263 u.a.; 1970c, SSR p.185/S.196, p.206/S.217; 1971a, p.146/S.321; 1977c, ET pp.322–323/S.423f.; 1983d, p.564.

117. 1977c, ET p.335/S.438; siehe auch Boos/Krickeberg 1977 und Hoyningen-Huene 1983.

118. Auch 1970a, ET p.291/S.382; 1970c, SSR p.185/S.196f., p.206/S.217. – In 1970c, SSR p.185/S.196f. bemerkt Kuhn, dass er diesen Wert in SSR viel zu wenig beachtet habe.

119. Auch 1970b, p.241/S.233, p.261/S.253; 1970c, SSR p.206/S.217; 1983d, p.564.

–   *Einfachheit*[120]: eine Theorie soll vereinheitlichende Gesichtspunkte zur Ord-
    nung von scheinbar untereinander beziehungslosen Gruppen von Phänome-
    nen liefern und in ihrem begrifflichen und technischen Apparat sowie in ih-
    ren tatsächlichen Anwendungsprozeduren möglichst einfach sein;
–   *Fruchtbarkeit*[121]: eine Theorie soll neue Phänomene oder neue Relationen
    zwischen schon bekannten Phänomen erschliessen.

Neben diesen Werten nennt Kuhn bisweilen noch andere, nämlich die Ein-
heit der Wissenschaften[122], die Erklärungskraft[123], die Natürlichkeit[124], die Plausibilität[125] und insbesondere die Eigenschaft einer Theorie, möglichst viele, besonders
quantitative, theoretische und experimentelle Forschungsprobleme zu definieren
und zu lösen[126]. Diese Werte, insbesondere der letzte, sind zumindest zum Teil in
den oben aufgelisteten impliziert, wie auch die Werte in der Liste selbst offensichtlich nicht gänzlich voneinander unabhängig sind. Ich verfolge aber die Fragen der
Bestimmung, der wechselseitigen Implikationsverhältnisse, der Gewichtung und
der Vollständigkeit der wissenschaftlichen Werte nicht weiter, da die abstrakt-
allgemeine Charakterisierung wissenschaftlicher Werte, unabhängig von der bestimmten historischen Situation einer bestimmten wissenschaftlichen Gemeinschaft, ohnehin nicht besonders reichhaltig sein kann[127].

Aber auch bei dem Wertesystem einer bestimmten wissenschaftlichen Gemeinschaft, in einer bestimmten historischen Situation auf bestimmte Weise kon-
kretisiert, stösst man nach Kuhn auf eine Unbestimmtheit, die solchen Wertesyste-
men inhärent ist und die wichtige Funktionen für die Wissenschaftsentwicklung
hat; in diesem Punkt setzt sich Kuhn deutlich von der wissenschaftstheoretischen
Tradition ab. Diese Unbestimmtheit zeigt sich darin, dass ein solches Wertesystem
bei seiner konkreten Anwendung *in Abhängigkeit vom bewertenden Individuum*
verschiedene Bewertungen liefern kann[128].

Diese Unbestimmtheit konkreter wissenschaftlicher Wertsysteme hat zwei
Gründe. Erstens sind die je einzelnen Werte einer wissenschaftlichen Gemeinschaft von ihren Mitgliedern legitimerweise verschieden interpretierbar: Was beispielsweise genau unter ‚Einfachheit' verstanden werden soll, welche Aspekte einer bestimmten Theorie hinsichtlich dieses Wertes besonders betrachtet werden
sollen, das ist mit der Übereinstimmung der Gemeinschaft über diesen Wert noch
nicht eindeutig festgelegt[129]. Zweitens können die verschiedenen Werte sich bei

120. Auch SSR, pp.155–156/S.166; 1970a, ET p.291/S.382; 1970b, p.241/S.233, p.261/S.253; 1970c, SSR
     p.185/S.196, p.206/S.217; 1971a, p.146/S.321; 1977c, ET p.324/S.435.

121. Auch SSR, pp.154–155/S.165f., p.159/S.169; 1970b, p.261/S.253; 1971a, p.146/S.321; 1980a,
     pp.189–190.

122. 1970a, ET p.289/S.380.

123. 1970a, ET p.289/S.380.

124. 1971a, p.146/S.321.

125. 1970c, SSR p.185/S.195.

126. SSR, p.155/S.166, pp.169–170/S.180f.; 1970a, ET p.289/S.380, p.290/S.381; 1970c, SSR p.185/S.196,
     p.205/S.216f.; 1983d, pp.563–564.

127. Vergleiche Abschnitt 1.2.c.

128. SSR, p.155/S.166, p.159/S.169; 1970a, ET p.288/S.379, p.291/S.382; 1970b, p.238/S.230, p.241/
     S.233, p.248/S.240, p.262/S.253f.; 1970c, SSR pp.185–186/S.197f., pp.199–200/S.211; 1971a, p.146/
     S.321; ET, p.XXI/S.44; 1977c, ET pp.322–331/S.422–434.

129. 1970b, p.262/S.254; 1970c, SSR p.185/S.197, p.205/S.216; ET p.XXII/Abschnitt fehlt in übs.; 1977c,
     ET pp.322–324/S.423–426. – Vergleiche Sintonen 1986.

der konkreten Anwendung widersprechen, was eine relative Gewichtung nötig
macht. Auch diese Gewichtung ist mit der Übereinstimmung über das Wertesystem nicht eindeutig gegeben[130]. Die Unbestimmtheit eines wissenschaftlichen
Wertesystems bedeutet also, dass auf seiner Grundlage getroffene konkrete Bewertungen durch dieses Wertsystem nicht vollständig determiniert sind.

Diese Unterbestimmtheit wird vom einzelnen Wissenschaftler, der ein kon-
kretes Werturteil zu fällen hat, durch den Einfluss von Faktoren behoben, die von
Wissenschaftler zu Wissenschaftler variieren können[131]. Dazu gehören die je besondere fachlich Erfahrung des einzelnen Wissenschaftlers, das heisst zum Beispiel, in welchen Gebieten er oder sie wie lange und wie erfolgreich gearbeitet
hat. Darüberhinaus spielen ausserwissenschaftliche Überzeugungen religiöser, sozialer, philosophischer und sogar nationaler Art eine Rolle. Und schliesslich bestimmen Persönlichkeitsmerkmale die Wahl mit: Risikofreude oder Ängstlichkeit,
bestimmte Vorlieben u.a. Am Wertaspekt eines Wertentscheids, den ein *einzelner*
Wissenschaftler fällt, sind demnach zweierlei Momente unterscheidbar: Zum einen
ein Wertmoment, das er oder sie mit den anderen Mitgliedern der gleichen Gemeinschaft teilt und das durch Ähnlichkeiten in ihren Lebensläufen verstehbar ist,
und zum anderen ein Wertmoment, das nicht geteilt ist und allenfalls durch diese-
nigen Aspekte des Lebenslaufs verstehbar ist, die nicht typisch für die entsprechende Gemeinschaft sind[132].

Kuhn verwendet häufig zwei nicht ganz unproblematische Formulierungen
für dieses Zusammenspiel von kollektiv geteilten und individuell variierenden
Wertmomenten. Einmal spricht er davon, dass es

> „bei Werten Übereinstimmung zwischen Menschen geben kann, die bei ihrer
> Anwendung zu unterschiedlichen Ergebnissen gelangen [values may be sha-
> red by men who differ in their application]"[133].

Diese Formulierung grenzt ans Paradoxe, weil man sich fragen kann, was es eigentlich heissen soll, dass bei Menschen Übereinstimmung hinsichtlich Werten
herrscht, wenn sie gerade dann, wenn diese Werte operativ werden, sich verschieden verhalten, also verschieden bewerten. Zum anderen spricht Kuhn davon, dass
die Kriterien der Theoriewahl

> „nicht als Regeln fungieren, die die Wahl determinieren, sondern als Werte,
> die sie beeinflussen"[134].

Kuhn versteht unter einer „Regel" hier eine eindeutig ausführbare, logisch-
methodologische Handlungsanweisung, also einen Algorithmus[135]. Entscheidungen, die auf Regeln dieser Art basieren, fallen demnach für alle, die sich der jewei-

---

130. 1970a, ET pp.290–291/S.381f. und vorige Fussnote.

131. SSR, pp.3–4/S.18, pp.152–153/S.163f.; 1970b, p.241/S.233; 1970c, SSR p.185/S.196; 1977c, ET
     p.325/S.426.

132. 1977c, ET pp.324–325/S.426f.

133. 1970c, SSR p.185/S.196; ähnlich 1970b, p.262/S.253f.; 1971a, p.146/S.321; 1977c, ET pp.324–325/
     S.425f., p.331/S.434, p.337/S.442.

134. 1977c, ET p.331/S.434, ähnlich p.333/S.436f.; 1970b, p.238/S.230, p.262/S.253; 1970c, SSR p.186/
     S.198, pp.199– 200/S.211; 1971a, p.146/S.321. Vergleiche auch Abschnitt 4.1.

135. 1970a, ET pp.280–283/S.371–374, p.288/S.379; 1970b, p.234/S.227, p.241/S.233; 1977c, ET p.326/
     S.427f., pp.328–329/S.431f., p.331/S.434, pp.332–333/S.436. – Vergleiche Finocchiaro 1986;
     McMullin 1983; Stegmüller 1986, S.350f.; Tianji 1985.

ligen Regeln bedienen, gleich aus; in diesem Sinne sind sie intersubjektiv. Für diese Intersubjektivität ist es offensichtlich gleichgültig, ob die Regeln von deterministischer oder bloss probabilistischer Art sind. Demgegenüber müssen Entscheidungen, die auf gemeinsamen Werten basieren, nicht von vorneherein intersubjektiv sein, und das ist es, was Kuhn mit der ,unterschiedlichen Anwendung von Werten' meint.

Für Kuhn ist die Unterbestimmtheit wissenschaftlicher Wertsysteme aber keineswegs eine Unvollkommenheit, die eigentlich behoben werden müsste; vielmehr hat sie wesentliche positive Funktionen für die Wissenschaftsentwicklung[136]. Denn die Entscheidungen, bei denen die wissenschaftlichen Werte mitspielen müssen, sind vielfach, wie immer sie ausfallen, mit Risiken verbunden. Beispielsweise müssen sich Wissenschaftler in der Theoriewahlsituation vielfach bereits zu einem Zeitpunkt für bzw. gegen eine neue Theorie entscheiden, wenn diese noch sehr unausgearbeitet ist und die empirischen Befunde damit nicht eindeutig für sie (oder gegen sie) sprechen. Die Gewissheit, diejenige Theorie zu wählen, die schliesslich alle Mitglieder der Gemeinschaft überzeugen wird, gibt es dabei für niemanden[137]. In dieser Situation ist es notwendig, dass sich manche Wissenschaftler für die alte und manche für die neue Theorie entscheiden: denn *beide* Theorien müssen eine Chance haben, ihr Potential zu entwickeln, und das kann nur geschehen, wenn mit beiden Theorien gearbeitet wird. Es ist also

> „ein Entscheidungsvorgang *notwendig*, der es erlaubt, dass vernünftige Menschen verschiedener Meinung sind"[138].

Andernfalls stünde die Wissenschaft entweder in der Gefahr, in *einer* Tradition zu erstarren, oder aber von Theorie zu Theorie zu springen, ohne dass deren Potentiale wirklich ausgeschöpft würden[139]. Als Konsequenz ergibt sich, dass sich viele Uneinigkeiten im Ablauf der Wissenschaftsgeschichte, die mit der Unterstellung eindeutiger Regeln schwer verständlich sind, da sich dann (mindestens) eine Seite ,unwissenschaftlich' (oder ,irrational', ,unvernünftig', ,dogmatisch' etc.) verhält, als Fälle legitimer wissenschaftlicher Meinungsverschiedenheiten verstehen lassen.

Das in einer wissenschaftlichen Gemeinschaft akzeptierte Wertsystem lässt also Spielraum für individuell verschiedene Wertentscheide[140]: Es restringiert den Bereich möglicher Entscheide, ohne den Entscheid eines Individuums zwingend festzulegen. Über diese Entscheide *einzelner* Wissenschaftler hinaus spricht Kuhn aber auch über das Verhältnis eines Wertsystems zum *Verhalten der wissenschaftlichen Gemeinschaft*, beispielsweise wenn er sagt, dass

> „es eher die Gemeinschaft der Spezialisten ist als ihre einzelnen Mitglieder, die die eigentliche Entscheidung trifft"[141].

---

136. 1970b, p.241/S.233, pp.248–249/S.240, p.262/S.254; 1970c, SSR p.186/S.198; 1977c, ET pp.330–332/S.432–436, p.334/S.437f.

137. Vergleiche hierzu auch Lakatos 1971, Abschnitt 1(d).

138. 1977c, ET p.332/S.435f.

139. 1970b, pp.246–247/S.238f.; 1970c, SSR p.186/S.198; 1977c, ET p.332/S.436.

140. Ein erster Bereich epistemisch unter bestimmten Bedingungen relevanter, individueller Unterschiede zwischen den Mitgliedern einer wissenschaftlichen Gemeinschaft war in Abschnitt 3.6.d genannt worden: Hinsichtlich der besonderen Kriterien für die Referentenbestimmung empirischer Begriffe können sich die Mitglieder einer wissenschaftlichen Gemeinschaft unterscheiden.

141. 1970c, SSR p.200/S.211.

Diese Stellen bedürfen der Diskussion, weil sie zur Klärung einer Grundthese Kuhns beitragen können. Diese These taucht in der Kuhnschen Theorie an verschiedenen Stellen auf: Kuhn spricht von der „soziologischen Basis [s]einer Position"[142]. Was ist damit gemeint?

In einer Gruppe mit einem gemeinsamen Wertsystem können die von diesem Wertsystem beeinflussten Entscheide der Mitglieder variieren, wie wir gesehen haben. Dennoch, so Kuhn,

> „wird *das Gruppenverhalten* entscheidend durch die gemeinsamen Bindungen [an die Werte] beeinflusst [group behavior will be decisively affected by the shared commitments]"[143].

Diese Aussage korrespondiert dazu, wie Kuhn – in Absetzung von Lakatos, Kritik an ihm – die Art seiner Fragestellung charakterisiert:

> „Der Typ der Fragen, die ich stelle, war daher immer: Wie wird eine besondere Konstellation von kognitiven Überzeugungen, Werten und Imperativen *das Gruppenverhalten* beeinflussen?"[144]

Die Frage, die man an diese Frage (und natürlich auch an die Antworten auf sie) richten muss, muss problematisieren, was hier mit dem ‚Gruppenverhalten' gemeint ist.

Die Rede vom Verhalten einer Gruppe ist offensichtlich dann sinnvoll, wenn die Gruppe irgendwie einem Individuum analogisierbar ist. Das ist aber gerade in den Situationen, die Kuhn interessieren, der Fall: denn Kuhns primäres Interesse geht auf den Übergang von einer Phase der Wissenschaftsentwicklung mit einem Konsens in einer Gemeinschaft zu einer Phase mit einem neuen Konsens in der Gemeinschaft[145]. Dies ist der Meinungsänderung eines Individuums analog: Wie beim individuellen Fall lässt sich dann die Frage stellen, was die Gruppe dazu gebracht hat, ihre Meinung zu ändern. Aber die Antwort auf diese Frage muss auch im Falle der Meinungsänderung einer Gruppe *auf der Ebene von Individuen* gegeben werden, da es das Subjekt ‚Gruppe' auch im Konsensfall jenseits ihrer Mitglieder nicht gibt. Nun unterscheiden sich aber die Mitglieder der Gemeinschaft hin-

---

142. 1970b, p.241/S.233, p.253/S.245; ähnlich 1959a, ET pp.227–228 fn.2/S.325 Fn.2; SSR, p.VII/S.8, p.153/S.164, p.162/S.173; 1963b, p.392, pp.394–395; 1969c, ET p.351/S.460; 1970a, ET p.290/S.381, p.291/S.382f. (übs. falsch); 1970b, pp.237–238/S.229f., p.240/S.232; 1970c, SSR p.178/S.189f., p.200/S.211, pp.209–210/S.221; 1971a, p.146/S.321; ET, pp.XX–XXII/S.43ff. (dt. Ausgabe unvollständig); 1979c, pp.X–XI; 1983c, p.28, p.30; siehe auch Abschnitt 7.4.c. – Im Titel von 1970a: „Logic of Discovery or Psychology of Research?" scheint Kuhn noch eine ‚Psychologie der Forschung' einer ‚Logik der Forschung' Popperscher Prägung entgegenzusetzen (Der Titel der englischen übersetzung von Poppers „Logik der Forschung" lautet „The Logic of Scientific Discovery"). Ebenso spricht Kuhn im Text von 1970a davon, dass die „Erklärung letzten Endes *psychologisch oder* soziologisch sein muss" (ET p.290/S.381, Hervorhbg. von mir). Da dies z.B. bei Lakatos zum Missverständnis geführt hat, Kuhn wolle die Wissenschaftsentwicklung auch mittels *individual*psychologischer Faktoren erklären, verwendet Kuhn nach 1970b in diesem Zusammenhang nur noch den Begriff Soziologie (siehe dazu 1970b, pp.240–241/S.232f.). – Zu weiteren Problemen und Missverständnissen, die diese Redeweise aufgeworfen hat, siehe Jones 1986 und die dort zitierte Literatur.

143. 1970b, p.241/S.233, Hervorhbg. von mir, ähnlich auch p.239/S.231; 1970c, SSR p.186/S.197f., p.199/S.211; ET, p.XXII/S.44.

144. 1970b, p.240/S.232, Hervorhbg. von mir.

145. Vergleiche Abschnitt 1.3.

sichtlich individuell variierender Wertmomente, die bei der Theoriewahl mitspielen. Wie ist dann aber Kuhns Behauptung zu verstehen, dass

> „gemeinsame Werte, obwohl zu schwach um die Entscheidung eines Individuums festzulegen, nichtdestotrotz die [Theorie-]Wahl der Gruppe determinieren können, die diese Werte teilt [shared values, though impotent to dictate an individual's decision, may nevertheless determine the choice of the group which shares them]"?[146]

Der Schein von Paradox in dieser Behauptung verschwindet, wenn man sich klarmacht, dass Kuhn hier einen historischen Prozess vor Augen hat, der mit einem Dissens hinsichtlich der Theoriewahl beginnt und mit einem neuen Konsens der Gemeinschaft hinsichtlich der vergleichsweise besseren (bzw. besten) Theorie endet; dabei ist es unerheblich, ob dies die alte Theorie oder eine Alternative zu ihr ist[147]. Während des Dissenses arbeiten die Wissenschaftler an den verschiedenen alternativen Theorien. Diese Arbeit erzeugt *im Laufe der Zeit*[148] so viele empirische und theoretische Argumente, dass sich ein neuer Konsens hinsichtlich der zu wählenden Theorie ergibt. Allerdings ist dieser neue Konsens in zweierlei Hinsicht zu qualifizieren. Erstens muss der neue Konsens der Gemeinschaft durchaus nicht von Anbeginn an wirklich einstimmig sein. Vielmehr können die vom Entscheid einer Mehrheit Abweichenden aus der Gemeinschaft ausgestossen werden[149], oder die Gemeinschaft kann sich teilen[150]. Zweitens impliziert das gleiche Wahl-Verhalten der einzelnen Wissenschaftler einer (neu formierten oder schon bestehenden) Gemeinschaft nicht, dass die individuellen Entscheide auch aufgrund der *genau* gleichen Gründe resp. Motive getroffen wurden: Vielmehr bleibt die je individuelle Prägung der kollektiven Werte, die als Gründe für die Theoriewahl fungieren, erhalten[151]. Worauf es lediglich ankommt, ist, dass aufgrund des kollektiven Wertsystems ein neuer Konsens entsteht:

> „Um zu verstehen, warum Wissenschaft sich so entwickelt wie sie es tut, muss man nicht die Einzelheiten von Biographie und Persönlichkeit enträtseln, die jedes Individuum zu einer besonderen Wahl führen [...]. Was man aber verstehen muss, ist die Weise, wie ein bestimmter Satz von gemeinsamen Werten mit den besonderen Erfahrungen einer Gemeinschaft von Spezialisten zusammenwirkt, so dass gesichert ist, dass die meisten der Mitglieder der Gruppe zu guter letzt einen ganz bestimmten Satz von Argumenten für entscheidend halten."[152]

d) Exemplarische Problemlösungen

Exemplarische Problemlösungen, also Paradigmen im engsten Sinn, sind in den 1969 verfassten Arbeiten eine Komponente der disziplinären Matrix, also von

---

146. ET, p.XXI/S.44.

147. Siehe zum Folgenden auch Abschnitt 7.4.b.

148. Diese Zeitspanne kann bis zu einer Generation dauern: SSR, p.152/S.163.

149. SSR, p.19/S.33, pp.150–152/S.161ff.; 1970a, ET p.291/S.382. 150.
1959a, ET p.231/S.315; SSR, p.15/S.29f.; 1970a, ET p.291/S.382; 1977c, p.329/S.432.

151. In dem Faktum, dass die Gleichheit der Entscheidungen die verbleibende Ungleichheit in den Gründen für diese Entscheidungen verdeckt, sieht Kuhn eine subtile Quelle für die Plausibilität der Position seiner Kritiker: 1977c, ET pp.328–329/S.431f., p.333/S.436.

152. 1970c, SSR p.200/S.211.

Paradigmen im weitesten Sinn[153]. Die Gründe für die Betrachtung von exemplarischen Problemlösungen in Kuhns Wissenschaftstheorie sind in Abschnitt 4.1 schon ausführlich zur Sprache gekommen, so dass wir hier auf eine weitere Diskussion verzichten können. In Abschnitt 4.4 werden wir analysieren, was es im Einzelnen bedeutet, dass Paradigmen als forschungsleitend anerkannt sind. Dazu ist aber zunächst zu klären, in welchem Verhältnis konkrete Problemlösungen zu den anderen ‚Komponenten' der disziplinären Matrix stehen.

e) Das Verhältnis der ‚Komponenten' der disziplinären Matrix zueinander

Kuhns Terminologie ‚Elemente', ‚Konstituentien', ‚Komponenten' und ‚Teilmengen'[154] wie auch ‚disziplinäre Matrix' selbst suggeriert, dass die disziplinäre Matrix mehrere ‚Teile' hat, wobei das Verhältnis der Teile zum Ganzen als die Element-Menge oder Teilmenge-Menge Beziehung zu denken ist[155]. Darin ist impliziert, dass diese Teile *gedanklich voneinander trennbar und damit separat voneinander, jedes für sich, betrachtbar sind.* Zwar bilden nach Kuhn die Konstituentien der disziplinären Matrix

> „als solche ein Ganzes und üben ihre Funktion miteinander aus [form a whole and function together]. Aber sie können nicht weiterhin als einheitlich dargestellt werden [as though there were all of a piece]".[156]

Anders gesagt, und nun nicht mehr mit ‚disziplinärer Matrix', sondern mit ‚Theorie':

> „Theorien [...] können nicht zu Zwecken des direkten Vergleichs mit der Natur oder untereinander in konstitutive Elemente zerlegt werden. Das soll nicht heissen, dass sie überhaupt nicht analytisch zerlegt werden können, sondern nur, dass die durch die Analyse hervorgebrachten Teile [...] ihre Rolle bei solchen Vergleichen nicht einzeln spielen können".[157]

Kann man das Verhältnis von symbolischen Verallgemeinerungen, Modellen, Werten und exemplarischen Problemlösungen zueinander tatsächlich als das Verhältnis gedanklich voneinander trennbarer und insofern auch selbstständiger Elemente fassen, die man nur bei der Ausübung ihrer Funktionen aufeinander beziehen muss?[158] Die Antwort auf diese Frage wird sich für das Verständnis der Entwicklung des Paradigma-Gedankens als wichtig erweisen.

Ich hatte das Verhältnis von Gesetzen bzw. Theorien zu ihren besonderen Anwendungsfällen schon im Zusammenhang der Frage der Priorität von Problem-

---

153. 1974a, ET pp.301–319/S.397–415; 1970b, p.272/S.263; 1970c, SSR pp.186–191/S.198–203; 1974b, pp.500–501.

154. Z.B. 1974a, ET p.294/Satz fehlt in übs., pp.297–298/S.392f.; 1970b, pp.271–272/S.263; 1970c, SSR p.175/S.186, p.182/S.194.

155. Auf die Problematik dieses Verhältnisses, insbesondere die Frage der Einheit der Komponenten, hat besonders Shapere in seiner Arbeit 1971, p.707 hingewiesen.

156. 1970c, SSR p.182/S.194.

157. 1977b, ET pp.19–20/S.70.

158. An einer Stelle in SSR verwendet Kuhn eine Formulierung, die dem Sinn nach sehr nahe an das herankommt, wofür ich jetzt argumentieren werde:
> „Wenn ein Wissenschaftler ein Paradigma erlernt, erwirbt er Theorie, Methoden und Standards zusammen, gewöhnlich in einer *unentwirrbaren Mischung*" (p.109/S.122 Hervorhbg. von mir).

Vergleiche auch SSR, p.10/S.25 und p.11/S.26.

lösungen vor ‚Regeln' behandelt und gezeigt, dass ihr Verhältnis das einer untrennbaren Einheit unterschiedener Momente ist[159]. Wie können nun bei Kuhn in den Arbeiten von 1969 aus Gesetzen bzw. Theorien und exemplarischen Problemlösungen getrennte ‚Elemente' der disziplinären Matrix gemacht werden? Kuhn versucht einen Kunstgriff anzuwenden, um die beiden Momente zu trennen, indem er jegliche *empirische* Bedeutung von den im Gesetz bzw. in der Theorie verwendeten Begriffen abzuziehen und diese ganz auf die Seite der Problemlösungen zu schlagen versucht. Übrig bleibt eine symbolische Verallgemeinerung, eine

> „uninterpretierte Zeichenreihe, der [...] empirische Bedeutung oder Anwendung noch abgeht"[160].

Lediglich die Bedeutung der darin enthaltenen mathematischen und logischen Zeichen soll erhalten bleiben[161].

Aber dieser völlige Abzug von empirischer Bedeutung aus den symbolischen Verallgemeinerungen gelingt mit diesem Schritt nicht wirklich: Kuhn betont ja ausdrücklich, dass die (interpretierten) Verallgemeinerungen, d.h. die Gesetze und Theorien, auch begriffsbestimmende Funktionen für die in ihnen enthaltenen empirischen Begriffe haben. Das bedeutet aber, dass die in einer symbolischen Verallgemeinerung enthaltene Identität (etwa zwischen der linken und der rechten Seite einer Gleichung) mit ein Träger der Bedeutung der in ihnen enthaltenen empirischen Begriffe ist. Damit erweist sich aber die *Trennung* von symbolischen Verallgemeinerungen und Problemlösungen, die deren Anwendungsfälle sein sollen, als unmöglich: Wohl sind mit der Trennungslinie, die Kuhn setzt, symbolische Verallgemeinerungen gedanklich selbstständige Elemente, aber dann sind es die Problemlösungen nicht, weil ihnen ein wesentliches Bedeutungsmoment ihrer Begriffe abgeht. Schlägt man aber die *gesamte* Bedeutung auf die Seite der Problemlösungen, also auch die in den symbolischen Verallgemeinerungen ausgedrückte Identität, so sind wohl die Problemlösungen gedanklich selbstständige Elemente, dafür bleibt auf der anderen Seite eine völlig leere Zeichenreihe übrig, die epistemologisch notwendig funktionslos ist. Und würde man – ganz im Gegensatz zu Kuhns Intentionen – alle Bedeutung der Begriffe auf die Seite der symbolischen Verallgemeinerungen schlagen, so würden die konkreten Problemlösungen notwendig epistemologisch leer und funktionslos. Symbolische Verallgemeinerungen und konkrete Problemlösungen *lassen sich somit lediglich als unselbstständige Momente einer Einheit unterscheiden*[162]; die Rede von ihnen als ‚Elemente' etc. der disziplinären Matrix verfehlt diesen Sachverhalt.

---

159. Vergleiche Abschnitt 4.1.

160. 1974a, ET p.299/S.394.

161. Vergleiche Abschnitt 4.3.a.

162. Um Missverständnisse auszuschliessen: Kuhns Argumente dafür, die Unterscheidung zwischen Gesetzen bzw. Theorien und Anwendungsfällen gerade als Unterscheidung zwischen symbolischen Verallgemeinerungen und Musterbeispielen anzusetzen (1974b, pp.516–517), sind von dieser Kritik *nicht* betroffen: betroffen sind lediglich die Formulierungen, die aus dieser *Unterscheidung* eine *Trennung* machen. Genau hier ist auch der Punkt, wo Putnam und Achinstein gegen Kuhn doch Recht haben (wenn sie auch diesen Punkt mit ihren Formulierungen nicht ganz treffen): dass Kuhn nämlich dem Positivismus mit seiner Einführung der uninterpretierten symbolischen Verallgemeinerungen gegen seine eigenen Intentionen zu grosse Zugeständnisse mache (in Kuhn 1974b, p.513 und p.516). Die *Trennung* von symbolischen Verallgemeinerungen und Musterbeispielen ist ja gerade dann möglich, wenn die Gesetze bzw. Theorien keinerlei begriffsbestimmende Funktion haben, und das heisst, wenn Sätze *entweder* analytisch *oder* synthetisch sind. Gerade diese Dichotomie akzeptiert Kuhn aber nicht: siehe Abschnitt 3.6.f.

Ebenso steht es mit dem Verhältnis von exemplarischen Problemlösungen und Modellen. Die in einem heuristischen Modell verwendete Analogie kann nur in ihrer Anwendung auf konkrete Problemsituationen wirklich verstanden werden, und umgekehrt ist das Verständnis der mittels der Analogie erreichten Problemlösungen nur mit Bezug auf diese Analogie möglich. Ebenso sind die ontologischen Überzeugungen einer Wissenschaftlergemeinschaft sowohl in ihren Details als auch in ihrer Stärke nur mit Bezug auf die konkreten Problemlösungen verständlich, die für diese Gemeinschaft eine Leitfunktion haben.

Ähnlich steht es mit dem Verhältnis von Werten zu den exemplarischen Problemlösungen. Wie die wissenschaftlichen Werte einer bestimmten Gemeinschaft geprägt sind, lässt sich zu einem grossen Teil nur mit Bezug auf die von ihr positiv bewerteten Theorien verstehen, die ihrerseits diese Werte primär bei den mit ihrer Hilfe erreichten konkreten Problemlösungen zeigen[163]. Allenfalls der Grad der realistisch anzustrebenden quantitativen Genauigkeit könnte jenseits dieser Anwendungen präzise artikuliert werden; aber de facto wird in der wissenschaftlichen Praxis dieser Genauigkeitsgrad gerade an den Problemlösungen vorgeführt[164], da er nur relativ zu ihnen als realistische Forderung ausgewiesen werden kann.

Aus alledem folgt, dass das Verhältnis von symbolischen Verallgemeinerungen, Modellen, Werten und konkreten Problemlösungen nicht als das von Elementen oder von Teilmengen einer Menge angesehen werden kann. Vielmehr ist ihr Verhältnis das von *unselbstständigen Momenten in einer Einheit*: Wohl sind die verschiedenen Momente voneinander unterscheidbar, nicht aber voneinander auch nur gedanklich trennbar. Als zentrales Moment *können* dabei die konkreten Problemlösungen angesehen werden, besonders wenn man an ihre weltkonstitutive und wissenschaftskonstitutive Funktion denkt[165]. Aber ebensogut kann man die symbolischen Verallgemeinerungen als zentrales Moment ansehen, nämlich vor allem dann, wenn man ihre Rolle der Einheitsstiftung für die verschiedenen Momente der disziplinären Matrix betrachtet. Doch muss uns die ohnehin nicht besonders klare Frage nach einem zentralen Moment der disziplinären Matrix nicht weiter beschäftigen.

Dass es sich bei der disziplinären Matrix um eine Einheit verschiedener unselbständiger Momente handelt und nicht um eine Zusammenfassung ansonsten separater Elemente oder Teilmengen, ist keineswegs eine folgenlose Spitzfindigkeit: Vielmehr ist dieser Sachverhalt wesentlich, wenn man die Entwicklung des Paradigma-Gedankens verstehen will[166]. Ausgangspunkt dieser Entwicklung ist die Beobachtung, dass Paradigmen im Sinne konkreter Problemlösungen das Fundament forschungsleitender Konsense sind und nicht methodische Regeln oder Gesetze und Theorien jenseits ihrer konkreten Anwendungen oder explizit definierte Begriffe. In diesen Paradigmen sind aber bereits Gesetze bzw. Theorien,

---

163. „[Allen Wissenschaftlern] müssen Beispiele dafür zur Verfügung stehen, was sie von ihren Theorien – bei hinreichender Sorgfalt und hinreichendem Geschick – erwarten können" (1970b, p.248/ S.240).
  „Es ist ausserordentlich wichtig, dass Wissenschaftlern beigebracht wird, diese Charakteristika [nämlich wissenschaftliche Werte] zu schätzen, und dass ihnen Beispiele zur Verfügung stehen, die diese Werte in der praktischen Anwendung zeigen" (1970b, p.261/S.253; auch 1971a, p.146/ S.321).

164. 1961a, ET pp.183–186/S.259–262.

165. Siehe Abschnitt 4.4.

166. Vergleiche Abschnitt 4.2.a.

Modelle und Werte *als Momente* enthalten. Diskutiert man nun die Funktionen, die konkrete Problemlösungen in der wissenschaftlichen Praxis haben, so treten die in ihnen implizit enthaltenen verschiedenen Momente explizit hervor. Damit aber verwandeln sich die Paradigmen im Sinne konkreter Problemlösungen von einem scheinbar kleinen, wenn auch wichtigen *Teilbereich* des wissenschaftlichen Konsenses in die *Gesamtheit* dieses Konsenses: Das ist die von Kuhn selbst zunächst unbemerkte ‚Aufblähung' des Paradigmenbegriffs. Reflektiert man dieses Resultat jenseits des Prozesses seiner Entstehung, so muss der Schein zweier eigentlich auseinanderzuhaltender, weil wesentlich verschiedener Bedeutungen des Paradigmenbegriffs, entstehen. Tatsächlich aber besteht der anfängliche Fehler in einer Einseitigkeit, nämlich der unzureichenden Berücksichtigung der Verschiedenheit der in den Problemlösungen *enthaltenen Momente* und den Problemlösungen *selbst.* Diese Einseitigkeit ist als Reaktion auf eine entgegengesetzte Einseitigkeit der vorangehenden wissenschaftstheoretischen Tradition verständlich: denn dort waren die Problemlösungen selbst gar nicht thematisiert und die verschiedenen in ihnen enthaltenen Momente, wenn sie überhaupt betrachtet wurden, strikt voneinander getrennt.

Nun macht Kuhn in seinen Arbeiten von 1969 aus den verschiedenen in den Problemlösungen enthaltenen Momenten selbstständige Komponenten einer disziplinären Matrix, um die anscheinende Zweideutigkeit des Paradigmenbegriffs zu korrigieren. Aber damit wird im Rückblick das Ineinanderfliessen der sogenannten engeren Bedeutung und der sogenannten weiteren Bedeutung von ‚Paradigma' ebenso schwer verständlich wie die grosse Resonanz, die der Paradigmenbegriff selbst gefunden hat: Eigentlich ist dann rätselhaft, wie ein Autor so offensichtlich Verschiedenes wie Problemlösungen, Theorien, Werte und Modelle in einen Topf werfen kann, und ein nicht unerheblicher Teil seiner Leserschaft – einschliesslich der darin enthaltenen angesprochenen Fachwissenschaftler – daran keinen oder nur geringen Anstoss nimmt[167]. Tatsächlich handelt es sich bei dem 1969 vorgenommenen Korrekturversuch um eine erneute Einseitigkeit: Verschiedene, aber voneinander untrennbare Momente werden nun zu getrennten Komponenten einer Matrix gemacht. Diese erneute Einseitigkeit ist wiederum durchaus verständlich: denn der Begriff, der diese Einseitigkeit vermeiden könnte, nämlich der einer Einheit unterschiedener, aber untrennbarer Momente, ist Kuhn zumindest 1969 fremd, was bei einem amerikanischen Wissenschaftshistoriker und -philosophen der zweiten Hälfte des 20.Jahrhunderts aber nicht verwundert[168]. Kuhn scheint das Ungenügen des Begriffs der disziplinären Matrix aber bemerkt zu haben, denn in seinen nach 1969 verfassten Arbeiten verwendet er diesen Terminus nicht mehr.

In der nun folgenden Diskussion der Funktion von Paradigmen im Sinne konkreter Problemlösungen wird sich bestätigen, dass der von Kuhn eigentlich intendierte Sinn von ‚Paradigma' gerade der ist, bei dem Gesetze bzw. Theorien, Modelle und Werte als Momente miteingeschlossen gedacht sind.

---

167. Natürlich *könnte* man auch dies erklären, aber nur, wenn man dazu Hilfshypothesen beizieht, die tatsächlich der Mob– Psychologie angehören. (Vergleiche dazu Kuhns Auseinandersetzung mit Lakatos über Mob–Psychologie: 1970b, pp.262–263/S.254f.).

168. Kuhn bemerkt im Vorwort von ET, dass er und seine philosophischen Kollegen (in Nordamerika) wegen ihrer Schwerverständlichkeit keinen Zugang zur europäischen nachkantischen Philosophie hätten (ET, p.XV/S.37). – Vergleiche hierzu auch Gutting 1979.

4.4. Die Funktionen von Paradigmen im Sinne exemplarischer Problemlösungen

Paradigmen im Sinne konkreter Problemlösungen, die von einer Gemeinschaft anerkannt sind, wirken in dieser Gemeinschaft global-normativ. Damit ist gemeint, dass die Paradigmen nicht nur als sie selbst anerkannt sind, als bestimmte Lösungen von bestimmten Problemen. Vielmehr hat die nachfolgende Forschung sich dadurch auf sie zu beziehen, dass sie in Analogie zu ihnen verfährt[169]. Die Spezifikation dessen, was es im Einzelnen heisst, dass Forschung in Analogie zu exemplarischen Problemlösungen verfährt, ergibt drei global-normative Funktionen. Einmal muss die nachfolgende Forschung das für die exemplarischen Problemlösungen spezifische Begriffssystem verwenden (Teilabschnitt 4.4.a). Weiter werden exemplarische Problemlösungen zur Identifikation von noch offenen Forschungsproblemen verwendet (Teilabschnitt 4.4.b). Schliesslich spielen die exemplarischen Problemlösungen bei der Beurteilung der Zulässigkeit von Lösungsvorschlägen für diese Forschungsprobleme eine Rolle (Teilabschnitt 4.4.c).

a) Das Lexikon der empirischen Begriffe

Die für die spätere Charakterisierung von wissenschaftlichen Revolutionen wichtigste global-normative Funktion von forschungsleitenden konkreten Problemlösungen für eine wissenschaftliche Gemeinschaft leitet sich davon ab, dass in ihnen ein bestimmtes System von empirischen Begriffen zur Artikulation sowohl der Problemstellungen als auch der Problemlösungen verwendet wird[170]. Kuhn bezeichnet ein solches System von empirischen Begriffen in seinen 1982 und später verfassten Arbeiten als „Lexikon [lexicon]" (oder als „lexikalisches Geflecht [lexical net-work]")[171]. Mit diesem der Linguistik entliehenen Terminus ist der spezifische wechselseitige Verweisungszusammenhang angesprochen, in dem die empirischen Begriffe stehen, den Kuhn auch den „lokalen Holismus der Sprache" nennt[172].

In den exemplarischen Problemlösungen wird nun nicht ein bestimmtes, vorgängig fixiertes Lexikon empirischer Begriffe bloss appliziert und dadurch allenfalls illustriert. Vielmehr gewinnen einige der Begriffe des Lexikons erst bei der Artikulation der exemplarischen Problemlösungen ihre spezifische Bedeutung[173]. Funktionen des Lexikons sind daher mittelbar auch Funktionen der exemplarischen Problemlösungen (wobei in ihnen die symbolischen Verallgemeinerungen als Momente mitgedacht werden müssen[174]). Folgende drei Funktionen des Lexikons lassen sich unterscheiden.

Erstens ist das Lexikon empirischer Begriffe weltkonstitutiv[175]. Für diese Funktion sind mindestens zwei zur gleichen symbolischen Verallgemeinerung gehörige exemplarische Problemlösungen notwendig. Mittels des schon vorhande-

<hr>

169. Vergleiche Abschnitt 4.1.

170. 1984, p.245.

171. 1983a, pp.682–683; 1983b, pp.713–714; im Druck a; im Druck c. – Vergleiche Abschnitt 3.6.g.

172. Vergleiche Abschnitte 3.6.c und 3.6.e.

173. Wobei natürlich nicht gemeint ist, dass die empirischen Begriffe diese Bedeutung *als Einzelne* gewinnen: vergleiche Abschnitt 3.6.g.

174. Vergleiche Abschnitt 4.3.e.

175. Vergleiche Kapitel 3.

nen Begriffssystems und mittels Hinweisens kann der Unterweisende auf diese Problemsituationen, auf in ihnen vorkommende Teilsituationen und in ihnen enthaltene Objekte Bezug nehmen und damit die für ihn selbst schon etablierten unmittelbaren Ähnlichkeitsrelationen ansprechen, die zwischen den beiden Problemsituationen als Ganzen und ihren Momenten bestehen. Kann der Unterwiesene diese Ähnlichkeitsrelationen erlernen, so verfügt er damit über die diesen Ähnlichkeitsrelationen zugehörigen Begriffe; diese strukturieren eine bestimmte Region der Erscheinungswelt und machen sie dem Unterwiesenen zugänglich. Die Forschungsprobleme, die anschliessend bearbeitet werden, haben sich auf die so strukturierte Region der Erscheinungswelt zu beziehen.

Zweitens enthalten die Begriffe des Lexikons *implizites* Wissen über die Natur, d.h. in die Begriffe eingelassenes Wissen über die jeweilige Erscheinungswelt[176]. Dies schlägt sich in der Forderung nieder, dass die Problemlösungen, die nachher vorgeschlagen werden, diesem impliziten Wissen nicht widersprechen dürfen.

Drittens müssen die Begriffe des Lexikons für die Artikulation von *explizitem* Wissen über die jeweilige Erscheinungswelt verwendet werden, beispielsweise bei der Formulierung von quantitativen Gesetzmässigkeiten, die zwischen den Referenten dieser Begriffe unter bestimmten Bedingungen gelten[177].

b) Die Identifikation von Forschungsproblemen

Konkrete exemplarische Problemlösungen haben eine weitere wichtige Funktion für die Forschungspraxis, indem durch sie zu bearbeitende Forschungsprobleme identifiziert werden können[178]. Auch hier spielen die symbolischen Verallgemeinerungen[179], die Modelle in Kuhns Sinn[180] und auch die Werte[181] mit, aber sie können das nur vermittels der exemplarischen Problemlösungen, deren Momente sie sind. Zu dieser Identifikation eines Forschungsproblems gehört zweierlei. Erstens ist ein Begriffssystem notwendig, das für die Artikulation des Problems geeignet und von der entsprechenden wissenschaftlichen Gemeinschaft generell für die Artikulation von Forschungsproblemen legitimiert ist. Zweitens bedarf der Fragecharakter eines Forschungsproblems eines Hintergrunds, vor dem dieser Fragecharakter entsteht[182]. Welcher Art auch immer ein Forschungsproblem sein mag – instrumentell, experimentell, mathematisch, begrifflich oder explanatorisch: sein Problemcharakter ist nur relativ zu bislang akzeptierten Instrumentierungen, Theoremen, Theorien, ontologischen oder methodologischen Überzeugungen etc. verständlich, wie selbstverständlich diese auch für die Gemeinschaft sein mögen. Für diejenigen wissenschaftlichen Gemeinschaften, die konkurrenzlos arbeiten[183],

---

176. Vergleiche Abschnitt 3.7.
177. 1961a, ET p.198/S.273; 1977b, ET p.19/S.68f.; 1981, p.23/S.32f.
178. SSR, p.6/S.21, p.18/S.32, p.37/S.51, pp.103–110/S.115–122.
179. SSR, p.40/S.54.
180. 1970c, SSR p.184/S.196.
181. 1970a, ET p.290/S.381.
182. Siehe auch 1971b, ET p.29/S.82.
183. Vergleiche Abschnitt 1.1.b.

muss darüber hinaus drittens noch die Erwartung der Lösbarkeit des Problems bestehen[184].

Bei der Etablierung aller dieser für ein Forschungsproblem konstitutiven Momente können exemplarische Problemlösungen mitspielen. Auf das zur Artikulation zugelassene Begriffssystem ist schon im letzten Teilabschnitt eingegangen worden. Wie sich das Begriffssystem, mit dem die Paradigmen artikuliert sind, über die Ähnlichkeitsrelationen auf andere Situationen zur Artikulation weiterer Problemstellungen übertragen lässt, so lässt sich der besondere Problemcharakter eines exemplarischen Problems über die gestifteten Analogien zur Konstitution weiterer Forschungsprobleme verwenden. Ebenso wird sich in Abschnitt 5.2.b die Erwartung der Lösbarkeit aus diesen Analogien ergeben.

Darüber hinaus muss eine Wissenschaftlergemeinschaft die als lösbar eingeschätzten Probleme noch komparativ nach ihrer Wichtigkeit bewerten können, wenn diese Bewertung auch nicht eindeutig und zwingend zu sein braucht. Aber gewisse Trends in der gemeinsamen Einschätzung der Wichtigkeit von Forschungsproblemen sind notwendig, soll sich die Gemeinschaft nicht in ihrer Arbeit verzetteln. Für solche Einschätzungen spielen die exemplarischen Problemlösungen aber nur als ein untergeordnetes Moment mit[185].

c) Die Zulässigkeit von Lösungen von Forschungsproblemen

Wie mittels der schon gelösten exemplarischen Probleme über die durch Ähnlichkeitsrelationen gestifteten Analogien neue Forschungsprobleme identifiziert werden können, so geben auch diese vorbildlichen Lösungen implizite Standards für die Zulässigkeit von vorgeschlagenen Problemlösungen ab, seien diese experimenteller oder theoretischer Natur[186]. Allerdings ist auch diese Rolle der exemplarischen Problemlösungen nur verständlich, wenn man die anderen Momente der disziplinären Matrix in ihnen miteingeschlossen denkt. Denn das Urteil über die Zulässigkeit einer vorgeschlagenen Problemlösung ist eine Bewertung dieses Vorschlags, die relativ zu akzeptierten symbolischen Verallgemeinerungen, zu ontologischen Überzeugungen, zu den in der Gemeinschaft gebräuchlichen heuristischen Modellen und zu den als erreichbar angesehenen Standards an Genauigkeit, Einfachheit etc. vorgenommen wird.

Zusammenfassung von Teil II

Es ist für die Kuhnsche Theorie von zentraler Bedeutung, dass die Welt als Gegenstand des wissenschaftlichen Wissens eine Erscheinungswelt ist: Allenfalls für eine Erscheinungswelt (von bestimmter Art) lässt sich sinnvoll sagen, dass sie sich mit einer wissenschaftlichen Revolution verändert. Dies aber, so werden wir in Teil III sehen, ist eines der wichtigsten Charakteristika von wissenschaftlichen Revolutionen. Um plausibel zu machen, dass die für eine bestimmte Gemeinschaft reale Welt tatsächlich eine Erscheinungswelt ist, kann der Vorgang untersucht wer-

---

184. Ich gehe auf das Bestehen einer Lösbarkeitserwartung und die Rolle, die exemplarische Problemlösungen dabei spielen, an dieser Stelle nicht weiter ein. Dies ist nur für die Phase normaler Wissenschaft und die dabei verwendeten, besonderen exemplarischen Problemlösungen charakteristisch und wird daher erst in Kapitel 5 (Teilabschnitt 5.2.b) behandelt.

185. Siehe SSR, pp.25–34/S.39–48.

186. SSR, p.6/S.21, pp.38–42/S.52–56 zusammen mit Kap.V, pp.103–110/S.115–122; 1970c, SSR p.184/S.196; 1971b, ET p.29/S.81f.

den, wie die Mitglieder dieser Gemeinschaft den Zugang zu der für sie spezifischen Welt erlangen. Hierbei spielen unmittelbare Ähnlichkeitsrelationen eine zentrale Rolle: Ihr Erlernen ist für die Objekte der entsprechenden Welt, für die Wahrnehmung und die empirischen Begriffe, mit denen diese Welt beschrieben wird, mitkonstitutiv; zugleich enthalten sie implizites Wissen über diese Welt. Für das Erlernen der relevanten Ähnlichkeitsrelationen muss auf bestimmte, für die entsprechende Erscheinungswelt repräsentative Objekte und Problemsituationen Bezug genommen werden. Dies sind die Paradigmen; ihre Schlüsselrolle für die Kuhnsche Theorie ergibt sich einmal daraus, dass sie das Netz der Ähnlichkeits- und Unähnlichkeitsrelationen fixieren. Zum anderen dienen die paradigmatischen Problemlösungen als Modelle für die auf ihnen aufbauende Forschungstradition.

Die Kuhnsche Analyse der Konstitution von Erscheinungswelten stösst auf das methodische Problem, welche Annahmen für diese Konstitutionsanalyse verwendet werden dürfen. Einerseits müssen diese Annahmen stark genug sein, um die Analyse zu ermöglichen, andererseits aber müssen sie so schwach sein, dass sie gegenüber verschiedenen möglichen Erscheinungswelten neutral sind. Ob es solche Annahmen gibt und welcher Art sie gegebenenfalls sind, musste offen bleiben.

Teil III

Die Dynamik des wissenschaftlichen Wissens

Kuhns Theorie der Wissenschaftsentwicklung zielt, so wurde in Kapitel 1 ausgeführt, zunächst vorbereitend auf die Struktur der Wissenschaftsentwicklung im Sinne eines allgemeinen Phasenmodells der Wissenschaftsentwicklung. In der Hauptsache aber geht es um die Struktur wissenschaftlicher Revolutionen, das heisst, um ihre wesentlichen Bestimmungsstücke und um die Phasen ihres Ablaufs. Revolutionen sind jene Einschnitte, die zwischen zwei verschiedenen, aufeinanderfolgenden Phasen normaler Wissenschaft bestehen. Dementsprechend lassen sich viele ihrer Charakteristika durch das besondere Verhältnis dieser Phasen bestimmen. Zunächst muss also dargelegt werden, was normale Wissenschaft ist; dies geschieht in Kapitel 5. Anschliessend kann der für die Kuhnsche Theorie spezifische Begriff der wissenschaftlichen Revolution geklärt werden (Kapitel 6). Schliesslich ist der zeitliche Ablauf von Revolutionen zusammen mit ihren wesentlichen Antriebskräften zu diskutieren (Kapitel 7).

Kapitel 5

Normale Wissenschaft

Zunächst werden in diesem Kapitel einige vorläufige Kennzeichnungen der normalen Wissenschaft angegeben (Abschnitt 5.1). Anschliessend wird die fundamentale Metapher entwickelt, mit der Kuhn die Spezifik der Normalwissenschaft beschreibt: das Rätsellösen (Abschnitt 5.2). Dann werden die Forschungsprobleme der Normalwissenschaft klassifiziert (Abschnitt 5.3). Aus alledem lässt sich verstehen, warum es in der Normalwissenschaft kumulativen Erkenntnisfortschritt gibt (Abschnitt 5.4). Schliesslich ist zu diskutieren, unter welchen Bedingungen normale Wissenschaft möglich ist (Abschnitt 5.5). Abschliessend wird nach der Funktionalität des Quasi-Dogmatischen gefragt, das die Normalwissenschaft kennzeichnet (Abschnitt 5.6).

5.1. Normale Wissenschaft: vorläufige Kennzeichnungen

Die normale Wissenschaft ist eine Phase der Wissenschaftsentwicklung, die vor Kuhns SSR in der Wissenschaftstheorie eine nur sehr unzureichende Beachtung gefunden hat[1]. Ohne ein Verständnis normaler Wissenschaft müssen nach Kuhn aber wesentliche Züge sowohl der wissenschaftlichen Ausbildung als auch der Wissenschaftsentwicklung unverständlich bleiben[2]. Ein zentrales Charakteristikum normaler Wissenschaft ist – in einer ersten und nur negativen Annäherung –, dass in ihr die grundsätzliche Fehlbarkeit menschlichen Wissens auf bestimmte Weise nicht berücksichtigt wird, ohne dass es sich darum aber um eine minderwertige Form von Wissenschaft handelt. Kuhn hat diesen Sachverhalt mit dem Titel seiner Arbeit 1963a „Die Funktion des Dogmas in der wissenschaftlichen Forschung" provokativ zum Ausdruck gebracht[3]. In weniger provokativen Formulie-

---

1. Vergleiche beispielsweise Poppers Äusserungen in seiner Arbeit 1970, p.52/S.52, trotz seiner Missverständnisse hinsichtlich dessen, was Kuhn genau unter Normalwissenschaft versteht (siehe dazu auch Kuhn 1970a, ET p.272/S.362). – Auch bei Conant findet sich schon – der Sache nach – die Gegenüberstellung von normaler und revolutionärer Wissenschaftsentwicklung:
   „Gewöhnlich wachsen unsere Theorien [conceptual schemes] in einen evolutionären Prozess [...]. In diesem Falle [dagegen, dem Torricellis] tauchte eine völlig neue Idee auf und überholte die ältere [rendered obsolete]." (Conant 1947, p.36).
   Scheibe hat nun in seiner Arbeit 1988, pp.142–143 nachgewiesen, dass man diese Gegenüberstellung auch schon bei Boltzmann in seinem Nachruf auf Joseph Stefan von 1895 finden kann: Boltzmann 1905, S.94f.

2. 1963a, p.369; SSR, p.24/S.38; 1970a, ET p.272/S.362.

3. Allerdings nimmt Kuhn im Text von 1963a diese provokative Formulierung teilweise zurück, indem er z.T. nur von „quasi-dogmatischen Bindungen [quasi-dogmatic commitments]" spricht: z.B. p.347 fn.1 und p.349. In der auf den Vortrag von 1963a folgenden Diskussion nimmt Kuhn schliesslich der Ausdruck „Dogma" vollständig zurück, da dieses Wort unpassende Konnotationen enthält: 1963b, p.392 mit p.390.

rungen spricht er von Forschung, „für die die Zeit ständiger Kritik und Theorienvermehrung vorbei ist"[4], von einer „traditionsgebundenen [tradition-bound]" Praxis[5], von Forschung „innerhalb eines bestimmten theoretischen Rahmens [within a framework]"[6], von einer Form der Wissenschaftsausübung, die „Resultat eines Konsenses zwischen den Mitgliedern einer Wissenschaftlergemeinschaft" sei[7]. Gemeint ist, dass bestimmte Elemente des wissenschaftlichen Wissens in der Phase normaler Wissenschaft nicht zur Disposition stehen, weil in Bezug auf ihre Geltung in der wissenschaftlichen Gemeinschaft ein Konsens besteht.

Schon diese primär negative Charakterisierung der normalen Wissenschaft kann plausibel machen, warum in den beiden dominanten vor-Kuhnschen Richtungen der Wissenschaftsphilosophie normale Wissenschaft nicht oder nur unzureichend gesehen worden ist. Sowohl der logische Positivismus als auch der kritische Rationalismus fassen Wissenschaft als ein Unternehmen auf, das von einem *durchgängigen* Bewusstsein der Fehlbarkeit menschlicher Wissensansprüche geprägt ist. Dies wird etwa durch das Gewicht der Basissatz- bzw. ProtokollsatzProblematik und der Bestätigungs- bzw. Überprüfungs-Theorie in diesen Wissenschaftstheorien belegt[8].

Die Existenz einer in einem noch näher zu klärenden Sinn dogmatischen Wissenschaftspraxis fiel Kuhn zunächst beim Vergleich von Gemeinschaften von Naturwissenschaftlern mit denen von Sozialwissenschaftlern hinsichtlich ihrer Kommunikation auf[9]. Für letztere sind ständige Debatten über Grundlagenfragen typisch, d.h. Kontroversen über anzuwendende Grundbegriffe, angemessene Problemstellungen und legitime Forschungsmethoden. Mit solchen Kontroversen ist meist eine Zersplitterung der Wissenschaftler in konkurrierende Schulen korreliert. In den zeitgenössischen Naturwissenschaften sind dagegen Grundlagenfragen über weite Strecken kein Gegenstand wissenschaftlicher Kontroversen, wenn auch der darin zum Ausdruck kommende Konsens immer wieder einmal zerbricht und sich damit als durchaus nicht endgültig erweist[10]. Wissenschaften, die dieses Stadi-

---

4. 1970b, p.246/S.238.

5. 1959a, ET p.227/S.310, p.232/S.316, p.234/S.317; SSR, p.5/S.20; 1970c, SSR p.208/S.220; ET, pp.XVII–XVIII/S.40; ähnlich schon im Titel von 1959a; SSR, p.11/S.26, p.65/S.78, p.90/S.103, p.144/S.155; 1962b, p.383; 1963a, p.351; 1970a, ET pp.267–268 fn.4/S.384 Fn.5, p.268/S.358; 1971a, p.138/S.314.

6. 1970b, p.242/S.234, ähnlich p.243/S.235.

7. Z.B. ET, p.XVIII/S.41; ähnlich 1961a, ET pp.221–222/S.295, p.227/S.310, pp.231–232/S.315f., SSR pp.4–5/S.19, p.10/S.25, p.11/S.26; 1963a, p.349.

8. Vergleiche hierzu die illustrativen Schwierigkeiten, die Kuhn hatte, um besonders den kritischen Rationalisten nur verständlich zu machen, was er unter normaler Wissenschaft versteht (z.B. 1970b, p.233/S.225f., p.236/S.228, p.242/S.234 mit Bezug auf Watkins 1970 und Popper 1970; auch 1976b, p.197 fn.1/S.132 Fn.3). Für kritische Rationalisten kann natürlich wissenschaftliche Tätigkeit, die nicht im Dauerbewusstsein der Fallibilität menschlichen Wissens dieses ständig überprüft, nur minderwertige Wissenschaft, strenggenommen eigentlich gar keine Wissenschaft sein:
   „Gibt es eine Streitfrage zwischen Sir Karl [Popper] und mir [Kuhn] hinsichtlich der normalen Wissenschaft, so betrifft sie diesen Punkt. Er und seine Gruppe behaupten, dass der Wissenschaftler ständig versuchen solle, ein Kritiker und Vermehrer von alternativen Theorien zu sein. Ich behaupte dagegen die Wünschbarkeit einer Wechsel-Strategie, die solches Verhalten nur für besondere Situationen vorsieht." (1970b, p.243/S.235).
   Vergleiche auch Stegmüller 1986, S.118f.

9. 1961a, ET p.222/S.295; SSR, pp.VII–VIII/S.9f.; ET, pp.XVIII– XIX/S.41; auch SSR, p.164/S.176.

10. SSR, pp.VII–VIII/S.9f. – Vergleiche Abschnitt 4.1 sowie Kapitel 6 und 7.

um erreicht haben, nennt Kuhn „reife" Wissenschaften[11]. ‚Normale Wissenschaft'
heisst nun dasjenige Stadium der reifen Wissenschaften, in denen die wissenschaftliche Praxis von einem breiten Konsens der entsprechenden Gemeinschaft
bezüglich Grundlagenfragen lebt[12].

Damit ist normale Wissenschaft zugleich gegen zwei andere Stadien bzw.
Praxisarten von Wissenschaft abgegrenzt. Einmal unterscheidet sie sich von derjenigen Art der Wissenschaftsausübung in einem Gebiet, in dem ein allgemeiner for-
schungstragender Konsens noch niemals erreicht worden ist. Diese Art der Wissenschaftsausübung werde ich später ‚vornormale' Wissenschaft nennen[13]. Zum
anderen unterscheidet sich normale Wissenschaft von Phasen mit einem grundlegenden Dissens im Reifestadium der Wissenschaft; in diesem Fall ist der Dissens
das Resultat des Zerbrechens eines vorgängigen, allgemeinen Konsenses. Diese
Art der Wissenschaftspraxis heisst bei Kuhn ‚ausserordentliche Wissenschaft' oder
‚Wissenschaft im Krisenzustand'[14].

Wie ist nun die normale Wissenschaft positiv zu charakterisieren? In SSR und
anderen, in dessen zeitlicher Umgebung liegenden Arbeiten bezeichnet Kuhn Paradigmen als die Grundlage des oben angeführten allgemeinen Konsenses, der die
für die Normalwissenschaft charakteristische Forschungspraxis ermöglicht[15]. Dabei hatte er in die Bestimmung des (weiteren und des engeren) Paradigmenbegriffs mit aufgenommen, dass in Bezug auf sie bei den einschlägigen Fachleuten
ein allgemeiner, d.h. durchgängiger Konsens besteht[16]. Diese Prägung des Paradigmenbegriffs in den frühen 60er Jahren korreliert die Begriffe ‚normale Wissenschaft' und ‚Paradigma' so eng, dass ‚normale' und ‚paradigmengeleitete' Wissenschaft Synonyme werden[17]: denn die *allgemeine* Anerkennung der Paradigmen genannten wissenschaftlichen Leistungen ist für die Möglichkeit normaler Wissenschaft notwendig und hinreichend. In seinen 1969 verfassten Arbeiten löst Kuhn
aber diese enge Verbindung des Paradigmenbegriffs mit dem Begriff der Normalwissenschaft, indem aus der Bestimmung des Paradigmenbegriffs jenes Charakteristikum weggelassen wird, das fordert, dass die forschungsleitenden Errungenschaften *allgemein* anerkannt sein müssen[18]. Entsprechend genügt es zur Charakterisierung der normalen Wissenschaft nach 1969 auch nicht mehr, sie als
‚paradigmengeleitete Wissenschaft' zu kennzeichnen, da dieses Merkmal auch auf
die vornormale Wissenschaft zutreffen kann.

Doch ist die Intention Kuhns, die zur Charakterisierung der normalen Wissenschaft als paradigmengeleiteter Wissenschaft geführt hat, von der genannten

---

11. Z.B. 1959a, p.235/S.318f.; SSR, p.11/S.26, p.12/S.27, p.15/S.30, p.69/S.82; 1964, ET p.261/S.348;
1970b, pp.244–245/S.237; 1970c, p.179/S.190. – An anderen Stellen spricht Kuhn auch vom
„postparadigmatischen" Stadium: z.B. SSR, p.IX/S.11, p.32/S.46, p.87/S.100; 1963a, p.354; 1970b,
p.272 fn.1/S.263 Fn.73; 1970c, SSR p.178/S.190; 1974a, ET p.295 fn.4/S.416 Fn.4.

12. Beachte aber die einschränkenden Qualifikationen des Status anscheinender Konkurrenzlosigkeit
von Gemeinschaften in Abschnitt 1.1.b.

13. Siehe Abschnitt 5.5.b.

14. Siehe Abschnitt 7.3.b.

15. SSR, Kap.3.

16. Vergleiche die Abschnitte 4.1 und 4.2.b.

17. Siehe z.B. SSR, p.11/S.26, p.18/S.33, p.23/S.37, p.25/S.39, p.100/S.113; 1963a, p.359, pp.361–362,
p.364. – Die enge Verbindung des Paradigmenbegriffs mit dem Begriff der normalen Forschung ist
in den entsprechenden Einführungen des Paradigmenbegriffs bewusst angelegt: SSR, p.VIII/S.10
und p.10/S.25; 1963a, p.358.

18. Vergleiche Abschnitt 4.2.b.

Abschwächung des Paradigmenbegriffs nicht betroffen. Denn der Sinn der früheren Kennzeichnung der normalen Wissenschaft als paradigmengeleiteter war, für ihre auffallendste Eigenschaft aufzukommen, die sie am klarsten von der vornormalen und der ausserordentlichen Wissenschaft abgrenzt, aber auch von der Arbeit in anderen kreativen Gebieten. Die normale Wissenschaft hat wie die Wissenschaft in allen Stadien ihrer Entwicklung die Aufgabe, ein möglichst allgemeines und doch detailliertes Verständnis der Welt zu erarbeiten; dabei strebt sie nach einem Maximum sowohl von innerer Kohärenz als auch von Übereinstimmung mit der Welt[19]. Das Charakteristikum der normalen Wissenschaft ist es nun, dass sie diese Aufgabe auf eine Weise erfüllen kann, die fundamentale Ähnlichkeiten mit dem Rätsellösen aufweist[20]. Im folgenden Abschnitt 5.2 werde ich die Analogien zwischen dem Rätsellösen und der normalen Wissenschaft entwickeln. Diese Analogien können die normalwissenschaftlichen Forschungsprobleme aber nicht ihrem Inhalt nach betreffen. Zur weiteren Charakterisierung der normalen Wissenschaft sind daher die Probleme der Normalwissenschaft inhaltlich zu bestimmen; dies geschieht in Abschnitt 5.3.

5.2. Die Analogien zum Rätsellösen

Die Metapher des „Rätsel-Lösens [puzzle-solving]" zur Charakterisierung der normalen Wissenschaft spielt in Kuhns Schriften an vielen Orten eine zentrale Rolle[21]. Kuhn hat als Quelle der Analogie etwa Kreuzworträtsel, Zusammensetzspiele (Puzzles) und Schachprobleme im Blick[22]. Für Kuhn ist die Analogie der normalwissenschaftlichen Forschungsarbeit mit dem Rätsellösen so tiefgehend, dass er am ehesten in dieser Analogie ein Abgrenzungskriterium sieht, mit dem die Wissenschaften von anderen kreativen Unternehmen – wie den Künsten in einem weiten Sinn oder der Philosophie – unterschieden werden können[23].

Zur konkreten Bestimmung der normalwissenschaftlichen Art der Forschungstätigkeit können daher die Analogien zwischen dem Rätsel-Lösen und der Normalwissenschaft als Leitfaden dienen. Dabei empfiehlt es sich, immer auch die

---

19. Vergleiche Abschnitt 1.2.c.

20. 1970c, SSR p.179/S.190.

21. Z.B. 1959a, ET p.234/S.317, p.235/S.319, p.237/S.322 Uebersetzungen mangelhaft (der terminus technicus ‚puzzle' ist durch das unspezifische Wort ‚Problem' wiedergegeben); 1961a, ET p.192/S.267, p.221/S.295; SSR, Kap.IV, p.52/S.65, p.69/S.82, p.79/S.92, p.80/S.93, p.82/S.96, p.100/S.113, p.135/S.146, p.140/S.152, pp.144–145/S.155f., p.152/S.163, p.166/S.177; 1963a, p.349, p.362, pp.363–364, p.368; 1969c, ET p.343/S.449f., p.346/S.454, p.347/S.455; 1970a, ET pp.270–271/S.361, p.273/S.363f., p.274/S.364, p.276/S.366, p.277/S.367, p.277/S.368, p.278/S.369; 1970b, pp.246–247/S.238f., p.248/S.239f., p.254/S.246, p.256/S.248; 1970c, SSR p.178/S.190, p.179/S.190, p.205/S.216f., p.209/S.220; 1974b, p.455; ET, p.XVII/S.40; 1983c, p.30. – Das grosse Gewicht der Puzzle-Metapher kommt auch aus der überschrift von Kap.IV von SSR zum Ausdruck: „Normale Wissenschaft als Rätsel-Lösen". – Vergleiche auch die Analogie von Forschung und Spiel in Staudinger 1984.

22. SSR, p.36/S.50, p.38/S.52; 1970a, ET p.271 fn.6/S.385 Fn.7. – Der Terminus ‚puzzle' (und wohl auch die von Kuhn gewählten Beispiele wie Kreuzworträtsel etc.) hat etliche Autoren zu der Meinung geführt, für Kuhn seien die normalwissenschaftlichen Forschungsprobleme „nicht sehr ernst oder sehr tief" (Popper 1970, p.53 fn.1/S.53 Fn.1; ähnlich auch Putnam 1974, p.261 und Röseberg 1984, S.27). Dies trifft nur dann zu, wenn man ausschliesslich wissenschaftlichen Aktivitäten, die auf konzeptuelle Neuerungen zielen, den Status der Ernsthaftigkeit und Tiefe zuspricht.

23. 1970a, ET p.270/S.360, pp.272–277/S.363–367 (indirekt auch schon in SSR, p.22/S.36). Allerdings könne man nach Kuhn nicht erwarten, dass dieses (oder ein anderes) Kriterium stets eindeutige Abgrenzungen liefere.

Grenzen der jeweiligen Analogie zu beachten. Die Analogie zwischen der Normalwissenschaft und dem Rätsellösen betrifft die Existenz von Reglementierungen (Teilabschnitt 5.2.a), das Bestehen einer Lösbarkeitserwartung (Teilabschnitt 5.2.b), das Fehlen einer Ausrichtung auf fundamentale Innovationen (Teilabschnitt 5.2.c), die Unangemessenheit einer Beschreibung dieser Tätigkeiten als Test oder Bestätigung (Teilabschnitt 5.2.d), und die Motivation dessen, der Rätsel löst bzw. Normalwissenschaft betreibt (Teilabschnitt 5.2.e).

a) Die Existenz von Reglementierungen

Normalwissenschaftliche Forschung besteht wie das Rätsellösen im Bearbeiten einer bestimmten Art von Problemen. Die erste Analogie betrifft auf sehr allgemeine Weise den Typ der Problembearbeitung. Die Analogie besteht darin, dass die normalwissenschaftliche Problembearbeitung wie das Rätsellösen durch bestimmte *Reglementierungen*, d.h. durch einzuhaltende Beschränkungen normiert ist. Die Reglementierungen der normalwissenschaftlichen Tätigkeit haben dabei die gleiche Funktion wie die, welche dem Rätsellösen durch die ‚Spielregeln‘ auferlegt sind: in beiden Fällen ist sowohl der Lösungsweg als auch die Zulässigkeit der Lösung selbst reglementiert. Das bedeutet, dass weder der Lösungsweg noch die Beurteilung der Zulässigkeit eines Lösungsvorschlages gänzlich dem Belieben des Spielers bzw. Wissenschaftlers überlassen sind[24].

Welcher Art sind nun die Reglementierungen, die bei der normalwissenschaftlichen Forschungstätigkeit einzuhalten sind? In SSR unterscheidet Kuhn vier verschiedene Arten von normalwissenschaftlichen Reglementierungen[25]:

Erstens, und am offensichtlichsten, müssen sich Wissenschaftler an bestimmte allgemeine Sätze halten, die explizit Theorien, Gesetze, oder Definitionen von Begriffen formulieren.

Zweitens gibt es „eine Vielzahl von Bindungen an bevorzugte Arten von Instrumenten und an die Weisen, in denen akzeptierte Instrumente legitimerweise verwendet werden können"[26]. In solchen Bindungen ist einmal die Gültigkeit von denjenigen Theorien vorausgesetzt, die eine bestimmte Verwendung eines Apparates rechtfertigen. Darüber hinaus enthalten die üblichen Verwendungsweisen von Apparaten aber auch eine unbestimmt grosse Zahl von impliziten Erwartungen darüber, welche Arten von Situationen eintreten, und – vor allem – welche Arten von Situationen *nicht* eintreten können[27].

Als dritte Art von Reglementierungen nennt Kuhn „quasi-metaphysische" Bindungen, d.h. Überzeugungen hinsichtlich dessen, von welcher Art das physisch Seiende ist, und was es per Implikation nicht gibt. Solche ontologischen Überzeugungen haben zugleich auch eine weitreichende methodologische, d.h. wissenschaftsnormierende Bedeutung: denn durch sie wird festgelegt, von welcher Art

---

24. 1959a, ET p.237/S.322; SSR, p.5/S.20, pp.38–42/S.52–56; 1962b, p.383; 1963a, p.349, pp.362–363; 1970a, ET p.273/S.364.

25. SSR, pp.40–42/S.54f. – Kuhn spricht an den genannten Stellen von „Regeln [rules]", eine Ausdrucksweise, die er am Beginn der Passage als „eine beträchtlich erweiterte Verwendungsweise des Ausdrucks ‚Regel‘" bezeichnet (SSR, pp.38–39/S.52f.), und die er am Ende der Passage wieder zurücknimmt (p.42/S.56 und Kap.V). Warum Kuhn selbst das Wort ‚Regel‘ schliesslich zurücknimmt, und warum ich stattdessen gleich von ‚Reglementierungen‘ spreche, wird am Ende dieses Abschnitts klar werden.

26. SSR, p.40/S.54.

27. SSR, pp.59–60/S.71ff.

die fundamentalen Gesetze sein müssen, welche Arten von Erklärungen wissenschaftlich legitim sind und von welcher Art die anzugehenden Forschungsprobleme sind.

Viertens gibt es noch bestimmte, sehr abstrakte, überzeitliche Reglementierungen, die sich daraus ergeben, dass es sich bei dem betriebenen Unternehmen überhaupt um Wissenschaft handeln soll[28].

Hinsichtlich solcher Reglementierungen herrscht in der Normalwissenschaft bei der entsprechenden wissenschaftlichen Gemeinschaft Konsens. Da der Kern eines wissenschaftlichen Konsenses ja Paradigmen sind, sagt Kuhn in SSR, dass „die Wissenschaftler solche Bindungen von ihren Paradigmen herleiten"[29]. Offensichtlich handelt es sich bei der Gesamtheit der Reglementierungen also um nichts anderes als das, was in den 1969 verfassten Arbeiten der Begriff der disziplinären Matrix fassen soll: nämlich „die Gesamtheit der gemeinsamen Bindungen [commitments] einer wissenschaftlichen Gruppe"[30].

Einzugehen ist nun noch auf die Grenze, welche für die Analogie zwischen dem Rätsellösen und der Normalwissenschaft hinsichtlich der Existenz von Reglementierungen besteht. Diese Grenze betrifft die Art der leitenden Reglementierungen. In den paradigmatischen Fällen von Rätsellösen sind die für die jeweilige Klasse von Rätseln spezifischen Reglementierungen in der Form von *explizit* formulierten Spielregeln vorgegeben: bei einem Schachproblem beispielsweise als die im Schach zulässigen Züge zusammen mit der erlaubten Zugzahl bis zum Matt. Dagegen ist es gerade eine der Pointen der Kuhnschen Wissenschaftstheorie, dass die durch Paradigmen angeleitete Forschung eine nicht ausschliesslich durch explizite oder explizierbare Regeln determinierte Praxis ist[31]. Viele der die Willkür der Forschers einschränkenden Reglementierungen sind *implizit* vorgegeben, in der Form exemplarischer Problemlösungen mit ihren verschiedenen Momenten; diese Reglementierungen können grundsätzlich nicht in der Form bedingter oder unbedingter expliziter Handlungsanweisungen angemessen wiedergegeben werden. Daher habe ich von Anfang an von ‚Reglementierungen' gesprochen und nicht von ‚Regeln', um der Verwechslung mit expliziten Handlungsanweisungen vorzubeugen.

b) Das Bestehen einer Lösbarkeitserwartung

Für die normalwissenschaftliche Forschung wie für das Rätsellösen ist es konstitutiv, dass sie in der Erwartung der Existenz einer (und eventuell nur einer) reglementierungskonformen Lösung des jeweils gewählten Problems betrieben werden[32].

Diese Analogie kommt an ihre Grenze, wenn man nach der Quelle dieser Erwartung fragt. Im Falle des Rätsellösens ist es der menschliche Konstrukteur (oder Erfinder) des Rätsels, der zusammen mit den Institutionen, durch die das Rätsel dem Rätsellöser zugänglich wird, für seine Lösbarkeit bürgen. Die Konstruktion

---

28. Vergleiche zu diesen überzeitlichen Reglementierungen Abschnitt 1.2.c.

29. SSR, p.40/S.54.

30. 1974a, ET p.294/Satz fehlt in der übs.; vergleiche Abschnitte 4.2.a und 4.3.

31. SSR, p.42/S.56, p.88/S.101. – Vergleiche Abschnitt 4.1.

32. 1959a, ET p.234/S.317, p.235/S.319f.; SSR, p.28/S.41, pp.37–38/S.51f. p.42/S.56, p.68/S.81, p.96/S.108f., pp.151–152/S.162, p.164/S.175; 1963a, p.362; 1964, ET p.262/S.349; 1969c, ET p.346/S.454; 1970a, ET pp.270–271/S.361; 1970c, SSR p.179/S.190; 1974b, p.455.

des Rätsels geht dabei vielfach von dem aus, was später die Lösung sein wird, und erfindet unter Berücksichtigung der nachher vom Rätsellöser einzuhaltenden Regeln ein zugehöriges Rätsel.

Im Falle der normalwissenschaftlichen Forschung dagegen ist die Quelle für die Erwartung der Lösbarkeit von Forschungsproblemen von anderer Art. Als lösbar angesehene Forschungsprobleme der Realwissenschaften werden nicht ‚erfunden‘ oder ‚konstruiert‘. Sie liegen aber auch nicht so offen zutage, dass sie einfach ‚gegeben‘ sind; gegeben in diesem Sinn sind allenfalls Probleme *ohne* eine begründete Lösungserwartung. Normalwissenschaftliche Forschungsprobleme werden vielmehr ‚entdeckt‘, ‚gefunden‘ oder ‚ausgewählt‘, und zwar geleitet durch Paradigmen im Sinne exemplarischer Problemlösungen[33]. Wenn eine bestimmte Erscheinungswelt einmal konstituiert ist (was auch, aber nicht nur ein Moment von Konstruktion enthält[34]), dann ist die Identifikation von lösbaren Forschungsproblemen kein Konstruieren, sondern ein Finden. Die Erwartung, dass ein bestimmtes Forschungsproblem lösbar ist, ergibt sich zum einen aus dessen Analogisierbarkeit mit tatsächlich schon gelösten paradigmatischen Problemen; dies liefert aber zunächst nur die Erwartung, dass die Lösung *im Prinzip* möglich ist. Darüber hinaus muss diese Lösung aber mit den zur Verfügung stehenden instrumentellen, personellen, finanziellen und Zeitmitteln *praktisch* möglich sein. Auch dafür liefert die Analogisierbarkeit mit den schon gelösten Problemen Anhaltspunkte.

Es ist für die Normalwissenschaft eine historische Tatsache, dass so gewonnene Erwartungen hinsichtlich der Lösbarkeit von Forschungsproblemen über weite Strecken nicht enttäuscht werden. Wie diese Tatsache zu verstehen ist, ist allerdings eine andere Frage, die innerhalb der Kuhnschen Theorie offen bleibt[35].

c) Keine fundamentalen Innovationen als Ziel

Analog dem Lösen von Rätseln hat das Lösen von normalwissenschaftlichen Forschungsproblemen nicht das Ziel, fundamentale Innovationen einzuführen. Unter ‚fundamentalen Innovationen‘ sind hier Innovationen zu verstehen, die die Reglementierungen betreffen. Innerhalb der Normalwissenschaft selbst sollen also weder das in den exemplarischen Problemlösungen und symbolischen Verallgemeinerungen verwendete Begriffsystem, noch die Verallgemeinerungen selbst, noch die Art der Identifikation und Lösung von Forschungsproblemen revidiert werden. Für das Rätsellösen wie für die Normalwissenschaft sind also Reglementierungen konstitutiv, und sie stehen daher während dieser Tätigkeiten nicht zur Disposition. Von dieser fehlenden Ausrichtung auf fundamentale Innovationen her ist verständlich, dass normalwissenschaftliche Problemlösungen in vielen Zügen antizipiert werden können[36].

Die Bindung an Reglementierungen schliesst aber durchaus nicht aus, dass *innerhalb* des durch sie gesetzten ‚Rahmens‘ neuartige Lösungswege gefunden werden können. Dies gilt offensichtlich auch für Rätsel. Ähnlich ist normalwis-

---

33. Vergleiche Abschnitt 4.4.b.

34. Vergleiche Kapitel 3, besonders Abschnitt 3.2.

35. SSR, p.173/S.184f.

36. 1959a, ET p.225/S.308, p.227/S.310, p.232/S.316, pp.233–234/S.317, p.235/S.319; 1961a, ET p.187/S.263, p.192/S.267, p.197/S.272; SSR, p.24/S.38, p.29/S.42, p.35/S.49f., p.36/S.50, pp.52–53/S.65f., p.59/S.71f., p.61/S.73, p.64/S.77, p.65/S.77, p.66–67/S.79, p.76/S.89, p.96/S.109, p.122/S.134, pp.163–164/S.174; 1962d, ET pp.166–167/S.240f; 1963a, p.348, p.362, p.363, p.364, p.365, p.368.

senschaftliche Forschung keineswegs immer eine unkreative, bloss repetitive Routinetätigkeit[37]. Vielmehr fordern die teilweise ausserordentlich komplexen Probleme instrumenteller, begrifflicher und mathematischer Art[38] zu ihrer Bewältigung manchmal ein Höchstmass an innovativer Phantasie. Auch werden in der Normalwissenschaft durchaus Entdeckungen neuer Phänomene und Entitäten gemacht. Aber es handelt sich hier nicht um ‚unerwartete Entdeckungen‘, die „nicht durch die akzeptierten Theorien vorausgesagt werden konnten, und die daher die gesamte Fachwelt überraschten"[39]. Vielmehr sind es antizipierte Phänomene und Entitäten, die in der Normalwissenschaft entdeckt werden, und solche Entdeckungen sind dementsprechend „nur Anlass für Gratulationen, nicht aber für Überraschung"[40].

Diese Analogie mit dem Rätsellösen kommt in folgender Hinsicht an eine Grenze. Die Normalwissenschaft ist nicht nur nicht auf fundamentale Innovation gerichtet, sondern es besteht sogar eine gewisse Tendenz, solche Probleme und Phänomene zu unterdrücken, welche die zugrundeliegenden Reglementierungen in Frage stellen würden[41]. Ähnlich reagieren Wissenschaftler während der Phase der normalen Wissenschaft abweisend auf Vorschläge, die leitenden Reglementierungen zu verändern. Hier zeigt die Normalwissenschaft am ausgeprägtesten eine gewisse dogmatische Tendenz[42]. Dafür scheint es beim Rätsellösen kein Analogon zu geben. Doch lassen sich solche kritischen Phänomene und Probleme in der Normalwissenschaft nicht immerfort unterdrücken, und dies ist ein weiterer Aspekt, in dem die Analogie mit dem Rätsellösen nicht besteht. Denn die normale Wissenschaft treibt nach Kuhn über sich selbst hinaus auf eine wissenschaftliche Revolution zu[43], während eine solche Tendenz beim Rätsellösen nicht zu bestehen scheint.

Normale Wissenschaft sucht also nicht nach prinzipiellen Innovationen, sondern arbeitet innerhalb eines gewissen feststehenden Rahmens. Dies ist die Quelle für drei weitere Metaphern, die Kuhn zur Charakterisierung normaler Wissenschaft verwendet. Einmal spricht Kuhn davon, dass normale Wissenschaft

> „ein Versuch sei, die Natur in die vorgefertigten und relativ unflexiblen Schubladen zu zwängen, die das Paradigma bereitstellt"[44].

Dann bezeichnet Kuhn die normale Wissenschaft als „Aufräumarbeit [mop-up work, mopping-up operations]", in der die durch die schon erfolgten Lösungen erzeugten Erwartungen auf Erfolg in ähnlichen Problem-Situationen tatsächlich er-

---

37. 1959a, ET p.235/S.319; 1961a, ET pp.192–198/S.266–273, pp.208–209/S.283; SSR, p.36/S.50, p.38/S.52, p.135/S.146; 1962d, ET p.167/S.240f.; 1970b, p.246/S.238; 1976b, p.197 fn.1/S.132 Fn.3.

38. Für eine Klassifikation der Forschungsprobleme der normalen Wissenschaft siehe Abschnitt 5.3.

39. 1962d, ET p.166/S.240; ähnlich SSR, p.52/S.65; 1963a, p.365. – Siehe zu den unerwarteten Entdeckungen später Abschnitt 7.2.

40. SSR, p.58/S.71; ähnlich 1962d, ET p.166–167/S.240f.; 1963a, p.365. An diesen Stellen nennt Kuhn auch sein Standardbeispiel für normalwissenschaftliche Entdeckungen: die Entdeckung von chemischen Elementen, die durch das Periodensystem bereits vorhergesagt worden waren.

41. SSR, pp.5–6/S.20, p.24/S.38, p.62/S.75, p.64/S.77; 1963a, p.348, p.360, p.364; 1964, ET p.262/S.349.

42. Vergleiche Abschnitt 5.1. – Die dogmatische Tendenz der Normalwissenschaft zeigt sich ausserdem noch in der zu ihrer Ausübung befähigenden Ausbildung: siehe dazu später Abschnitt 5.5.a.

43. Siehe dazu später Abschnitt 7.1.

44. SSR, p.24/S.38, ähnlich p.5/S.19, pp.151–152/S.162; 1970a, ET pp.270–271/S.361; 1970b, p.260/S.252, p.263/S.255; 1981, p.5/S.11; auch 1961a, ET pp.193–198/S.268/S.273.

füllt werden[45]. Und schliesslich vergleicht er die normalwissenschaftliche Tätigkeit mit der

> „Aufklärung topographischer Einzelheiten auf einer Landkarte, deren hauptsächliche Züge im Voraus bekannt sind"[46].

d) Weder Test noch Bestätigung

Eng verbunden mit der soeben genannten Analogie zwischen Rätsellösen und normaler Wissenschaft ist die weitere Parallele, dass weder Rätsellösen noch normale Wissenschaft als ‚Test' oder ‚Bestätigung' (bzw. ‚Bewährung') der jeweils konstitutiven Reglementierungen aufgefasst werden können[47]. Diese Aussage kann in mindestens dreierlei Sinn verstanden werden.

1. Einmal kann sich die Aussage auf die *individuelle Motivation* eines Rätsellösers bzw. Normalwissenschaftlers beziehen. Für das Rätsellösen trifft die Aussage dann ganz offensichtlich zu: der Rätsellöser hat (im Normalfall) nicht die Absicht, die Spielregeln zu bestätigen oder zu testen (was immer das genau bedeuten könnte). Auch die dominante Komponente der individuellen Motivation des Normalwissenschaftlers ist nach Kuhn nicht das Testen- oder Bestätigen-Wollen der jeweils leitenden Reglementierungen. Dies wird in Teilabschnitt 5.2 bei der Diskussion der Analogie zwischen der individuellen Motivation derer dargelegt werden, die Rätsel lösen bzw. Normalwissenschaft betreiben.

2. Dann kann sich die Aussage, weder Rätsellösen noch Normalwissenschaft sei ein Testen oder Bestätigen der leitenden Reglementierungen, auf *institutionelle Ziele* des Rätsellösens bzw. der Normalwissenschaft beziehen[48]. Für das Rätsellösen ist die Aussage erneut evident. Die Normalwissenschaft versteht Kuhn von einem anderen institutionellen Ziel her: Normale Wissenschaft besteht darin, die jeweils akzeptierte Theorie und die Natur in immer verbesserte und erweiterte Übereinstimmung zu bringen[49]. Hier ist mit ‚Natur' natürlich eine Erscheinungswelt gemeint, nämlich diejenige Erscheinungswelt, in die die Mitglieder der entsprechenden Gemeinschaft durch ihre Kultur und ihre spezielle Ausbildung einsozialisiert wurden[50]. Die für die Ausübung der normalen Wissenschaft bindenden Reglementierungen explizieren gerade dieses institutionelle Ziel:

---

45. 1961a, ET p.188/S.263f.; SSR, p.24/S.38.

46. 1959a, ET p.235/S.319; ähnlich SSR, p.109/S.121f.

47. 1961a, ET p.187/S.263, p.192/S.267, p.197/S.272; SSR, p.80/S.93, pp.144–145/S.155f., p.146/S.157; 1970a, ET pp.270– 272/S.361ff.

48. Was ich hier ‚institutionelle Ziele' nenne, kann auch als ‚funktionaler Sinn' bezeichnet werden; Kuhn spricht vielfach einfach von ‚Funktion'. Beispiele sind etwa die Titel von 1961a: „Die Funktion des Messens in den modernen physikalischen Wissenschaften", von 1963a: „Die Funktion des Dogmas in der wissenschaftlichen Forschung" und von 1964: „Eine Funktion für das Gedankenexperiment".

49. 1959a, ET p.233/S.316f.; 1961a, ET p.192/S.267; SSR, p.36/S.50, p.52/S.65, pp.64–65/S.77, p.80/ S.93, p.122/S.134, p.135/S.146, p.152/S.163; 1963a, p.353, pp.360–361, p.363, p.367; 1964, ET p.262/S.349; 1968a, ET p.119/S.186; 1970b, p.237/S.229, p.246/S.238, p.250/S.242; vergleiche Abschnitt 5.1. – Was ‚bessere übereinstimmung' dabei für eine bestimmte wissenschaftliche Gemeinschaft *genau* besagen soll, das geben die wissenschaftlichen Werte in ihrer für die jeweilige Gemeinschaft charakteristischen Prägung an (vergleiche Abschnitt 4.3.c).

50. Vergleiche Kapitel 3, besonders Abschnitt 3.4, sowie später Abschnitt 5.5.a.

„[D]ieses starke Netzwerk von begrifflichen, theoretischen, instrumentellen und methodischen Bindungen [...] liefert die Reglementierungen, die dem Fachwissenschaftler einer reifen Wissenschaft sagen, wie die Welt und seine Wissenschaft beschaffen sind"[51].

Diese Bindung an die Reglementierungen macht die Beschreibung ihrer Rolle als ein ‚Getestet-Werden' oder ein ‚Bestätigt-Werden' zu Kategorienfehlern: denn Testen oder Bestätigen ist nur gegenüber einer Sache möglich, die auf gewisse Weise zur Disposition steht. Die Reglementierungen, die die normale Wissenschaft leiten, sind dagegen konstitutiv für diese Wissenschaftspraxis und stehen innerhalb ihrer gerade nicht zur Disposition[52].

Dreierlei ergibt sich als Konsequenz dieses institutionellen Ziels der Normalwissenschaft.

Erstens ermöglicht die Bindung an Reglementierungen eine hinsichtlich der Problemauswahl wie auch der Problemlösung stark gerichtete und damit hochdetaillierte, hocheffiziente und kooperative Art der Forschung, die ohne solche Bindungen nicht realisierbar scheint[53].

Zweitens erklärt sich der vielfach esoterische Charakter normalwissenschaftlicher Arbeit aus dieser Bindung[54]. Denn diese Arbeit ist nur verständlich, wenn man die paradigmatischen Problemlösungen in ihren begrifflichen und instrumentellen Details kennt, und mit ihnen die leitenden Reglementierungen; gerade diese Kenntnis haben aber die Aussenstehenden im allgemeinen nicht.

Drittens erklärt die Bindung an Reglementierungen, warum es für die Normalwissenschaft legitim sein kann, bestimmte bislang unbefriedigend gelöste oder momentan unlösbare Probleme beiseite zu lassen, und stattdessen die als lösbar erscheinenden Probleme in Angriff zu nehmen[55]. Denn

„weder löst eine Theorie jemals alle die Rätsel, denen sie sich zu einer bestimmten Zeit gegenüber sieht, noch sind oft die schon erzielten Lösungen perfekt."[56]

Wäre die Normalwissenschaft ihrem institutionellen Ziel nach ein Testen von Reglementierungen, dann stünde ein solches Verhalten in Widerspruch zu diesem Ziel. In diesem Fall müsste *jede* empirische Abweichung von der Theorie sofort so lange verfolgt werden, bis definitiv entschieden ist, ob das Problem innerhalb der

---

51. SSR, p.42/S.56.

52. Mittelbar hat normale Wissenschaft noch ein weiteres institutionelles Ziel, das für die Kuhnsche Theorie von höchster Bedeutung ist: nämlich die Voraussetzungen für die Erneuerung ihrer konstitutiven Reglementierungen zu liefern, das heisst eine wissenschaftliche Revolution in die Wege zu leiten; siehe dazu später Abschnitt 7.1.

53. 1959a, ET pp.235–236/S.319f., p.237/S.321; SSR, p.18/S.32f., p.22/S.36, pp.24–25/S.38f., p.42/S.56, pp.64–65/S.77, p.76/S.89, p.96/S.109, p.152/S.163, pp.163–164/S.175; 1963a, pp.356–357, p.363; 1964, ET pp.261–262/S.348f.; 1970b, p.243/S.234, p.247/S.239; 1970c, SSR p.178/S.190. – Siehe auch später Abschnitt 5.6.

54. 1959a, ET p.235/319, p.236/S.321; SSR, p.11/S.26, p.18/S.32, p.20/S.34, p.23/S.37, p.24/S.38, p.42/S.56, p.64/S.77, pp.163–164/S.175; 1963a, p.357, p.363; 1970b, p.247/S.239, p.254/S.246; 1970c, SSR p.178/S.190.

55. 1959a, ET p.234/S.318, p.236/S.320; 1961a, ET p.202/S.278, pp.203–204/S.279f.; SSR, p.18/S.32, pp.79–80/S.92f., pp.81–82/S.94f., p.96/S.108f., p.110/S.122, pp.146–147/S.157f.; 1963a, p.365; 1963b, p.392; 1964, ET p.262/S.349.

56. SSR, p.146/S.157, ähnlich p.79/S.92, p.81/S.94, p.110/S.122, p.147/S.158.

leitenden Reglementierungen lösbar ist oder nicht. Tatsächlich aber ist eine solche definitive Entscheidung wegen der Fülle möglicher Gründe für die Abweichung vielfach praktisch unmöglich[57]. So aber, mit dem Ziel der Verbesserung der Übereinstimmung von Theorie und Natur, zählen die gelingenden Anwendungen der Theorie, und die im Moment nicht oder nur unbefriedigend lösbaren Probleme können beiseite gelassen werden.

3. Schliesslich kann die Aussage, dass Rätsellösen und normale Wissenschaft nicht als Test oder Bewährung der jeweils konstitutiven Reglementierungen aufgefasst werden können, noch in einem dritten Sinn verstanden werden. Zwar mögen Rätsellösen und normale Wissenschaft weder individuell-motivational noch institutionell *manifest* auf Test oder Bestätigung gerichtet sein. Dennoch könnte es sein, dass sich ein Test bzw. eine Bewährung der leitenden Reglementierungen als unbeabsichtigte Nebenwirkung des Rätsellösens bzw. der Normalwissenschaft ergibt. Testen bzw. Bewähren der Reglementierungen könnte demnach eine *latente* Funktion der Normalwissenschaft sein[58]. Rätsellösen und normale Wissenschaft könnten dann als Testen oder Bestätigen *aufgefasst* werden in dem Sinn, dass dies eine zwar nicht die individuellen Intentionen oder den manifesten institutionellen Sinn erfassende Interpretation dieser Tätigkeiten darstellt, aber dennoch unintendierte Aspekte von ihnen erfasst.

Betrachten wir zunächst die Interpretation der Normalwissenschaft, die sie als ein unintendiertes *Testen* der Reglementierungen aufzufassen versucht. Dagegen spricht die Tatsache, dass in der Normalwissenschaft das Misslingen einzelner Problemlösungen nicht als Zeichen für die Fehlerhaftigkeit der Reglementierungen, sondern für das Versagen des jeweiligen Wissenschaftlers angesehen wird[59]. Diese auf den ersten Blick vielleicht etwas eigenartige Behauptung erklärt sich durch den schon unter Punkt 2 genannten Sachverhalt, dass es in der Normalwissenschaft immer beliebig viele Probleme gibt, die als ‚im Prinzip‘ lösbar gelten, deren tatsächliche Lösung aber – aus welchen Gründen auch immer – nicht möglich ist. Deshalb müssen Wissenschaftler in der Lage sein, tatsächlich lösbare Probleme als solche zu erkennen; je überraschender die Lösung, je origineller die Ausnutzung des von den Reglementierungen gesetzten Rahmens, desto grösser die wissenschaftliche Leistung. Dementsprechend spricht ein misslungener Lösungsversuch zunächst einmal nur dafür, dass es sich entweder um ein momentan nicht lösbares Problem handelt, oder dass der entsprechende Wissenschaftler unzureichende Fähigkeiten mitbringt. In jedem Fall fällt das Scheitern auf den Wissenschaftler zurück: im ersten Fall wegen seiner Unfähigkeit, die praktische Unlösbarkeit früh genug zu erkennen, im zweiten Fall wegen seiner Unfähigkeit, die Lösung tatsächlich zu erbringen. Natürlich ist es grundsätzlich möglich, dass die als geltend angenommenen Reglementierungen für die Lösung tatsächlich unzureichend sind und durch bessere ersetzt werden müssten, ebenso wie es grundsätzlich möglich ist, dass ein Kreuzworträtsel wegen eines Konstruktions- oder Druckfehlers nicht ‚aufgeht‘. Aber diese Parallele zu den Rätseln beleuchtet gerade die Eigenart nor-

---

57. 1961a, ET p.202/S.278. – Vergleiche hierzu auch Lakatos 1970, Abschnitt 2a.

58. Zu den Begriffen ‚manifeste‘ und ‚latente Funktion‘ siehe Merton 1968, pp.73–138; zu den latenten Funktionen als einer Unterart unintendierter Handlungsfolgen ebda., Fn.* auf p.105.

59. 1959a, ET p.234/S.317; 1961a, ET p.192/S.267; SSR, p.35/S.49, pp.35–36/S.50, p.37/S.51, p.80/S.93; 1963a, p.362, p.365; 1970a, ET p.271 mit fn.6/S.361 mit S.385 Fn.7, p.273/S.364; 1974b, p.455. – Wie die Sachlage hinsichtlich der vielfach aus der Normalwissenschaft selbst hinausführenden wesentlichen Anomalien aussieht, kann uns erst später beschäftigen: siehe Abschnitt 7.1.

malwissenschaftlicher Forschung: diese ‚im Prinzip denkbare' Möglichkeit erscheint zunächst einmal immer als Ausflucht.

Unter diesen Umständen kann die normalwissenschaftliche Tätigkeit also nicht als ein unintendiertes Testen der Reglementierungen aufgefasst werden (allenfalls wird der jeweilige Wissenschaftler getestet). Aber man kann unter diesen Umständen auch nicht wirklich davon sprechen, dass in der Normalwissenschaft de facto, wenn auch nicht intendierterweise, die leitenden Reglementierungen *bewährt* würden. Denn von einer Bewährung kann in eigentlichem Sinne nur vor dem Hintergrund eines möglichen Scheiterns gesprochen werden, und gerade dies ist innerhalb der Normalwissenschaft ausgeschlossen. Ähnlich werden auch bei etablierten Rätseln die Spielregeln durch einzelne gelingende, scheiternde oder aus Langeweile aufgegebene Lösungsversuche weder getestet noch bewährt, was immer man darunter genau verstehen kann.

Die Aussage, dass weder Rätsellösen noch normale Wissenschaft als Test oder Bestätigung der jeweils leitenden Reglementierungen aufgefasst werden können, trifft also in allen diskutierten Bedeutungen zu. Allerdings scheint die Analogie in folgender Hinsicht an eine Grenze zu kommen: denn was soll es genau heissen, dass bei einem Rätsel die Spielregeln weder getestet noch bestätigt würden? So berechtigt diese Frage auch ist, sie trifft nicht wirklich den Kern der Analogie. Dieser besteht darin, dass das in den Begriffen ‚Testen' und ‚Bewähren' enthaltene Bedeutungsmoment des *In-Frage-Stellens* sowohl der normalen Wissenschaft als auch dem Rätsellösen abgeht. Beiden Tätigkeiten ist gemein, dass sie gerade unter Ausschluss des In-Frage-Stellens der jeweiligen Reglementierungen vollzogen werden.

e) Die individuelle Motivation

Die letzte Analogie zwischen normaler Wissenschaft und Rätsellösen betrifft die individuelle Motivation dessen, der Rätsel löst bzw. normale Wissenschaft betreibt[60]. Weder Rätsellösen noch Normalwissenschaft sind primär durch das intendierte Produkt der jeweiligen Tätigkeit *jenseits* der Tätigkeit selbst motiviert. Dies ist beim Rätsellösen ganz offensichtlich, da das gelöste Rätsel im allgemeinen ja keine Sache von hohem Eigenwert ist: dem Konstrukteur des Rätsels ist die Lösung ohnehin wohlbekannt, und ginge es nur um sie, so gäbe es vielfach einfachere Wege, um in ihren Besitz zu gelangen. Ähnlich verhält es sich mit den Problemen der Normalwissenschaft: Da sie einzeln keine Test- oder Bewährungsfunktion haben[61] und ihre Ergebnisse in vielen Zügen im Vorneherein bekannt sind[62], ist der inhaltliche Wert eines gelösten normalwissenschaftlichen Forschungsproblems nicht gross genug, um die Hingabe und Zähigkeit von Wissenschaftlern bei der Lösung solcher Probleme ausreichend plausibel zu machen[63]. Vielmehr spielt motivational in beiden Fällen, und das stiftet die Analogie, das Faktum des *Gelingens*

---

60. 1959a, ET p.234/S.317, p.235/S.319f., p.237/S.322; SSR, p.24/S.38, p.36/S.50, pp.37–38/S.51f., p.42/ S.56, p.135/S.146; 1963a, pp.362–363; 1970a, ET p.290/S.381; 1970b, p.246/S.238.

61. Vergleiche Teilabschnitt 5.2.d.

62. Vergleiche Teilabschnitt 5.2.c.

63. Damit soll einmal natürlich keinesfalls gesagt sein, dass die Lösungen normalwissenschaftlicher Probleme gar keinen wissenschaftlichen Wert hätten; natürlich sind sie auf das institutionelle Ziel der Normalwissenschaft bezogen und erhalten von daher auch ihren Sinn. (Auf eine Klassifikation normalwissenschaftlicher Probleme und ihren wissenschaftlichen Sinn komme ich in Abschnitt 5.3

der Lösung (und eventuell die Besonderheiten des Lösungsweg) die ausschlaggebende Rolle. Da die Lösung des Rätsels bzw. des Forschungsproblems als existent vorausgesetzt ist[64], liegt es nur an den Fähigkeiten des Rätsellösers bzw. Forschers, ob er überhaupt, und wenn ja, auf welchem Weg er dieses Ziel erreicht. Dies macht die Faszination und die persönliche Herausforderung [challenge] aus, die – jedenfalls für eine bestimmte Art von Menschen – Rätseln wie normalwissenschaftlichen Forschungsproblemen zu eigen ist. Die Hauptmotivation für normalwissenschaftliche Tätigkeit ist demnach, die eigenen Fähigkeiten unter Bedingungen, die in der entsprechenden Gemeinschaft wohlbekannt und anerkannt sind[65], unter Beweis zu stellen; durch diese Bedingungen ist innerhalb der Gemeinschaft eine transparente Wettbewerbssituation um Reputation gegeben[66].

5.3. Die Forschungsprobleme der Normalwissenschaft

Die Forschungsprobleme der Normalwissenschaft können zunächst negativ charakterisiert werden: solche Probleme werden nicht aus gesellschaftlichen, ökonomischen und ähnlichen ‚wissenschaftsexternen' Gründen ausgewählt[67]. Denn es ist ein Charakteristikum der Wissenschaftlergemeinschaften der normalwissenschaftlichen Phase, dass sie von der übrigen Gesellschaft – verglichen mit anderen Gemeinschaften – in einem hohen Grade isoliert sind[68]. Konkret bedeutet das:

- Das Vokabular und die Techniken, die in der jeweiligen Gemeinschaft verwendet werden, sind für den Aussenstehenden weitgehend unzugänglich;
- die wissenschaftliche Kommunikation von Mitgliedern der Gemeinschaft richtet sich ausschliesslich an die anderen Mitglieder der Gemeinschaft;
- zur Beurteilung der Qualität von wissenschaftlichen Arbeiten werden allein die Mitglieder der Gemeinschaft als kompetent akzeptiert;
- die Probleme der Normalwissenschaft verdanken ihre Bearbeitung einer wissenschafts*internen* Zielsetzung.

Dass das institutionelle Ziel der Normalwissenschaft wissenschaftsintern ist, ist offensichtlich, denn es besteht ja darin, die Übereinstimmung von Theorie und der Natur zu erweitern bzw. zu verbessern[69].

Das primäre Mittel zur Erreichung dieses institutionellen Zieles besteht darin, den in den exemplarischen Problemlösungen liegenden Erfolg zum Leitfaden der

---

Fortsetzung Fussnote 63

zu sprechen). Zum anderen soll auch nicht gesagt sein, dass die Aussicht auf die Lösung normalwissenschaftlicher Probleme die Hauptanziehungskraft für den Wissenschaftlerberuf sei: hier spielen durchaus die üblicherweise genannten Motive eine wesentliche Rolle, wie intellektuelle Neugier etc. (SSR, pp.37–38/S.51f.). Jedoch werden solche Bedürfnisse, sollten sie sich durch die Ausbildung hindurch erhalten haben, durch die individuelle normalwissenschaftliche Tätigkeit nur sehr ungenügend befriedigt.

64. Vergleiche Teilabschnitt 5.2.b.

65. Vergleiche Teilabschnitt 5.2.a.

66. SSR, p.36/S.50; 1963a, p.363; 1970a, ET p.290/S.381; auch 1983c, p.30; 1984, pp.250–251.

67. 1959a, ET pp.237–238/S.322; SSR, pp.36–37/S.51, p.96/S.108f., p.164/S.175f.; 1962b, p.383; 1964, ET pp.261–262/S.348f.; 1968a, ET p.119/S.185f.

68. SSR, p.164/S.175f., p.168/S.179f.; 1963a, pp.359–360; 1968a, ET pp.118–119/S.185f.; 1970b, p.254/S.246; 1971c, ET p.160/S.231; 1976a, ET p.36/S.88; ET, p.XV/S.38.

69. Vergleiche Abschnitt 5.1 und Punkt 2 in Abschnitt 5.2.d.

wissenschaftlichen Arbeit zu nehmen[70]. Warum kann man dieses Mittel zur Erreichung des gegebenen Zieles für realistisch halten? Der Grund dafür ist die Überzeugung der Wissenschaftlergemeinschaft, dass das Gelingen der Lösung im Falle der exemplarischen Probleme nicht ‚zufällig' und rein partikular sei. Vielmehr verdanke sich dieses Gelingen der Tatsache, dass man zentrale Aspekte der Welt zutreffend erkannt habe:

> „Normale Wissenschaft [...] gründet auf der Annahme, dass die wissenschaftliche Gemeinschaft weiss, wie die Welt beschaffen ist."[71]

Dieses schon erlangte Wissen über die Welt kommt in den exemplarischen Problemlösungen zum Ausdruck[72]. Die normalwissenschaftliche Arbeit besteht demnach darin, das in die exemplarischen Problemlösungen eingelassene (und von ihnen grundsätzlich nicht völlig ablösbare[73]) Wissenspotential zu nutzen, indem mittels der unmittelbaren Ähnlichkeitsrelationen lösbare Forschungsprobleme identifiziert werden[74].

Es ist dieses Abhängigkeitsverhältnis schon der normalwissenschaftlichen Problem*stellungen* von den exemplarischen Problemen und ihren Lösungen[75], das wesentlich zur Historizität der Wissenschaft beiträgt. Denn mit einem Wechsel der exemplarischen Problemlösungen und der damit einhergehenden Veränderung der Erscheinungswelt ändern sich im allgemeinen auch die Fragen, die sinnvollerweise gestellt und bearbeitet werden können[76].

Die normalwissenschaftliche Nutzung des in den exemplarischen Problemlösungen liegenden Potentials geschieht nach Kuhn in drei sich überschneidenden Bereichen. In jedem dieser Bereiche lassen sich stärker beobachtungsmässig-experimentelle und stärker theoretische Probleme unterscheiden[77].

Erstens geht es um eine theoretische oder experimentelle Bestimmung von Fakten, deren Kenntnis für die konkrete Anwendung einer Theorie notwendig ist, wie bestimmte Materialkonstanten u.ä. Dass diese Fakten relevant sind, kann den entsprechenden exemplarischen Problemlösungen entnommen werden.

---

70. In Abschnitt 4.1 hatte ich diese Zielsetzung als den ‚global-normativen Aspekt des Konsenses hinsichtlich der konkreten Problemlösungen' bezeichnet; vergleiche auch Abschnitt 4.4.

71. SSR, p.5/S.19f.; ähnlich 1963a, p.349.

72. Im gängigen Selbstbild der Naturwissenschaft handelt es sich bei den schon gewonnenen zutreffenden Erkenntnissen um die Theorie oder das Modell, das bei der Problemlösung verwendet wird (wobei die unterstellte Korrektheit von Theorie oder Modell qualitativ wie quantitativ begrenzt sein kann). Kuhns Korrektur dieses Selbstbildes betrifft zwei Punkte. Einmal ist dabei übersehen, dass die in der Theorie bzw. dem Modell verwendeten Begriffe weltkonstitutiv sind. Zweitens ist dabei nicht gesehen, dass es sich beispielsweise im Falle der Physik bei den schon gewonnenen Erkenntnissen nicht bloss um die Grundgleichungen der jeweiligen Theorie handeln kann. Denn die Bedeutung der in den Grundgleichungen vorkommenden empirischen Begriffe ist nicht vollständig von den bisherigen erfolgreichen Theorieanwendungen abziehbar: vergleiche Abschnitte 3.6 und 4.3.e.

73. Vergleiche Abschnitt 4.3.e.

74. 1970b, p.275/S.266; 1970c, SSR p.200/S.211f. – Vergleiche die Abschnitte 3.6.e, 4.4 und 5.2.

75. 1959a, ET p.235/S.319; SSR, p.5/S.19, p.6/S.21, p.109/S.122, pp.140–141/S.152, p.166/S.177; 1963a, p.349, p.359, pp.361–362; 1963b, p.389; 1964, ET pp.261–262/S.348.

76. Auf die bei solchen Wechseln auftretenden Schwierigkeiten werde ich ausführlich in Kap.6 und 7 zu sprechen kommen.

77. 1959a, ET p.233/S.316f.; 1961a, ET pp.187–201/262–277; SSR, p.24/S.38, pp.25–34/S.39–48, p.68/S.81, p.97/S.109, p.122/S.134; 1963a, pp.360–361; 1968a, ET p.119/S.185f.; 1970a, ET p.276/S.366; 1970b, p.246/S.238; 1977b, ET p.19/S.68f.; 1981, p.2/S.6.

Zweitens geht es um die Verbesserung der Übereinstimmung von Theorie und Beobachtung bzw. Experiment. Dabei handelt es sich sowohl um die quantitative Verbesserung bereits bestehender Vergleiche von Theorie und Empirie, als auch um die Erschliessung neuer Vergleichsmöglichkeiten. In beiden Fällen ist sowohl theoretische wie experimentelle bzw. beobachtende Arbeit notwendig.

Drittens geht es um die weitere Artikulation der bei der Problemlösung verwendeten Theorie. Dazu gehört auf der Seite von Experiment und Beobachtung die genauere Bestimmung von Naturkonstanten, Messungen im Dienst einer quantitativen Formulierung von bislang nur qualitativ formulierten Gesetzen, und experimentelle Untersuchungen, welche die Anwendung der Theorie auf Phänomenklassen ermöglichen, für die die Anwendung zwar postuliert, aber bisher nicht eindeutig möglich war. Stärker theoretisch sind Untersuchungen, die eine bereits vorliegende Theorie durch äquivalente Formulierungen zu klären suchen.

5.4. Wissenschaftlicher Fortschritt in der Normalwissenschaft

Bevor ich die Frage diskutiere, ob und in welchem Sinn die Normalwissenschaft Fortschritt aufweist, erörtere ich den Fortschrittsbegriff im Allgemeinen. Diese allgemeine Erörterung empfiehlt sich, weil Behauptungen über die Präsenz oder Absenz von Fortschritt naturgemäss wesentlich vom verwendeten Fortschrittsbegriff abhängen.

Wenn gesagt wird, ein bestimmter Prozess weise Fortschritt auf, oder eine in einem Prozess befindliche Sache (Individuum, Institution, Personengruppe, Projekt etc.) mache Fortschritte, so sind in dieser Aussage die folgenden drei Bestimmungen impliziert[78].

Erstens ist impliziert, dass die späteren Phasen des Prozesses im Vergleich zu früheren Phasen hinsichtlich eines bestimmten Aspektes des Prozesses einen Zuwachs aufweisen: Fortschritt bedeutet immer ein Wachsen in bestimmter Hinsicht. ‚Blossem Wandel‘, als einem Gegenbegriff zu ‚Fortschritt‘, geht die Qualität eines Richtungssinnes durch Zuwachs gerade ab.

Zweitens darf diese Hinsicht, in der ein Wachsen konstatierbar ist, in Bezug auf den Prozess nicht beiläufig sein. Vielmehr muss diese Hinsicht für die in dem Prozess befindlichen Sache, dem ‚Referenzsubjekt‘ des Prozesses[79], in einem bestimmten Sinne wesentlich sein.

Drittens schwingt beim Fortschrittsbegriff meist eine positive Bewertung mit: Das Wachsen der für das Referenzsubjektes wesentlichen Hinsicht wird von einer bestimmten Wertebasis aus positiv bewertet. Diese positive Werttönung mag manchmal auch fehlen können, beispielsweise wenn vom Fortschritt einer Krankheit die Rede ist; aber dann wird wohl eher von einem ‚Fortschreiten‘ gesprochen. Doch dieses Schwanken des Fortschrittsbegriffes kann in unserem Zusammenhang ausser Acht bleiben.

Wenn man eine bestimmte Einschränkung einmal beiseite lässt (auf die ich nachher zu sprechen komme), dann ist die Normalwissenschaft nach Kuhn ein Unternehmen, das ganz eindeutig Fortschritt aufweist. Dieser Fortschritt ist ganz „offensichtlich", und zudem ist er „gesichert [assured]"[80]. Die letztere Bestimmung

---

78. Vergleiche Hoyningen-Huene 1984b.

79. Zum Begriff des Referenzsubjektes siehe Lübbe 1977, S.75ff.

80. SSR, p.163/S.174f.; 1970b, p.245/S.237.

soll besagen, dass sich in der Normalwissenschaft Fortschritt „unausweichlich" aus der methodischen Anlage dieses Unternehmens ergibt[81]. Dabei handelt es sich nach Kuhn um eine besondere Art des Fortschritts, nämlich um „linearen", „additiven", oder „kumulativen" Erkenntnisfortschritt[82].

Um diese Bestimmungen des normalwissenschaftlichen Erkenntnisfortschritts verständlich zu machen, müssen wir verschiedene der früher genannten Charakteristika der normalen Wissenschaft zusammennehmen. Erstens handelt es sich bei der Normalwissenschaft um eine Forschungspraxis, in der keine grundsätzlichen Innovationen angestrebt oder zugelassen werden[83]. Das normalwissenschaftlich neu gewonnene Wissen ist deshalb mit dem bereits vorhandenen Wissen verträglich: das neu gewonnene Wissen ersetzt nicht schon vorhandenes (vermeintliches) Wissen, sondern Unwissenheit, soweit es nicht ohnehin antizipierbar ist[84]. Zweitens werden die normalwissenschaftlichen Forschungsprobleme gemäss dem institutionellen Ziel der Normalwissenschaft ausgewählt. Das bedeutet, dass jedes gelöste Problem die Übereinstimmung von Theorie und Natur erweitert bzw. verbessert[85]. Und drittens werden nur solche Probleme bearbeitet, die sich tatsächlich mit den zur Verfügung stehenden Mitteln lösen lassen. Probleme, die aus nur praktischen Gründen nicht gelöst werden können, bleiben ebenso liegen wie Probleme, von denen sich später herausstellt, dass sie grundsätzlich nicht mit den Mitteln dieser Normalwissenschaft lösbar sind[86].

Bezieht man diese Charakteristika der Normalwissenschaft nun auf die vorher gegebene, allgemeine Erörterung des Fortschrittsbegriffs, so werden die Kuhnschen Bestimmungen des normalwissenschaftlichen Fortschritts völlig durchsichtig. Wegen der Art der Problemauswahl und der Verträglichkeit des neu gewonnenen Wissens mit dem schon vorhandenen wächst in der Normalwissenschaft – solange sie möglich ist – das Wissen über die (jeweilige Erscheinungs-)Welt tatsächlich *kumulativ* und *zwangsläufig*. Da dieser Wissenszuwachs vom institutionellen Ziel der Normalwissenschaft geleitet ist, ist er der Normalwissenschaft trivialerweise sowohl wesentlich als auch in ihr positiv bewertet. Somit sind die drei angegebenen allgemeinen Bestimmungen des Fortschrittsbegriffs erfüllt. Damit gilt: in der Normalwissenschaft gibt es zwangsläufig kumulativen Erkenntnisfortschritt. Weil dieser Zusammenhang zwischen der Kumulativität des Erkenntnisfortschritts und den Charakteristika der Normalwissenschaft so eng ist, kann man die Normal-

---

81. SSR, p.166/S.177f.

82. SSR, p.52/S.65, p.53/S.66, p.96/S.108, p.139/S.150; 1962d, ET p.175/S.248; 1970b, p.250/S.242; 1977b, ET p.19/S.69; 1981, pp.1–3/S.5ff., p.23/S.32.

83. Vergleiche Abschnitt 5.2.c.

84. SSR, p.95/S.108; 1962d, ET pp.166–167/S.240, p.175/S.248; 1963a, p.365; 1977b, ET p.19/S.68f. – Diese Darstellung der Normalwissenschaft als einer Praxis, in der kein Wissen korrigiert bzw. ersetzt wird, sondern nur Unwissenheit dem Wissen Platz macht, ist idealtypisch zugespitzt. Tatsächlich kann auch in der Normalwissenschaft schon vorhandenes Wissen korrigiert werden, und Kuhn hat das zumindest in späteren Arbeiten auch explizit gesagt (1981, p.23/S.32f.). Aber diese Korrekturen finden auf eine Weise statt, dass die jeweilige Erscheinungswelt davon nicht betroffen wird. Was das genau heissen soll, lässt sich zunächst an Beispielen verhältnismässig leicht plausibel machen: etwa geringfügige quantitative Korrekturen von bestimmten Konstanten ‚ohne weiterreichende Folgen'. Allerdings bleibt das Problem einer allgemeineren Abgrenzung von ‚normaler' und ‚revolutionärer' Wissenschaftentwicklung; ich komme darauf in Kapitel 6 zu sprechen.

85. Vergleiche die Abschnitte 5.1, 5.2.d Punkt 2, und 5.3.

86. Vergleiche Abschnitt 5.2.d, Punkt 2.

wissenschaft sogar als diejenige Wissenschaftspraxis *definieren*, die kumulativ voranschreitet[87].

Doch wirft Kuhns SSR durch verschiedene, auf den ersten Blick anscheinend schwer miteinander vereinbare Äusserungen über den normalwissenschaftlichen Fortschritt gewisse Probleme auf. Auf der einen Seite sagt Kuhn, ganz im Sinne des bislang Erörterten:

> „In ihrem normalen Zustand ist eine wissenschaftliche Gemeinschaft also ein ausserordentlich effizientes Instrument zur Lösung der Probleme oder Rätsel, die von den Paradigmen der Gemeinschaft definiert werden. Und noch mehr das Ergebnis dieses Problemlösens muss unausweichlich Fortschritt sein. Soweit gibt es kein Problem."[88]

Auf der anderen Seite findet man in SSR aber auch die folgenden Sätze:

> „Wenn das Resultat erfolgreicher kreativer Arbeit aus der Binnenperspektive einer einzelnen Gemeinschaft [...] betrachtet wird, dann *ist* dieses Resultat Fortschritt. Wie könnte es überhaupt irgendetwas anderes sein? [...] Während der [normalwissenschaftlichen] Perioden könnte eine wissenschaftliche Gemeinschaft das Ergebnis ihrer Arbeit überhaupt nicht anders sehen.
>
> Demnach liegt ein Teil der Antwort auf die Frage nach dem Fortschritt, was die Normalwissenschaft betrifft, im Auge des Betrachters."[89]

Hier scheint Kuhn so zu sprechen, als sei der normalwissenschaftliche Fortschritt lediglich das Resultat einer bestimmten Perspektive – einer Perspektive zudem, der massive Voreingenommenheit unterstellt werden muss.

Die Spannung, die zwischen diesen Äusserungen zu bestehen scheint, lässt sich durch Rekurs auf die anfänglich gegebenen Bestimmungen des Fortschrittsbegriffs auflösen. In einem gewissen Sinn besteht der normalwissenschaftliche Fortschritt tatsächlich *objektiv*. Relativ zur Erscheinungswelt, in der die Normalwissenschaft getrieben wird, zum über diese Erscheinungswelt schon vorhandenen Wissen und zum institutionellen Ziel der Normalwissenschaft findet tatsächlich notwendigerweise ein positiv bewertetes Wachstum des Wissens statt. Insofern besteht tatsächlich „kein Problem". Aber die Frage ist, ob die Prämissen, die diese Konstatierung von Fortschritt erlauben, anerkannt sind. Natürlich werden sie in der Gemeinschaft anerkannt, die in der entsprechenden Erscheinungswelt Normalwissenschaft betreibt, denn es handelt sich ja um die Prämissen ihrer eigenen Arbeit. Insofern kann tatsächlich die „Gemeinschaft das Ergebnis ihrer Arbeit überhaupt nicht anders sehen". Ein externer Beobachter dagegen, der das angeblich schon vorhandene Wissen über diese Erscheinungswelt als fehlerdurchsetzt und deshalb als nicht erweiterungswürdig ansähe, würde diese Prämissen nicht anerkennen. Zwar könnte auch er nicht leugnen, dass gemäss den Massstäben der Gemeinschaft Fortschritt stattfindet, aber er würde eben diese Massstäbe verwerfen.

Vermutlich gibt es diese Art der Relativität bei der Konstatierung von Fortschritt überall, wo Fortschritt behauptet wird. Denn immer beruht eine solche Konstatierung auf bestimmten Prämissen, die nicht zwangsläufig anerkannt sein

---

87. Kuhn tut dies zumindest annähernd in seinem 1981, pp.1–2/S.5f., p.23/S.32f.; vergleiche auch SSR, p.92/S.104 und 1970b, p.250/S.242.
88. SSR, p.166/S.177f. übs. mangelhaft.
89. SSR, pp.162–163/S.173ff. Hervorhbg. im Original.

müssen. Die Pointe des normalwissenschaftlichen Fortschritts hinsichtlich dieser
Situation besteht nun in zweierlei. Einmal gibt es innerhalb der normalen Wissenschaft gerade einen Konsens hinsichtlich der Prämissen, welche die eindeutige
Konstatierung von Fortschritt ermöglichen. Zum anderen ist die Normalwissenschaft ein Unternehmen, in dem die wissensproduzierenden Gemeinschaften von
der übrigen Gesellschaft weitgehend isoliert sind[90]. Infolgedessen sind die Möglichkeiten, auf einigermassen überzeugende Weise an die Normalwissenschaft andere als ihre eigenen Massstäbe anzulegen, sehr begrenzt. Gerade darum scheint
die Normalwissenschaft vom in der Tat *grundsätzlich* möglichen Zweifel an ihrem
Fortschritt *faktisch* weitgehend ausgenommen. Und gerade darum enthält heute
der Wissenschaftsbegriff die Fortschrittlichkeit von Wissenschaft sogar als Bedeu-
tungskomponente[91].

5.5. Was macht normale Wissenschaft möglich?

Die Frage, was normale Wissenschaft möglich macht, zielt auf Bedingungen,
die erfüllt sein müssen, damit normale Wissenschaft betrieben werden kann. Ich
betrachte hier zwei Arten solcher Bedingungen. Einmal kann nach den Spezifika
der Ausbildung gefragt werden, die Wissenschaftler dazu befähigt, normale Wissenschaft erfolgreich auszuüben (Teilabschnitt 5.5.a). Zum anderen kann in einer
historischen Perspektive gefragt werden, unter welchen Bedingungen sich normale Wissenschaft zum ersten Mal entwickeln kann (Teilabschnitt 5.5.b). Unter welchen Bedingungen sich ein einmal zerbrochener normalwissenschaftlicher Konsens erneut einstellt, das heisst unter welchen Bedingungen normale Wissenschaft
erneut möglich wird, dies kann erst in Kapitel 7 diskutiert werden.

a) Die zur Normalwissenschaft befähigende Ausbildung

Fragen wir als erstes nach dem für die normalwissenschaftliche Ausbildung
typischen Unterrichtsmedium[92]. Es ist dies das wissenschaftliche Lehrbuch, das
speziell für Studenten verfasst ist. Diese Dominanz von Lehrbüchern in der normalwissenschaftlichen Ausbildung führt zuallererst einmal zu einer nahezu vollständigen Abschottung der Studenten von jeglicher Originalliteratur, also von denjenigen Publikationen, in denen Wissenschaftler sich ihre Ergebnisse gegenseitig
mitteilen bzw. mitgeteilt haben[93]. Bis kurz vor den Beginn der eigenen produktiven wissenschaftlichen Arbeit liest der Student praktisch keine Originalarbeiten
aus der Forschungstradition, für die er ausgebildet wird. Diejenigen Originalarbeiten, die er anschliessend zu lesen beginnt, sind in der Regel die jeweils neuesten
Arbeiten des entsprechenden Gebiets, und nicht diejenigen, in denen das Gebiet
begründet wurde. Ganz und gar nicht kommt der Student im allgemeinen mit der-

---

90. Vergleiche Abschnitt 5.3.

91. SSR, pp.160–162/S.170–173.

92. Siehe für das Folgende 1959a, ET pp.227–230/S.310–313, p.232/S.316, p.237/S.321; 1961a, ET
    pp.186–187/S.262; SSR, p.5/S.19, p.43/S.57, pp.46–47/S.60f., pp.80–81/S.93f., pp.111–112/S.123f.,
    pp.136–138/S.147ff., pp.165–166/S.176f., pp.168–169/S.180; 1963a, pp.350–351; 1963b, p.391,
    p.393; 1970b, p.250/S.242, pp.272–274/S.264f.; 1970c, SSR pp.188–191/S.200–203; 1974a, ET
    pp.305–308/S.399–403; 1976b, p.181/S.116; 1981, pp.27–28/S.38f.; 1985, p.25; im Druck c, Ms.
    p.36.

93. Hinsichtlich des Grades dieser Abschottung gibt es gewisse, allerdings nicht besonders weitrei-
    chende Unterschiede zwischen verschiedenen Disziplinen: 1963a, p.350 Fn.1.

jenigen Originalliteratur in Berührung, die als wissenschaftlich veraltet gilt, weil in ihr das entsprechende Gebiet mit anderen Grundbegriffen, Fragestellungen, Theorien und Lösungsstandards behandelt wurde.

Stattdessen präsentieren die Lehrbücher vor allem diejenigen konkreten wissenschaftlichen Errungenschaften, über die in der entsprechenden Gemeinschaft Konsens besteht. Insbesondere sind dies bestimmte Probleme zusammen mit ihren Lösungen; in die Lösungen gehen dabei die gängigen Theorien, Modelle, Annahmen etc. der jeweiligen Gemeinschaft ein. Diese Problemlösungen werden (im Falle des guten Lehrbuches) in der jeweils modernsten Form dargestellt, und nicht etwa in einer Form, die besondere Treue zu den historischen Originalen anstrebt. Die Studenten werden dann aufgefordert, Probleme, die den vorgeführten sehr ähnlich sind, selbstständig zu lösen, sei es theoretisch oder experimentell. Verschiedene in etwa zeitgleiche Lehrbücher unterscheiden sich dabei nicht wesentlich in der Auswahl der konkreten Probleme und ihrer Lösungen, geschweige denn in den dargestellten Theorien, sondern hauptsächlich in didaktischen Details. Weder kommt in Lehrbüchern die Vielfalt der zum jeweiligen Zeitpunkt noch ungelösten Probleme und der dazu einsetzbaren Lösungsmethoden systematisch zur Sprache, noch werden die als veraltet geltenden wissenschaftlichen Begriffe, Fragestellungen, Theorien und Standards ausführlich, geschweige denn historisch angemessen behandelt[94].

Fragen wir zunächst, was man in einer solchen Ausbildung *nicht* lernt. Dreierlei ist hier besonders auffällig.

Erstens. Der Student erhält kein angemessenes Bild von der Vergangenheit seines Fachs. Ganz im Gegenteil, vielfach haben Wissenschaftler aufgrund dieser Art von Ausbildung ein auf geradezu groteske Weise verzerrtes Bild von der Vergangenheit ihres Gebiets.

Zweitens. Der Student erhält während seiner Ausbildung keinen Überblick über die momentane Forschungssituation des Faches; dies geschieht allenfalls ganz am Ende der eigentlichen Ausbildung. Meist wird sich dieser Überblick aber erst im Laufe der eigenen produktiven wissenschaftlichen Arbeit einstellen.

Drittens. Eine solche Ausbildung fördert in hohem Masse einen ‚konvergenten‘ Denkstil. Ein konvergenter Denkstil befähigt nicht zu einer vergleichenden Evaluation von anderen Möglichkeiten, wie Wissenschaft im entsprechenden Gebiet betrieben werden könnte. Für eine solche Evaluation müssten dem Studenten einmal die historisch vergangenen und die zeitgenössischen, wenn auch nicht allgemein anerkannten Alternativen zur herrschenden Forschungspraxis mit der gleichen Genauigkeit wie die jeweils geltende Tradition bekannt sein. Dann müsste der Student das tatsächliche Problemlösungspotential der Tradition, in die er eingeführt wird, für die bislang ungelösten Probleme abschätzen können. Schliesslich müssten die Ziele und Techniken solcher vergleichender Evaluationen vermittelt und eingeübt werden. All dies ist kein Gegenstand der genannten Ausbildung; stattdessen wird ernsthaft nur in eine einzige Tradition eingeführt.

Doch was ist der positive Ertrag eines so gearteten Ausbildungsprozesses? Zweierlei ist hier vor allem zu nennen.

Erstens. Der Auszubildende erhält den Zugang zu der für die Arbeit der jeweiligen Gemeinschaft relevanten (Region der) Erscheinungswelt[95]. Denn insbe-

---

94. Vergleiche Abschnitt 1.2.a.

95. Vergleiche Kapitel 3 und 4.

sondere über die vorgeführten exemplarischen Problemlösungen und die selbst zu
bearbeitenden Probleme eignet sich der Student die für die jeweilige Region konstitutiven Ähnlichkeitsrelationen an. Zugleich erwirbt er damit das über diese Region vorhandene implizite und explizite Wissen.

Zweitens. Der Student erhält eine ausserordentlich effiziente Ausbildung in
den Techniken des normalwissenschaftlichen Problemfindens und -lösens in der
jeweiligen Region der Erscheinungswelt, nämlich durch Analogisierung noch un-
gelöster Probleme mit schon gelösten mittels unmittelbarer Ähnlichkeitsrelationen[96]. Diese Technik erlaubt es gerade, das in den schon gelösten Problemen eingelassene Wissen über die jeweilige Region der Erscheinungswelt zur Identifikation und Lösung neuer Probleme zu nutzen.

Die zur Ausübung der Normalwissenschaft befähigende Art der Ausbildung
enthält aufgrund ihrer Ausrichtung auf einen konvergenten Denkstil ein starkes
Moment von Autorität. Dementsprechend bezeichnet Kuhn sie auch als

> „eine enge und rigide Ausbildung, wahrscheinlich in stärkerem Masse als jede
> andere, ausgenommen vielleicht die in orthodoxer Theologie.“[97]

Denn es handelt sich um

> „eine relativ dogmatische Initiation in eine vorher etablierte Tradition des Pro-
> blemlösens, die der Student weder evaluieren soll noch kann.“[98]

Wissenschaftler, die eine zur Ausübung der Normalwissenschaft befähigende Ausbildung durchlaufen haben, sind also – ohne den Zugang zu Alternativen zu haben – dazu sozialisiert, eine bestimmte Tradition des Problemlösens in einer bestimmten Erscheinungswelt weiterzuführen. Offensichtlich lässt diese Ausbildung
aber Raum für individuelle Unterschiede hinsichtlich der Stärke der Identifikation
mit der entsprechenden normalwissenschaftlichen Tradition. Mit welchem Grad
von innerer Distanz ein Individuum Normalwissenschaft betreibt, in welchem
Grad es sich (privat) Vorstellungen von alternativen Formen der Wissenschaft oder
der Welt macht, ist gleichgültig, solange es sich nur an die normalwissenschaftlichen Reglementierungen hält[99]. Während des Ausbildungsprozesses werden nur
diejenigen herausselektioniert, die zur entsprechenden Tätigkeit des Rätsellösens
motivational nicht bereit oder intellektuell nicht fähig sind.

Es ist dieses starke Autoritätsmoment in der normalwissenschaftlichen Ausbildung, das sich auch in der Normalwissenschaft selbst durchhält, das zur Charakterisierung der Normalwissenschaft als einer quasi-dogmatischen Praxis beiträgt[100].
Wie dieses quasi-dogmatische Element der Normalwissenschaft zu bewerten ist, ist
hier allerdings noch offen; ich komme darauf in Abschnitt 5.6 zu sprechen.

---

96. Vergleiche die Abschnitte 3.6.e, 4.4, 5.2 und 5.3.

97. SSR, p.166/S.177, ähnlich p.136/S.147.

98. 1963a, p.351; ähnlich 1959a, ET p.229/S.313, p.237/S.321; SSR, p.5/S.19, p.80/S.93f.; 1963b,
pp.386–387.

99. Es ist sogar denkbar, dass ein Wissenschaftler nur deshalb eine bestimmte Normalwissenschaft betreibt, um an ihre Grenzen vorzustossen. Delbrücks anfängliche Arbeit in der Molekularbiologie
könnte hierfür ein Beispiel sein; siehe Fischer 1985. – Hier ist ein dritter Bereich epistemisch unter
bestimmten Bedingungen relevanter Unterschiede zwischen den Mitgliedern einer wissenschaftlichen Gemeinschaft; vergleiche die Abschnitte 3.6.d und 4.3.c.

100. Vergleiche die Abschnitte 5.1 und 5.2.c.

b) Das Entstehen der normalen aus der vornormalen Wissenschaft

Zuerst ist aber der Begriff der vornormalen Wissenschaft und dann der Übergang von der vornormalen zur normalen Wissenschaft zu diskutieren.

1. Wenn in einem Gebiet erstmalig normale Wissenschaft entsteht, dann entsteht sie nicht aus einem Zustand, dem der Wissenschaftsstatus schlechthin abzusprechen ist. Aber es handelt sich nach Kuhn bei dieser vor der normalen Wissenschaft auftretenden Form der Wissenschaft um eine Praxis, die „etwas weniger als Wissenschaft" ist[101]. In dieser Phase der Wissenschaftsentwicklung gibt es den für die Normalwissenschaft so charakteristischen Konsens noch nicht. Entsprechend nennt Kuhn diese Phase der Wissenschaft in seinem 1959a die „Präkonsens-Phase" im Gegensatz zu den Phasen mit „festem Konsens"[102]. Da der Kern des normalwissenschaftlichen Konsenses Paradigmen im Sinne von allgemein anerkannten, exemplarischen Problemlösungen mit ihren verschiedenen Momenten sind, bezeichnet Kuhn 1962 die Präkonsens-Phase auch als die „vorparadigmatische Phase"[103]. Nun schwächt Kuhn 1969 den Paradigmenbegriff aber so ab, dass nicht nur die Gemeinschaften der Konsensphase paradigmengeleitet arbeiten, sondern auch die Schulen der Präkonsens-Phase[104]. Damit lässt sich die Präkonsens-Phase aber nicht mehr sinnvoll als ‚vorparadigmatische‘ Phase bezeichnen, wie Kuhn selbst bemerkt[105]. Ich werde für die Phase der Wissenschaftsentwicklung vor dem Erreichen eines ersten allgemeinen Konsenses die Bezeichnung *vornormale Wissenschaft* verwenden, die gegenüber den verschiedenen Versionen des Paradigmenbegriffs neutral ist.

Doch findet sich bei Kuhn noch eine weitere Charakterisierung der vornormalen Wissenschaft, die etwas enger als der Begriff der Präkonsens-Phase ist. Kuhn bestimmt nämlich vornormale Wissenschaft auch als eine Form der Wissenschaftsausübung, in der es eine *Konkurrenz zwischen Schulen* gibt[106]; diese Schulen gehen den in etwa gleichen Gegenstandsbereich[107] von verschiedenen, untereinander aber unverträglichen Standpunkten aus an. Offensichtlich geht diese Bestimmung der vornormalen Wissenschaft über die vorher gegebene hinaus, die lediglich die Abwesenheit eines Konsenses verlangt. Margaret Mastermann hat dies mit dem Hinweis kritisiert, dass hinsichtlich des fehlenden Konsenses der vornormalen Phase eine Differenzierung vorgenommen werden müsste. Zu unterscheiden sei eine „nicht-paradigmatische Wissenschaft" (im Sinne der Abwesenheit von exemplarischen Problemlösungen) von einer „mehrfach-paradigmatischen Wissen-

---

101. SSR, p.13/S.28 übs. mangelhaft, ähnlich p.101/S.113, p.163/S.174; 1963a, p.355.

102. 1959a, ET pp.231–232/S.315f.

103. Z.B. SSR, p.IX/S.11, p.20/S.34, p.47/S.62, p.61/S.74, p.76/S.89, p.163/S.174; 1963a, p.354, p.358, p.363.

104. Vergleiche Abschnitt 4.2.b.

105. 1974a, ET p.295 fn.4/S.416 Fn.4; 1970b, p.272 fn.1/S.263 Fn.73; 1970c, SSR pp.178–179/S.190. – In seinem 1970b nennt Kuhn Wissenschaften, die sich (noch) im vornormalen Zustand befinden, „Proto-Wissenschaften [proto-sciences]" (1970b, pp.244–246/S.236ff.).

106. SSR, p.IX/S.11, p.4/S.18, pp.12–13/S.27f., p.16/S.31, p.17/S.32, pp.47–48/S.62, pp.61–62/S.74, p.96/S.108, p.163/S.174f.; 1963a, pp.355–356; 1974a, ET p.295 fn.4/S.416 Fn.4; 1970b, p.272 fn.1/ S.263 Fn.73; 1970c, SSR pp.178–179/S.190.

107. Was hier ‚in etwa gleiche Gegenstandsbereiche‘ sein sollen, kann erst später klar werden, da die verschiedenen Schulen z.T. von miteinander inkommensurablen Standpunkten ausgehen (SSR, p.4/S.18, übs. mangelhaft: ‚incommensurable‘ mit ‚unvergleichbar‘ übersetzt); die Klärung des Inkommensurabilitätsbegriffs wird in Abschnitt 6.3 erfolgen.

schaft"[108]. Diese Unterscheidung scheint in der Tat sinnvoll, aber dennoch für die Kuhnsche Theorie ohne Belang. Denn Kuhn kommt es vor allem auf jenen Zustand der vornormalen Wissenschaft an, der einer normalwissenschaftlichen Phase *unmittelbar* vorausliegt und auf den Übergang aus dieser in die normalwissenschaftliche Phase[109]. Gemäss seinen Fallstudien findet man unmittelbar vor einer normalwissenschaftlichen Phase in der Regel den Wettstreit der Schulen[110]. Dass vor der Bildung von Schulen noch diffusere Verhältnisse herrschen können, ist damit natürlich keineswegs geleugnet.

Mit dem Zugeständnis, dass auch die Schulen der vornormalen Phase (lokale) Konsense und (lokal) anerkannte exemplarische Problemlösungen haben, entsteht die Frage, ob und gegebenenfalls wie sich die wissenschaftliche Arbeit solcher Schulen von der normalwissenschaftlichen Arbeit konkurrenzloser Gemeinschaften unterscheidet[111]. Kuhn nennt als Folge des Fehlens eines allgemeinen Konsenses in der vornormalen Phase erstens den ständigen Zwang der Schulen, die Grundlagen des jeweiligen Ansatzes zu explizieren und zu legitimieren. Zweitens sind die Schulen verhältnismässig frei in der Auswahl der von ihnen als wesentlich erachteten Beobachtungen und Experimente, da der allgemeine Konsens darüber fehlt, welche Phänomene genau zu dem entsprechenden Gegenstandsbereich gehören und welche nicht. Daher werden die Schulen im allgemeinen nur Fakten berücksichtigen, die relativ leicht zugänglich sind, seien es verhältnismässig leicht anzustellende Beobachtungen und Experimente, oder seien es bereits in anderen Praxisbereichen mit grösserem Aufwand gewonnene Fakten. Drittens ist nicht klar, welche Aspekte der gesammelten Fakten für die weitere Entwicklung des Wissenschaftsgebietes am wichtigsten sind. Viertens werden weitere, vielfach spekulative und mehr oder weniger genau artikulierte Theorien und Hypothesen entwickelt, die bisweilen zur Entdeckung bislang unbekannter Phänomene führen. Zu alledem korrespondiert fünftens, dass die Publikationen sich in grossem Umfang auch mit konkurrierenden Ansätzen auseinanderzusetzen haben und nicht bloss mit der von ihnen eigentlich zu behandelnden Sache, dem jeweiligen Gegenstandsbereich. Sechstens ist die Isolation der vornormalen Gemeinschaften von der übrigen Gesellschaft aufgrund der schwächeren wissenschaftsinternen Lenkungsfaktoren wesentlich geringer als bei der Normalwissenschaft[112]. Sowohl die Art der bearbeiteten Probleme als auch das verwendete Begriffssystem können stark von wissenschaftsexternen Determinanten beeinflusst sein. Und siebtens schlägt sich der fehlende allgemeine Konsens darin nieder, dass das typische Medium der wissenschaftlichen Kommunikation das Buch ist und nicht der verhältnismässig kurze Aufsatz in einer Fachzeitschrift[113].

Insgesamt ergibt sich, dass für die vornormale Wissenschaft die Analogien zum Rätsellösen nicht bestehen, welche die normale Wissenschaft charakterisie-

---

108. Mastermann 1970, pp.73–75/S.73f.

109. Darauf weist einmal schon der Titel des Kapitel II von SSR hin, in dem die vornormale Wissenschaft behandelt wird: „Der Weg zur normalen Wissenschaft". Zum anderen verfolgt Kuhn in den in diesem Kapitel skizzierten Fallstudien einzelne Wissenschaftsgebiete nur zu derjenigen Phase zurück, die *unmittelbar* vor der ersten normalwissenschaftlichen Periode liegt.

110. Ausgenommen sind Fälle, in denen normale Wissenschaft durch Abspaltung und/oder Kombination von bereits normalwissenschaftlich arbeitenden Gebieten entsteht (SSR, p.15/S.29f.).

111. Siehe für das Folgende SSR, pp.13–18/S.28–33, pp.47– 48/S.62, p.61/S.74, p.76/S.89, p.163/S.175.

112. 1968a, ET p.118/S.185.

113. 1961a, ET p.187 fn.11/S.300 Fn.11; SSR, p.20/S.34f., p.21/S.36.

ren[114]. Weder können attraktive Forschungsprobleme eindeutig identifiziert werden, noch helfen die schon gelösten Probleme dadurch weiter, dass sie sichere Hinweise für den Lösungsweg zu bearbeitender Probleme liefern, noch besteht eine Lösbarkeitserwartung für Probleme, die auf vernünftige Weise ausgewählt wurden. Daraus wird verständlich, warum die vornormale Wissenschaft mit ihren Schulkontroversen „etwas weniger als Wissenschaft" zu sein scheint: wissenschaftlichen Fortschritt, den die normale Wissenschaft so offensichtlich produziert[115], bringt die vornormale Wissenschaft nicht oder nur sehr indirekt und verborgen zustande[116].

2. Wie kann es nun geschehen, dass der für die vornormale Wissenschaft charakteristische Wettstreit der Schulen zugunsten der konsensuellen Wissenschaftspraxis der normalen Wissenschaft verschwindet? Gewöhnlich ist es der Sieg einer der in Konkurrenz liegenden Schulen, der zur Normalwissenschaft überleitet[117]. Dieser Schule muss eine so überzeugende Leistung gelungen sein, dass sich Mitglieder anderer Schulen ihr anzuschliessen beginnen und dass sie vor allem die folgende Generation von Wissenschaftlern anzuziehen in der Lage ist. Auf diese Weise verschwinden allmählich die früher konkurrierenden Schulen, wenn auch durchaus nicht alle Mitglieder der anderen Schulen sich der siegreichen anschliessen müssen. Der neu erreichte Konsens kann auch bis zu einem gewissen Grad dadurch zustande kommen, dass diejenigen, die ihn nicht teilen, von der Majorität nicht mehr beachtet werden und ausserdem nicht genügend wissenschaftlichen Nachwuchs rekrutieren können. Der Übergang zur normalen Wissenschaft ist demgemäss im allgemeinen kein plötzliches Ereignis und seine historische Lokalisation dementsprechend auch nicht beliebig scharf vornehmbar[118]. Aber er ist auch nicht so graduell, dass er sich mit der gesamten Entwicklung eines Gebietes von den allerersten Anfängen bis zur konsensuellen Forschungspraxis decken würde; vielmehr ist der Übergang im allgemeinen in der Grössenordnung von Jahrzehnten bestimmbar.

Die gegebene Erklärung betrifft zunächst nur den sozialen Aspekt des Übergangs zur normalen Wissenschaft. Zu fragen ist nun nach *Charakteristika* der vorher genannten ‚überzeugenden Leistungen', die den Übergang bewirken, und zugleich nach den *Massstäben*, die diese Leistungen zu derart überzeugenden Leistungen machen.

Als Massstäbe, mit denen wissenschaftliche Gemeinschaften wissenschaftliche Leistungen beurteilen, fungieren die in der jeweiligen Gemeinschaft geltenden Werte. In abstrakt-allgemeiner Charakterisierung sind das vor allem Genauigkeit, Konsistenz, Grösse des Anwendungsbereichs, Einfachheit und Fruchtbarkeit[119]. Obwohl die Wertsysteme verschiedener wissenschaftlicher Gemeinschaften nicht völlig identisch zu sein brauchen, ist natürlich nicht ausgeschlossen, dass verschiedene Gemeinschaften in der Bewertung bestimmter neuartiger Leistungen zum gleichen Ergebnis kommen. Denn zum einen haben die verschiedenen Wertsysteme ja ein übereinstimmendes, atemporales, abstrakt-allgemeines Moment. Darü-

---

114. 1970c, SSR p.179/S.191. – Vergleiche Abschnitt 5.2.

115. Vergleiche Abschnitt 5.4.

116. 1959a, ET p.231 mit fn.3/S.315 mit S.325 Fn.3.; SSR, p.163/S.174; 1970b, pp.244–245/S.236f.

117. SSR, pp.17–19/S.32f.; 1970c, SSR p.178/S.190.

118. SSR, pp.21–22/S.35f; 1970b, p.245/S.237.

119. Vergleiche Abschnitt 4.3.c.

ber hinaus kann man auch mit verschiedenen Wertsystemen bei Einzelbewertungen zum gleichen Ergebnis kommen: dies ist analog den gleichen Werturteilen, die von Mitgliedern einer Gemeinschaft trotz individuell verschieden geprägter kommunaler Werte gefällt werden können.

Gemessen an diesen Massstäben soll also einer der konkurrierenden Schulen eine so überzeugende Leistung gelungen sein, dass sich Mitglieder anderer Schulen ihr anzuschliessen beginnen, und sie die folgende Generation von Wissenschaftlern anzuziehen in der Lage ist. Die spezifische Qualität der Überzeugungskraft dieser neuartigen Leistung kann in drei Punkten charakterisiert werden.

Erstens: Die Überzeugungskraft der neuartigen Leistung besteht relativ zu den Leistungen der Konkurrenten[120]. Es wird also weder behauptet, dass aufgrund der neuartigen Leistung alle Fakten des jeweiligen Gebietes erklärt bzw. alle Probleme gelöst seien, noch dass die gelösten Probleme in allen Details gelöst seien. Vielmehr besteht die Leistung in einer vergleichsweise besonders überzeugenden Lösung einiger weniger Probleme, deren zentrale Stellung im entsprechenden Gebiet aber ausser Zweifel steht.

Zweitens: Die Lösung dieser Probleme gelingt auf eine Weise, dass bei den Fachleuten der Eindruck entsteht, bestimmte Grundsatzfragen des Gebietes seien damit mehr oder weniger endgültig beantwortet[121]. Zu diesen Grundsatzfragen gehören die Frage nach dem für die Artikulation von Forschungsproblemen und ihren Lösungen zu verwendenden Begriffssystem, Fragen nach der Existenz und den wesentlichen Eigenschaften der fundamentalen Entitäten des jeweiligen Gebiets und Fragen nach den darauf abgestimmten bereichsspezifischen Methoden von Beobachtung, Experiment und Theorie. Wie kann der Eindruck entstehen, dass mit den neuen Problemlösungen bestimmte Grundsatzfragen mehr oder weniger endgültig beantwortet seien? Dreierlei kann hier genannt werden[122]. Einmal muss es möglich sein, für Phänomene des Gebietes erfolgreiche, konkrete Vorhersagen zu machen[123]. Dann muss sich, zumindest für eine bestimmte Teilklasse von Phänomenen, dieser Vorhersageerfolg regelmässig und innerhalb fester Fehlergrenzen einstellen. Schliesslich müssen diese Vorhersagen auf einer Theorie basieren, die die Vorhersagen zugleich begründet, ihre Restfehler erklärt und Wege zur Verbesserung ihrer Genauigkeit weist. Zudem muss diese Theorie eine Erweiterung ihres Anwendungsbereichs erhoffen lassen[124].

---

120. SSR, p.10/S.25, pp.17–18/S.32, pp.23–24/S.37f.

121. SSR, pp.19–20/S.34, p.21/S.36; 1963a, p.353; 1963b, p.388; 1970b, p.247/S.239; 1970c, SSR p.178/ S.190. – Ich wähle hier die gegenüber Kuhn etwas zurückhaltendere Formulierung, die Grundsatzfragen seien *mehr oder weniger* endgültig beantwortet. Der Grund hierfür ist die in Abschnitt 5.5.a genannte mögliche individuelle Verschiedenheit der Mitglieder der Gemeinschaft hinsichtlich der inneren Distanz, die sie zu der jeweiligen normalwissenschaftlichen Tradition wahren.

122. 1970b, pp.245/S.237f.

123. ,Vorhersage' ist hier wieder so verwendet, wie Naturwissenschaftler von Vorhersagen sprechen: gemeint ist lediglich die Ableitung aus einer Theorie. Das tatsächliche Zeitverhältnis von Ableitung und abgeleitetem Ereignis ist irrelevant.

124. Die Überzeugung von der Endgültigkeit der Lösung von Grundsatzproblemen kann sich natürlich nur auf das jeweils vorhandene empirische Material stützen. Beim Übergang von der vornormalen zur normalen Wissenschaft sind das relativ leicht anzustellende Beobachtungen und Experimente, und im Verlauf der esoterischen Praxis der Normalwissenschaft kommen aufwendigere experimentelle und theoretische Problemlösungen hinzu (SSR, pp.64–65/S.77). Daher können z.B. unerwartete neuartige Phänomene die Überzeugung von der Endgültigkeit der Lösungen wieder ins Wanken bringen: siehe später Abschnitt 7.1.

Drittens: Die neuartige Leistung ermöglicht diejenige Art der wissenschaftlichen Tätigkeit, die die früher explizierten Analogien zum Rätsellösen aufweist, also die Normalwissenschaft[125]. Insofern sind die exemplarisch gelösten konkreten Probleme gegenüber den ansonsten in wissenschaftlichen Schulen verwendeten paradigmatischen Lösungen auch von besonderer Art[126].

Aus diesen Eigenschaften der neuartigen Errungenschaften, die zur normalen Wissenschaft überleiten, folgt, dass der Übergang in die Normalwissenschaft keinesfalls allein durch irgendwelche soziale Massnahmen erzwungen werden kann. Entweder gibt es in einem Gebiet paradigmatische Leistungen, nach deren Vorbild Forschung dem Rätsellösen analog betrieben werden kann, oder aber es gibt sie nicht. Fehlen solche paradigmatischen Leistungen, so können sie nicht per Dekret beschafft, und die tatsächliche Attraktivität von Alternativen durch sozialen Druck abgewürgt werden[127]. Feyerabend gemäss war Kuhn aber gerade so von einigen Sozialwissenschaftlern verstanden worden[128]. Die (Kuhnsche) Wissenschaftsphilosophie kann keine Rezepte dafür anbieten, wie ein bestimmter vornormaler Wissenschaftszweig den Übergang in den Zustand normaler Wissenschaft erreichen oder beschleunigen kann:

> „Wie in der Entwicklung von Individuen, so erreichen auch diejenigen wissenschaftlichen Gruppen die Reife am sichersten, die warten können"[129].

Der Übergang in die normale Wissenschaft ist also kein willkürlich machbarer Übergang; vielmehr ist er in der Sache legitimiert. Die Mitglieder der im Konkurrenzkampf unterliegenden Schulen schliessen sich derjenigen Schule an, deren Leistungen – gemessen an den wissenschaftlichen Werten – besser sind als die der Konkurrenten. Eine Einschränkung muss allerdings gemacht werden: der Übergang in die jeweilige normale Wissenschaft ist nicht absolut zwingend begründbar, und darum wird er auch nicht von restlos allen Mitgliedern der verschiedenen Schulen vollzogen[130]. Diese Eigenschaft der (neuen) normalen Wissenschaft ist eine der Quellen für ihre einleitend schon genannte Qualifikation als ‚quasidogmatisch', die jetzt diskutiert werden muss.

5.6. Der funktionale Sinn des quasidogmatischen Elements der Normalwissenschaft

Dass der Übergang in die (neue) normale Wissenschaft nicht absolut zwingend begründbar ist, hat zwei Gründe.

Einmal ist dafür jene Eigenschaft wissenschaftlicher Wertsysteme verantwortlich, die ich in Abschnitt 4.3.c die ‚Unterbestimmtheit wissenschaftlicher Wertsysteme' genannt hatte. Damit war gemeint, dass wissenschaftliche Wertsysteme bei ih-

---

125. 1970c, SSR, p.179/S.190; vergleiche Abschnitt 5.2.

126. 1970c, SSR p.179/S.190. – Vergleiche auch Abschnitt 4.2.b.

127. 1970b, p.245/S.237, p.260/S.252, p.263/S.255; vergleiche auch 1961a, ET p.200/S.275f. (deutsche Fassung verschieden), p.221/S.294. – Mit der Behauptung der Unerzwingbarkeit normaler Wissenschaft unterscheidet sich Kuhn von der sogenannten Edinburgher Schule der Wissenschaftssoziologie. Deren „radikale Sicht des konventionellen Charakters des Wissens" besteht darin, dass „Wissen durch und durch konventioneller Natur ist": Barnes 1982, p.30 und p.27. Vergleiche auch Abschnitt 3.2.

128. Feyerabend 1970, p.198/S.192.

129. 1970b, p.245/S.237, siehe auch p.246/S.238.

130. SSR, p.19/S.33.

rer Anwendung, also der komparativen Beurteilung verschiedener Theorien, nicht notwendigerweise ein eindeutiges Ergebnis liefern; gemessen am (unvernünftigen) Ideal der vollständigen Determination einer komparativen Bewertung sind diese Wertsysteme unterbestimmt. Daher ist auch der Sieg einer Schule über ihre Konkurrenten nicht absolut zwingend.

Zum anderen gibt es in jeder normalwissenschaftlichen Phase immer bestimmte Probleme, die sich einer befriedigenden Lösung widersetzen[131]. Diese Probleme können grundsätzlich auch als Instanzen angesehen werden, die gegen die jeweilige (kommende) Normalwissenschaft sprechen. Nur in einer bestimmten Perspektive kann man diese Probleme als lediglich bislang ungelöst ansehen und sie zugunsten von im Moment als lösbar eingeschätzten Problemen beiseite lassen.

Dennoch gibt es in der normalen Wissenschaft eine typische „Zuversicht, dass [die jeweilige Theorie] letztlich alle Probleme lösen wird", und „diese Zuversicht macht normale Wissenschaft [...] möglich"[132]; die geltende Theorie wird nicht bezweifelt[133]. Ähnlich spricht Kuhn vom „Glauben" an die jeweilige Theorie[134], vom „Vertrauen"[135], das in sie gesetzt wird, davon, dass die Theorie „in selbstverständlicher Weise für gültig genommen wird"[136], von einem Gefühl völliger Sicherheit ihr gegenüber[137], von

> „starken Überzeugungen hinsichtlich der Phänomene, welche die Natur hervorbringen kann, und hinsichtlich der Wege, wie diese Phänomene mit der Theorie in Einklang gebracht werden können"[138].

Bei weitem am häufigsten, und zum Teil synonym mit den obigen Begriffen, verwendet Kuhn den Ausdruck „commitment" (manchmal noch verstärkt durch Attribute wie „durchgehend", „fest" oder „tief"), also in etwa „verpflichtende Bindung", um das Verhältnis der Wissenschaftler zur jeweiligen Normalwissenschaft zu charakterisieren[139].

In diesen und ähnlichen Formulierungen kommt zum Ausdruck, dass die Reglementierungen, die in den paradigmatischen Leistungen enthalten sind und welche die normale Wissenschaft leiten, während der Normalwissenschaft nicht zur Disposition stehen[140]:

---

131. 1959a, ET p.234/S.318, p.236/S.320; 1961a, ET p.202/S.278, pp.203–204/S.279f.; SSR, p.18/S.32, p.68/S.81, pp.79–80/S.92f., pp.81–82/S.94ff., p.110/S.122, pp.146–147/S.157f.; 1963b, p.392; 1964, ET p.262/S.349. – Vergleiche Abschnitt 5.2.d, Punkt 2.

132. SSR, pp.151–152/S.162f.; ähnlich 1959a, ET p.235/S.320.

133. 1959a, ET p.235/S.319f; 1961a, ET p.193/S.268.

134. 1959a, ET p.236/S.320.

135. SSR, p.165/S.177; 1963a, p.356, p.363.

136. SSR, p.37/S.51; ähnlich 1970c, SSR p.178/S.190.

137. 1963a, p.353.

138. 1963a, p.348, ähnlich p.349.

139. Z.B. 1959a, ET p.235/S.319, p.236/S.320, p.236/S.321; SSR, p.40/S.54, p.41/S.54, p.41/S.55, p.42/S.55, p.42/S.56, p.43/S.57, p.60/S.73, p.100/S.113, p.101/S.113, p.144/S.155, p.151/S.162; 1963a, p.349, p.353, p.359, p.363, p.368, p.369; 1963b, p.392, p.393; 1970a, ET p.268/S.358.

140. Vergleiche die Abschnitte 5.2.c und 5.2.d. – Vergleiche hierzu auch den Lakatosschen „harten Kern eines wissenschaftlichen Forschungsprogramms" in Lakatos 1970, Abschnitt 3a (Kuhn hat auf die diesbezügliche Identität mit Lakatos' Position in seinem 1971a, p.138/S.314 hingewiesen). Dieser harte Kern ist nach Lakatos „konventionell akzeptiert (und daher durch eine vorläufige Entschei-

> „Normale Wissenschaft [...] gründet auf der Annahme, dass die wissenschaftli-
> che Gemeinschaft weiss, wie die Welt beschaffen ist. Ein Grossteil des Erfol-
> ges dieses Unternehmens beruht darauf, dass die Gemeinschaft bereit ist, die-
> se Annahme zu verteidigen, wenn nötig auch unter erheblichen Kosten."[141]

Aber die normalwissenschaftlichen Reglementierungen können weder beim Übergang von der vornormalen zur normalen Wissenschaft, noch – wie später zu sehen
sein wird[142] – bei ihrer Neuetablierung nach einer wissenschaftlichen Revolution
zwingend begründet werden. Infolgedessen enthält die Immunisierung der normalwissenschaftlichen Reglementierungen ein Moment von Dogmatismus. Welchen funktionalen Sinn kann diese Dogmatisierung der normalwissenschaftlichen
Reglementierungen haben? Drei sich teilweise gegenseitig stützende Punkte können genannt werden.

Erstens ermöglicht die feste Bindung an die normalwissenschaftliche Grund-
norm jene Gründlichkeit, Tiefe und Genauigkeit, die der vornormalen Wissenschaftspraxis abgeht, und die auf keine andere Weise erreichbar scheint:

> „Solange die Mittel, die ein Paradigma bereitstellt, sich weiterhin als geeignet
> erweisen, die Probleme zu lösen, die eben dieses Paradigma definiert, solan-
> ge macht die Wissenschaft die schnellsten und tiefgehendsten Fortschritte,
> wenn sie diese Mittel überzeugt anwendet."[143]

Die Immunisierung der Reglementierungen verhindert, dass Schwierigkeiten, die
beim Problemlösen auftreten, den Reglementierungen angelastet werden. Und
dies ist ein gewaltiger Vorteil, denn

> „die Erfahrung zeigt, dass in fast allen Fällen die fortgesetzten Versuche eines
> Einzelnen oder der ganzen Wissenschaftlergemeinschaft am Ende Erfolg ha-
> ben, eine reglementierungskonforme Lösung auch der hartnäckigsten Proble-
> me zu liefern."[144]

Würde die Gemeinschaft es zulassen, dass die oben genannte Fülle bislang gar
nicht oder nur unbefriedigend gelöster Probleme gegen die normalwissenschaftlichen Reglementierungen gekehrt wird, so würde das Problemlösungspotential der
jeweiligen Tradition gerade den schwierigsten Problemen gegenüber nicht ausgeschöpft.

Zweitens zeigt diejenige Forschung, die sich strikt an die normalwissenschaftlichen Reglementierungen hält, einen eindeutig identifizierbaren Fortschritt des
Unternehmens – solange die Reglementierungen tatsächlich eine Wissenschaftspraxis mit den Analogien zum Rätsellösen ermöglichen[145]. Dieser Fortschritt hat
nicht nur wegen der vielfach möglichen technischen Verwertung naturwissen-

---

Fortsetzung Fussnote 140
dung ‚unwiderlegbar‘)" (Lakatos 1971, Abschnitt 1d). Das schliesst aber bei Lakatos (wie bei Kuhn)
nicht aus, dass dieser Kern unter dem Druck „vor allem logischer und empirischer" Gründe zerbröckeln
kann (Lakatos 1970, Abschnitt 3a).

141. SSR, p.5/S.19f.; ähnlich 1963a, p.349.

142. Siehe Abschnitt 7.4.b.

143. SSR, p.76/S.89; ähnlich 1980a, p.183. – Vergleiche die Abschnitte 5.2.d, Punkt 2 und 5.5.b.

144. 1963a, p.363; ähnlich p.367; 1961a, ET pp.202–203/S.278f.; SSR, p.81/S.94, p.82/S.96, p.84/S.97;
     1964, ET p.262/S.349; 1970b, p.248/S.240; 1970c, SSR p.186/S.198; 1977c, ET p.332/S.435.

145. Vergleiche Abschnitt 5.5; auch SSR, p.101/S.113.

schaftlichen Wissens Bedeutung. Vielmehr dürfte er auch für das soziale Prestige der neuzeitlichen Wissenschaft eine wichtige Rolle spielen, das seinerseits von wesentlicher Bedeutung für die Rekrutierung von fähigem Nachwuchs ist[146].

Von überragender Bedeutung ist drittens, dass die sich innerhalb der normalwissenschaftlichen Reglementierungen bewegende Forschung eine eigentümliche Dialektik enthält. Diese Dialektik sorgt dafür, dass die Bindungskraft der normalwissenschaftlichen Reglementierungen gerade dann nachlässt und schliesslich ganz verschwindet, wenn sie zu einer Fessel für die weitere wissenschaftliche Entwicklung wird. Aber gerade weil aufgrund des quasi-dogmatischen Charakters der Normalwissenschaft so lange als irgend möglich im Rahmen ihrer Reglementierungen gearbeitet wird, gerade deshalb können wissenschaftliche Revolutionen das bestehende Wissen so tief umgestalten wie sie es tatsächlich tun.

Die hier angesprochene Dynamik wissenschaftlicher Revolutionen wird in Kapitel 7 diskutiert werden. Zunächst aber bedarf der Kuhnsche Begriff der wissenschaftlichen Revolution einer eingehenden Erörterung.

---

146. Die Wichtigkeit der Rekrutierung von Nachwuchs wird besonders von daher einsichtig, dass die Zahl der Wissenschaftler ja über die letzten drei Jahrhunderte mit einer Verdoppelungszeit von etwa 15 Jahren exponentiell gewachsen ist, und sich daher auf Kosten anderer gesellschaftlicher Bereiche ausdehnte; siehe dazu Solla-Price 1963.

Kapitel 6

Der Begriff der wissenschaftlichen Revolution

In seiner Kuhnschen Prägung ist der Begriff der wissenschaftlichen Revolution seinem Umfang nach wesentlich weiter als sonst üblich. In welchem Sinn genau und warum dies der Fall ist, wird in Abschnitt 6.1 diskutiert. Anschliessend werden die zentralen Charakteristika von (Kuhnschen) wissenschaftlichen Revolutionen entwickelt: in Abschnitt 6.2 die Änderung der Welt und in Abschnitt 6.3 die Inkommensurabilität

6.1. Die Erweiterung des Begriffs der wissenschaftlichen Revolution bei Kuhn

Üblicherweise werden beispielsweise die mit den Namen Kopernikus, Newton, Lavoisier, Darwin, Bohr und Einstein verknüpften Grossereignisse der Wissenschaftsentwicklung wissenschaftliche Revolutionen genannt[1]. Die angesprochenen Episoden der Wissenschaftsentwicklung zeichnen sich durch zweierlei aus. Einmal wurde in ihnen eine fundamentale wissenschaftliche Theorie durch eine neue fundamentale Theorie abgelöst, was die Wissenschaftspraxis und das zugehörige wissenschaftliche Weltbild massiv veränderte. Darüber hinaus hatten diese Episoden eine umwälzende Wirkung auch ausserhalb der Wissenschaft auf das allgemeine Bewusstsein.

Kuhn will dieser geläufigen Begriffsverwendung gegenüber den Begriff der wissenschaftlichen Revolution erweitern[2]. Diese Erweiterung geschieht in zwei Schritten. In einem ersten Schritt sollen auch solche Theoriewechsel Revolutionen genannt werden, die zwar ausserhalb der Wissenschaft im Ganzen oder auch nur ausserhalb der jeweiligen Disziplin keine oder nur geringe Wirkung hatten, die aber innerhalb der Disziplin die gleichen Folgen hatten wie die ohnehin als Revolutionen bezeichneten Episoden. Kuhn denkt hier etwa an die Wellentheorie des Lichts, die dynamische Theorie der Wärme, oder die Maxwellsche Theorie des Elektromagnetismus. Die Legitimation für diese erste Erweiterung des Revolutionsbegriffs liegt darin, dass Kuhns Theorie die Wissenschaftsentwicklung im epi-

---

1. 1959a, ET p.226/S.309; SSR, pp.6/S.20, p.66/S.79, p.92/S.104; 1963a, p.364; 1970b, p.251/S.243; ET, p.XVII/S.39. – Zur Begriffsgeschichte von ‚wissenschaftlicher Revolution' in den letzten vier Jahrhunderten siehe Cohen 1985.

2. Siehe für das Folgende 1959a, ET pp.226–227/S.309f.; SSR, pp.6–8/S.20f., p.49/S.62f., p.64/S.76, p.66/S.79, p.85/S.98, p.92/S.104, pp.139–140/S.150f.; 1962d, ET pp.176–177/S.250; 1963a, p.364; 1963b, p.388; 1969c, ET p.350/S.459; 1970b, pp.249–250/S.241; 1970c, SSR pp.180–181; ET, p.XVII/S.39. – Erstaunlicherweise hat es trotz der expliziten Hinweise Kuhns auf diese Erweiterung des Revolutionsbegriffs auch hier Missverständnisse gegeben: siehe z.B. Grandy 1983, p.13; Laudan et al. 1986, p.190; Rodnyi 1973, S.189; Toulmin 1970, p.44/S.44 mit Kuhns Antwort in seiner Arbeit 1970b, pp.249–250/S.241.

stemischen Sinn zum Gegenstand hat[3], und nicht (oder allenfalls sekundär) eine Analyse der Wirkungsmechanismen von Wissenschaft auf ausserhalb ihrer liegende Bereiche. Infolgedessen müssen in der Kuhnschen Theorie Unterschiede unberücksichtigt bleiben, die in epistemischer Hinsicht gleichartige Episoden der Wissenschaftsentwicklung in ihrer Aussenwirkung haben.

In einem zweiten Schritt soll eine bestimmte Klasse von Entdeckungen als revolutionär bezeichnet werden, nämlich unerwartete Entdeckungen neuer Phänomene oder Entitäten. Die Begründung hierfür ist, dass solche Entdeckungen der Art nach genau wie die grossen Revolutionen, wenn auch weniger auffallend, Korrekturen der bisherigen Wissenschaftspraxis und des Weltbildes mit sich bringen. Genau genommen erweitert Kuhn in diesem zweiten Schritt aber nicht die Bedeutung des Substantivs ‚(wissenschaftliche) Revolution‘, sondern nur die des Adjektivs ‚revolutionär‘. Denn Kuhn qualifiziert in seinen Texten die genannte Klasse von Entdeckungen zwar mit dem Adjektiv ‚revolutionär‘, nennt sie aber meist nicht Revolutionen.

Kuhn ist sich völlig bewusst, dass „diese Erweiterung [des Revolutionsbegriffs] die übliche Verwendung überdehnt". Aber es sei eben eine „fundamentale These [von SSR]", dass

> „[die definierenden Charakteristika der offensichtlichsten Beispiele von wissenschaftlichen Revolutionen] auch beim Studium vieler anderer Episoden gefunden werden können, die nicht so offensichtlich revolutionär waren."[4]

Bevor wir uns mit diesen definierenden Charakteristika von Revolutionen im Detail beschäftigen, kann man die Frage stellen, in welcher Perspektive die drei genannten, anscheinend ziemlich heterogenen Episoden in der Geschichte wissenschaftlicher Disziplinen einer gemeinsamen Klasse angehören. Diese Perspektive besteht darin, dass sie alle nicht der Normalwissenschaft zurechenbar sind. Wissenschaftliche Revolutionen im Kuhnschen Sinne sind allesamt

> „das traditionszerstörende Komplement zur traditionsgebundenen Praxis der normalen Wissenschaft"[5].

Dass die revolutionäre Wissenschaftsentwicklung „traditionszerstörendes Komplement" der normalwissenschaftlichen Entwicklung ist, impliziert dreierlei.

Erstens ist die revolutionäre Wissenschaftsentwicklung *verschieden* von der normalwissenschaftlichen Entwicklung. Hier ist aber nicht das vornormale Stadium der Wissenschaft[6] gemeint, sondern ein Entwicklungsmodus, der auf reife Wissenschaften beschränkt ist. Demnach muss sich die revolutionäre Wissenschaftsentwicklung insbesondere von der normalen Entwicklung abheben lassen. Der Wissenszuwachs in der Normalwissenschaft ist kumulativ: neues Wissen, das mit

---

3. Vergleiche Abschnitt 1.1.a.

4. SSR, pp.6–8/S.20ff.; ähnlich 1959a, ET pp.226–227/S.309f.; 1963a, p.364; 1963b, p.388. – Dass sich revolutionäre Änderungen in ihrer Reichweite stark voneinander unterscheiden können, findet sich schon in Conant 1947, p.66.

5. SSR, p.6/S.20, ähnlich 1959a, ET p.227/S.310, p.234/S.318; SSR, p.8/S.23, p.90/S.103, p.136/S.147; 1963a, p.369; 1970a, ET p.274/S.364; 1970b, p.242/S.234; 1970c, SSR p.181/S.192; ET, p.XVII/S.39; 1981, p.1/S.5, p.1/S.6. – Die Gegenüberstellung von normaler und revolutionärer Wissenschaft findet sich schon bei Conant: vergleiche Abschnitt 5.1.

6. Vergleiche Abschnitt 5.5.b.

dem schon vorhandenen Wissen verträglich ist, ersetzt Unwissenheit[7]. Demgegenüber ist es notwendig (wenn auch nicht hinreichend) für den revolutionären Charakter einer bestimmten Episode der Wissenschaftsentwicklung, dass sie nicht kumulativ ist[8].

Drei Weisen der nichtkumulativen Wissenschaftsentwicklung sind denkbar. Einmal kann es die Korrektur von vermeintlichem Wissen über eine bestimmte Erscheinungswelt geben, wobei diese Korrektur die lexikalische Struktur des Wissens unverändert lässt[9]. Dieser Fall gehört zum normalwissenschaftlichen Alltag. Es handelt sich um eine Elimination von Fehlern, die sich durch Rekurs auf die normalwissenschaftlichen Reglementierungen identifizieren und korrigieren lassen[10].

Eine weitere denkbare Weise nichtkumulativer Wissenschaftsentwicklung besteht in der ersatzlosen Destruktion von solchem Wissen, das nicht nur Wissen über eine bestimmte Erscheinungswelt ist, sondern auch in die Konstitution dieser Erscheinungswelt miteingeht. Dieser Fall, eine Poppersche Falsifikation von grundlegendem Vermutungswissen, tritt nach Kuhn in der Wissenschaftsgeschichte nicht auf[11].

Schliesslich ist der Fall denkbar, dass neues Wissen auftritt, das mit dem schon vorhandenen Wissen in dem Sinne nicht verträglich ist, dass seine Akzeptierung eine Modifikation der lexikalischen Struktur des alten Wissens voraussetzt[12]. Diese Art der Entwicklung ist die im Kuhnschen Sinne revolutionäre Entwicklung. Wegen der involvierten begrifflichen Änderungen, die der Normalwissenschaft fremd sind, bezeichnet Kuhn wissenschaftliche Revolutionen auch vielfach als „begriffliche Transformationen", als „(fundamentale) Rekonzeptualisierungen"[13] u.ä. Wegen der Verschränkung des Auftretens neuartigen Wissens mit der Modifikation bzw. Aufgabe alten Wissens nennt Kuhn Revolutionen auch „destruktivkonstruktiv"[14].

---

7. Vergleiche Abschnitt 5.4.

8. SSR, pp.84–85/S.97f., p.92/S.104, pp.108–109/S.120f.; ET, p.XVII/S.39; 1979c, pp.VII–VIII; 1981, p.1/S.5, p.3/S.7f., p.16/S.24; ähnlich 1959a, ET p.226/S.309; 1961a, ET p.208/S.283; SSR, p.7/S.21, p.136/S.147; 1962d, ET p.175/S.248; 1969c, ET p.350/S.459; 1970a, ET p.267/S.357; 1970b, p.252/S.244; 1970c, SSR p.181/S.192; 1983b, p.713.

9. Vergleiche die Abschnitte 3.6.f und 4.4.a.

10. 1970a, ET p.278/S.369, p.280/S.370.

11. SSR, p.77/S.90; ähnlich p.145/S.156; 1961a, ET p.211/S.285; 1980a, p.189; 1983a, p.684 fn.5. – Siehe für eine detaillierte Diskussion später Abschnitt 7.4.a.

12. 1959a, ET p.226/S.309; 1961a, ET p.200/S.276; SSR, p.6/S.20f., p.92/S.104, p.94/S.106, p.95/S.108, p.97/S.110, p.98/S.111, p.103/S.116; 1970a, ET p.267/S.357; 1970c, SSR p.175/S.187, p.185/S.196, p.201/S.212; 1974a, ET p.304 fn.14/S.419 Fn.14; 1980a, p.189.

13. SSR, p.90 fn.15/S.231 Fn.15, p.102/S.115, p.132/S.144; 1964, ET p.246/S.333, p.251/S.338, p.256/S.343, p.260/S.347, p.263/S.350, p.264/S.351; 1970b, pp.249–250/S.241; ET, p.XIV/übs. verschieden; 1983b, pp.715–716; im Druck b, Ms. p.2. – Die Charakterisierung einer Revolution als eines begrifflichen Wechsels findet sich schon bei Conant: sein Thema in seinem Buch 1947 sei unter anderem,
„wie sich neue Begriffe aus Experimenten entwickeln, wie ein Begriffssystem [conceptual scheme] für eine zeitlang angemessen ist und dann modifiziert oder durch eine anderes ersetzt wird" (Conant 1947, p.18).

14. SSR, p.66/S.79; ähnlich p.77/S.90, pp.97–98/S.109f., p.147/S.158; 1961a, ET p.208/S.283; 1963b, p.394.

Zweitens bedeutet damit die Aussage, die revolutionäre und die normale Wissenschaftsentwicklung seien komplementär, dass es ausser diesen beiden *keine weiteren Modi der Entwicklung reifer Wissenschaften* gibt.

Drittens ist mit der Komplementarität von normaler Wissenschaft und wissenschaftliche Revolutionen angedeutet, dass diese in einem (unsymmetrischen) Bedingungsverhältnis stehen. Wissenschaftliche Revolutionen kann es aus begrifflichen Gründen nur geben, falls es auch normale Wissenschaft gibt: denn nur eine existierende wissenschaftliche Tradition kann auch zerstört werden[15]. Dagegen könnte es theoretisch eine traditionsgebundene Wissenschaft auch geben, wenn es keine wissenschaftlichen Revolutionen gäbe.

Das Subjekt einer wissenschaftlichen Revolution ist, wie das einer normalwissenschaftlichen Tradition, eine wissenschaftliche Gemeinschaft[16]. Diese Kernthese der Kuhnschen Theorie wird hier vor allem aus zwei Gründen bedeutsam. Einmal wird man bei der Frage nach den Gründen, die bei der Theoriewahl in Revolutionen ausschlaggebend sind, auch nach den Gründen für den entsprechenden Gemeinschaftsentscheid fragen können[17]. Zum anderen lässt sich die Frage, ob eine bestimmte Episode der Wissenschaftsentwicklung revolutionär sei oder der normalen Wissenschaft zugehöre, nur relativ zu bestimmten Gemeinschaften beantworten[18]. Dies ist darum nicht trivial, weil manche revolutionären Entwicklungen wohl für die unmittelbar involvierte Gruppe revolutionären Charakter haben, für weiter entfernt stehende Gruppen dagegen kumulativ sein können[19].

Nicht nur wegen der letztgenannten Tatsache wäre es ein Missverständnis, würde man die Gegenüberstellung von normaler Wissenschaft und wissenschaftlichen Revolutionen als eine schroffe Dichotomie auffassen. Vielmehr gibt es einen fliessenden Übergang zwischen diesen beiden Formen der Wissenschaftsentwicklung, was natürlich die Existenz paradigmatischer Beispiele für die beiden Formen, die die Unterscheidung tragen, nicht ausschliesst[20].

---

15. 1959a, ET p.227/S.310; 1970b, p.233/S.225f. übs. falsch, p.242/S.234, p.249/S.241; ET, p.XVII/S.40. – In SSR findet sich neben der Gegenüberstellung von normaler Wissenschaft und wissenschaftlichen Revolutionen noch eine andere Gegenüberstellung, die hier Verwirrung stiften kann. Kuhn sagt nämlich auf p.91/S.103, dass

     „der Begriff der normalen Wissenschaft stärker von der Existenz [der Symptome eines übergangs von der normalen zur ausserordentlichen Forschung] abhängt als von der Existenz von Revolutionen."

     Kuhn hat an dieser Stelle im Auge, dass von der Forschungs*aktivität* der normalen Wissenschaft eine andere Forschungsaktivität unterschieden werden kann, die ,ausserordentliche Wissenschaft' (siehe dazu später Abschnitt 7.3.b). Die Möglichkeit der Unterscheidung dieser beiden Arten von Forschungsaktivität ist nun nicht davon abhängig, ob die ausserordentliche Wissenschaft in eine Revolution mündet oder nicht (SSR, p.90/S.103). Dagegen betrifft die Gegenüberstellung von normaler Wissenschaft und wissenschaftlicher Revolution Verhältnisse, die *Resultate* von Forschungstätigkeit zueinander haben. Normalwissenschaftliche Resultate sind mit früheren Resultaten verträglich, revolutionäre Resultate nicht.

16. 1959a, ET p.226/S.309; SSR, p.49–50/S.62ff., p.52/S.65, p.61/S.73, pp.92–93/S.104f.; 1962d, ET p.175/S.248f.; 1963a, p.364; 1970b, pp.251–253/S.243ff.; 1970c, SSR p.179/S.191, pp.180–181/ S.192; 1971a, pp.145–146/S.320f. – Vergleiche Abschnitt 1.1.b, Kap.3 Anfang, und die Abschnitte 3.4, 4.3.c und 5.1.

17. Siehe später Abschnitt 7.4.b.

18. Von den vorher genannten Stellen siehe besonders 1970b, pp.251–253/S.243ff.

19. Siehe später Abschnitt 7.2.

20. 1970b, pp.251–252/S.243f.; siehe auch später Abschnitt 7.2.

Was Kuhn nun unter wissenschaftlichen Revolutionen bzw. revolutionärer Wissenschaftsentwicklung genau versteht, das lässt sich wegen des genannten Komplementaritätsverhältnisses zur normalen Wissenschaft in Abhebung von deren zentralen Bestimmungen angeben.

6.2. Änderung der Welt

Normale Wissenschaft, so hatten wir gesehen, arbeitet unter Anleitung von Reglementierungen, die sich von exemplarischen Problemlösungen herleiten[21]. Nun haben diese exemplarischen Problemlösungen kraft der in ihnen enthaltenen Ähnlichkeitsrelationen weltkonstitutive Funktion[22]. Weil diese exemplarischen Problemlösungen während der Phase normaler Wissenschaft nicht zur Disposition stehen, bleibt auch ihr Beitrag zur Weltkonstitution konstant. Infolgedessen bleibt während der Phase der normalen Wissenschaft die für die Arbeit der jeweiligen Gemeinschaft relevante Region der Erscheinungswelt stabil, und das Wissen über diese Region wächst kumulativ[23]. Demgegenüber ist es ein zentrales Charakteristikum der revolutionären Wissenschaftsentwicklung, wie Kuhn an vielen Stellen betont, dass sich in ihrem Verlauf die Welt ändert[24]. Genauer gesagt: es ändert sich diejenige Region der Erscheinungswelt, in der die jeweilige Gemeinschaft ihre Arbeit ausübt. Kuhn hat dabei drei unterschiedliche Modi der Weltänderung im Auge.

Erstens kann es in der nachrevolutionären (Erscheinungs-)Welt Phänomene und Objekte geben, die es in der früheren Erscheinungswelt nicht gab[25]. Doch müssen diese Entdeckungen noch ein weiteres Merkmal aufweisen, damit sie als revolutionär gelten können, denn auch in der Normalwissenschaft werden neue Phänomene und Entitäten entdeckt[26]. Der Unterschied der normalwissenschaftlichen und der revolutionären Entdeckung neuer Phänome oder Entitäten besteht darin, dass im normalwissenschaftlichen Fall eine Entdeckung i.A. weder zu einer Revision des schon vorhandenen expliziten oder impliziten Wissens, noch zu einer Änderung der gebräuchlichen experimentellen Techniken, noch zu einer Korrektur der Interpretationsweisen von Daten führt. Die Entdeckung ist nicht überraschend, und der Wissenszuwachs durch das Wissen über die neuen Phänomene und Entitäten ist kumulativ. Demgegenüber erzwingt eine revolutionäre Entdeckung (per Definition) bestimmte Revisionen. Eine unerwartete Entdeckung kann einmal grössere Änderungen der explizit formulierten Theorien notwendig machen, wenn die neu entdeckten Phänomene oder Entitäten mit diesen Theorien nicht in Einklang zu bringen sind. Selbst wenn eine unerwartete Entdeckung nicht die explizit formulierten Teile von Theorien in Frage stellt, kann sie zu Revisionen impliziter theoretischer Annahmen führen, wie sie etwa in der Verwendung von

---

21. Vergleiche Abschnitt 5.2.a.

22. Vergleiche Abschnitt 4.4.a.

23. Vergleiche Abschnitt 5.4.

24. SSR, p.6/S.21, p.61/S.73, pp.85–86/S.98f., p.102/S.114f., p.103/S.115f., p.106/S.119, p.111/S.123, p.117/S.129, p.118/S.130, p.120/S.132, p.121/S.133, p.122/S.134, p.134/S.146, p.135/S.146, p.141/S.152, p.143/S.154, pp.147–148/S.159, p.150/S.161; 1970c, SSR p.193/S.204, p.201/S.213; 1974a, ET p.309 fn.18/S.420 Fn.18; ET, p.XXIII/S.45; 1979b, pp.418–419; 1983a, pp.682–683; 1986, p.33.

25. 1961a, ET pp.204–206/S.280f.; SSR, p.7/S.21f., pp.52–61/S.65–73, p.66/S.79, pp.88–89/S.101f., pp.96–97/S.108f., p.103/S.115f., p.111/S.123, pp.116–117/S.128f.; 1962d, ET p.166/S.240, pp.175–176/S.248f.

26. SSR, p.58/S.71; 1962d, ET pp.166–167/S.240, p.175/S.248. Siehe auch später Abschnitt 7.2.

Instrumenten und der Interpretation von Daten enthalten sind. Denn in die Verwendung von Instrumenten und die Interpretation von Daten gehen notwendigerweise Vorstellungen darüber ein, was es in der Welt gibt und wie es sich verhält, sowie darüber, wenn auch eher implizit, was es nicht gibt[27].

Zweitens gibt es Änderungen der Welt, bei denen zwar keine neuen Phänomene oder Entitäten entdeckt werden, aber „schon bekannte Objekte in einem anderen Licht gesehen werden"[28]:

> „Wenn der Wissenschaftler der gleichen Konstellation von Objekten gegenübersteht wie [vor der Revolution], und dies auch weiss, so findet er sie nichtsdestotrotz in vielen ihrer Details durch und durch verwandelt."[29]

Diese Verwandlung schon bekannter Phänomene oder Objekte kann dadurch zustande kommen, dass sie nach der Revolution als Fälle anderer Gesetzmässigkeiten aufgefasst werden als zuvor[30]. Wieder ist es so, dass das Akzeptieren der neuen Attribute der Objekte die Aufgabe mancher der ihnen vorher zugeschriebenen Attribute verlangt.

Drittens können sich mit einer Revolution bestimmte numerische Daten ändern[31]. Der Grund hierfür ist, dass neue quantitative Erwartungen hinsichtlich bestimmter Phänomene an die Stelle früherer oder nicht vorhandener Erwartungen treten können[32]. Werden diese Erwartungen enttäuscht, so gibt die (neue) normale Wissenschaft ja nicht ihre leitenden Reglementierungen auf, sondern versucht durch theoretische und experimentelle Arbeit innerhalb ihres Rahmens die Übereinstimmung von Theorie und Empirie herbeizuführen bzw. zu verbessern. Dabei können bislang verborgene, im Licht der neuen Theorie als Fehlerquellen taxierte Einflüsse auf die Messdaten entdeckt werden, deren Korrektur tatsächlich die numerischen Daten verändert.

Diese drei Arten von Änderungen mögen durchaus von nicht normalwissenschaftlicher Art sein. Aber berechtigen sie wirklich dazu, von ‚Änderungen der Welt' zu sprechen? Insbesondere bei der zweiten der genannten Änderungen ist ja offensichtlich, dass es sich um etwas handelt, was ausschliesslich in den Köpfen der beteiligten Wissenschaftler vor sich geht. Wäre es dann nicht angemessener, statt von Änderungen der Welt etwa nur von nicht-kumulativen Änderungen des Wissens *über* die Welt sprechen? Kuhn scheint sich dessen Ende der 50er und Anfang der 60er Jahre nicht ganz sicher gewsesen zu sein. So spricht er in seiner Arbeit 1959a noch nicht von Änderungen der Welt, sondern nur davon, dass bei Revolutionen

> „eine wissenschaftliche Gemeinschaft eine altehrwürdige Art, die Welt zu sehen, aufgibt"[33].

---

27. Vergleiche Abschnitt 5.2.a.

28. SSR, p.111/S.123.

29. SSR, p.122/S.134, ähnlich p.7/S.22, p.102/S.114f., p.103/S.115f., p.134/S.146, p.150/S.161; 1962d, ET p.175/S.248f.

30. SSR, p.102/S.114f., pp.130–134/S.142–146.

31. SSR, p.130/S.142, pp.134–135/S.146; 1961a, ET pp.194–197/S.269–272.

32. Vergleiche Abschnitt 5.3.c.

33. 1959a, ET p.226/S.309.

Ähnliche Formulierungen findet man auch an verschiedenen Stellen von SSR und in seiner Arbeit 1962d[34]. Dabei meint Kuhn das ‚die Welt anders sehen' sowohl in einem wörtlichen als auch einem metaphorischen Sinn[35]. Kuhn gibt sogar dem 10. Kapitel von SSR, in dem diskutiert wird, ob und in welchem Sinn Revolutionen *die Welt* ändern[36], den relativ dazu verwirrenden Titel „Revolutionen als Änderungen des Weltbildes [changes of world view]". Die Beschreibung von Revolutionen als Änderungen des Weltbildes scheint aber mit der als Änderungen der Welt nicht verträglich: entweder ändert sich in einer Revolution die Welt selbst; oder aber sie selbst bleibt konstant, und nur das Bild der Welt ändert sich.

Kuhn gibt in SSR eine kurze Begründung für seine befremdliche Rede von der Änderung der Welt. Natürlich, so beginnt die Begründung, gehen auch nach einer wissenschaftlichen Revolution die Ereignisse ausserhalb des Labors ihren gewohnten Gang.

> „Nichtsdestotrotz bringen Paradigmenwechsel Wissenschaftler dazu, die Welt ihres Forschungsgebiets anders zu sehen. Insofern ihr einziger Bezug zu dieser Welt durch das vermittelt ist, was sie sehen und tun, sind wir geneigt zu sagen, dass Wissenschaftler nach einer Revolution auf eine andere Welt reagieren."[37]

Im zweiten Satz dieses Zitats deutet Kuhn die Trennung zweier Bestimmungen an, die im Weltbegriff des ‚common sense' (zumindest im Abendland des 20.Jahrhunderts) vereinigt sind, und deren Beisammensein gerade das Befremdliche der Rede von der Änderung der Welt durch eine Revolution erzeugt[38]. Gemäss der ersten Bestimmung der Welt ist sie unser reales Gegenüber, also etwas rein objektseitig Seiendes. Gemäss der zweiten Bestimmung ist die Welt uns durch Erfahrung zugänglich. Beide Bestimmungen *zusammengenommen* sind aber mit den Lehren unverträglich, die Kuhn aus der neuen wissenschaftsinternen Historiographie gezogen hat[39]. Um diese Unverträglichkeit aufzulösen, muss man (mindestens) eine der beiden Bestimmungen der Welt fallen lassen. Hält man an der ersten Bestimmung der Welt fest, so wird man von wissenschaftlichen Revolutionen als Änderungen des Welt*bildes* sprechen. Hält man an der zweiten Bestimmung der Welt fest, so wird man von Revolutionen als Änderungen der *Welt* sprechen. Im zweiten Satz des obigen Zitats hebt Kuhn gerade die zweite Bestimmung des gängigen Weltbegriffs heraus, unterdrückt dabei die erste und macht so die

---

34. SSR, p.53/S.66, p.102/S.115, p.111/S.123, pp.116–120/S.128–132, p.124/S.136p.144/S.155; 1962d, ET p.175/S.248f.

35. Vergleiche die Abschnitte 3.5, 3.6.a und 3.6.e.

36. So heisst es im ersten Satz von Kapitel X,
    „der Wissenschaftshistoriker kann versucht sein zu sagen, dass bei einem Wechsel von Paradigmen die Welt selbst sich mit ihnen ändert." (SSR, p.111/S.123 übs. mangelhaft)
    Und im letzten Satz dieses Kapitels sagt Kuhn mit Bezug auf eine dritte Art der Weltänderung:
    „Dies ist die letzte Bedeutung, in der wir sagen möchten, dass die Wissenschaftler nach einer Revolution in einer anderen Welt arbeiten." (SSR, p.135/S.146 übs. mangelhaft)

37. SSR, p.111/S.123; vergleiche auch p.118/S.130.

38. Diese Befremdlichkeit ist die gleiche wie die des Haupttitels von Flecks 1935: „Entstehung und Entwicklung einer wissenschaftlichen Tatsache". Gerade diese Befremdlichkeit hatte übrigens Kuhns Interesse an Flecks Buch geweckt, wie sich Kuhn in seiner Arbeit 1979c, p.VIII erinnert. An der gleichen Stelle berichtet Kuhn auch über Conants Aufgeschlossenheit gegenüber dem in Flecks Titel enthaltenen „Paradox".

39. Vergleiche Abschnitt 1.2.c.

Rede von der Änderung der Welt bei einer Revolution plausibel[40]. Natürlich wird grössere Klarheit erst hergestellt, wenn man zwei verschiedene Weltbegriffe unterscheidet[41]. In einem weiteren Reflexionsschritt können dann auch die Schwierigkeiten bewusst werden, die der Begriff einer rein objektseitigen Welt, der bestimmte theoretische Funktionen haben soll, mit sich bringt[42].

Allerdings ist Kuhns Schwanken zwischen den beiden Charakterisierungen von Revolutionen als Änderungen der Welt oder als Änderungen des Weltbildes nicht allein seiner Unklarheit hinsichtlich des Weltbegriffs zuzuschreiben. Denn Kuhn hat in SSR ausserdem ein theoretisches Interesse daran, wissenschaftliche Revolutionen zumindest auch als Änderungen des Welt*bildes* zu charakterisieren. Diese Charakterisierung ermöglicht es nämlich, eine Revolution als eine Änderung der Sehweise zu beschreiben, die nach dem Muster eines visuellen Gestaltsprunges vor sich geht. Hanson hatte schon in seinem „Patterns of Discovery" auf die Ähnlichkeit mit dem visuellen Gestaltsprung hingewiesen, und Kuhn übernimmt diesen Gedanken, wenn auch mit der Einschränkung, dass er in bestimmten Hinsichten irreführend sei[43]. Kuhn erreicht durch die Beschreibung von Revolutionen als Gestaltsprüngen zweierlei. Einmal gewinnt wegen der unbezweifelbaren Existenz von visuellen Gestaltsprüngen in Experimentalsituationen der Gedanke Plausibilität, dass es auch in der Wissenschaftsentwicklung solche Gestaltsprünge geben könnte[44]. Dann aber verliert die von Kuhn angegriffene Sicht, dass die Wissenschaftsentwicklung ein ausschliesslich kumulativer Prozess sei, an Glaubwürdigkeit[45]. Zum anderen wird einleuchtend, dass eine Revolution für den einzelnen Wissenschaftler ein „relativ plötzliches und unstrukturiertes Ereignis" ist, was sich durch Zeugnisse von Wissenschaftlern belegen lässt[46].

In allerneuester Zeit aber kritisiert Kuhn seine frühere Rede von Gestaltsprüngen in der Wissenschaftsentwicklung[47]. Wohl können Individuen Gestaltsprünge erleben, und das geschieht auch während Revolutionen. Aber für das eigentliche Subjekt einer wissenschaftlichen Revolution, nämlich eine wissenschaftliche Gemeinschaft, ist die Rede von Gestaltsprüngen unpassend. Denn eine wissenschaftliche Revolution ist ein zeitlich ausgedehnter Prozess. Einige der an diesem Prozess beteiligten Individuen mögen dabei tatsächlich Gestaltsprünge erleben, doch geschehen diese Gestaltsprünge nicht simultan. Andere mögen den erforderlichen Wechsel als eine Folge von weniger diskontinuierlichen Schritten erleben.

„Wenn man, wie ich es wiederholt getan habe, von Gestaltsprüngen spricht, die eine Gemeinschaft erlebt, dann komprimiert man einen ausgedehnten

---

40. Dieses Verfahren wiederholt auf der Metaebene, was Kuhns Theorie auf der Objektebene als für wissenschaftliche Revolutionen typisch beschreibt: der legislative Gehalt eines Begriffes, hier des üblichen Weltbegriffs, wird ausser Kraft gesetzt (vergleiche Abschnitt 3.7.a). Als Konsequenz ergibt sich auch, was Kuhn in 1981, p.29/S.39 als „den Prüfstein revolutionären Wechsels" bezeichnet: die „Verletzung oder Verzerrung einer vorher unproblematischen wissenschaftlichen Sprache".

41. Vergleiche Abschnitt 2.1.a.

42. Vergleiche die Abschnitte 2.2.d, 2.2.e und 2.3.

43. Hanson 1958, chpt.I. Kuhn SSR, p.85/S.98, p.113/S.125; ähnlich p.111/S.123, pp.115–117/S.127ff., p.122/S.134, p.150/S.161; siehe später auch 1976b, p.196/S.132; ET, p.XIII/S.35; 1983a, p.669.

44. Vergleiche Abschnitt 2.1.b.

45. Vergleiche Abschnitt 1.2.a.

46. SSR, p.122/S.134, ähnlich p.150/S.161; siehe auch Kuhn im Druck b, Ms. pp.2–4.

47. Kuhn im Druck b, Ms. pp.3–4.

> Prozess der Veränderung in einen Augenblick. Dadurch lässt man keinen
> Platz für die Mikroprozesse, durch die die Veränderung realisiert wird."[48]

Eine wissenschaftliche Revolution ist also ein in viel stärkerem Mass graduell ver-
laufender Prozess als es die Metapher der Gestaltsprünge nahelegt, und insofern
hat Kuhn seine Sicht von Revolutionen in den 80er Jahren gemässigt[49].

Aber Kuhn ist sich auch schon in SSR bewusst, dass die Rede von wissenschaftlichen Revolutionen als Änderungen des Weltbildes bzw. Transformationen
der Welt weiterer Analyse bedarf. So sagt er selbst über die Formulierung, die Vertreter miteinander konkurrierender Paradigmen betrieben ihr Geschäft in verschiedenen Welten, dass er ihren „Sinn nicht weiter explizieren könne"[50]. Erst seit den
späten 60er Jahren hat Kuhn hier mehr Klarheit: Was sich in einer wissenschaftlichen Revolution vor allem ändert, das sind bestimmte Ähnlichkeitsrelationen[51].
Damit lassen sich etliche der in SSR konstatierten Eigenschaften von Revolutionen
verstehen.

Erstens: Weil Ähnlichkeitsrelationen für Erscheinungswelten mitkonstitutiv
sind[52], können Änderungen von Ähnlichkeitsrelationen eine Änderung der durch
sie mitkonstituierten Welt zur Folge haben[53]. Dies ist natürlich damit verträglich,
dass eine rein objektseitig gedachte Welt der Stimuli von dieser Änderung unberührt bleibt.

Zweitens: Weil Ähnlichkeitsrelationen für die Wahrnehmung und die zur
Weltbeschreibung verwendeten empirischen Begriffe mitkonstitutiv sind[54], wird
die Welt nach einer Revolution sowohl in wörtlichem als auch in übertragenem
Sinn anders ,gesehen'. Insofern eine Erscheinungswelt ein ,Bild' einer rein objekt-
seitig gedachten Welt der Stimuli ist, ist eine Revolution auch eine Änderung des
Weltbildes.

Drittens: Weil Ähnlichkeitsrelationen nicht voneinander isoliert, sondern untereinander vernetzt sind[55], wird verständlich, warum Revolutionen für den einzelnen Wissenschaftler relativ plötzliche und unstrukturierte, ,ganzheitliche' Ereignisse sein können[56]. Denn das neu zu erwerbende Netz von Ähnlichkeits- und Unähnlichkeitsrelationen kann nicht Stück für Stück in das schon bestehende Netz
von Ähnlichkeitsrelationen eingefügt werden. Vielmehr sind die neuen Ähnlichkeitsrelationen mit den alten teilweise unverträglich, und die neuen Ähnlichkeits-

---

48. Kuhn im Druck b, Ms. p.4.

49. 1983b, pp.714–716; im Druck b, Ms. p.1.

50. SSR, p.150/S.161 übs. falsch; vergleiche auch p.121/S.133.

51. 1970b, pp.275–276/S.267; 1970c, SSR pp.200–201/S.212; 1976b, pp.195–196/S.131; 1979b, p.416,
    p.417; 1981, pp.26–29/S.36–39; 1983a, p.680, pp.682–683. – Implizit ist der Gedanke der ähnlich-
    keitsrelationen bereits in SSR enthalten, wie schon in Abschnitt 3.2 gesagt wurde. Deshalb kann
    Kuhn in den genannten Arbeiten Beispiele für die Veränderung von ähnlichkeitsrelationen ver-
    wenden, die er schon in SSR diskutiert hatte. Es handelt sich um die Planeten vor und nach Koper-
    nikus (SSR, pp.128–129/S.140), den freien Fall, die Pendel- und die Planetenbewegung vor und
    nach Galilei (SSR, pp.118–120/S.130ff., pp.123–125/S.135ff.), und um (physikalische) Mischungen,
    Lösungen und chemische Verbindungen vor und nach Dalton (SSR, pp.130–134/S.142–146).

52. Vergleiche Kapitel 3, besonders Abschnitt 3.2.

53. Vergleiche 1974a, ET p.309 fn.18/S.420 Fn.18.

54. Vergleiche die Abschnitte 3.5 und 3.6.

55. Vergleiche die Abschnitte 3.2, 3.6.c und 3.6.e.

56. 1981, pp.5–6/S.11, p.10/S.17, pp.23–24/S.32f.; 1983a, pp.676– 677, p.682; 1983b, pp.715–716.

relationen können demnach nur, soll das ganze Netz konsistent sein, ganz oder
gar nicht übernommen werden.

Viertens, und mit dem letzten Punkt in engem Zusammenhang, gestattet die
Charakterisierung von Revolutionen als einer Änderung des Netzes der Ähnlichkeitsrelationen eine genauere Bestimmung einer weiteren zentralen Eigenschaft
von Revolutionen, nämlich der Inkommensurabilität. Doch bedarf dieser Begriff
der Diskussion in einem eigenen Abschnitt.

6.3. Inkommensurabilität

Inkommensurabilität ist ein Begriff, der bestimmte zentrale Eigenschaften
wissenschaftlicher Revolutionen kennzeichnen soll. Dieser Begriff wurde 1962
von Kuhn und im gleichen Jahr von Feyerabend, allerdings mit etwas anderen Akzenten, in die Wissenschaftstheorie eingeführt[57]. Die These von der Inkommensurabilität gehört zu den am meisten diskutierten und umstrittensten Stücken der
Kuhnschen Theorie[58]. Trotz der breit geführten Diskussion stellt Kuhn 1982 etwas
resigniert fest, dass

> „eigentlich niemand in vollem Umfang auf die Schwierigkeiten eingegangen
> ist, die Feyerabend und mich dazu geführt haben, von Inkommensurabilität
> zu sprechen"[59].

Ganz im Gegenteil, die Diskussion um Inkommensurabilität ist voll von den verschiedensten Missverständnissen. Teilweise haben diese Missverständnisse, Kuhns
eigenem Urteil nach, ihren Ursprung in der

---

57. Feyerabend 1962. – Gemäss Kuhns, nach eigener Aussage unsicherer Erinnerung im Jahre 1982
    führten Feyerabend und er den *Terminus* Inkommensurabilität unabhängig voneinander ein:
    1983a, p.669 und p.684 fn.2. Für Feyerabends Sicht der Einführung des Inkommensurabilitäts*ge-
    dankens* siehe Feyerabend 1978a, S.30 und 1978b, Abschnitt 10, wo er als den Beginn der Diskus-
    sion über Inkommensurabilität, was die Sache anbelangt, Feyerabend 1958, Abschnitt 6 angibt. –
    Interessanterweise verwendet Wieland in der gleichen Zeit, wohl aber unabhängig von Kuhn und
    Feyerabend, den Terminus Inkommensurabilität, und zwar in etwa in der gleichen Bedeutung:
    „Denn es kann sein, dass sich widersprechende Sätze in Wahrheit vollkommen inkommensura-
    bel sind, dann nämlich, wenn sie Antwort auf inkommensurable Fragen geben wollen." (Wie-
    land 1962, S.30, ähnlich auch S.37 und S.45).
58. Siehe z.B. Achinstein 1964; Agazzi 1985 und 1989; Andersson 1988, S.110–124; Balzer 1978, 1985a
    und 1985b; Batens 1983a und 1983b; Bernstein 1983, pp.79–93 u.a.; Bohm 1974; Boyd 1984,
    pp.52–56; Brown 1977, pp.115–120 und 1983; Burian 1984; Causey 1974; Davidson 1974; Devitt
    1979; Doppelt 1978; English 1978; Feyerabend 1987; Field 1973; Fine 1967 und 1975; Flonta 1978;
    Franklin 1984; Giedymin 1970 und 1971, pp.45–47; Grandy 1983; Hacking 1983, bes. chpt. 5; Har-
    per 1978; Hattiangadi 1971; Hautamäki 1983; Hempel 1977, S.27f.; Hesse 1983; Hintikka 1988;
    Hung 1987; Jones 1981; Jones 1986, p.446; Katz 1979; Kitcher 1978 und 1983; Koertge 1983; Kordig
    1971a, 1971b, 1971c und 1971d; Krige 1980, pp.194–200; Krüger 1974; Lakatos 1970, p.179 fn.1/
    S.173 Fn.335; Laudan 1976, pp.593–596 und 1977, pp.139–146; Levin 1979; MacCormac 1971; Man-
    delbaum 1979, pp.417–423; Martin 1971, 1972 und 1984; Mittelstraß 1984, S.122–123; Moberg 1979;
    Musgrave 1971, pp.295–296 und 1978; Newton-Smith 1981, pp.9–13 und chpt. VII; Nordmann
    1986; Parsons 1971a und 1971b; Pearce 1982, 1986, 1987 (mit weiteren Literaturangaben) und
    1988; Pearce/Maynard 1973; Phillips 1975; Porus 1988; Przelecki 1978; Putnam 1981, pp.113–124;
    Rabb 1975; Rescher 1982, chpt.II; Rorty 1979, pp.322–333; Sagal 1972; Scheffler 1967, pp.81–83
    und 1972, pp.367–368; Shapere 1964, pp.390–392, 1966, pp.67–68, 1969, pp.106–110, 1971, p.708
    und 1984, pp.XV–XVI; Siegel 1980; Stegmüller 1973, S.167f., S.254, S.283–287 und 1986, S.298–310;
    Ströker 1974, S.59–63; Suppe 1974, pp.199–208; Szumilewicz 1977 und 1985; Tuchanska (im
    Druck); Van Bendegem 1983; Van der Veken 1983; Watanabe 1975, pp.118–122; Watkins 1970,
    pp.36–37/S.36f., Wittich 1981, S.147–151.
59. 1983a, p.669.

„Rolle, die Intuition und Metaphorik in unseren [Feyerabends und Kuhns] ersten Darstellungen gespielt haben."[60]

Deshalb hat Kuhn auch seine anfängliche Darstellung der Inkommensurabilität
mehrfach modifiziert[61], weshalb sich für uns eine zeitlich differenzierte Diskussion
seiner Position empfiehlt. In Teilabschnitt 6.3.a werde ich die Einführung des Inkommensurabilitätsbegriffs in SSR diskutieren. Anschliessend wird seine Weiterentwicklung in den späten 60er und den 70er Jahren (Teilabschnitt 6.3.b) und den
80er Jahren (Teilabschnitt 6.3.c) dargestellt. Schliesslich werde ich auf zwei Missverständnisse, denen Kuhns Inkommensurabilitätsthese ausgesetzt war, zu sprechen kommen (Teilabschnitte 6.3.d und 6.3.e).

a) Die Einführung des Inkommensurabilitätsbegriffs in SSR

In SSR verwendet Kuhn den Begriff ‚Inkommensurabilität' in erster Linie dafür, um das Verhältnis sich ablösender, normalwissenschaftlicher Traditionen zu
charakterisieren[62]. Die Inkommensurabilität, die zwischen der vor- und der nachrevolutionären Tradition besteht, hat gemäss SSR, pp.148–150/S.159ff. drei verschiedene Aspekte[63].

1. Mit einer wissenschaftlichen Revolution ändern sich der Bereich der notwendigerweise als auch der Bereich der legitimerweise zu bearbeitenden wissenschaftlichen Probleme[64]. Probleme, deren Beantwortung für die ältere Tradition
von zentraler Bedeutung war, können als veraltet oder unwissenschaftlich verschwinden; Fragen, die für die ältere Tradition nicht existierten oder deren Beantwortung trivial war, können grosse Wichtigkeit erlangen. Mit den Fragen ändern
sich häufig auch die Standards, denen Problemlösungen genügen müssen, damit
sie wissenschaftlich akzeptierbar sind.

Diese beiden Arten von Änderungen sind primär eine Folge der Änderung
der jeweiligen Erscheinungswelt, wie sich an Kuhns Beispielen ablesen lässt[65].
Dies ist nur zu verständlich, hängen doch sowohl die Fragen als auch die als legi-

---

60. Ebenda.

61. Darauf weist Kuhn selbst einige Male hin: 1974b, p.506 fn.4; 1976b, p.198 fn.11/S.134 Fn.22; ET,
    pp.XXII–XXIII/S.45; 1983a, p.684 fn.3.

62. SSR, p.103/S.116, p.148/S.159, ähnlich p.4/S.18, p.149/S.160, p.165/S.176. – Auf p.150/S.161 und
    p.157/S.168 spricht Kuhn ausserdem noch von „der Inkommensurabilität von Paradigmen", und
    auf p.112/S.124 (übs. falsch, ähnlich auch p.4/S.18) davon, dass nach einer Revolution für einen
    Wissenschaftler „die Welt seiner Forschung hier und dort mit der, die er vorher bewohnt hat, inkommensurabel erscheinen wird". Wegen des engen Zusammenhangs einer normalwissenschaftlichen Forschungstradition mit Paradigmen und einer bestimmten Erscheinungswelt stellt diese Verwendung keine der Sache nach andere Verwendungsweise des Inkommensurabilitätsbegriffs dar.
    Es ist fast unnötig zu bemerken, dass in der Literatur schon eine grosse Uneinheitlichkeit hinsichtlich der Frage besteht, zwischen welchen Entitäten es eigentlich primär Inkommensurabilität geben soll.

63. In SSR, pp.148–150/S.159ff. wird ein reicherer Begriff von Inkommensurabilität expliziert als auf
    p.103/S.116, wo der Begriff in SSR das erste Mal wesentlich vorkommt. Auf den Unterschied komme ich bei Punkt 3 dieses Teilabschnitts zu sprechen.

64. Siehe für das Folgende 1959a, ET p.234/S.318; 1961a, ET pp.211–212/S.286; SSR, p.6/S.21, p.52/
    S.65, p.85/S.98, pp.103–109/S.116–122, pp.140–141/S.152, pp.147–149/S.159f. – Vergleiche Abschnitt 5.3.

65. Diese Beispiele sind vor allem die Entwicklung der Dynamik von Aristoteles über Descartes und
    Newton bis ins 18. Jahrhundert, die Revolutionierung der Chemie durch Lavoisier, und die Entwicklung der elektromagnetischen Theorie durch Maxwell.

tim angesehenen Antworten in einer bestimmten Disziplin davon ab, welche fundamentalen Entitäten mit welchen fundamentalen Eigenschaften im entsprechenden Bereich als existent angenommen werden. Insbesondere für solche Erklärungen, bei denen elementare Prozesse als Explanantia komplexer Phänomene fungieren, ist die Abhängigkeit von der als gültig angenommenen Ontologie offensichtlich.

Es ist für solche Änderungen der Problemfelder und Standards im Verlauf der Wissenschaftsentwicklung charakteristisch, dass sie nicht als eine stetige Verbesserung oder Verfeinerung aufgefasst werden können, so dass lediglich das Fehlerhafte ausgemerzt und das Grobe verfeinert würde[66]. Das geht insbesondere daraus hervor, dass revolutionäre Änderungen von Problemfeldern und Standards in späteren Revolutionen wieder teilweise rückgängig gemacht werden können.

2 Nach einer Revolution werden viele zur vorangehenden normalwissenschaftlichen Tradition gehörenden Verfahrensweisen und Begriffe zwar weiterhin, aber auf modifizierte Weise verwendet. Besondere Wichtigkeit kommt dabei (schon in SSR und in noch viel stärkerem Masse danach) der Änderung von Begriffen bzw. der Verwendungsweise von Begriffen zu, der sogenannten Begriffsverschiebung [meaning change][67].

Die Begriffsverschiebungen, die Kuhn in SSR diskutiert, haben einen extensionalen und einen intensionalen Aspekt.

Der *extensionale* Aspekt der Begriffsverschiebung besteht darin, dass bestimmte Objekte aus der Extension eines Begriffs in die Extension eines anderen Begriffs wandern (und evtl. umgekehrt), wobei die beiden Begriffe extensional disjunkt sind[68]. Das schlagende Beispiel, das Kuhn in SSR und bis in die jüngste

---

66. SSR, pp.108–109/S.120f. – Kuhn bezeichnet diesen Sachverhalt an dieser Stelle auch damit, dass die Entwicklung der wissenschaftlichen Probleme und Standards *nicht kumulativ sei*. Diese Bezeichnung ist sehr missverständlich. Denn die Gegenposition, die Kuhn abwehren möchte, behauptet gar nicht, dass es sich bei der Entwicklung der wissenschaftlichen Probleme und Standards um eine *Kumulation in wörtlichem Sinn* handelt, also um eine Addition von neuen Problemen und Standards zu den schon und weiterhin bestehenden alten. Vielmehr ist die abzuwehrende Behauptung, in Kuhns eigenen Worten,
  „dass die Wissenschaftsgeschichte einen dauernden Anstieg in der Reife und Vervollkommnung hinsichtlich der Konzeption zeige, die der Mensch vom Wesen der Wissenschaft hat" (SSR, p.108/S.120).
  Diese Vervollkommnung bestünde darin, „intrinsisch illegitime Probleme" oder „ihrer Natur nach unwissenschaftliche oder in einem pejorativen Sinne metaphysische Einwände" abzuweisen (SSR, p.108/S.120f.). Abgewehrt werden soll demnach eine Position, gemäss der frühere Probleme und Standards durchaus kritisiert und verworfen werden, und die *insofern* selbst keine Kumulativität von Problemen und Standards behauptet. Was Kuhn eigentlich angreift und hier mit der Bezeichnung ‚kumulativ' belegt, ist eine bestimmte *Interpretation* des Kritisierens und Verwerfens von Problemen und Standards, wie es im Verlauf von wissenschaftlichen Revolutionen vorkommt. Gemäss dieser Interpretation wird im Verlauf der Wissenschaftsgeschichte immer nur das korrigiert bzw. ausgeschieden, was eigentlich nie wirklich wissenschaftlich war. Diese Auffassung wird nun meist von denjenigen vertreten, die das Wachstum der Wissenschaft für kumulativ halten (siehe Abschnitt 1.2.a), und dies ist die Basis dafür, dass Kuhn seine eigene Position hier als ‚nicht kumulativ' bezeichnet.

67. Die Begriffsverschiebung wird in SSR, pp.149–150/S.160f. als ein Aspekt von Inkommensurabilität genannt. Behandelt wird die Begriffsverschiebung in SSR mehr oder weniger explizit auf p.64/S.76, pp.101–103/S.114f., p.115/S.127, pp.128–129/S.140, pp.130–134/S.142–146, pp.142–143/S.153f. und pp.149–150/S.160f. – Zu der für Kuhn in SSR nicht vorhandenen Differenz zwischen einer ‚Änderung von Begriffen' und einer ‚Änderung der Verwendung von Begriffen' vergleiche Abschnitt 3.6.a, Punkt 1.

68. SSR, p.115/S.127, pp.128–129/S.140, pp.130–134/S.142–146.

Zeit hierfür verwendet, ist die Veränderung des Planetenbegriffs mit dem Wechsel von der Ptolemäischen zur Kopernikanischen Theorie[69]. Nach diesem Wechsel ist beispielsweise die Erde neu ein Planet, die Sonne und der Mond dagegen nicht mehr.

Der *intensionale* Aspekt der Begriffsverschiebung besteht darin, dass sich die Bedeutung der entsprechenden Begriffe ändert, und zwar deshalb, weil sich die Eigenschaften der Objekte ändern, die unter den jeweiligen Begriff fallen.

Nun wird man aber nicht bei jedem Fall einer Änderung von Eigenschaften der unter einen Begriff fallenden Objekte von einer Begriffsverschiebung oder einer Bedeutungsänderung des entsprechenden Begriffs sprechen wollen[70]. Man wird dafür zusätzlich verlangen wollen, dass sich solche Eigenschaften der Elemente der Begriffsextension ändern, die in der *Definition* des entsprechenden Begriffs enthalten sind. Doch dies setzt voraus, dass die Eigenschaften der Elemente der Begriffsextension danach sortiert werden können, ob sie den Objekten aus definitorischen oder aus empirischen Gründen zukommen. Aber dies hiesse, die analytisch/synthetisch-Unterscheidung anzuwenden, und die Möglichkeit ihrer Anwendung auf empirische Begriffe bezweifelt Kuhn gerade[71]. Infolgedessen kann man die Legitimität der Kuhnschen Behauptung einer Begriffsverschiebung (zumindest immanent) nicht danach beurteilen, ob er den Nachweis erbringen kann, dass es sich tatsächlich um eine Änderung definitorischer Merkmale handelt. Aber dann erscheint die Kuhnsche Diagnose von Begriffsverschiebungen als weitgehend willkürlich, weil es kein Kriterium dafür gibt, welche Änderungen von Eigenschaften der Elemente einer Begriffsextension zu einer Begriffsverschiebung oder Bedeutungsänderung des entsprechenden Begriffs führen und welche nicht.

Nun gibt es aber nach Kuhn in einer normalwissenschaftlichen Phase bestimmte wissenschaftliche Sätze, die in gewisser Hinsicht analytischen Sätzen ähnlich sind, obwohl sie in anderer Hinsicht synthetischen Charakter haben. Analytischen Charakter scheinen diese Sätze zu haben, weil sie eine deutliche Resistenz gegenüber empirischer Falsifikation zeigen – ihnen kommt eine gewisse Notwendigkeit zu[72]. Synthetischen Charakter scheinen diese Sätze zu haben, weil sie keineswegs das Resultat willkürlicher definitorischer Festsetzungen sind. Vielmehr sind sie das Resultat zum Teil langwieriger empirischer und theoretischer Forschung[73]. Als Beispiele nennt Kuhn in SSR Newtons zweites Bewegungsgesetz und Daltons Gesetz der konstanten Proportionen:

> „Obwohl Jahrhunderte schwieriger empirischer und theoretischer Forschung nötig waren, um Newtons zweites Bewegungsgesetz zu erhalten, verhält sich dieses für die Anhänger der Newtonschen Theorie ganz ähnlich wie eine rein logische Aussage, die keine noch so grosse Zahl von Beobachtungen widerlegen könnte."[74]

Und ganz ähnlich sagt Kuhn mit Bezug auf Dalton, dass nämlich dessen Arbeit

---

69. SSR, p.115/S.127, pp.128–129/S.140; 1970b, p.275/S.267; 1970c, SSR p.200/S.212; 1979b, p.216; 1981, pp.2–3/S.7f.; im Druck a, Ms. p.43; im Druck c, Ms. p.35.

70. Dahin zielt beispielsweise Shaperes Einwand in seiner Arbeit 1964, p.390.

71. Vergleiche Abschnitt 3.6.f.

72. SSR, p.78/S.91, pp.131–132/S.143, p.133/S.145.

73. SSR, p.78/S.91.

74. SSR, p.78/S.91. – Vergleiche hierzu die differenziertere Betrachtung des Status des zweiten Bewegungsgesetzes im Druck a und im Druck c.

„das Gesetz der konstanten Proportionen zu einer Tautologie machte. [...] Ein
Gesetz, das vor Dalton nicht hätte experimentell gefunden werden können,
wurde [...] ein konstitutives Prinzip, das keine einzelne Reihe von chemischen
Messungen hätte erschüttern können."[75]

Später nennt Kuhn Sätze dieser Art auch „quasi-analytisch"[76]. Schliesslich beurteilt
er aber ihre Bezeichnung als ‚analytisch' in den 80er Jahren als unangemessen[77].
Erst in seinen allerneuesten Arbeiten bemerkt Kuhn, dass solche Sätze am ehesten
den Charakter von synthetischen Aussagen a priori hätten[78].

Mithilfe solcher Sätze lässt sich nun ein Kriterium dafür angeben, unter welchen Umständen Änderungen von Eigenschaften von Extensionselementen als Begriffsverschiebungen oder Änderungen der Bedeutung der entsprechenden Begriffe interpretiert werden müssen. Das Kriterium lautet: Änderungen von Eigenschaften von Extensionselementen führen genau dann zu einer Begriffsverschiebung,
wenn Sätze, die diese Begriffe enthalten und den oben beschriebenen Status nahe
synthetisch a priori haben, dabei ungültig werden. Dieses Kriterium ist offenbar in
gewissem Sinn eine Abschwächung der oben aufgestellten, aber unerfüllbaren
Forderung, dass von einer Begriffsverschiebung nur dann gesprochen werden dürfe, wenn sich definitorische Merkmale des entsprechenden Begriffes ändern.

Wenn sich das soeben explizierte Kriterium auch nicht in Kuhns Schriften findet, so trifft es wohl doch seine Intentionen. Denn Kuhn sagt verschiedentlich in
späteren Arbeiten, dass er vermute,

„dass ganz allgemein wissenschaftliche Revolutionen von normalwissenschaftlichen Entwicklungen dadurch unterschieden werden können, dass die
ersteren im Gegensatz zu den letzteren die Modifikation von allgemeinen Sätzen erfordern, die bislang als quasi-analytisch betrachtet wurden."[79]

(3) Als den „fundamentalsten Aspekt der Inkommensurabilität" nennt Kuhn in
SSR, p.150/S.161 schliesslich die Tatsache, dass „Vertreter konkurrierender Paradigmen ihr Geschäft in verschiedenen Welten ausüben". Dieser Aspekt ist bereits
in Abschnitt 6.2 ausführlich zur Sprache gekommen.

Hier ist nur noch eine gewisse Unklarheit von Kuhns Behandlung der Inkommensurabilität in SSR zu bemerken, die den Aspekt der Weltänderung betrifft.
Kuhn expliziert nämlich auf p.150/S.161 einen reicheren Begriff von Inkommensurabilität als denjenigen, den er auf p.103/S.116 verwendet, seinem ersten wesentlichen Vorkommen in SSR[80]. An der letztgenannten Stelle wird nur der Wandel von
Problemen und Standards als Quelle der Inkommensurabilität normalwissenschaftlicher Traditionen genannt, und dies gerade als eine subtilere Wirkung der Para-
digmenverschiebung[81] dem vorher[82] diskutierten Wandel von Begriffen und onto-

---

75. SSR, p.133/S.145.

76. 1974a, ET p.304 fn.14/S.419 Fn.14; 1976b, p.198 fn.9/S.134 Fn.18.

77. 1983d, p.567.

78. Kuhn im Druck a, Ms. p.22 und fn.19; im Druck c, Ms. p.18 und fn.17.

79. 1974a, ET p.304 fn.14/S.419 Fn.14; ähnlich 1970c, SSR pp.183–184/S.195; 1976b, p.198 fn.9/S.134
    Fn.18; ähnlich auch 1981, p.29/S.39.

80. Die einzige frühere Verwendung des Inkommensurabilitätsbegriffs in SSR ist die vorgreifende auf
    p.4/S.18.

81. SSR, p.104/S.116.

82. SSR, pp.99–103/S.111–116.

logischen Überzeugungen entgegengesetzt[83]. Während sich der Inkommensurabilitätsbegriff also auf p.103/S.116 ausschliesslich auf vor- und nachrevolutionäre
Probleme und Standards bezieht, bezieht sich der Begriff auf pp.148–150/S.159ff.
zusätzlich auf das Verhältnis von Begriffen/Verfahrensweisen und das Verhältnis
von Welten, und letzteres gilt dort sogar als der „fundamentalste Aspekt" von Inkommensurabilität. Der Übergang zur reicheren Bedeutung scheint auf p.112/
S.124 (Übs. falsch) stattzufinden, wo Kuhn den Inkommensurabilitätsbegriff auch
auf das Verhältnis von Welten anwendet.

b) Die Weiterentwicklung Ende der 60er und in den 70er Jahren

Vermutlich sind es auch diese Unklarheiten des Inkommensurabilitätsbegriffs
in SSR, die Kuhn dazu geführt haben, in den von 1969 an verfassten Arbeiten seine
Sicht der Sache hinsichtlich einiger Aspekte zu ändern. Allerdings sieht Kuhn diese Änderungen nur als eine gewisse Verfeinerung in der Darstellung seiner Position[84]. Zunächst sind zwei Unterschiede gegenüber der Darstellung in SSR zu nennen, die sich auch in den erst in den 80er Jahren erschienenen Arbeiten durchhal-
ten.

Erstens spricht Kuhn jetzt fast nur von der Inkommensurabilität von Theorien
bzw. von Termen, des Vokabulars oder von Sprachen[85]: der Inkommensurabilitätsbegriff soll nun ausschliesslich solche Unterschiede charakterisieren, die Konsequenzen des unterschiedlichen Erwerbs von Begriffen sind, die verschiedenen
Theorien zugehören[86]. Diese Prägung des Inkommensurabilitätsbegriffs ist eine
gewisse Verengung des Inkommensurabilitätsbegriffs von 1962. Hatte Inkommensurabilität 1962 noch drei verschiedene Aspekte, deren innerer Zusammenhang
zumindest nicht herausgearbeitet war, so wird Inkommensurabilität jetzt auf einen
dieser Aspekte reduziert, nämlich auf die Begriffsverschiebung. Allerdings sind
die beiden anderen Aspekte, nämlich die Änderung von Problemen und ihren Lösungsstandards, und die Änderung der jeweiligen Erscheinungswelt, mit der Begriffsverschiebung eng korreliert.

Diese Einengung des Inkommensurabilitätsbegriffs ergänzt Kuhn mit dem
nun expliziten Hinweis, dass seine Inkommensurabilitätsbehauptung niemals
beinhaltet habe, dass mit dem Übergang zu einer neuen Theorie *alle* in beiden
Theorien verwendeten Begriffe ihre Bedeutung ändern würden[87]. So war Kuhn

---

83. Die gleiche Kontrastierung wird auf p.109/S.121f. beim Rückblick auf Beispiele für die Änderung
    von Problemen und Standards wieder aufgenommen, wenn Kuhn „kognitive [und] normative
    Funktionen von Paradigmen" unterscheidet.

84. 1976b, p.190/S.126.

85. 1970b, p.267/S.258, p.268/S.260; 1970c, SSR p.198/S.210; 1971a, p.146/S.321; 1976b, p.190/S.125,
    p.191/S.126, p.198 fn.11/S.134 Fn.22; 1979b, p.416; 1983a, p.669, p.680; 1983b, p.714. – Vor allem,
    wenn er sich auf SSR zurückbezieht, verwendet Kuhn ausserdem noch die Formulierung
    „inkommensurable Standpunkte": 1970c, SSR p.175/S.187, p.200/S.211; ET, p.XXII/S.45.

86. 1983a, p.684 fn.3.

87. Dieses Missverständnis wird in SSR beispielsweise durch die Formulierung nahegelegt, eine wis-
    senschaftliche Revolution sei
       „eine Verschiebung des begrifflichen Netzwerkes, durch das Wissenschaftler die Welt betrach-
       ten" (p.102/S.115).
    Dass Kuhn schon in SSR nicht die Veränderung des gesamten Begriffsnetzes meint, geht beispiels-
    weise aus p.130/S.141, oder aus seiner Rede von der *partiellen* Kommunikation zwischen Vertre-
    tern verschiedener Paradigmen hervor (z.B. SSR, p.149/S.160; vergleiche Abschnitt 7.5.c).

aber weitherum verstanden worden[88]. Gemeint habe Kuhn aber immer nur „lokale Inkommensurabilität": „nur für eine kleine Untergruppe von (gewöhnlich wechselseitig definierten) Termen" bestünden Bedeutungsunterschiede[89].

Zweitens stützt sich Kuhn jetzt zur Explikation dessen, was ‚Inkommensurabilität von Theorien' besagen soll, wesentlich auf den Begriff der (Nicht-) Übersetzbarkeit. Dabei erhält er von Quines Werk, besonders von dessen 1960 erschienenem ‚Word and Object', wichtige Impulse, die er kritisch verarbeitet[90]. Zwischen den 1969 und in den 70er Jahren verfassten Arbeiten und denen aus den 80er Jahren verschieben sich allerdings die Akzente etwas, so dass ich erneut zeitlich differenziere.

In den 1969 und den 70er Jahren verfassten Arbeiten heissen zwei Theorien genau dann inkommensurabel, wenn es keine

> „Sprache [gibt], in die zumindest die empirischen Folgerungen beider Theorien ohne Verlust oder Veränderung übersetzt werden können."[91]

Eine solche Sprache wäre, zumindest relativ zu den beiden betrachteten Theorien[92], eine ‚neutrale Beobachtungssprache'. Aber eine solche Sprache gibt es nicht, denn

> „beim Übergang von einer Theorie zur darauffolgenden ändern Wörter ihre Bedeutung oder die Bedingungen ihrer Anwendbarkeit auf subtile Weise. [...] Obwohl die meisten der Zeichen sowohl vor als auch nach einer Revolution benutzt werden – z.B. Kraft, Masse, Element, [chemische] Verbindung, Zelle, – hat sich doch bei einigen von ihnen die Art und Weise, wie sie auf die Natur angewendet werden, irgendwie verändert"[93].

Kuhn macht jetzt also seine Skepsis gegenüber der Möglichkeit einer (relativ) neutralen Beobachtungssprache zur Grundlage seines Inkommensurabilitätsbegriffs.

Fortsetzung Fussnote 87

In den 1969 verfassten Arbeiten sagt Kuhn explizit, wenn auch beiläufig, dass nur einige Begriffe eine Bedeutungsveränderung erfahren:
„Obwohl die meisten der Zeichen sowohl vor als auch nach einer Revolution benutzt werden [...], hat sich doch *bei einigen von ihnen* die Art und Weise, wie sie auf die Natur angewendet werden, irgendwie verändert" (1970b, p.267/S.258 Hervorhbg. von mir, ähnlich p.269/S.260f.; 1970c, SSR p.198/S.210; 1977c, ET p.338/S.443).
Ausdrücklich wird das genannte Missverständnis erst in 1983a, pp.669–671 abgewiesen.

88. Z.B. Agazzi 1985, p.61; Martin 1971, p.17 und p.19; Newton-Smith 1981, p.12; Putnam 1981, p.115; Shapere 1966, pp.67–68, 1969, p.107 und 1984, p.XVI; Suppe 1974a, p.491; indirekt Toulmin 1970, p.44/S.43.

89. 1983a, pp.670–671, ähnlich p.676.

90. 1970b, pp.268–269/S.259ff.; 1970c, SSR p.202/S.213; 1971a, p.146/S.321; 1976b, p.191/S.126; ET, pp.XXII–XXIII/S.45; 1977c, ET p.338/S.443; 1979a, p.126; 1983a, pp.672–673, pp.679–681.

91. 1970b, p.266/S.258, ähnlich p.268/S.260; 1970c, SSR p.201/S.212; 1974b, p.410; 1976b, p.191/ S.126; 1979b, p.416.

92. Dass die Neutralität der (hypothetischen) Beobachtungssprache nur relativ zu den beiden betrachteten Theorien bestehen muss und nicht absolut zu sein braucht, bemerkt Kuhn erst nach dem Erscheinen von SSR: 1976b, p.198 fn.11/S.134 Fn.22. Kuhn stellt jetzt die gegenüber SSR stärkere Behauptung auf, dass es bei Revolutionen auch keine Beobachtungssprache von nur relativer Neutralität gibt.

93. 1970b, pp.266–267/S.258 übs. mangelhaft.; ähnlich 1970c, SSR p.198/S.210.

Wohl hatte Kuhn diese Skepsis schon in SSR formuliert[94], aber ihr Zusammenhang mit der Inkommensurabilität war dort nicht ausgesprochen.

Wie begründet Kuhn nun seine Inkommensurabilitätsthese in den 1969 verfassten Arbeiten? Die Begründung verläuft ihrer Struktur nach wie seine Begründung für die Nichtexistenz einer (absolut) neutralen Beobachtungssprache in SSR. Dort hatte Kuhn gesagt, dass bislang jeder Versuch, eine neutrale Beobachtungssprache zu konstruieren, so geendet habe:

> „[D]as Resultat ist eine Sprache, die – wie diejenigen, die in den Wissenschaften verwendet werden – eine Fülle von Erwartungen über die Natur enthält und die in dem Augenblick versagt, in dem diese Erwartungen verletzt werden."[95]

Jetzt skizziert Kuhn in seiner Begründung, wie beim Erlernen einer Theorie ein Ausschnitt der jeweiligen Erscheinungswelt mittels unmittelbarer Ähnlichkeitsrelationen neu konstituiert wird, und welche Rolle dabei Objekte und Problemsituationen spielen, auf die im Verlauf dieses Lernprozesses hingewiesen werden muss[96]. Wie schon in dem in SSR angesprochenen Fall ist es so, dass das System der verwendeten empirischen Begriffe keineswegs kognitiv neutral ist, sondern Wissen über die jeweilige Erscheinungswelt enthält[97]. Nun ist es zentrales Charakteristikum von wissenschaftlichen Revolutionen, dass sich in ihnen bestimmte Ähnlichkeitsrelationen verändern[98]. Damit ändert sich in einer Revolution aber zugleich die jeweilige Erscheinungswelt, einige der empirischen Begriffe, mit denen sie beschrieben wird, und das in diese Begriffe eingelassene Wissen über diese Erscheinungswelt. Die empirischen Konsequenzen, die aus den beiden Theorie (nach Vorgabe von Rand- und Anfangsbedingungen) ableitbar sind, sind demnach in zwei Begriffssystemen formuliert, die *miteinander unverträgliche Wissensansprüche enthalten*. Deshalb kann es kein Begriffssystem geben, in das die empirischen Konsequenzen beider Theorien ohne Verlust oder Veränderung übersetzt werden kann.

c) Die Weiterentwicklung in den 80er Jahren

Gegenüber seiner Explikation von Inkommensurabilität Ende der 60er und während der 70er Jahre findet man in Kuhns Arbeiten aus den 80er Jahren vor allem in folgenden drei Punkten Veränderungen und Weiterführungen, mit denen er auf geläufige Kritiken der Inkommensurabilitätsthese reagiert[99].

Erstens: In den 1969 und den 70er Jahren verfassten Arbeiten wurde der Begriff der Nicht-Übersetzbarkeit vermittels des Begriffs der (relativ) neutralen Beobachtungssprache für die Explikation des Inkommensurabilitätsbegriffs verwendet. Dagegen entfällt in den 80er Jahren der Rekurs auf eine neutrale Beobachtungssprache. Der Begriff der Nicht-Übersetzbarkeit dient jetzt unmittelbar zur Explika-

---

94. SSR, pp.126–129/S.137–141, pp.145–146/S.156f.

95. SSR, p.127/S.139.

96. 1974a, ET pp.305–318/S.400–414; 1970b, pp.270–276/S.261–267; 1970c, SSR pp.200–201/S.211ff. – Vergleiche Kapitel 3 und 4.

97. Vergleiche Abschnitt 3.7.

98. Vergleiche Abschnitt 6.2, Schluss.

99. Kuhn nennt in seiner Arbeit 1983a die Kritiken Davidson 1974; Kitcher 1978; Putnam 1981, pp.113–124; Scheffler 1967; Shapere 1966.

tion von Inkommensurabilität. In einer Formulierung, auf die gleich weiter einzugehen sein wird:

> „[W]enn zwei Theorien inkommensurabel sind, dann müssen sie in wechselseitig unübersetzbaren Sprachen formuliert sein."[100]

Zweitens: Die soeben zitierte Explikation des Inkommensurabilitätsbegriffs scheint in Widerspruch zu den 1969 verfassten Arbeiten zu stehen. Denn in jenen Arbeiten spricht Kuhn wiederholt davon, dass während der Theoriewahlsituation eine Theorie in die Sprache der anderen Theorie übersetzt wird und umgekehrt, wenn auch diese Übersetzungen nicht problemlos sind[101]. Dieser Widerspruch löst sich auf, wenn man beachtet, dass Kuhn in seinen Arbeiten aus den 80er Jahren bewusst mit einem anderen Begriff von Übersetzung operiert als vorher.

Ende der 60er und in den 70er Jahren verwendet Kuhn einen alltäglichen Begriff von Übersetzung. Hinsichtlich dieses Begriffs kann Kuhn beispielsweise sagen, dass eine Übersetzung

> „auch für die fähigsten zweisprachigen Personen sehr grosse Schwierigkeiten bereiten kann. Der Übersetzer muss die bestmöglichen Kompromisse zwischen unverträglichen Zielen finden. Nuancen müssen beibehalten werden, aber nicht um den Preis so langer Sätze, dass sie unverständlich sind. Wörtlichkeit ist erwünscht, aber nicht, wenn dazu zu viele fremde Wörter eingeführt werden müssen, die eigens in einem Glossar oder Anhang behandelt werden müssen."[102]

Übersetzungen im Sinne dieses alltäglichen (und auch für die Übersetzung literarischer Texte einschlägigen) Begriffs bestehen aber, so Kuhn 1982, aus zwei heterogenen Momenten: aus einem Moment von Übersetzung in einem engen, technischen Sinn und aus einem interpretativen Moment[103].

Bei einer Übersetzung im engen, technischen Sinn werden die einzelne Wörter oder ganze Wortgruppen eines Textes der Quellsprache auf systematische Weise durch einzelne Wörter oder ganze Wortgruppen einer vorhandenen Zielsprache ersetzt. Dabei sollen weder Quell- noch Zielsprache verändert werden, und die beiden Texte sollen ihrem Sinne nach identisch sein. Bei dieser Art der Übersetzung gibt es keinerlei Zwang zu Kompromissen aufgrund unverträglicher Ziele: die Übersetzung eines Textes in eine bestimmte Zielsprache ist entweder möglich oder unmöglich.

Das zweite Moment einer Übersetzung im alltäglichen Sinn ist interpretativer Art. Dieses Moment lässt sich besonders gut an der Situation von Historikern oder Ethnologen bewusst machen, wenn diese es mit ihnen ganz oder teilweise unverständlichen Äusserungen oder Texten zu tun haben. In diesem Fall muss Unverständliches verständlich gemacht werden, und das erfordert *das Erlernen eines mehr oder weniger grossen Teils der Sprache, in der das Unverständliche artiku-*

---

100. 1983a, pp.669–670; ähnlich 1983b, p.713 und p.715; 1984, p.245; im Druck a, Ms. p.4, p.26, p.30; im Druck c, Ms. p.4, p.23, p.38; auch 1981, p.3/S.8.

101. 1970b, p.267/S.259, p.268/S.260, pp.269–270/S.261; 1970c, SSR p.202/S.213f., p.203/S.214f.; 1977c, ET p.338/S.442f. – Ich komme auf diese übersetzungssituation in Abschnitt 7.5.d zu sprechen.

102. 1970b, p.267/S.259 übs. mangelhaft.

103. 1983a, pp.671–673; auch im Druck a, Ms. pp.4–7; im Druck c, Ms. pp.4–7. – Kuhn spricht hier nicht von Momenten, sondern von „Komponenten" oder „Prozessen"; vergleiche Abschnitt 4.3.e. – Vergleiche auch Rescher 1982, pp.32–35.

liert ist. Für das gesuchte Verständnis, für das ‚in der fremden Sprache Denken-Können' ist es dabei in manchen Fällen nicht genügend, nur die Referenten bislang unverständlicher Begriffe identifizieren zu können. Vielmehr muss auch verstanden werden, warum diese Referenten die Extension *eines* Begriffes bilden können. Dazu kann die Kenntnis einer Reihe von Annahmen über die Welt, die den bislang unverständlichen Texten oder Äusserungen zugrunde liegen, notwendig sein[104].

Ist dann das zunächst Unverständliche verständlich geworden, so ist es völlig offen, ob der jetzt verstandene Text in eine andere Sprache *im Sinne des engen Begriffs von Übersetzung* übersetzt werden kann oder nicht. Wenn der Text auch im engen Sinne nicht übersetzbar sein mag, kann er es im alltäglichen Sinn von Übersetzung durchaus sein. Aber dies erfordert eben jene Kompromisse, von denen im obigen Zitat die Rede war, und zudem wird die Zielsprache dabei verändert: sei es durch die Hinzunahme neuer Begriffe, sei es durch eine mehr oder weniger subtile Veränderung schon vorhandener Begriffe im Kontext der Übersetzung.

Zwei Theorien sollen nun genau dann inkommensurabel heissen, wenn sie in *im engen Sinne* nicht übersetzbaren Sprachen formuliert sind. *Warum* es solche nicht ineinander übersetzbaren Sprachen geben kann, dies bedarf allerdings weiterer Erklärungen; unter anderem diese liefert Kuhn im folgenden Punkt.

Drittens: Ein neues Mittel zur Explikation der Inkommensurabilität ist in Kuhns Arbeiten aus den 80er Jahren der Begriff des Lexikons und seiner Struktur[105]. Gemäss Kuhns Position in den 80er Jahren werden Begriffe auf die Natur angewandt, indem ein Sprecher mittels bestimmter Kriterien feststellt, ob ein Begriff einem Objekt oder einer Situation zuzusprechen ist oder nicht[106]. Die Kriterien, die ein bestimmter Sprecher verwendet, sind dabei im allgemeinen nicht für die gesamte Sprachgemeinschaft universell; zwei Sprecher können im Prinzip sogar völlig disjunkte Kriterienmengen verwenden, ohne dass sie sich hinsichtlich der Begriffsverwendung unterscheiden müssten. Soll nun ein Begriff einheitlich verwendet werden, dann muss gelten: Die Relationen, in denen der Begriff kraft eines Satzes von Kriterien zu anderen Begriffen steht, müssen identisch mit denjenigen sein, die für andere Mitglieder der Sprachgemeinschaft (kraft womöglich anderer Kriterien) bestehen. Die Gesamtheit solcher Relationen eines bestimmten Systems empirischer Begriffe, eines bestimmten ‚Lexikons', nennt Kuhn die ‚Struktur des Lexikons'.

Es kann nun sich sogar in der ganzen Sprachgemeinschaft ausbreitende Änderungen von Kriterien für die Begriffsverwendung geben, die aber die Struktur des Lexikons unverändert lassen. Genau dies geschieht nach Kuhn immer wieder in der normalen Wissenschaft[107]. Dagegen ist es für die revolutionäre Sprachänderung charakteristisch, dass sich die Struktur des Lexikons ändert[108]. Dafür ist eine Veränderung welt- und begriffskonstitutiver unmittelbarer Ähnlichkeitsrelationen

---

104. Hesse 1983, p.707; Kuhn 1983a, pp.674–676 und 1983b, p.712. Siehe auch schon Kuhn 1970b, p.270/S.261.

105. 1983a, pp.682–683; 1983b, pp.713–714; im Druck a; im Druck c. – Vergleiche auch die Abschnitte 3.6.g und 4.4.a.

106. Vergleiche Abschnitt 3.6.g.

107. 1981, p.24/S.34.

108. 1981, pp.2–3/S.6ff.; pp.24–29/S.34–39; 1983a, pp.682–683; 1983b, pp.713–714; 1984, p.246; im Druck a, Ms. p.30, pp.43–44; im Druck c, Ms. p.35, pp.37–38.

verantwortlich[109]. Damit ändern sich auch einige Extensionen von Begriffen: grundlegende Klassifikationen ändern sich, so dass vorher der gleichen Begriffsextension zugehörige Objekte nun unter einander entgegengesetzte Begriffe fallen und umgekehrt[110]. Diese Änderungen schlagen sich manchmal auch in einer Änderung des deskriptiven Vokabulars nieder[111]. Zugleich ändert sich damit auch das in das jeweilige Lexikon eingelassene Wissen über die Natur[112], was zu einer „Verletzung oder Verzerrung einer vorher unproblematischen wissenschaftlichen Sprache" führt: dem „Prüfstein für revolutionäre Veränderung"[113].

Damit aber kann geklärt werden, warum die vor- und nachrevolutionäre Sprache nicht im engen Sinne ineinander übersetzbar sind[114]. Etwas vereinfacht ausgedrückt[115]: Für eine Übersetzung im engen Sinn ist es notwendig, dass jedem Begriff der Quellsprache auf systematische Weise ein Begriff der Zielsprache zugeordnet wird, der die gleiche Extension und die gleiche Bedeutung hat. Haben aber die entsprechenden Lexika von Quell- und Zielsprache unterschiedliche Struktur, und ist dieser Strukturunterschied so, dass die Extensionen einander in etwa entsprechender Begriffe nicht identisch sind, so ist diese notwendige Bedingung nicht erfüllbar[116]. Inkommensurabilität liegt demnach nur dann vor, wenn auch die Welt, vermittelt durch eine andere Struktur des Lexikons, nach der Revolution anders strukturiert ist als zuvor[117].

d) Erstes Missverständnis: Inkommensurabilität impliziert Unvergleichbarkeit

Kuhns These von der Inkommensurabilität hat eine Reihe von diskussionserschwerenden Missverständnissen ausgelöst. In Abschnitt 6.3.b hatte ich bereits das Missverständnis diskutiert, dass sich nach Kuhn bei einer Revolution die Bedeutung *aller* in beiden Theorien vorkommenden Begriffe ändern würde. Zwei weitere Missverständnisse sollen jetzt behandelt werden. Einmal war von vielen Autoren angenommen worden, die Inkommensurabilität aufeinanderfolgender Theorien bedeute oder impliziere ihre Unvergleichbarkeit. Zum anderen hatten manche Autoren unterstellt, wegen der Inkommensurabilität bestünden zwischen zwei aufeinanderfolgenden normalwissenschaftlichen Traditionen keinerlei Kontinuitäten (Teilabschnitt 6.3.e).

Wie konnte der Eindruck entstehen, inkommensurable Theorien seien bezüglich ihrer empirischen Leistungsfähigkeit unvergleichbar[118]? Der Grund ist,

---

109. 1979b, p.416, p.417; 1983a, p.680, pp.682–683; im Druck a, Ms. p.44.

110. Vergleiche Abschnitt 6.3.a.

111. 1981, pp.22–23/S.31f.; 1983a, p.673; 1984, p.245.

112. Vergleiche Abschnitt 3.7.

113. 1981, pp.28–29/S.39; ähnlich 1983a, p.683.

114. 1983a, p.683.

115. Die Vereinfachung in der Formulierung betrifft zwei Punkte: Erstens können auch einzelne Wörter durch Ausdrücke, die mehrere Wörter enthalten, ersetzt werden und umgekehrt. Zweitens können die Ersetzungen kontextabhängig sein, so dass je nach Kontext das eine oder das andere Wort der Zielsprache verwendet wird (vergleiche dazu 1983a, p.679).

116. Vergleiche Abschnitt 3.6.g.

117. 1983a, p.673, p.676, p.680, p.683. – Vergleiche Abschnitt 6.2.

118. Siehe neben vielen anderen z.B. Agazzi 1985, p.51 und p.61; Balzer 1978, pp.313–314; Bayertz 1981a, S.23; Devitt 1979, p.29; Jones 1981, p.394; Katz 1979, p.329; Kitcher 1978, p.529; Kordig

dass sie im gleichen Verhältnis etwa wie Theorien über das Unbewusste zu Theorien über die Stabilität von Kugelsternhaufen zu stehen scheinen: Solche Theorien haben keine empirische Reibungsfläche, weil sie mit wechselseitig unübersetzbarem Vokabular verschiedene Gegenstandsbereiche thematisieren, in denen sie ganz verschiedene Probleme bearbeiten. Anscheinend ganz analog thematisieren inkommensurable Theorien verschieden konstituierte Weltregionen mit wechselseitig unübersetzbaren Lexika und unterschiedlichen Problemstellungen. Solche Theorien können anscheinend überhaupt nicht hinsichtlich ihrer empirischen Leistungsfähigkeit in Konkurrenz geraten.

Tatsächlich aber besteht eine wesentliche Disanalogie zwischen inkommensurablen Theorien auf der einen Seite und Theoriepaaren wie die über das Unbewusste und Kugelsternhaufen auf der anderen Seite. Die letzteren Theorien haben gänzlich verschiedene Gegenstandsbereiche, und infolgedessen sind auch ihre Lexika und ihre Forschungsprobleme vollständig disparat. Inkommensurable Theorien dagegen zielen auf einen *in etwa gleichen* Gegenstandsbereich, *was die Welt an sich angeht*[119], wenn dieser ‚Gegenstandsbereich‘ auch nicht theorieneutral fassbar ist; konstituiert durch verschiedene Lexika ergeben sich dann in der Tat verschiedene Gegenstandsbereiche. Aber diese Verschiedenheit der Gegenstandsbereiche und der sich in ihnen stellenden Forschungsprobleme ist nicht total, weil die Inkommensurabilität der Lexika nur lokaler Natur ist[120]. Daraus ergibt sich, wie gleich zu sehen sein wird, dass inkommensurable Theorien sehr wohl miteinander hinsichtlich ihrer empirischen Leistungsfähigkeit verglichen werden können[121], dass sie empirische Reibungsflächen haben und dass sie miteinander unverträglich sein können[122].

Fortsetzung Fussnote 118

1981d; Lakatos 1970, p.179 fn.1/S.173 Fn.335; Levin 1979, p.407 und 414; Martin 1971 und 1972; Newton-Smith 1981, pp.9–10, p.148, p.267; Phillips 1975, p.37 und p.39; Putnam 1981, p.118; Radnitzky 1988, S.109 und 127; Scheffler 1967, pp.16–17 und pp.83–84; Shapere 1966, pp.67–68, 1969, p.107 und 1984, p.XXXVII; Stegmüller 1973, S.167; Szumilewicz-Lachmann 1984, p.262; Watanabe 1975, pp.118–119; Wittich 1981, S.148. Vergleiche dagegen Bernstein 1983, p.82 und p.86 und Brown 1983 (ferner Stegmüller 1986, S.298 und S.302), wo die Unterstellung der Unvergleichbarkeit inkommensurabler Theorien zurückgewiesen wird; Brown zitiert auch eine Reihe von Stellen aus Feyerabends Schriften, die auch dessen Abweisung dieser Unterstellung belegen. Kuhn selbst beschäftigt sich mit diesem Missverständnis in 1970b, p.267/S.258; 1976b, pp.190–191/S.126; 1979b, p.416; 1983a, pp.670–671. – Diejenigen deutschsprachigen Leser, die SSR nur in der übersetzung gelesen haben, mögen auch durch die Wiedergabe von ‚incommensurable‘ durch ‚nicht vergleichbar‘ irregeführt worden sein, die sich auch in der revidierten übersetzung von 1973 findet: p.4/S.18 und p.112/S.124.

119. Die Rede von einem ‚Gegenstandsbereich‘ ist hier natürlich nicht wörtlich zu nehmen, weil dieser Begriff im eigentlichen Sinne nur auf Regionen von Erscheinungswelten anwendbar ist.

120. Vergleiche Abschnitt 6.3.b.

121. Auch für den mathematischen Inkommensurabilitätsbegriff, dem der wissenschaftstheoretische Begriff nachgebildet ist, gilt, dass er nicht Unvergleichbarkeit impliziert: 1970b, p.267/S.258; 1976b, p.191/S.126; 1983a, p.670.

122. Vergleiche Abschnitt 6.1. – Kuhn sagt in SSR p.103/S.116 ausdrücklich, dass der Begriff der Inkommensurabilität den der Unverträglichkeit impliziert:

„Die normalwissenschaftliche Tradition, die aus einer wissenschaftlichen Revolution hervorgeht, ist mit der vorangegangenen nicht nur unverträglich, sondern oft sogar inkommensurabel".

Beim Vergleich der Leistungsfähigkeit inkommensurabler Theorien lassen sich drei Stufen von wachsender Komplikation unterscheiden, wobei die Übergänge zwischen diesen Stufen durchaus gleitend sein können[123].

Erstens: Manche der empirischen Voraussagen inkommensurabler Theorien lassen sich *unmittelbar* miteinander vergleichen, nämlich diejenigen, auf die sich die (bloss lokale) Inkommensurabilität der Lexika nicht auswirkt[124]. Obwohl es sich bei den inkommensurablen Begriffen um Zentralbegriffe der beiden Theorien handeln mag, können etliche Voraussagen der beiden Theorien vollkommen kommensurabel formuliert sein. Vielfach lassen sich auch schon in frühen Phasen der Theorienkonkurrenz mit der neuen Theorie Voraussagen machen, in die die inkommensurablen Begriffe nicht eingehen, die sich aber aus der alten Theorie (zumindest zunächst einmal) nicht gewinnen lassen. Dabei mag die jeweilige Gegenpartei den Weg, auf dem diese Voraussagen erlangt wurden, nicht oder nur teilweise verstehen, aber dies ist für den Vergleich natürlich kein Hindernis.

Das schon mehrfach angeführte Beispiel der Planetentheorie kann diese Möglichkeit des unmittelbaren Theorienvergleichs erläutern. Trotz der Inkommensurabilität von ptolemäischer und kopernikanischer Theorie, die sich beispielsweise in der Verschiebung des Planetenbegriffs zeigt, lassen sich die Vorhersagen von Planeten*positionen* unmittelbar einander gegenüberstellen. Hierzu bedarf es im Wesentlichen ja nur des Vergleichs der vorhergesagten Winkel zwischen Planet und Referenz-Fixsternen mit den entsprechenden gemessenen Werten.

Zweitens: Soll der Theorienvergleich über diese unmittelbar möglichen Vergleiche hinaus eine breitere Basis gewinnen, so müssen zunächst diejenigen Teile des neuen Lexikons identifiziert werden, die hinsichtlich ihrer lexikalischen Struktur verändert sind. Gewöhnlich wird es sich hierbei um eine kleine Gruppe untereinander zusammenhängender Begriffe handeln. Nun müssen diese neuen Teile des neuen Lexikons erlernt werden. Doch schon bevor dieser Lernprozess abgeschlossen ist, können sich neue Vergleichsmöglichkeiten zwischen den beiden Theorien ergeben. Bevor man nämlich die neuen Begriffe in allen Situationen so verwenden kann wie die mit dem neuen Lexikon ganz Vertrauten, kann es *bestimmte Situationen* geben, in denen man die Referenten der neuen Begriffe mittels der Begriffe des alten Lexikons identifizieren kann. Für diese Situationen, die von den beiden Theorien mit inkommensurablem Vokabular beschrieben werden, lassen sich dann dennoch manche Aussagen der beiden Theorien vergleichen.

Betrachten wir zur Illustration das Verhältnis von Phlogiston-Theorie zur nachfolgenden, inkommensurablen Sauerstoff-Chemie. In bestimmten Klassen von Situationen lassen sich die Referenten der Begriffe ‚Sauerstoff‘ und ‚Wasserstoff‘ mithilfe von Begriffen des alten Lexikons identifizieren, nämlich als ‚dephlogistinierte Luft‘ bzw. als ‚Phlogiston‘[125]. Obwohl diese Identifikationen al-

---

123. Ich werde auf den Theorienvergleich inkommensurabler Theorien noch einmal in Abschnitt 7.4 zu sprechen kommen; insbesondere werde ich in Abschnitt 7.4.b diskutieren, wie sich die Gründe, die für die Wahl relevant sind, *im Laufe der Entwicklung der beiden Theorien* verschieben. Die drei Stufen wachsender Komplikation, auf die ich hier gleich eingehen werde, beziehen sich dagegen auf eine Erweiterung der Vergleichsbasis, wobei die beiden Theorien selbst *als konstant* angenommen werden. In Wahrheit durchdringen sich die beiden hier aus Darstellungsgründen auseinandergehaltenen Prozesse natürlich.

124. 1970c, SSR p.203/S.214; 1977c, ET p.339/S.444.

125. Vergleiche Kitcher 1983, pp.691–692.

lein dem nur mit der Phlogistontheorie Vertrauten keineswegs die Bedeutung der Begriffe ,Sauerstoff' und ,Wasserstoff' erschliessen, können für die genannten Situationsklassen nun empirische Aussagen der beiden Theorien verglichen werden.

Drittens: Weitere Möglichkeiten des Theorienvergleichs ergeben sich, wenn man die neue Theorie erlernt hat, was vor allem bedeutet, dass man mit dem neuen Lexikon vertraut geworden ist[126]. Allerdings: auch jetzt wird kein vollkommen systematischer Vergleich der beiden Theorien „Punkt für Punkt" möglich[127]. Gemeint ist damit eine Zerlegung der Theorien in konstitutive Bestandteile, insbesondere in empirische Gesetze, und eine separate Gegenüberstellung und vergleichende Bewertung dieser Bestandteile. Dies ist deshalb nicht möglich, weil eine Theorie nicht – entgegen der Unterstellung der vor-Kuhnschen Wissenschaftsphilosophie – eine Menge von relativ unabhängigen empirischen Gesetzen ist[128]. Vielmehr ist eine Theorie ein integriertes Ganzes, in dem die einzelnen Gesetze sowohl begrifflich miteinander zusammenhängen als sich auch gegenseitig empirisch stützen[129]. Aber wegen der Inkommensurabilität ändern sich diese begrifflichen und damit auch die empirischen Zusammenhänge, so dass zwischen den Theoriemomenten der einen Seite und denen der anderen Seite keine eindeutige Zuordnung möglich ist.

Infolgedessen hat die Gegenüberstellung der beiden Theorien einen ganzheitlichen Charakter in dem Sinne, dass alle Theoriemomente und damit alle Unterschiede zwischen beiden Theorien mehr oder weniger gleichzeitig berücksichtigt werden müssen. Wohl unterscheiden sich die Theorien in der Gewichtung von bestimmten Problemen und ihren Lösungen, wohl können manche Sachverhalte nur in der einen, nicht aber in der anderen Theorie formuliert werden: Dies schliesst aber einen ganzheitlichen Vergleich der beiden Theorien hinsichtlich ihrer Leistungen nicht aus. Naürlich können sich heikle Abwägungsprobleme ergeben: Schwächen in einem Bereich mögen durch Stärken in einem anderen kompensiert sein, und bei der anderen Theorie mögen die Fähigkeiten gerade umgekehrt verteilt sein[130]. Aber die Tatsache, dass der ganzheitliche Vergleich schwierig und in manchen Situationen der Theorieentwicklung auch ohne ein mehr oder weniger eindeutiges Ergebnis ist[131], besagt natürlich nicht, dass dieser Vergleich *unmöglich* ist.

Die Tatsache, dass inkommensurable Theorien also sehr wohl hinsichtlich ihrer empirschen Leistungsfähigkeit vergleichbar sind, hat für die Kuhnsche Theorie wichtige Konsequenzen. Wären inkommensurable Theorien unvergleichbar, dann müsste die Theoriewahl fundamental irrational sein, da sie sich nicht an den Zwecken, für die man Theorien braucht, orientieren könnte. Kuhn war – entgegen seinen Intentionen – von Vielen auch so verstanden worden: eine vollzogene Theo-

---

126. Natürlich ergeben sich auch schon weitere Vergleichsmöglichkeiten, wenn man das neue Lexikon noch nicht *vollständig* erlernt hat, auch wenn dann die neue Theorie in manchen ihren Teilen vielleicht als merkwürdig, wenn nicht sogar als inkonsistent erscheint.

127. 1970b, p.266/S.258; 1976b, p.190/S.125, p.191/S.126; 1977c, ET p.338/S.443f.; ähnlich 1974b, p.410.

128. 1977b, ET pp.19–20/S.69f., ferner 1974a, ET p.299/S.395.

129. Kuhns Standardbeispiel hierfür ist die Aristotelische Physik und darin insbesondere das Gesetz von der Unmöglichkeit eines Vakuums: 1977b, ET p.20/S.70; 1981, pp.4–10/S.9–17, besonders pp.9–10/S.15ff.; siehe ferner auch 1957a, pp.84–94; 1964, besonders pp.257–259/S.344ff.

130. 1961a, ET p.211 fn.48/S.305 Fn.47; siehe auch später Abschnitt 7.6.b.

131. Wie sich die Theorienkonkurrenz im Hinblick auf die fortlaufende Ausarbeitung insbesondere der neuen Theorie entwickelt, wird in Abschnitt 7.4.b diskutiert werden.

riewahl verdanke sich hauptsächlich dem Einsatz propagandistischer Mittel und nicht dem Gewicht von Argumenten[132].

e) Zweites Missverständnis: Inkommensurabilität impliziert Diskontinuität

Mit dem eben diskutierten Missverständnis, Inkommensurabilität von Theorien bedeute oder impliziere ihre Unvergleichbarkeit, ist das weitere Missverständnis eng verwandt, dass zwischen inkommensurablen Theorien keinerlei Kontinuitäten bestünden[133]. Demgegenüber sagt Kuhn schon in SSR beispielsweise, dass

> „sich zumindest ein Teil der [normalwissenschaftlichen] Errungenschaften als dauerhaft erweist"[134],

dass sie also Revolutionen überleben. Das ist auch kein Wunder, sind doch nach einer Revolution

> „ein grosser Teil [der] Sprache und die meisten Laborgeräte die gleichen wie zuvor. Das führt dazu, dass die nachrevolutionäre Wissenschaft beständig viele der gleichen Verfahren enthält, durchgeführt mit den gleichen Instrumenten und beschrieben mit der gleichen Terminologie wie ihre vorrevolutionäre Vorgängerin."[135]

Und dies wiederum beruht darauf, wie hier erst vorgreifend gesagt werden kann, dass es eine unverzichtbare Bedingung für die Durchsetzung einer neuen Theorie ist, dass

> „sie verspricht, einen relativ grossen Teil der konkreten Problemlösefähigkeit zu bewahren, den die Wissenschaft durch die Vorgängertheorien angesammelt hat."[136]

Kuhn betont aber, dass

> „die Einsicht, dass Kontinuitäten über die revolutionären Einschnitte hinweg bestehen, weder Historiker noch sonst irgend jemanden dazu gebracht hat, den Revolutionsbegriff aufzugeben."[137]

Doch ist Kuhn mit seiner bisherigen Behandlung der durch Revolutionen hindurch bestehenden Kontinuitäten nicht zufrieden[138]. Der Grund ist wohl der, dass er diese Kontinuitäten wohl konstatierte, aber nicht in besonderer Tiefe analysierte[139].

---

132. Siehe z.B. Lakatos 1970, p.178/S.171f.; Maxwell 1984, p.99; Mittelstrass 1988, S.186; Mocek 1988, S.95; Popper 1970, pp.56– 58/S.55ff.; Scheffler 1967, p.18; Shapere 1964, pp.392–393; 1966, p.67; 1977, p.200 und 1984, p.XVI; Toulmin 1970, p.44/S.44 u.a. Vergleiche dagegen Austin 1972. – Zu Kuhns Darstellung der Gründe für die Theoriewahl siehe später Abschnitt 7.4.b.

133. Siehe z.B. Laudan et al. 1986, p.170; Shapere 1969, pp.107–108 und 1984, p.XXXI; Shimony 1976, p.574; Siegel 1983, p.76; Stegmüller 1973, S.167; Toulmin 1967, p.466/S.266 und 1970, p.43/S.43; Watanabe 1975, p.115; Wittich 1981, S.150.

134. SSR, p.25/S.39.

135. SSR, pp.130/S.141 übs. mangelhaft, ähnlich p.149/S.160.

136. SSR, p.169/S.181; ähnlich 1961a, ET pp.212–213/S.287; 1970a, ET p.289/S.380; 1980a, p.190. – Vergleiche Abschnitt 7.4.b.

137. 1970b, p.250/S.242; auch 1980a, p.191.

138. 1976b, p.185/S.120.

139. Wenn man die zitierten Stellen zusammennimmt, dann kann man dem folgenden Urteil Stegmüllers gerade nicht zustimmen:

Fortsetzung Fussnote 139

„Man würde daher Kuhn auch nicht gerecht werden, wollte man das Bild der Hegelschen Dialektik anwenden und sagen, dass die neue Theorie eine Art ‚Synthese‘ darstelle, in der das Frühere ‚aufbewahrt‘ oder ‚aufgehoben‘ sei. Nein: Das Verhältnis zwischen dem Alten und dem Neuen ist ein Verhältnis schroffen Gegensatzes" (Stegmüller 1973, S.167).

Tatsächlich aber bestehen nicht unerhebliche Parallelen zwischen Kuhns Darstellung und Hegels ‚Phänomenologie des Geistes‘, denen nachzugehen hier allerdings nicht der geeignete Ort ist.

Kapitel 7

Die Dynamik wissenschaftlicher Revolutionen

Wissenschaftliche Revolutionen sind nach Kuhn nicht Ereignisse, die zufällig stattfinden. Vielmehr sind sie in gewissem Sinn notwendiges Resultat der normalen Wissenschaft: Diese produziert nämlich wesentliche Anomalien, die schliesslich der konkrete Ausgangspunkt von Revolution sind (Abschnitt 7.1). Wesentliche Anomalien können zu relativ isolierten unerwarteten Entdeckungen neuer Phänomene oder Entitäten führen (Abschnitt 7.2), oder sie können jene grösseren Revolutionen auslösen, in denen Theorien nicht nur modifiziert, sondern ersetzt werden (Abschnitt 7.3). Dann kommt es zu einer Wahl zwischen zwei (oder mehreren) Theorien, und es ist zu fragen, welche Art die Gründe sind, die hierbei eine Rolle spielen (Abschnitt 7.4). Dabei weist der Diskurs zwischen den Vertretern verschiedener Theorien einige Besonderheiten auf, die dann zu diskutieren sind (Abschnitt 7.5). Abschliessend kann gefragt werden, welcher Art der Fortschritt ist, den revolutionäre wissenschaftliche Entwicklungen erbringen (Abschnitt 7.6).

7.1. Die Dialektik der Normalwissenschaft: die Produktion von wesentlichen Anomalien

Die Praxis der normalen Wissenschaft strebt danach, das Wissen über die jeweilige Erscheinungswelt auf der Basis des schon vorhandenen Wissens über sie zu erweitern und zu verbessern. Weil das schon vorhandene Wissen über die Welt auch (z.T. implizites) Wissen davon umfasst, welche Arten von Objekten es überhaupt gibt und welche fundamentalen Eigenschaften diese haben[1], bestehen hinsichtlich des noch nicht im Detail gewonnenen experimentellen und theoretischen Wissens inhaltliche Erwartungen[2]. Konkrete Erwartungen bestehen etwa hinsichtlich der Lösbarkeit von angemessen gewählten Problemen[3], sowie hinsichtlich vieler, auch quantitativer Details der zu erwartenden Lösungen[4].

Nun ist es aber nicht so, dass diese Erwartungen hinsichtlich des Verhaltens der Natur (d.h. der jeweiligen Erscheinungswelt), hinsichtlich des Funktionierens von Instrumenten oder der Leistungen von Theorien immer erfüllt würden. Ganz im Gegenteil: Immer wieder treten in der Normalwissenschaft Situationen auf, die den bestehenden Erwartungen zuwiderlaufen. Kuhn nennt Beobachtungen, experimentelle und theoretische Befunde, die relativ zu den normalwissenschaftlichen Erwartungen überraschend sind und ihnen anscheinend widersprechen, *Anoma-*

---

1. Vergleiche Abschnitt 3.7.

2. 1959a, ET p.227/S.310, p.234/S.317f., p.237/S.322; SSR, pp.5–6/S.20, p.24/S.38, p.34/S.47, pp.52–53/S.65f., p.57/S.70, pp.64–65/S.77f., pp.100–101/S.113, p.152/S.162f., p.166/S.177; 1962d, ET pp.173–174/S.247; 1963a, p.349, pp.364–365, p.368; 1970a, ET p.272/S.363, p.277/S.368; 1970b, p.247/S.239.

3. Vergleiche Abschnitt 5.2.b.

4. Vergleiche Abschnitt 5.2.c.

lien[5]. Entsprechend heissen Probleme, die gemäss den normalwissenschaftlichen Standards eigentlich lösbar sein sollten, deren Lösung aber unerwartete Schwierigkeiten aufwirft, bisweilen „anomale" oder „ausserordentliche [extraordinary] Probleme"[6] oder ebenfalls Anomalien[7]. Mit Anomalien und anomalen Problemen ist die Normalwissenschaft immer konfrontiert[8]. Wie Kuhn das in SSR lapidar ausdrückt, wobei er statt ‚Anomalie' ‚Gegenbeispiel' verwendet:

> „[S]o etwas wie Forschung ohne Gegenbeispiele gibt es nicht."[9]

Doch werden Anomalien und anomale Probleme normalerweise nicht als widerlegende Instanzen für die jeweiligen leitenden Reglementierungen angesehen. Anomalien können entstehen, weil Apparate anders funktionieren als vorgesehen, weil bestimmte Approximationen entweder unbemerkt gemacht oder in ihrer Qualität falsch eingeschätzt wurden usw.[10] Aus den gleichen Gründen können sich Probleme unerwartet als nur unbefriedigend oder als gar nicht lösbar erweisen. Der normalwissenschaftliche Umgang mit Anomalien solcher Art ist daher häufig, dass sie beiseite gelegt werden und nicht so genau untersucht werden, bis sich ihre Konformität mit den Reglementierungen gezeigt hat[11]. Der Grund dafür ist die Erwartung, dass die Anomalien und anomalen Probleme sich bei genauerer Analyse auflösen liessen, die tatsächliche Auflösung sich aber nicht lohnt, da sie keinen interessanten Erkenntnisgewinn verspricht. Tatsächlich zeigt sich auch immer wieder, dass sich Anomalien ‚von alleine' auflösen, ohne dass besondere Energie für ihre Auflösung aufgebracht worden wäre. Würden erwartungswidrig lösungsresistente Probleme als falsifizierende Instanzen für die entsprechende Normalwissenschaft angesehen, so müssten aufgrund ihrer Omnipräsenz „alle Theorien allezeit als widerlegt gelten"[12].

Dennoch ist es aber auch nicht so, dass durch Anomalien niemals der geringste Zweifel auf die normalwissenschaftsleitenden Reglementierungen fallen könnte. Eine Anomalie, die die Eigenschaft hat, normalwissenschaftliche Reglementierungen in Frage zu stellen, bezeichnet Kuhn als „mehr als nur eine Anomalie"; ähnlich spricht er von „ernsten", „bedeutsamen", „widerspenstigen, „besonders aufdringlichen", „zugegebenermassen fundamentalen", „krisenprovozierenden" oder „wesentlichen" Anomalien[13]. Manchmal spricht Kuhn diese Art der Anomalien auch einfach als „Anomalien" an, nämlich wenn ihr kritischer Charakter aus dem Kontext hervorgeht[14]. Was unterscheidet nun eine ‚blosse' Anomalie von einer ‚wesentlichen' Anomalie?

---

5. 1961a, ET p.221/S.295; SSR, p.IX/S.11, pp.5–6/S.20, pp.52–53/S.65f., p.57/S.70, p.65/S.77, pp.96–97/S.109, p.101/S.113; 1962d, ET pp.173–174/S.246f.; 1963a, pp.364–365, p.368; 1964, ET p.263/S.350; 1971b, ET p.28/S.81; ET, p.XVII/S.39; 1980a, p.183, p.191; auch 1959, ET p.235/S.319.

6. Z.B. SSR, p.34/S.47.

7. Z.B. SSR, pp.5–6/S.20.

8. Vergleiche Abschnitt 5.2.d, Punkt 2 und Abschnitt 5.6.

9. SSR, p.79/S.92, ähnlich pp.17–18/S.32, p.81/S.94, p.110/S.122, p.146/S.157, p.147/S.158.

10. 1961a, ET p.202/S.278; SSR, pp.81–82/S.94f.

11. Vergleiche Abschnitt 5.2.d.

12. SSR, p.146/S.157.

13. 1961a, ET p.204/S.280, p.205/S.281, p.209/S.283, p.211/S.285; SSR, p.77/S.90, p.81/S.94, p.82/S.95, p.82/S.96, p.86/S.99f., p.97/S.109f. (ähnlich p.169/S.180f.); 1963a, p.365, p.368; 1963b, p.392; 1964, ET p.262/S.349, p.263/S.350; 1970b, p.248/S.240; 1970c, SSR p.186/S.198; 1980a, p.191.

14. Z.B. 1961a, ET p.191/S.266, p.211/S.285; SSR, p.6/S.20, p.67/S.80, p.97/S.109f., p.101/S.113; 1962a, ET p.173/S.247; 1962d, ET pp.173–174/S.246f., 1963a, p.365.

Diese Frage zielt auf ein Kriterium oder definitorisches Merkmal, das die spezifische Differenz zwischen einer blossen und einer wesentlichen Anomalie angibt. Doch ist diese Frage so für Kuhn nicht beantwortbar. Denn eine wesentliche Anomalie zu sein, ist keine (relationale) Eigenschaft eines bestimmten experimentellen oder theoretischen Befundes oder Problems. Zwar ist es eine (relationale) Eigenschaft von Befunden oder Problemen, mit den normalwissenschaftlichen Erwartungen einer bestimmten Gemeinschaft nicht in Einklang zu stehen; entsprechend herrscht in wissenschaftlichen Gemeinschaften auch weitgehend Einigkeit über die *Identifikation* von Anomalien[15]. Aber bei der Einschätzung, ob eine bestimmte Anomalie die leitenden Reglementierungen in Frage stellt oder nicht, handelt es sich um eine Beurteilung bzw. Bewertung, bei der verschiedene Mitglieder der entsprechenden Gemeinschaft verschiedener Meinung sein können. Denn

> „es gibt keine Regeln, um eine wesentliche Anomalie von einem blossen Fehlschlag zu unterscheiden [...]. Es war nicht mein Anliegen, eine methodologische Regel für den einzelnen Wissenschaftler zu finden"[16].

Dennoch lassen sich Angaben darüber machen, welche Umstände die Bewertung einer Anomalie als einer wesentlichen Anomalie beeinflussen, wenn sie sie auch nicht erzwingen können. Kuhn nennt ohne Anspruch auf Vollständigkeit viererlei[17].

Erstens kann eine Anomalie den Anschein machen, unmittelbar die jeweils geltenden, interpretierten symbolischen Verallgemeinerungen in Frage zu stellen. Dies ist dann der Fall, wenn das entsprechende Problem mittels dieser symbolischen Verallgemeinerungen behandelbar sein sollte, allem Anschein nach aber nicht unter sie subsumierbar ist. Besonders die quantitative Diskrepanz von theoretischer Voraussage und experimentellem bzw. Beobachtungsbefund kann hier den Ausschlag für die Umwertung einer blossen Anomalie in eine wesentliche Anomalie geben.

Zweitens kann eine Anomalie, die zunächst wegen ihrer geringen Bedeutung beiseite gelassen wurde, durch normalwissenschaftliche Entwicklungen ausserhalb ihrer ein Indiz für die Fragwürdigkeit der leitenden Reglementierungen werden.

Drittens kann eine Anomalie dadurch zu einer wesentlichen Anomalie werden, dass ihre Auflösung über längere Zeit hinweg den Anstrengungen auch der besten Fachleute des Gebietes widersteht. Dabei können die Gründe für die Beschäftigung mit der Anomalie auch wissenschaftsexterner Art sein: etwa, wenn aus ausserwissenschaftlichen Gründen bestimmte Anwendungen einer Theorie besonders wichtig sind, aber durch Anomalien behindert werden[18].

---

15. 1980a, p.183.

16. 1963b, p.392; ähnlich auch SSR, pp.79–80/S.92f.; 1970b, pp.248–249/S.240; 1980a, p.183. Diese Position ist auch in Kuhns Darstellung der Natur der wissenschaftlichen Werte enthalten, wo er ja sagt, dass es sich bei wissenschaftlichen Bewertungen generell nicht um die Anwendung algorithmischer Verfahren handele: vergleiche Abschnitt 4.3.c.

17. 1961a, ET p.202/S.278, pp.208–211/S.282–285, p.221/S.295; SSR, p.X/S.12, p.69/S.82, p.75/S.87, p.82/S.95, p.97/S.109f., p.153/S.164; 1964, ET p.262/S.349; ET, p.XVII/S.39; 1980a, p.190 fn.

18. An dieser Stelle zeigt sich, dass sich Kuhns Position umstandslos weder als externalistisch, noch als internalistisch bezeichnen lässt. Was das allgemeine Phasenmodell, also die ‚Struktur' der Wissenschaftsentwicklung anbelangt (vergleiche Abschnitt 1.3), so sind die wissenschaftsexternen Faktoren weitgehend vernachlässigbar, wie Kuhn schon in SSR sagt: SSR, p.X mit fn.4/S.12 und S.222 Fn.4, p.69/S.82; siehe auch ET, p.XV/S.37f.; 1983c. (Zur Unterscheidung von ‚intern' und ‚extern' bei Kuhn siehe 1971a, pp.140–141/S.315f.; 1979a, p.128). Darstellungen der Wissen-

Viertens kann ein und dieselbe Anomalie immer wieder und in verschiedenen Labors auftreten, oder es können verschiedene Anomalien den Anschein machen, die gleiche Wurzel zu haben. Solche Anomalien bzw. Anomaliengruppen lassen sich dann nicht mehr als analyseunwürdige ‚Dreckeffekte‘ beiseite schieben.

Wie gesagt, die genannten Gründe für die Umwertung einer blossen Anomalie zu einer wesentlichen Anomalie sind nicht zwingend. Dementsprechend können in einer wissenschaftlichen Gemeinschaft hinsichtlich einer solchen Umwertung Meinungsunterschiede bestehen. Infolgedessen ist die *allgemeine* Anerkennung einer Anomalie als einer wesentlichen Anomalie, wenn sie sich überhaupt einstellt, meist das Resultat eines graduellen Prozesses und nicht ein plötzlich eintretendes Ereignis.

Nun ist es ein historisches Faktum, dass die Praxis der normalen Wissenschaft immer wieder wesentliche Anomalien hervorgebracht hat. Dies ist zunächst einmal von daher verständlich, dass es Anomalien nur da geben kann, wo es bestimmte Erwartungen gibt. Doch ist dies für diejenigen wesentlichen Anomalien, die nicht nur Inkonsistenzen innerhalb einer Theorie oder zwischen verschiedenen Theorien, sondern Diskrepanzen zwischen theoretischer Erwartung und Empirie betreffen, nur eine notwendige Bedingung für ihr Auftreten. Zusätzlich muss die entsprechende Erscheinungswelt eine gewisse Eigenständigkeit gegenüber den theoretischen Erwartungen aufweisen, sonst könnte es eine Diskrepanz zwischen Theorie und Erfahrung gar nicht geben. Die entsprechende Erscheinungswelt muss diese Widerständigkeit aufweisen, obwohl Ähnlichkeitsrelationen *sowohl* für die in der Theorie vorkommenden Begriffe *als auch* ineins damit für die entsprechende Region der Erscheinungswelt mitkonstitutiv sind[19]. Die Möglichkeit einer Diskrepanz zwischen Theorie und Erfahrung erklärt sich daraus, dass die Ähnlichkeitsrelationen für diese Erscheinungswelt nur mitkonstitutiv, aber nicht *alleine* konstitutiv sind. Die Widerständigkeit der Welt an sich (oder: der Stimuli[20]) kann durch das Netz der Ähnlichkeitsrelationen gewissermassen durchschlagen, und dies trotz der Tatsache, dass diese Ähnlichkeitsrelationen selbst schon auf gewisse Weise auf diese Widerständigkeit abgestimmt sind, indem sie originär objektseitige Momente in sich aufgenommen haben[21]. Gerade das wiederholte Auftreten wesentlicher Anomalien in der Geschichte der Wissenschaft kann eines der Motive sein, die Existenz einer theorieunabhängigen, und aufgrund ihrer eigenen Bestimmtheit widerständigen Welt an sich anzunehmen[22].

Im Auftreten wesentlicher Anomalien liegt nun die Dialektik (oder die Ironie) der Normalwissenschaft. Gerade weil die Normalwissenschaft im Vertrauen auf die reglementierungskonforme Lösbarkeit der in ihr gewählten Probleme betrie-

---

Fortsetzung Fussnote 18

    schaftsentwicklung, die über diese ‚strukturelle‘ Beschreibung hinausgehen, haben dagegen wissenschaftsexterne Faktoren zu berücksichtigen, insbesondere hinsichtlich ihrer beschleunigenden oder verzögernden Wirkung, aber auch hinsichtlich der Wissenschaftsinhalte; siehe dazu SSR, p.X mit fn.4/S.12 mit S.222 Fn.4, pp.68–69/S.81f., p.75/S.87, pp.123–124/S.135; 1968a, ET pp.118–120/ S.185ff; 1971c, ET pp.148–150/S.S.217ff., pp.159–160/S.230f.; 1976a, ET p.62/S.115f.; ET p.XV/ S.37f.; 1977c, ET p.333 fn.8/S.445 Fn.8; 1979a, p.122; 1983c.

19. Vergleiche Kapitel 3, insbesondere Abschnitt 3.6.

20. Vergleiche Abschnitte 2.1.a und 2.2.b.

21. Vergleiche Abschnitt 3.2.

22. Für weitere Motive vergleiche Abschnitt 2.2.c.

ben wird[23], gerade darum kann sie historisch immer wieder wesentliche Anomalien hervorbringen. Gerade weil immer esoterischere Probleme mit immer grösserem instrumentellen und theoretischen Aufwand angegangen werden[24] – eben weil man den leitenden Reglementierungen vertraut – , gerade darum steigen die Chancen, dass sich die geltenden Reglementierungen als ungenügend erweisen. Gerade weil die normalwissenschaftliche Ausbildung eine enge und rigide Ausbildung ist, die im Vertrauen auf die jeweiligen Reglementierungen erfolgt[25], gerade darum ist der so Ausgebildete ausserordentlich befähigt, wirkliches Versagen der Reglementierungen zu diagnostizieren[26]. Auf diese Weise hat die Normalwissenschaft immer wieder zu ihrer eigenen Aufhebung geführt:

> „[D]er Endeffekt dieser traditionsgebundenen Arbeit ist in immer gleicher Weise die Veränderung eben dieser Tradition gewesen."[27]

Denn

> „keine andere Art der Praxis ist auch nur annähernd so gut geeignet, dauernde und konzentrierte Aufmerksamkeit auf jene Schwierigkeiten [...] zu lenken, von deren Identifikation die grundlegendsten Fortschritte der reinen Wissenschaft abhängen."[28]

Was für Konsequenzen hat es nun, wenn die normale Wissenschaft eine oder mehrere wesentliche Anomalien hervorgebracht hat? Dies ist ein Indiz dafür, dass es mit der normalwissenschaftlichen Praxis nicht mehr so weitergehen kann wie bisher: wesentliche Anomalien zeigen an,

> „dass irgendetwas nicht stimmt, und zwar auf eine Weise, die sich als folgenreich herausstellen kann"[29].

Manche wesentlichen Anomalien führen zu relativ isolierten unerwarteten Entdeckungen neuer Phänomene oder neuer Entitäten (Abschnitt 7.2). Andere Anomalien führen dazu, dass eine bislang akzeptierte Theorie durch eine neuartige, mit ihr unverträgliche Theorie ersetzt werden muss (Abschnitt 7.3).

Allerdings ist die Unterscheidung zwischen den unerwarteten Entdeckungen neuer Phänomene oder Entitäten und den Theorierevolutionen künstlich, wie Kuhn schon in SSR bemerkt[30]. Dies ist aus zwei Gründen der Fall. Einmal des-

---

23. Vergleiche Abschnitt 5.2.b.

24. Vergleiche Abschnitt 5.2.d.

25. Vergleiche Abschnitt 5.5.a.

26. SSR, p.166/S.177.

27. 1959a, ET p.234/S.317f; ähnlich SSR, pp.5/S.20, pp.64–65/S.77f., p.122/S.134; 1963a, p.349, p.365; 1964, ET p.262/S.349; 1970b, p.247/S.239. – Die These Kuhns darf nicht so missverstanden werden, als führe die Normalwissenschaft mit *Notwendigkeit* zur Produktion von wesentlichen Anomalien; gerade dies scheint das folgende Zitat zu besagen:
> „[D]ie Praxis der normalen rätsellösenden Wissenschaft ist fähig, Anomalie zu isolieren und zu erkennen, und sie tut es auch unvermeidlicherweise [can and inevitably does lead to the isolation and recognition of anomaly]" (1963a, p.365).
Vielmehr ist die Behauptung nur, dass die Normalwissenschaft dort zwangsläufig auf wesentliche Anomalien stossen wird, wo es sie tatsächlich zu entdecken gibt.

28. 1959a, ET p.234/S.318; ähnlich SSR, p.52/S.65.

29. 1962d, ET p.173/S.247; ähnlich 1959a, ET p.235/S.319; 1961a, ET p.203/S.279; SSR, pp.5–6/S.20, p.57/S.70, p.166/S.177; 1963a, p.366, p.368.

30. SSR, p.52/S.66, p.66/S.79f.

halb, weil entgegen dem oberflächlichen Anschein in *beiden* Fällen Änderungen
auf der Theorieebene involviert sind. Zum anderen kann die Entdeckung neuer
Fakten die Ablösung einer bislang akzeptierten Theorie einleiten und umgekehrt
die Ablösung einer bislang akzeptierten Theorie durch eine neue zu unerwarteten
Entdeckungen führen bzw. von ihnen begleitet sein[31].

7.2. Unerwartete Entdeckungen

Auch in der Normalwissenschaft gibt es Entdeckungen neuer Phänomene
und neuer Entitäten, aber diese Entdeckungen sind nicht unerwartet, sondern
durch die jeweils akzeptierten Theorien weitgehend antizipiert[32]. Dagegen sind
die aus wesentlichen Anomalien resultierenden Entdeckungen solche, bei denen
die neu entdeckten Phänomene oder Entitäten

> „nicht durch die akzeptierten Theorien vorausgesagt werden konnten, und
> die daher die gesamte Fachwelt überraschten."[33]

Diese anscheinend eindeutige Charakterisierung unerwarteter Entdeckungen bedarf aber dreier Qualifikationen.

Erstens: Wenn oben die Nicht-Vorhersagbarkeit durch akzeptierte Theorien
als Merkmal unerwarteter Entdeckungen genannt wurde, so soll das nicht heissen,
dass die entsprechenden Phänomene grundsätzlich nicht unter die *symbolischen
Verallgemeinerungen* dieser Theorien subsumierbar seien[34]. Vielmehr sind unter
den ‚akzeptierten Theorien' die entsprechenden symbolischen Verallgemeinerungen *inklusive* der über exemplarische Problemlösungen vermittelten Bedeutung
der Begriffe, sowie der theoretischen und experimentellen Standardprozeduren
gemeint[35]. Dementsprechend kann eine Entdeckung schon deshalb unerwartet
sein, weil sie mit Erwartungen kollidiert, die in gebräuchlichen experimentellen
Prozeduren implizit enthalten sind[36]. Offensichtlich enthalten ja alle experimentellen Prozeduren eine Unmenge expliziter und impliziter Erwartungen hinsichtlich
der Eigenschaften existierender und hinsichtlich der Nichtexistenz von anderen
Entitäten. Kollidiert also eine Entdeckung mit den normalwissenschaftlichen Erwartungen, so ist sie in Kuhns Sinn revolutionär: sie erzwingt eine Korrektur des
schon vorhandenen Wissens und ist nicht einfach ein kumulativer Neuerwerb von
Wissen[37]. Die Korrektur kann dabei – wie im Falle der Entdeckung der Röntgen-
strahlen – nur die jeweiligen experimentellen Standardprozeduren betreffen, ohne
dass der *formale* Teil der akzeptierten Theorien, d.h. die symbolischen Verallgemeinerungen, geändert werden müsste[38].

Zweitens: Wenn oben von der Überraschung der „gesamten Fachwelt" die
Rede ist, so ist damit zunächst diejenige Gemeinschaft von Spezialisten gemeint,
die auf dem entsprechenden Gebiet tatsächlich arbeiten. Für Mitglieder anderer
Gemeinschaften, etwa die benachbarter Gruppen oder die der übrigen, die Spezia-

---

31. Für Beispiele siehe SSR, Kap. VI sowie 1962d.
32. Vergleiche Abschnitt 5.2.c.
33. 1962d, ET p.166/S.240; ähnlich SSR, p.52/S.65; 1963a, p.365.
34. Vergleiche Abschnitt 4.3.a.
35. SSR, pp.58–61/S.71ff., pp.96–97/S.109; 1962d, ET pp.173–177/S.246–250.
36. Vergleiche Abschnitt 5.2.a.
37. Vergleiche Abschnitt 6.1.
38. SSR, p.7/S.21f., pp.58–59/S.71f.; 1962d, ET pp.175–176/S.248f.

listen einschliessenden grösseren Gemeinschaft, muss die entsprechende Entdeckung nicht revolutionär sein[39]: Wo für Spezialisten aufgrund einer experimentellen Anordnung bestimmte Erwartungen bestehen, können Mitglieder anderer Gemeinschaften überhaupt keine Erwartungen haben. Für die Aussenstehenden ist die für die Spezialisten revolutionäre Entdeckung dann durchaus kumulativ.

Drittens: Entgegen dem ersten Anschein ist die Unterscheidung zwischen den (normalwissenschaftlichen) erwarteten und den (revolutionären) unerwarteten Entdeckungen keine schroffe Dichotomie[40]. Einmal gibt es einen fliessenden Übergang zwischen dem Erwarteten und dem Überraschenden. Zum anderen kann der Kenntnisstand der Mitglieder einer Gemeinschaft so variieren, dass das für den Einen Erwartete für einen Anderen eine Überraschung darstellt.

Unerwartete Entdeckungen beginnen damit, dass eine Anomalie den Charakter einer wesentlichen Anomalie erhält[41]. Anschliessend an ihre Entdeckung muss die wesentliche Anomalie verstanden werden, was nur möglich ist, wenn die Erwartungen, die das entsprechende Phänomen zu einer Anomalie machen, aufgegeben werden[42]. Dieses Gewinnen eines Verständnisses ist ein Prozess, der notwendig eine gewisse Zeit braucht: Es muss überlegt werden, welche der normalwissenschaftlichen Erwartungen genau aufgegeben werden müssen, und welche neuen Erwartungen an ihre Stelle treten sollen. Dies ist auch der Grund dafür, dass unerwartete Entdeckungen nicht punktuell genau datiert werden können und dass es vielfach auch nicht wirklich einen individuellen Entdecker gibt[43]. Letzteres ist der Fall, wenn die Analyse der Anomalie von mehreren Wissenschaftlern durchgeführt wurde.

Ist ein neues Verständnis der Anomalie gewonnen, so dass sie zum mittlerweile Erwarteten geworden ist, dann liegt eine in Kuhns Sinn revolutionäre Episode der Wissenschaftsentwicklung vor[44]. Denn nicht eine normalwissenschaftliche Addition zum vorhandenen Bestand des Wissens fand statt, sondern eine Ersetzung vorhandenen Wissens durch neues, damit unverträgliches Wissen.

7.3. Die Auslösung von Theorie-Revolutionen

Theorie-Revolutionen werden wie die unerwarteten Entdeckungen durch Anomalien ausgelöst. Diese Anomalien führen hier in einen von der Normalwissenschaft deutlich unterschiedenen Zustand: die Krise (Teilabschnitt 7.3.a). Die For-

---

39. SSR, p.49–50/S.62ff., p.52/S.65, p.61/S.73, pp.92–93/S.104f.; 1962d, ET p.175/S.248f.; 1963a, p.364; 1970b, pp.251–253/S.243ff.; 1970c, SSR pp.180–181/S.192.

40. SSR, p.62/S.75; 1962d, ET p.167 fn.3/S.251 Fn.3.

41. Kuhn scheint in seinen Schriften hinsichtlich dieses Punktes ein wenig zu schwanken. Während er gewöhnlich sagt, unerwartete Entdeckungen begönnen *immer* mit Anomalien (SSR, pp.52–53/ S.65f., p.62/S.75, p.64/S.76, p.96/S.109; 1962d, ET p.174/S.247; 1963a, pp.365–366), lässt er an einigen Stellen auch die Möglichkeit offen, dass sie – wenn auch selten – ohne die Enttäuschung einer positiven Erwartung auftreten. Beispielsweise schreibt er:
„Der kumulative Erwerb unerwarteter Neuheiten [Entdeckungen] zeigt sich als die *beinahe* nicht existente Ausnahme der Regel" (SSR, p.96/S.108, Hervorhbg. von mir).
Allerdings scheint Kuhn diese Aussage am Ende von p.96 wieder zurückzunehmen. – Vergleiche auch 1963a, p.349.

42. 1959a, ET pp.226–227/S.309f.; SSR, p.7/S.22, p.53/S.66, p.62/S.75, p.64/S.76, p.66/S.79; 1962d, pp.174–177/S.247–250.

43. SSR, p.2/S.16, pp.52–53/S.65f., pp.54–56/S.67f., pp.57–58/S.70f.; 1962d, ET p.166/S.240, p.171/ S.243f., p.173/S.246, p.174/S.247f., pp.176–177/S.250.

44. SSR, p.53/S.66, p.66/S.79.

schungspraxis während der Krise ist die sogenannte ausserordentliche Wissenschaft, die in Teilabschnitt 7.3.b diskutiert wird.

a) Anomalien und Krise

Wie die unerwarteten Entdeckungen beginnen die Revolutionen, bei denen eine Theorie nicht nur modifiziert, sondern umgestossen und durch eine neue Theorie ersetzt wird, mit dem Auftauchen wesentlicher Anomalien[45]. Diese Anomalien stellen eine akzeptierte Theorie grundsätzlich in Frage. Kuhn nennt diese Situation – in Abhebung von der normalwissenschaftlichen Situation – die „abnorme Situation", den „Krisenzustand" oder – am häufigsten – die „Krise"[46]. Diese Situation ist dadurch gekennzeichnet, dass

> „Forschungsprojekte mit Regelmässigkeit fehlschlagen, und keine der üblichen Techniken in der Lage zu sein scheint, sie wieder in Gang zu bringen"[47].

In dieser Situation ist es klar, dass mit der Normalwissenschaft nicht mehr so weitergefahren werden kann wie bisher: eine Innovation ist notwendig[48], denn

> „die traditionellen Reglementierungen der normalen Wissenschaft [...] definieren kein spielbares Spiel mehr"[49].

Daraus ist zu schliessen, dass

> „irgend etwas mit der Theorie, auf der ihre Arbeit beruht, grundsätzlich nicht in Ordnung ist"[50].

Dieses Eingeständnis erzeugt in der wissenschaftlichen Gemeinschaft eine „deutlich hervortretende fachliche Unsicherheit"[51]. Manchmal äussert sich diese Unsicherheit in einer von Wissenschaftlern offen ausgedrückten Unzufriedenheit mit der bislang akzeptierten Theorie aufgrund ihrer Unfähigkeit, die Forschung produktiv anzuleiten[52].

Um Missverständnisse abzuwehren, verdient festgehalten zu werden, dass bei dieser Charakterisierung des Krisenzustands und seiner Auslösung dreierlei nicht behauptet wird.

---

45. 1959a, ET pp.234–235/S.318f.; 1961a, ET pp.203–204/S.278f., pp.208–211/S.282–285., p.221/S.295; SSR, p.IX/S.11, pp.67–68/S.80, p.79/S.92, p.97/S.110, p.144/S.155, p.145/S.156, p.152/S.163, p.153/S.164; 1963a, pp.366–368; 1964, ET p.262/S.349; 1970a, ET p.267/S.357f., p.273/S.363.

46. 1961a, ET pp.202–204/S.277ff., pp.206–211/S.281–285, pp.221–222/S.294f.; SSR, p.IX/S.11, p.61/S.74, Kap.7 und 8; 1963a, pp.367–368.

47. 1961a, ET p.202/S.277, ähnlich p.221/S.295; SSR, p.IX/S.11, pp.5–6/S.20, pp.67–68/S.80, p.69/S.81f., pp.74–75/S.87, p.145/S.156, p.153/S.164; 1963a, p.367; 1970a, ET p.267/S.357f., p.273/S.363f.; 1970b, p.257/S.249.

48. 1969c, ET p.350/S.458.

49. SSR, p.90/S.103, ähnlich p.76/S.89, pp.85–86/S.99; 1963a, p.349, p.365; 1970a, ET p.281/S.371; 1970b, p.247/S.239; 1980a, p.190;

50. 1959a, ET p.235/S.319; ähnlich 1961a, ET p.203/S.279; SSR, p.6/S.20, p.92/S.104, p.93/S.105, p.114/S.126, p.153/S.164, p.166/S.177; 1963a, p.367, p.368; 1970a, p.273/S.363f.; 1970b, p.247/S.239; 1970c, SSR p.181/S.192; 1980a, p.190 fn.1.

51. SSR, pp.67–68/S.80.

52. SSR, pp.83–84/S.96f.; 1964, ET pp.262–263/S.349f.

Erstens ist nicht behauptet, dass jede allgemein anerkannte Anomalie notwendig auch zu einer Krise führt[53]. Selbst wenn eine solche Anomalie Zweifel auf die leitenden Reglementierungen wirft, muss sie nicht notwendig eine Krise auslösen, solange sie die normalwissenschaftliche Arbeit an anderen als dem anomalen Problem nicht behindert.

Zweitens ist nicht behauptet, dass alle Mitglieder der Gemeinschaft eine Krise in der gleichen Weise wahrnehmen. Ganz im Gegenteil, es kann sein, dass

> „einer die Ursache für eine Krise sieht, wo ein anderer nur den Beweis für begrenzte Fähigkeiten sieht, Forschung zu treiben."[54]

Der Grund hierfür ist, dass die Konstatierung einer Krise eine Theoriebewertung ist, und Theoriebewertungen aufgrund der Eigenart wissenschaftlicher Wertsysteme nicht eindeutig sein müssen[55].

Drittens ist im Begriff der Krise nicht impliziert, dass der Krisenzustand den Mitgliedern der Gemeinschaft selbst vollkommen durchsichtig sein muss[56]. Vielmehr kann es – das meint Kuhn wohl – ein Hinübergleiten in den Krisenzustand geben, der zwar für den aussenstehenden Beobachter einigermassen deutlich an den Symptomen der für diesen Zustand charakteristischen Forschungspraxis ablesbar ist, den Handelnden selbst aber erst nach und nach ins Bewusstsein dringt.

Bevor ich im nächsten Teilabschnitt zur Darstellung dieser Forschungspraxis komme, ist noch eine umstrittene These Kuhns zu diskutieren, die er in SSR und den im zeitlichen Umkreis dazu stehenden Arbeiten aufstellt. Diese These besagt, dass alle Theorie-Revolutionen durch Krisen eingeleitet werden, die ihrerseits durch das Auftreten von wesentlichen Anomalien im entsprechenden Gebiet ausgelöst werden[57]. Zum einen belege die Wissenschaftsgeschichte diese allgemeine Tatsache. Zum anderen lasse sich diese Tatsache von daher einsichtig machen, dass bei einer Theorie-Revolution eine Theorie aufgegeben werden muss, die die Basis einer (mehr oder weniger langen) Periode erfolgreicher Normalwissenschaft war. Wie aber kann es geschehen, dass das Vertrauen in diese Theorie abnehmen und schliesslich verschwinden kann, um dem Vertrauen in eine neue Theorie Platz zu machen? Dieser Prozess kann nur in Gang kommen, wenn die Gründe, die für das Vertrauen in die alte Theorie sprachen[58], an Überzeugungskraft verlieren:

---

53. SSR, pp.81–82/S.94f. – Die Beispiele, die Kuhn an dieser Stelle hierfür anführt, nämlich die Newtonschen theoretischen Werte für die Schallgeschwindigkeit und die Präzession des Perihels des Merkur, interpretiert Kuhn in 1961a, ET pp.203–204/S.279f., aber auch auf eine andere, damit unverträgliche Weise. Ich komme darauf in Teilabschnitt 7.3.b bei der Darstellung der verschiedenen Arten, wie eine Krise enden kann, zu sprechen.

54. 1970b, p.248/S.240 übs. falsch; ähnlich 1961a, ET p.202/S.278, p.206/S.282; 1970c, SSR p.185/ S.197. – Dazu scheint 1970c, SSR p.181/S.192 im Widerspruch zu stehen, wo Kuhn von der Krise als „des *gemeinsamen* Bewusstseins, dass etwas schief gegangen ist [the common awareness that something has gone wrong]", spricht (Hervorhbg. von mir). Es scheint mir dies aber nur eine etwas nachlässige Kurzformulierung zu sein.

55. Vergleiche Abschnitt 4.3.c.

56. SSR, p.84/S.97, p.86/S.99.

57. 1959a, ET pp.234–235/S.318f.; 1961a, ET pp.206–209/S.282f.; SSR, pp.67–68/S.80, pp.74–76/S.87f., p.77/S.90, pp.85–86/S.98f., p.92/S.104, p.145/S.156, p.158/S.168, p.169/S.180; 1963a, p.349, p.365; 1964, ET p.263/S.350.

58. Vergleiche die Abschnitte 5.1, 5.5.b, 5.6 und 7.4.b.

„Die Natur selbst muss zuerst die professionelle Sicherheit unterminieren, indem sie die früheren Errungenschaften als problematisch erscheinen lässt"[59].

Die Gründe für das Vertrauen in die alte Theorie beruhten ja wesentlich darauf, dass sie die rätsellösende Praxis normaler Wissenschaft ermöglichte, und gerade dies ist in der Krise nicht mehr der Fall.

Die These, dass alle Theorie-Revolutionen durch Krisen eingeleitet werden, die ihrerseits durch das Auftreten von wesentlichen Anomalien in dem entsprechenden Gebiet ausgelöst wurden, ist auf Kritik gestossen[60], woraufhin Kuhn seine These etwas abgeschwächt hat[61]. Zwar sei er nach wie vor der Überzeugung, dass Krisen gewöhnlich das Vorspiel von Revolutionen seien, aber es gebe auch – wenn auch selten – andere Weisen, wie Revolutionen eingeleitet werden könnten. Zudem sei seine These dahingehend zu modifizieren, dass eine Krise nicht durch Anomalien ausgelöst werden müsse, die *innerhalb* des entsprechenden Gebiets aufgetreten sind. Vielmehr könne eine Krise auch durch Ergebnisse anderer Gemeinschaften in das entsprechende Gebiet importiert werden.

b) Forschung während der Krise: ausserordentliche Wissenschaft

Krisen können in ihrem Ausmass beträchtlich variieren, einmal hinsichtlich der Zahl der von ihr betroffenen Wissenschaftler, zum anderen hinsichtlich ihrer Dauer. Im einen Extremfall betrifft eine Krise nur die Arbeit eines Einzelnen, im anderen Extremfall die der ganzen Fachgemeinschaft. Im häufigsten Fall tritt die Krise in einem bestimmten Spezialgebiet auf und beschäftigt die in ihm Tätigen[62]. Korrespondierend zu diesem Variantensprektrum können Krisen schnell zu einem Ende kommen oder sich über längere Zeit hinziehen[63]. Wenn in einem Forschungsgebiet eine Krise anhält, dann verändert sich die Forschungspraxis progressiv gegenüber der normalwissenschaftlichen Praxis. Kuhn nennt diese veränderte Praxis „ausserordentliche Wissenschaft" oder „Wissenschaft im Krisenzustand"[64].

Der hauptsächliche Forschungsgegenstand der ausserordentlichen Wissenschaft sind einsichtigerweise die wesentlichen Anomalien, die die Krise ausgelöst haben[65]. Während aber in der normalwissenschaftlichen Praxis bestimmte Reglementierungen bei der Problembearbeitung vorausgesetzt sind, stehen in der ausserordentlichen Wissenschaft die bisherigen Reglementierungen, und das heisst vor allem: die leitende Theorie zur Disposition. Das bedeutet nicht, dass diese Reglementierungen von einem Tag auf den anderen allesamt ausser Kraft gesetzt werden. Aber weil die bisherigen Reglementierungen in die Krise geführt haben, kann ihre kollektive Geltung nicht mehr selbstverständlich vorausgesetzt werden.

---

59. SSR, p.169/S.180.

60. Z.B. Curd 1984, pp.9–10; Cohen 1985, p.27; Hörz 1988, S.86; Mandelbaum 1977, pp.446–447; Watkins 1970, pp.30–31/S.30f.

61. 1970c, SSR p.181/S.192f.; ET, p.XVII/S.39; 1980a, p.190 fn.1.

62. 1961a, ET p.203/S.279.

63. Zur Frage, auf welche Weisen Krisen zu einem Ende kommen können, siehe in diesem Abschnitt weiter unten.

64. 1961a, ET p.202/S.278; SSR, p.6/S.20, p.82/S.96, p.86/S.99, p.87/S.101, p.89/S.102, p.91/S.103, p.101/S.113, p.154/S.165; 1970a, ET p.272/S.362.

65. SSR, pp.82–83/S.96, p.86–87/S.99f., p.88/S.101, p.152/S.163; 1964, ET pp.262–263/S.349f.; auch 1961, ET pp.209–211/S.283ff.

Es kommt nun für die ausserordentliche Forschung darauf an, die Reglementierungen so zu verändern, dass auf der einen Seite möglichst viele der bisher erreichten Problemlösungen bestehen bleiben, und auf der anderen Seite die hartnäckigen Anomalien, die in die Krise geführt haben, aufgelöst werden.

Die ausserordentliche Wissenschaft lässt sich vor allem aufgrund der folgenden vier Symptomen identifizieren, die aber nicht unbedingt alle zusammen auftreten müssen[66].

Erstens gibt es bisweilen (die im vorigen Teilabschnitt schon genannte) offen geäusserte Unzufriedenheit mit dem Funktionieren der bisher leitenden Theorie.

Zweitens werden die bislang für die Problemlösung geltenden Reglementierungen zwar weiter angewendet, aber – je länger der Krisenzustand dauert – in immer stärker modifizierten und ergänzten Formen[67]. Die Bereitschaft, die bislang geltenden Reglementierungen aufzuweichen, ergibt sich natürlich aus dem Bewusstsein, dass irgend etwas mit ihnen nicht in Ordnung ist. Manche dieser Modifikationen und Ergänzungen – je länger die Krise, desto mehr von ihnen – sind dabei ad hoc: sie sind nur auf ein einziges Problem abgestimmt und erscheinen daher als ziemlich willkürlich. Zudem werden vielfach neue spekulative Theorien ersonnen, in der Hoffnung, mit ihnen den Weg zu einer neuen Normalwissenschaft zu finden. Diese spekulativen Theorien werden hinsichtlich ihrer Leistungsfähigkeit an den bekannten Anomalien getestet. Dabei herrscht in der Gemeinschaft während der Krise weder ein Konsens über die vorgeschlagenen Modifikationen und Ergänzungen der alten Theorie, noch über vorgeschlagene neue Theorien.

Drittens besteht in der Phase ausserordentlicher Wissenschaft die Bereitschaft, viele Dinge auszuprobieren, deren Ergebnis man nur vage oder gar nicht vorhersagen kann[68]. Insbesondere werden Experimente durchgeführt, ohne dass eine genaue Erwartung hinsichtlich ihrer Ergebnisse vorhanden ist. Solche Experimente dienen dazu, Daten zu sammeln, um die Quellen von Anomalien genauer zu lokalisieren. Als Folge ergibt sich häufig, dass neue Entdeckungen gemacht werden, die mit der früheren Theorie nicht in Übereinstimmung gebracht werden können und die daher für die weitere Theorieentwicklung von Bedeutung sind.

Viertens ist ausserordentliche Wissenschaft bisweilen an ihrem Rekurs zu philosophischen Analysen der Grundlagen der früheren Forschungstradition zu erkennen. Hierbei handelt es sich um den Versuch, bislang implizite Reglementierungen explizit zu machen und zu überprüfen[69]. Für die begriffliche Durchdringung einer bestimmten Theorie können dann Gedankenexperimente eine grosse Rolle spielen, weil sie die Implikationen der Theorie in grösserer Klarheit herausarbeiten können als das durch tatsächliche experimentelle Untersuchungen möglich ist.

Alle diese Symptome machen offenbar, dass die ausserordentliche Wissenschaft *Ähnlichkeiten* mit der vornormalen Wissenschaft aufweist[70]. Zu dieser Ähn-

---

66. SSR, p.91/S.103; 1964, ET p.263/S.350.

67. SSR, p.61/S.74, pp.70–71/S.83, p.74/S.87, p.75/S.87, p.80/S.93, p.83/S.96, p.84/S.97, p.86/S.99, pp.86–87/S.100, p.89/S.102, p.154/S.165; 1963a, p.367; 1970b, p.257/S.249; 1970c, SSR p.181/S.193.

68. 1961a, ET p.203/S.279; SSR, p.61/S.74, p.87/S.100, pp.88–89/S.101f.; 1963a, p.367.

69. SSR, p.88/S.101; 1964, ET pp.262–265/S.349–352.

70. SSR, p.61/S.74, p.72/S.85, p.84/S.97, p.101/S.113, p.112/S.124, p.149/S.160. – Vergleiche Abschnitt 5.5.b.

lichkeit trägt neben dem bisher Gesagten noch bei, dass sich in der ausserordentlichen Wissenschaft ebenfalls Schulen bilden können, die konkurrierende Ansätze verfolgen. Doch verdienen auch die *Unterschiede* zwischen vornormaler und ausserordentlicher Wissenschaft Beachtung, die von daher herrühren, dass es vor der ausserordentlichen Wissenschaft schon einmal normale Wissenschaft gegeben hat. Dies bedeutet insbesondere, dass es bereits grosse Bereiche spezialisierten Wissens inklusive des dazu notwendigen Vokabulars, sowie etablierte Techniken der verschiedensten Art gibt. Vor allen Dingen aber ist es in der ausserordentlichen im Gegensatz zur vornormalen Wissenschaft klar, welche die zentralen, zu lösenden Probleme sind: es sind dies die wesentlichen Anomalien, die in die Krise geführt haben. Sie bilden einen relativ gut definierten Brennpunkt der Forschungsaktivitäten und Schulkontroversen. Im Vergleich dazu ist die vornormale Wissenschaft wesentlich diffuser: In ihr gibt es wenig spezialisiertes und allgemein anerkanntes Wissen, und in ihr gibt es keine sicheren Hinweise darauf, welche die fundamentalen, unbedingt zu lösende Probleme sind.

Hier lässt sich die Frage stellen, wie es überhaupt dazu kommen kann, dass sich der substantielle Konsens der normalen Wissenschaft in der ausserordentlichen Wissenschaft auflöst. Der Grund hierfür ist, dass auch in der Normalwissenschaft *der Konsens nicht total ist.* Vielmehr gibt es zwischen den Mitgliedern einer Normalwissenschaft betreibenden Gemeinschaft durchaus wesentliche epistemische Unterschiede. Trotz eines einheitlichen Gebrauchs der zentralen wissenschaftlichen Begriffe können individuelle Unterschiede in den Kriterien bestehen, die zur Identifikation von Referenten und Nichtreferenten dieser Begriffe verwendet werden[71]. Trotz der generellen Übereinstimmung hinsichtlich der wissenschaftlichen Werte sind diese für differierende individuelle Prägungen offen[72]. Trotz der gemeinschaftlichen normalwissenschaftlichen Praxis ist der Grad der inneren Distanz zu den normalwissenschaftlichen Reglementierungen individuell verschieden[73].

Alle diese Unterschiede sind aber während der normalwissenschaftlichen Phase selbst praktisch nicht sichtbar. Sobald aber wesentliche Anomalien auftreten, d.h. unerwartete Situationen, die im Rahmen der bislang erfolgreichen Praxis nicht als bewältigbar erscheinen, treten diese Unterschiede hervor. Verschiedene Kriterien bei der Begriffsverwendung können die aufgetretenen Schwierigkeiten als verschieden verursacht erscheinen lassen[74]; unterschiedliche Wertprägungen können zu unterschiedlichen Einschätzungen konkurrierender Theorien führen; unterschiedliche Identifikationen mit der bislang herrschenden Tradition bedeutet unterschiedliche Bereitschaften, sie zu verlassen. Der Dissens der ausserordentlichen Wissenschaft ist somit das Manifestwerden von Unterschieden, die während der normalen Wissenschaft zwar schon, aber nur latent vorhanden sind.

Wie kommen Krisen nun zu einem Ende, d.h. unter welchen Umständen finden wissenschaftliche Gemeinschaften wieder zu einer konsensuellen, normalwissenschaftlichen Arbeit zurück? Es gibt nur drei Möglichkeiten, wie das geschehen kann[75]. Einmal kann die konzentrierte Arbeit an der Anomalie sie – entgegen den

---

71. Vergleiche Abschnitt 3.6.d.

72. Vergleiche Abschnitt 4.3.c, sowie später die Abschnitte 7.4.b und 7.4.c.

73. Vergleiche Abschnitt 5.5.a.

74. Im Druck a, p.25; im Druck c, pp.21–22.

75. 1961a, ET pp.203–204/S.279f.; SSR, p.84/S.97. – In der 1.Auflage von SSR lässt Kuhn als einzige

Erwartungen mancher Mitglieder der Gemeinschaft – innerhalb der geltenden Reglementierungen zum Verschwinden bringen. Die zweite Möglichkeit, eine Krise zu beenden, ist nicht sonderlich häufig, aber ebenfalls in der Wissenschaftsgeschichte nachweisbar. Sie besteht darin, die Anomalie(n) als solche bestehen zu lassen und zur normalwissenschaftlichen Arbeit zurückzukehren[76]. Diese Möglichkeit besteht offenbar nur, wenn die bekannte(n) Anomalie(n) die normalwissenschaftliche Arbeit an anderen als dem anomalen Problem nicht wesentlich behindern. Die dritte Möglichkeit der Krisenbeendigung besteht in einer Theorie-Revolution, in der diejenige Theorie, die vor der Krise die Normalwissenschaft angeleitet hatte, durch eine mit ihr unverträgliche, neue Theorie ersetzt wird.

Woher kommt diese neue Theorie? In etlichen Fällen war die neue Theorie in ihren Grundzügen schon vor der Krise erfunden worden, hatte aber keine oder nur geringe Beachtung gefunden[77]. Erst eine Krise, die zeigt, dass mit der etablierten Theorie etwas grundsätzlich nicht in Ordnung ist, lässt das Interesse an solchen Alternativen erwachen. In den übrigen Fällen wird die neue Theorie während der Krise, als ein möglicher Ausweg aus ihr, erfunden[78], was die wesentlich „schöpferische Funktion" von Krisen belegt[79]. Häufig sind die Innovatoren Leute, die in dem entsprechenden Gebiet neu sind, sei es aufgrund ihrer Jugend oder sei es aufgrund eines Wechsels ihres Arbeitsgebiets[80]. Solche Leute sind im Allgemeinen eher dazu bereit neue Wege zu beschreiten als Wissenschaftler, die ihre berufliche Reputation durch Leistungen erworben haben, die im Rahmen der alten Theorie erbracht wurden.

Doch ist der Vorgang der Theorien-Ersetzung aus verschiedenen Gründen nicht unproblematisch.

7.4. Theorienvergleich und Theoriewahl

Zunächst wird diskutiert, warum die neue Theorie sich in einer Konkurrenz gegen andere Theorien durchsetzen muss (Teilabschnitt 7.4.a). Anschliessend wird gefragt, von welcher Art die Gründe sind, die bei der Theoriewahl eine Rolle spielen (Teilabschnitt 7.4.b). Schliesslich wird Kuhns Angriff auf die Unterscheidung zwischen dem Entdeckungs- und dem Rechtfertigungszusammenhang diskutiert (Teilabschnitt 7.4.c).

Fortsetzung Fussnote 75

    Möglichkeit der Krisenbeendigung die Theorie-Revolution zu (p.84/S.119), was in der 2.Auflage nur als eine von drei Möglichkeiten genannt wird.

76. Die Beispiele, die Kuhn hierfür in 1961a, ET pp.203–204/S.279f. bringt (in SSR werden keine Beispiele genannt), nämlich die Newtonschen theoretischen Werte für die Schallgeschwindigkeit und die Präzession des Perihel des Merkur, verwendet Kuhn in SSR, p.81/S.94f., als Beispiele für Anomalien, die *keine* Krise auslösten, weil sie

    „offenbar keiner der beiden Fälle hinreichend fundamental erschien, um das Unbehagen hervorzurufen, das eine Krise begleitet." (SSR, pp.81–82/S.95)

    Dieses Schwanken in der Einschätzung, ob in den beiden Fällen eine Krise vorlag oder nicht, scheint darauf hinzuweisen, dass nicht nur die beteiligten Wissenschaftler über die Präsenz einer Krise in ihrem Arbeitsgebiet verschiedener Meinung sein können, sondern auch die diese Episode thematisierenden Historiker.

77. SSR, pp.75–76/S.88f., p.86/S.99, p.97/S.109.

78. SSR, p.75/S.87, p.154/S.165.

79. 1970b, p.258/S.250.

80. 1961a, ET p.208 fn.44/S.304f. Fn.43; SSR, p.90/S.103, p.133/S.144, p.144/S.155, p.151/S.162, p.166/S.177.

a) Theorienvergleich statt Theorienfalsifikation

Die Notwendigkeit, sich zwischen (mindestens[81]) zwei verschiedenen Theorien zu entscheiden, und nicht bloss eine einzige Theorie aufgrund ihrer Leistungen zu wählen oder abzulehnen, entsteht nach Kuhn dadurch, dass eine in die Krise gekommene Theorie nicht einfach als falsifiziert gilt[82]. In Kuhns Verständnis würde eine Falsifikation bedeuten, dass die entsprechende Theorie in der wissenschaftlichen Praxis wegen ihrer erwiesenen empirischen Falschheit nicht mehr verwendet wird. Zwar führt die Krise dazu, dass die Wissenschaftler der entsprechenden Gemeinschaft

> „beginnen können, das Vertrauen [in die bislang leitende Theorie] zu verlieren, und dann Alternativen in Betracht zu ziehen"[83].

Aber dies bedeutet nicht, dass fortan ohne die in die Krise geratene Theorie gearbeitet würde, und dass eine neu auftauchende Theorie allein durch die Resultate ihres Vergleich mit der Empirie als Basis einer neuen normalwissenschaftlichen Phase anerkannt würde.

Zunächst einmal, so Kuhn, zeige dies die Wissenschaftsgeschichte:

> „Kein bisher durch das historische Studium der Wissenschaftsentwicklung aufgedeckter Prozess hat irgendwelche Ähnlichkeit mit dem methodologischen Stereotyp der Falsifikation durch direkten Vergleich mit der Natur."[84]

Doch muss man sich hier nicht mit diesem Wissen um historische Fakten begnügen. Vielmehr kann das historische Fehlen jeglicher Theorienfalsifikation (im anfangs genannten Sinn) auf eine Weise erklärt werden, die ihm den Charakter des Unumgänglichen gibt[85]. Kuhn liefert hierfür zwei Argumente.

Das erste Argument beginnt mit einer seinerseits begründungspflichtigen These. Wenn eine Theorie, die einmal Grundlage einer normalwissenschaftlichen Tradition war, in die Krise geraten ist, dann ist es unmöglich, ohne sie in der Phase ausserordentlicher Wissenschaft auszukommen. Ein Wissenschaftler, der sich strikt weigerte, wegen wesentlicher Anomalien einer Theorie diese Theorie weiterzuverwenden, würde aufhören Wissenschaft zu treiben[86]. Dies hat zwei Gründe.

Einmal muss die in die Krise geratene Theorie weiterhin zur Identifikation der Probleme verwendet werden, denen sich die ausserordentliche Forschung zu stellen hat. Der Fundus der von ihr früher einmal gelösten Probleme stellt entscheidende Herausforderungen für mögliche Konkurrenztheorien dar[87]; die wesentlichen Anomalien – der Fokus der ausserordentlichen Forschung – bestehen über-

---

81. Nur der Einfachheit halber werde ich im folgenden von der Situation sprechen, in der die Gemeinschaft zwischen nur zwei Theorien zu wählen hat. Es ist durchaus denkbar, dass die Entscheidung zwischen mehr als zwei Kandidaten zu fallen hat.

82. SSR, p.77/S.90; ähnlich p.145/S.156, p.147/S.158; 1961a, ET p.211/S.285; 1980a, p.189; 1983a, p.684 fn.5. – Dieser Gedanke ist schon bei Conant mit aller Deutlichkeit ausgesprochen:
    „Wir können es als eines der Prinzipien festhalten, die man aus der Wissenschaftsgeschichte lernen kann, dass eine Theorie nur durch eine bessere Theorie umgestürzt wird, niemals bloss durch widersprechende Fakten" (Conant 1947, p.36, ähnlich p.84).

83. SSR, p.77/S.90, übs. mangelhaft.

84. Ebenda.

85. SSR, pp.77–78/S.90f.

86. SSR, pp.78–79/S.91f.

87. Siehe später Abschnitt 7.4.b.

haupt nur relativ zu der in die Krise geratenen Theorie[88]. Eine falsifizierte Theorie in der Krise strikt nicht mehr weiterzuverwenden, hiesse, zu demjenigen Stand der Wissenschaft zurückzukehren, der vor der Etablierung dieser Theorie geherrscht hat, und das geschieht in der ausserordentlichen Wissenschaft nicht[89].

Zum anderen muss eine in die Krise geratenen Theorie wegen ihrer weltkonstitutiven Funktion weiterhin verwendet werden:

> „Sobald ein erstes Paradigma gefunden worden ist, durch das die Natur gesehen wird, gibt es so etwas wie Forschung ohne jegliches Paradigma nicht mehr"[90].

Kuhn scheint hier von der Annahme auszugehen, dass eine durch Ähnlichkeitsrelationen gewonnene Ordnung einer bestimmten Weltregion nicht einfach ersatzlos aufgegeben werden kann[91]. Wohl kann die Krise den Zwang lockern, gerade diese Ordnung zu verwenden, aber auch eine Krise kann nicht zur ersatzlosen Aufgabe dieser Ordnung führen.

Doch impliziert die unumgängliche Weiterverwendung einer in die Krise geratenen Theorie nicht unmittelbar die von Kuhn behauptete Notwendigkeit des Theorienvergleichs. Theoretisch könnte es ja sein, dass die alte Theorie zwar für die Forschungspraxis der ausserordentlichen Wissenschaft unaufgebbar ist, aber ein neuer Theoriekandidat bei seiner Evaluation nicht mit der alten Theorie verglichen würde. Tatsächlich aber muss sich eine neue Theorie, soll sie in der Gemeinschaft allgemeine Anerkennung finden, mit den Leistungen der alten Theorie messen: Sie muss deren Leistungen übertreffen. Dies ist das zweite Argument gegen die Theorienfalsifikation. Dieses Argument bezieht seine argumentative Kraft aus der Eigenart der Gründe, die bei der Theoriewahl einer wissenschaftlichen Gemeinschaft eine Rolle spielen. Auf diese Gründe komme ich im folgenden Teilabschnitt 7.4.b zu sprechen.

Zuvor aber möchte ich den Gegensatz zwischen der Popperschen und der Kuhnschen Position hinsichtlich der Theorienfalsifikation verständlich machen. Kuhn selbst diagnostiziert seine diesbezügliche Differenz zu Popper von der Unterscheidung zwischen normaler und ausserordentlicher Wissenschaft her, die bei Popper nicht getroffen wird[92]. Dies ist ganz richtig, aber seinerseits eine Konsequenz von unterschiedlichen ontologischen Grundannahmen Poppers und Kuhns. Während für Popper absolute, d.h. rein objektseitige Realität grundsätzlich erkennbar ist, ist für Kuhn alle uns zugängliche Realität immer von originär subjektseitigen, prinzipiell variablen Momenten durchsetzt, die auf keine Weise (gedanklich) subtrahierbar sind[93]. In Konsequenz davon besteht für Popper die Aufgabe einer

---

88. Vergleiche Abschnitte 7.1 und 7.3.b.

89. Mit Hegelschen Termini gesagt: Die neue Theorie muss *bestimmte* Negation der alten Theorie sein. Daher kann auf die alte Theorie solange nicht verzichtet werden, bis man die neue Theorie tatsächlich besitzt (vergleiche Hegel, Phänomenologie des Geistes, Werke Bd. 3, S.74).

90. SSR, p.79/S.92, übs. mangelhaft.

91. Diese Annahme lässt sich wohl am leichtesten für die Gestaltwahrnehmung plausibel machen. Wenn man einmal gelernt hat, in einem bestimmten Bereich bestimmte Gestalten zu sehen, wird man nur schwer oder gar nicht zu der Sehweise zurückkehren können, in der diese Gestalten noch nicht sichtbar waren. Dagegen ist es gut vorstellbar, dass man (unter bestimmten Voraussetzungen) in diesem Bereich andere Gestalten zu sehen lernt. Allerdings: diese Plausibilitätsüberlegung sollte nicht das letzte Wort zu der genannten Annahme Kuhns bleiben.

92. SSR, pp.146–147/S.157f.

93. Vergleiche Teil II.

Theorie darin, die rein objektseitige Realität zu erfassen und abzubilden – eine Aufgabe, deren endgültige Lösung wir zwar niemals beanspruchen, deren Lösungsvorschläge wir aber ständig verbessern können. Eine Theorie muss verbessert bzw. verworfen werden, sobald sich Differenzen zur (empirisch erfassten) Realität zeigen. Für Kuhn dagegen kann die Aufgabe einer Theorie nicht in der Abbildung der rein objektseitigen Realität bestehen, da dies gänzlich unmöglich ist. Vielmehr spielt eine Theorie bei der Konstitution dessen mit, was in der jeweiligen Gemeinschaft als Realität und als Erfahrung von Realität gilt. Die Konstitution von Realität, die Weltkonstitution, ist aber beileibe nicht beliebig, da die objektseitig in eine Erscheinungswelt eingehenden Momente eine (für uns nicht inhaltlich bestimmbare) Widerständigkeit aufweisen. Daher kann auch eine Theorie, obwohl sie zugleich mitkonstitutiv für eine bestimmte Erscheinungswelt ist *und* eben dieselbe Erscheinungswelt abbildet, in empirische Schwierigkeiten geraten[94]. Wenn dies der Fall ist, kann diese Theorie nicht einfach aufgegeben werden, denn dies würde die (unmögliche) ersatzlose Aufgabe der durch diese Theorie gewonnenen Ordnung der Erscheinungswelt bedeuten. Vielmehr müssen diejenigen Ähnlichkeitsrelationen, die sich mit der Widerständigkeit des originär Objektseitigen nicht in Einklang bringen lassen, korrigiert bzw. ersetzt werden, und genau dies geschieht in einer wissenschaftlichen Revolution[95].

b) Die Gründe für die Theoriewahl

Bei der Frage, welche Gründe nun für die Theoriewahl eine Rolle spielen, sind drei verschiedene Fragen zu unterscheiden; die Nichtbeachtung dieser Unterschiede hat zu schwerwiegenden Missverständnissen der Kuhnschen Position geführt[96]. Erstens kann nach den Gründen gefragt werden, die für die allerersten Anhänger einer neuen Theorie relevant sind. Zweitens kann gefragt werden, welche Gründe im Laufe der Arbeit an der neuen Theorie produziert werden, die schliesslich immer mehr Mitglieder der Gemeinschaft mit der neuen Theorie arbeiten lässt. Und drittens kann gefragt werden, welche Gründe für den Entscheid einer ganzen wissenschaftlichen Gemeinschaft ausschlaggebend sind. Nach der Behandlung dieser Fragen wird dann in einem vierten Punkt die argumentative Kraft dieser Gründe diskutiert.

1. Welche Gründe leiten die allerersten Anhänger einer neuen Theorie, wenn sie sich dazu entscheiden, diese neue Theorie zu artikulieren und auszuarbeiten? Zu diesen Gründen gehört negativ die Krise der alten Theorie[97]. Doch positiv, insbesondere hinsichtlich ihrer schon unter Beweis gestellten Problemlösekapazität, muss jede neue Theorie der älteren Theorie zunächst völlig unterlegen sein. Es kann sogar sein, dass die neue Theorie im Anfangsstadium ihrer Entwicklung nicht einmal mit den wesentlichen Anomalien fertig wird, die in die Krise der alten Theorie geführt hatten[98]. In dieser Situation kann die individuelle Entscheidung, mit der neuen Theorie zu arbeiten, nur auf der Basis von „Glauben [faith]" getroffen werden. Denn es ist nur eine Sache des Glaubens, dass

---

94. Vergleiche Abschnitt 7.1.

95. Vergleiche Abschnitt 6.2.

96. Auf die Wichtigkeit der Unterscheidung insbesondere zwischen den ersten beiden und der dritten Frage macht Kuhn in SSR auf p.153/S.164 aufmerksam.

97. SSR, p.158/S.168.

98. SSR, p.154/S.165.

> „das neue Paradigma mit den vielen grossen Problemen, denen es gegenübersteht, erfolgreich wird umgehen können, wobei man nur weiss, dass das alte Paradigma bei einigen wenigen von ihnen versagt hat."[99]

Aber

> „die Basis für das Vertrauen in den besonderen Kandidaten muss weder rational noch letztendlich korrekt sein"[100].

Dies ist eine der wenigen Stellen in Kuhns Arbeiten, wo explizit von möglicherweise fehlender Rationalität bei der Theoriewahl die Rede ist. Diese Stelle ist wohl eine der Quellen für den verbreiteten Vorwurf, für Kuhn sei die Theoriewahl und damit die Wissenschaft insgesamt ein irrationales Unternehmen. Kuhn hat diesen Vorwurf verschiedentlich energisch zurückgewiesen[101], und die zitierte Stelle ist in der Tat kein Beleg für die Kuhn unterstellte Ansicht. Denn hier ist ausdrücklich von den Motiven der allerersten Unterstützer der neuen Theorie die Rede – nicht aber von den Gründen, die zur tatsächlichen Entscheidung einer ganzen wissenschaftlichen Gemeinschaft führen; nur diese aber sind für die Beurteilung der Rationalität der Theoriewahl von Belang. In der Tat also können die Gründe, die die ersten Unterstützer einer neuen Theorie zu ihrer Entscheidung bewegen, dubios sein[102]. Doch ob die neue Theorie weitere Anhänger hinzugewinnen und schliesslich die ganze Gemeinschaft überzeugen kann, dies hängt wesentlich davon ab, welche Argumente diese ersten Unterstützer bei der Ausarbeitung der Theorie produzieren können.

Für die Wissenschaftsentwicklung ist allerdings die Arbeit der ersten Unterstützer einer neuen Theorie – was immer ihre Motive sind – von potentiell grosser Bedeutung. Denn auch eine Theorie, die sich später einmal tatsächlich allgemein durchsetzt und Geltung beansprucht, muss ihre ersten Anhänger finden, auch wenn zu Beginn ihr späterer Erfolg noch nicht sichtbar sein sollte.

2. Von den Gründen der ersten Anhänger einer neuen Theorie können – mit einem fliessenden Übergang – die Gründe unterschieden werden, die im Verlauf der ausserordentlichen Wissenschaft von den Anhängern dieser Theorie erarbeitet und vorgebracht werden. Diese Gründe werden mit durch die wissenschaftlichen Werte konstituiert, die einen wesentlichen Bestandteil des Konsenses der Gemeinschaft bilden[103]. Auf ihrer Grundlage werden nämlich die verschiedenen Theoriekandidaten, von denen einer die zukünftige Forschung leiten soll, vergleichend bewertet.

Bewertet werden die Theorien in erster Linie hinsichtlich dessen, wofür man sie überhaupt braucht, nämlich hinsichtlich ihrer Leistungsfähigkeit, möglichst viele Forschungsprobleme möglichst genau zu lösen[104]. Das bedeutet dreierlei. Er-

---

99. SSR, p.158/S.168.

100. SSR, p.158/S.168; siehe auch pp.152–153/S.163f.

101. 1970b, pp.234–235/S.226f., pp.263–264/S.255, p.275/S.266; 1970c, SSR p.175/S.187, p.186/S.197, p.191/S.203, p.199/S.210; 1971a, p.139/S.315, pp.143–146/S.319ff.; 1976b, p.196/S.131; 1977c, ET p.321/S.421f.; 1983d, p.563. – Ich komme auf das Thema ‚Rationalität der Wissenschaft' noch einmal in Abschnitt 7.4.c, Punkt 5 zu sprechen.

102. Siehe auch SSR, p.156/S.166 und p.159/S.169.

103. 1970b, pp.262–263/S.253f.; 1970c, SSR pp.199–200/S.210f.; vergleiche Abschnitt 4.3.c.

104. SSR, p.147/S.158, pp.153–155/S.164ff., pp.169–170/S.180f., p.173/S.184f.; 1970a, ET p.289/S.380, p.290/S.381; 1970c, SSR p.185/S.196, p.205/S.216f.; 1977c, ET p.320/S.421, p.339/S.444; 1980a, pp.190–191; 1983d, pp.563–564.

stens und vor allem soll die zu wählende Theorie mit denjenigen Problemen, die in die Krise geführt haben, fertig werden können. Leistet eine neue Theorie dies mit wesentlich grösserer quantitativer Genauigkeit als ihre ältere Konkurrentin, so ist dies ein Grund, der sehr stark für die neuere Theorie spricht. Zweitens muss eine neue Theorie darüber hinaus auch zumindest einen grossen Teil der von der alten Theorie gelösten Probleme mit vergleichbarer (oder verbesserter) Genauigkeit lösen können. Dabei können sich aber die neuen Lösungswege von den bislang akzeptierten beträchtlich unterscheiden. Drittens spricht es für eine neue Theorie, wenn sie unerwartete Phänomene, d.h. Phänomene, die von der alten Theorie her gesehen unerwartet sind, vorhersagen kann.

Neben dieser Bewertung hinsichtlich der Problemlösungsfähigkeit spielen aber noch andere Werte eine Rolle, die Kuhn als „mehr subjektive und ästhetische Überlegungen"[105] bezeichnet:

> „die neue Theorie wird als ‚ansprechender [neater]‘, als ‚passender [more suitable]‘ oder als ‚einfacher‘ als die alte bezeichnet."[106]

Diese Werte können vor allem deshalb eine Rolle spielen, weil nicht primär die von der neuen Theorie *schon erreichten* Problemlösungen den Ausschlag für eine positive Entscheidung geben[107]. Vielmehr soll die neue Theorie ja die *zukünftige* Forschung auf produktive Weise anleiten. Dass die neue Theorie dazu in der Lage ist, dafür sprechen natürlich *auch* die von ihr schon gelösten Probleme. Aber zusätzlich können die genannten ästhetischen Überlegungen dazu beitragen, die Hoffnung auf die zukünftige Fruchtbarkeit der neuen Theorie zu nähren.

Konkurrierende Theorien werden von verschiedenen Mitgliedern der Gemeinschaft in der Phase der ausserordentlichen Wissenschaft verschieden bewertet – trotz einer gemeinsamen Menge von wissenschaftlichen Werten, von denen diese Entscheidungen geleitet sind[108]. Dies hat vor allem zwei Gründe. Zum einen tritt bei der Beurteilung der Problemlösefähigkeit der konkurrierenden Theorien die Schwierigkeit auf, dass weder der Katalog der zu lösenden Probleme, noch ihre Wichtigkeit, noch die Standards, nach denen sie als gelöst gelten können, völlig unabhängig von den zur Diskussion stehenden Theorien beurteilt werden können[109]. Dementsprechend können Einschätzungen der Problemlösefähigkeit der beiden Theorien variieren, je nachdem, von welcher Theorie man bei dieser Einschätzung ausgeht[110]. Zum anderen gehen in die Bewertungen von Theorien mittels der wissenschaftlichen Werte grundsätzlich immer auch von Individuum zu Individuum variierende Momente ein: die Werte können verschieden interpretiert und mit verschiedenem relativen Gewicht versehen werden[111].

3. Im Laufe der Zeit kann sich nun der Dissens hinsichtlich der Theoriewahl auflösen, weil die Zahl und die Art der Argumente, die für die neue Theorie sprechen, ständig zunimmt. Wie immer ein Mitglied der Gemeinschaft die kommunalen Werte prägt, bei der vergleichenden Theoriebewertung mittels dieser Werte

---

105. SSR, p.156/S.166.

106. SSR, p.155/S.166.

107. SSR, pp.155–158/S.166–169.

108. Vergleiche Abschnitt 4.3.c.

109. Vergleiche Abschnitt 6.3.a, Punkt 1.

110. Ich komme im Abschnitt 7.5.b auf die hierin liegende Zirkularität zurück.

111. Vergleiche Abschnitt 4.3.c.

schneidet dann die neue Theorie besser ab. Auf diese Weise betreiben nach einer gewissen Zeit die meisten, wenn nicht sogar alle Mitglieder der Gemeinschaft nun unter der Anleitung der neuen Reglementierungen normale Wissenschaft. Welches sind nun die Gründe, die für den Entscheid der Gemeinschaft – denn davon lässt sich jetzt sprechen – ausschlaggebend waren?[112]

Zunächst einmal sind für die Entscheidung der Gemeinschaft nicht die ästhetischen Faktoren ausschlaggebend, die bei einer individuellen Entscheidung für eine neue Theorie durchaus mitspielen können, wie im vorangegangenen Punkt gesagt wurde. Kuhn ist hier schon in SSR ganz unzweideutig:

> „Damit soll nicht gesagt sein, dass neue Paradigmen letzten Endes durch irgendeine mystische Ästhetik den Sieg erringen. Im Gegenteil: sehr wenige Wissenschaftler verlassen eine Tradition nur aus diesen Gründen."[113]

Vielmehr sind es die oben genannten auf die Problemlösungsfähigkeit der neuen Theorie bezogenen Argumente, die den Ausschlag geben[114]. Nur wenn die neue Theorie mit zumindest einigen der wesentlichen Anomalien fertig werden kann, die in die Krise geführt haben, und nur wenn gleichzeitig ein grosser Teil der von der alten Theorie auf ihre Weise gelösten Probleme durch sie ebenfalls gelöst werden kann, nur dann kann sich die neue Theorie in der ganzen Gemeinschaft durchsetzen.

Die Argumente für die Problemlösungsfähigkeit der neuen Theorie basieren aber auf den in der entsprechenden Gemeinschaft geltenden Werten. Zwar gibt jedes einzelne Mitglied der Gemeinschaft diesen Werten seine individuelle Prägung, wie vorhin gesagt, und die individuell wirksamen Gründe für die Wahl sind daher nicht ganz einheitlich. Aber wenn sich tatsächlich (mehr oder weniger) alle Mitglieder der Gemeinschaft trotz der unterschiedlichen individuellen Prägung der Werte am Ende tatsächlich gleich entscheiden, dann bilden die kommunalen Werte die Gründe für die Entscheidung der Gemeinschaft.

4. Selbst wenn es nun so ist, dass sich (mehr oder weniger) die gesamte Gemeinschaft für die neue Theorie entscheidet, so ist auf der individuellen Ebene diese Entscheidung dennoch nicht nach der Art mathematischer Beweise strikte begründbar[115]. Ein strikter Beweis für eine bestimmte Aussage ist nur möglich, wenn eine hinreichende Zahl von Prämissen und Schlussregeln zur Verfügung stehen, so dass die in Frage stehende Aussage mittels der Schlussregeln aus den Prämissen deduziert werden kann. Was entspricht dem bei der vergleichenden Theoriewahl? Hier fungieren vor allem die bereits durchgeführten Theorieanwendungen als Prämissen; zur Konklusion, nämlich der Bevorzugung der einen Theorie vor der anderen, führen die wissenschaftlichen Werte. Betrachten wir Prämissen und Schluss‚regeln' des Theorienvergleichs etwas genauer.

Trotz der Inkommensurabilität der beiden Theorien können manche empirischen Anwendungen der beiden Theorien ziemlich unproblematisch miteinander verglichen werden, nämlich die, in denen die inkommensurablen Begriffe nicht

---

112. Vergleiche Abschnitt 4.3.c.

113. SSR, p.158/S.169; auch zustimmend zitiert in 1970b, p.261/S.253.

114. SSR, pp.169–170/S.180ff.; 1970a, ET p.289/S.380, p.290/S.381; 1970c, SSR p.205/S.216f.

115. SSR, p.94/S.106f., p.148/S.159, p.150/S.161, p.151/S.162, p.152/S.163, p.155/S.166, p.158/S.169;
    1970a, ET p.280/S.371; 1970b, p.234/S.226, pp.260–261/S.252f., p.266/S.257; 1970c, SSR pp.198–
    199/S.210f.; 1971a, pp.144–145/S.320; 1977c, ET p.320/S.421; 1979b, p.416.

vorkommen[116]. Diese Theorieanwendungen bilden von beiden Parteien geteilte Prämissen; etwa, dass die Theorie T_1 für eine Grösse E den Wert e_1 voraussagt und T_2 den Wert e_2 (oder etwa keine Vorhersage machen kann). Solche Aussagen bilden unproblematische Prämissen für die vergleichende Theorienbewertung: schätzen die beiden Parteien in gleicher Weise quantitative Genauigkeit und ist etwa e_2 der empirisch genauere Wert, so sind sich beide Parteien darin einig, dass dies für T_2 spricht. Doch gibt es auch Probleme, die sich etwa in T_2 gar nicht stellen, deren Lösung durch T_1 deshalb vom Standpunkt von T_2 aus gänzlich uninteressant ist. Ausserdem gibt es wegen der Inkommensurabilität Anwendungen etwa von T_1, die im Vokabular von T_2 nicht genau artikulierbar sind. Solche Aussagen sind nun für den, der die Theorie T_2 verteidigen will, keine relevanten Prämissen der Theoriebewertung, während sie dies für einen Verteidiger von T_1 durchaus sind. Die Menge der vom Verteidiger von T_1 als Prämissen für die Theoriebewertung benutzten Aussagen deckt sich also nicht mit der entsprechenden Prämissenmenge, die der Verteidiger von T^2 benutzt. Es besteht also keine Einigkeit hinsichtlich der für die Theorienbewertung zu benutzenden Prämissen.

Aber auch die Schluss‚regeln' der vergleichenden Theorienbewertung unterscheiden sich wesentlich von denen der Mathematik oder Logik, weil sie keine absolut zwingenden Schlüsse gestatten. Vielmehr können ja verschiedene Individuen trotz gemeinsamer Prämissen in der konkreten Theoriebewertung differieren, weil sie zu den gemeinsamen Werten verschiedene individuelle Prägungen beisteuern.

Wenn Kuhn die Unähnlichkeit der vergleichenden Theoriebewertung mit dem strikten Beweisen so ausdrückt, dass die Theoriewahl

> „niemals durch Logik und Experiment allein eindeutig entschieden werden kann"[117],

so ist damit natürlich keineswegs gemeint, Logik und Empirie seien für die Theoriewahl irrelevant[118]. Selbstverständlich spielen Logik und Empirie hier eine wesentliche Rolle, nur eben nicht als Instanzen, die die Entscheidung strikt determinieren.

Ein Anhänger der alten Theorie kann demnach, ohne dass eine strikte Widerlegung möglich ist,

> „die Zuversicht [haben], dass das ältere Paradigma letztlich alle einschlägigen Probleme lösen wird"[119].

Dieser Widerstand gegen theoretische Innovation – aus der Wissenschaftsgeschichte wohlbekannt[120] – kann daher nicht ausschliesslich als Wirkung menschlicher Unzulänglichkeit interpretiert werden[121]. Vielmehr macht eben dasselbe Vertrauen in die jeweils geltende Theorie zum einen die normale Wissenschaft möglich, und damit ihre Gründlichkeit, Tiefe und Genauigkeit, zusammen mit ihrem

---

116. Vergleiche Abschnitt 6.3.d.

117. SSR, p.94/S.106f.; ähnlich 1970a, ET p.292/S.383; 1970b, p.234/S.226; 1971a, p.144/S.320.

118. 1970b, p.234/S.226, p.261/S.252f.; auch 1970a, ET p.267/S.357f.

119. SSR, p.151/S.162, übs. mangelhaft.

120. SSR, pp.150–151/S.161f.; 1963a, p.348; 1974a, ET p.304 fn.14/S.419 Fn.14; 1981, p.16/S.24.

121. SSR, pp.64–65/S.77f., pp.151–152/S.162f.

eindeutig identifizierbaren Fortschritt[122]. Zum anderen führt das Festhalten an der alten Theorie dazu, dass alle ihre Möglichkeiten überprüft werden und sie tatsächlich nur dann aufgegeben wird, wenn sie wirklich mit den aufgetretenen Anomalien schlechter umgehen kann als die entsprechenden Konkurrenztheorien.

Diese Interpretation des Widerstands gegen wissenschaftliche Innovation soll aber nicht implizieren, dass das Festhalten an der alten Theorie genauso vernünftig ist wie die Wahl einer neuen Theorie. Die Menge der für die neue Theorie sprechenden empirischen Argumente kann so erdrückend werden, dass das Festhalten an der alten Theorie nur als „halsstarrig [stubborn]", „stur [pigheaded]" und „unvernünftig [unreasonable]" bezeichnet werden kann[123]. Aber weil die Argumente für die neue Theorie mehr oder weniger kontinuierlich an Stärke gewinnen, ohne je absolut zwingend zu werden, deshalb lässt sich auch kein Zeitpunkt angeben,

> „an dem der Widerstand gegen die neue Theorie unlogisch oder wissenschaftlich illegitim wird"[124].

Auch die Revolutionen, bei denen eine Theorie durch eine neuartige ersetzt wird, sind demnach – wie die unerwarteten Entdeckungen – keine punktuellen Ereignisse, bei denen eine wissenschaftliche Gemeinschaft mit einem Schlag von der einen Theorie zur anderen wechselte:

> „Was [in einer Revolution] geschieht, ist weniger eine einzige Gruppenkonversion als eine zunehmende Verschiebung in der Verteilung der professionellen Bindungen."[125]

c) Entdeckungszusammenhang und Rechtfertigungszusammenhang

Kuhns Analyse der Gründe für die Theoriewahl steht anscheinend in schroffem Gegensatz zu den Implikationen, die in einer für die vor-Kuhnsche Wissenschaftstheorie fundamentalen Unterscheidung enthalten sind: der Unterscheidung von Entdeckungs- und Rechtfertigungszusammenhang (context of discovery und context of justification)[126]. Gemäss der Kontext-Unterscheidung, wie ich sie nennen werde, sind zwar subjektive Faktoren der verschiedensten Art für die Wissenschaftsentwicklung relevant, aber nur hinsichtlich faktischer Entdeckungsumstände. Für Fragen der Rechtfertigung wissenschaftlichen Wissens sind dagegen nur

---

122. Vergleiche Abschnitt 5.6.

123. SSR, p.152/S.162, p.159/S.169; 1970c, SSR p.204/S.215.

124. Das volle Zitat lautet:
> „Obwohl der Historiker [bei einer Revolution] immer Leute finden kann – Priestley zum Beispiel –, die in der Dauer ihres Widerstandes [gegen die neue Theorie] unvernünftig waren [who were unreasonable to resist for as long as they did], wird er keinen Punkt finden, an dem der Widerstand unlogisch oder unwissenschaftlich wird" (SSR, p.159/S.169, auch zustimmend zitiert in 1970b, p.260/S.252 und 1977c, ET p.320/S.421; ähnlich 1971a, p.145/S.320).

An diesem Zitat lässt sich exemplarisch demonstrieren, wie unglaublich nachlässig Kuhn vielfach gelesen wird. So schreibt Laudan in seinem 1984, pp.72–73 (meine Hervorhbg.):
> „Kuhn behauptete, dass es für Priestley *vollkommen vernünftig* war [perfectly reasonable], an der Phlogiston-Theorie festzuhalten".

Vergleiche Hoyningen-Huene 1985.

125. SSR, p.158/S.169. – Auf den Begriff der Konversion komme ich in Abschnitt 7.5.e zu sprechen.

126. Für eine Analyse der Unterscheidung siehe Hoyningen-Huene 1987b und 1987a.

strikt intersubjektive Mittel wie induktive oder deduktive Logik und bestimmte intersubjektive ‚elementare Beobachtungssätze' legitim.

Schon in SSR ist sich Kuhn im Klaren darüber, dass seine Theorie mit der gängigen Kontext-Unterscheidung nicht verträglich ist[127]. Seine explizite und implizite Kritik an ihr ist aber auf entschiedene Gegenkritik gestossen[128]. Später erneuert und vertieft Kuhn seine Angriffe auf die Kontext-Unterscheidung, wobei er die Gegenkritik zu entkräften versucht[129]. Kuhns Kritik an der Kontext-Unterscheidung kann als ein vierstufiger Angriff rekonstruiert werden.

1. In SSR beginnt Kuhn seinen Angriff auf die Kontext-Unterscheidung mit der Feststellung, dass seine Versuche, sie

> „sogar nur grosso modo auf konkrete historische Situationen anzuwenden, in denen Wissen gewonnen, akzeptiert und assimiliert wird, [die Kontext-Unterscheidung] ausserordentlich problematisch erscheinen liessen."[130]

Gemeint ist, dass die Kontext-Unterscheidung nicht mit „Beobachtungen des wissenschaftlichen Lebens übereinstimmt"[131]: tatsächlich würden sich Wissenschaftler in der Theoriewahlsituation eben auf der Basis von individuell geprägten, kommunalen wissenschaftlichen Werten entscheiden[132]. Infolgedessen spielen individuell variierende Faktoren auch bei der (komparativen) Rechtfertigung von Theorien eine Rolle und nicht nur bei den faktischen Entdeckungsumständen, entgegen der Unterstellung der Kontext-Unterscheidung.

Doch kann diese Stufe von Kuhns Angriff auf die Kontext-Unterscheidung noch als das eigentliche Thema verfehlend abgetan werden. Wohl mag es sein, dass sich Wissenschaftler in der Theoriewahlsituation tatsächlich so entscheiden, wie Kuhn es beschreibt, aber dies sei für die Geltung der Kontext-Unterscheidung irrelevant[133]. Denn beim Kontext der Rechtfertigung gehe es darum, ob Entscheidungen *gerechtfertigt* seien. Diese Frage aber kann durch den Bezug auf die Wissenschaftsgeschichte, durch die Beschreibung faktischer Entscheidungsprozesse nicht beantwortet werden.

Allerdings: selbst wenn man die Berechtigung dieses Arguments zugibt, sollte es doch zu denken geben, wenn in der faktischen Wissenschaft nicht so vorgegangen wird wie es der philosophischen Reflexion vernünftig scheint. So stellt denn Kuhn auch am Ende der Einleitung von SSR die rhetorische Frage:

> „Wie wäre es möglich, dass die Geschichte der Wissenschaft nicht eine Quelle von Phänomenen ist, von denen mit Recht erwartet werden kann, dass Theorien über das Wissen auf sie anwendbar sind?"[134]

2. In einer zweiten Stufe seines Angriffs auf die Kontext-Unterscheidung unterstellt Kuhn, dass man ihm die tatsächliche Präsenz individuell variierender Fak-

---

127. SSR, pp.8–9/S.23f.

128. Siehe besonders Scheffler 1967, chpt.4; ferner Watanabe 1975, p.126.

129. 1977c, ET pp.325–330/S.427–432.

130. SSR, p.9/S.23.

131. 1977c, ET p.327/S.429.

132. Vergleiche Abschnitt 7.4.b.

133. So etwa Siegel in seinen 1980, pp.369–372 und 1980a, pp.309–313. Zur Kritik an Siegels Darstellung siehe Hoyningen-Huene 1987b, section IV(d).

134. SSR, p.9/S.24.

toren in der Theoriewahlsituation zugesteht. Unter diesen Umständen lässt sich fragen,

> „ob die Berufung auf die Unterscheidung zwischen dem Entdeckungs- und dem Rechtfertigungszusammenhang auch nur eine plausible und nützliche Idealisierung liefert."[135]

Eine „plausible und nützliche Idealisierung" wäre die Kontext-Unterscheidung, wenn es sich bei den individuell variierenden Faktoren in der Theoriewahl um „eliminierbare Unvollkommenheiten"[136] handelte. Kuhn bestreitet das, und für ihn sind die hauptsächlichen Quellen dieser in seinen Augen irrigen Überzeugung die folgenden[137].

Einmal gebe es die Unzulänglichkeiten der älteren wissenschaftsinternen Historiographie. Erstens seien die Beispiele, die gewöhnlich die strikte Intersubjektivität der Gründe für die Theoriewahl demonstrieren sollen – beispielsweise die ‚experimenta crucis' – meist historisch nicht angemessen dargestellt. Die tatsächlich historisch wirksamen Argumente seien dagegen mit von individuellen Faktoren geprägt gewesen. Zweitens würden die Argumente, die in den historischen Situationen für die am Ende unterlegene Theorie sprachen, bei der späteren Darstellung dieser Beispiele meist unter den Tisch fallen. Dadurch werde die tatsächliche Theoriewahlsituation unrealistisch vereinfacht.

Darüber hinaus könne es noch einen weiteren, subtileren Grund für die verfehlte Annahme geben, die Kriterien für die Theoriewahl seien eigentlich strikt intersubjektiv. Festzuhalten ist zunächst die Tatsache, dass viele Theoriewahlkontroversen schliesslich doch ein einheitliches Resultat haben. Doch aus der Intersubjektivität des Resultats dürfe man nicht auf die Intersubjektivität der *Gründe* für diese Theoriewahl schliessen. Die von (mehr oder weniger) allen Mitgliedern der Gemeinschaft gleich getroffene Wahl ist durchaus mit einer Verschiedenheit der dabei ausschlaggebenden Gründe verträglich[139].

Aufgrund dieser Einflüsse also könne man sich plausibel machen, warum die Kontext-Unterscheidung von Kuhns Kritikern zwar nicht als eine im Wissenschaftsbetrieb striktestens befolgte Norm angesehen würde, aber doch als eine idealisierte Beschreibung wissenschaftlichen Verhaltens. Infolgedessen seien die individuell variierenden Faktoren bei der Theoriewahl wissenschaftsphilosophisch unbeachtet geblieben.

3. Kuhn ist sich aber durchaus im Klaren darüber, dass weder die Konstatierung der Präsenz von subjektiven Faktoren bei der Theoriewahl (Punkt 1) noch eine genetische Erklärung ihrer geringen wissenschaftsphilosophischen Beachtung (Punkt 2) für Annahme oder Ablehnung der Kontext-Unterscheidung ausreichend sind. Es kommt vielmehr auf eine *begründete Beurteilung* der Präsenz individuell variierender Faktoren bei der Theoriewahl an. Die Frage ist also, ob

> „diese Tatsachen des wissenschaftlichen Lebens philosophische Bedeutung haben"[140],

---

135. 1977c, ET p.327/S.429, Hervorhbg. von mir.

136. 1977c, p.330/S.433.

137. 1977c, pp.327–329/S.429–432.

138. Vergleiche Abschnitt 1.2.a.

139. Vergleiche Abschnitt 7.4.b, Punkt 3.

140. 1977c, ET p.325/S.427, Hervorhbg. von mir, ähnlich pp.326–327/S.428f.

ob diese Faktoren

> „ein Hinweis ausschliesslich auf menschliche Schwäche [sind], und überhaupt
> nicht auf *die Natur des wissenschaftlichen Wissens?*"[141]

„Philosophische Bedeutung" hätten diese Faktoren eben gerade, wenn es sich
nicht um im Prinzip eliminierbare Unvollkommenheiten handelte, sondern um etwas, was dem wissenschaftlichen Wissen wesentlich wäre. Es geht also um eine
Bewertung der individuell variierenden Faktoren bei der Theoriewahl: um die Frage, ob die genannten Faktoren bei der Theoriewahl mitspielen *dürfen* oder sogar
sollen – oder eben nicht. Kuhns Antwort hierzu wird positiv sein[142].

Doch vom Standpunkt der Kontext-Unterscheidung aus scheint schon diese
Frage massive Verwirrung anzuzeigen, und Kuhn ist sich in SSR bewusst, dass dies
der Eindruck mancher Leser sein wird[143]. Denn gemäss der Kontext-
Unterscheidung können im Rechtfertigungszusammenhang gerade nur strikt intersubjektive Mittel zur Anwendung kommen – eben weil es sich um die *Rechtfertigung* (oder die kritische Prüfung) von Wissen *mit intersubjektivem Anspruch* handelt. Wer die Frage so stellt wie oben, der scheint nicht verstanden zu haben, wo-
rum es bei einer Rechtfertigung von Wissensansprüchen eigentlich geht. Tatsächlich hat denn auch die Kuhnsche Kritik (und die anderer Autoren) an der Kontext-Unterscheidung bei Manchen Kopfschütteln ausgelöst. Herbert Feigl beispielsweise

> „war überrascht, dass so brilliante und kenntnisreiche Gelehrte wie N.R. Han-
> son, Thomas Kuhn, Michael Polanyi, Paul Feyerabend, Sigmund Koch und
> andere die Unterscheidung als ungültig oder zumindest als irreführend anse-
> hen."[144]

Kuhn muss also zunächst einmal die entgegenstehenden Implikationen der
Kontext-Unterscheidung neutralisieren, damit er die Frage nach Legitimität oder Illegitimität individuell variierender Faktoren bei der Theoriewahl überhaupt ernsthaft stellen kann. Seine Strategie hierfür ist, die Kontext-Unterscheidung *als philosophisch nicht neutral* und damit *als einer Überprüfung bedürftig* darzustellen.
So sagt er über die Kontext-Unterscheidung (und ähnliche Unterscheidungen):

> „Anstatt elementare logische oder methodologische Unterscheidungen zu
> sein, die daher einer Analyse des wissenschaftlichen Wissen vorgängig wä-
> ren, erscheinen sie jetzt als integrale Teile einer traditionellen Menge inhaltli-
> cher Antworten gerade auf diejenigen Fragen, auf die sie angewendet wer-
> den."[145]

Das soll besagen: Die Kontext-Unterscheidung differenziert nicht erst verschiedenen Perspektiven, in denen man sinnvollerweise Fragen an das wissenschaftliche
Wissen stellen kann, sondern sie ist bereits Teil einer ganz bestimmten Theorie
über das Wissen. Die Unterscheidung ermöglicht somit nicht Erkenntnis- und Wissenschaftstheorie, sondern sie ist *Teil einer bestimmten erkenntnis- und wissenschaftstheoretischen Position*. Diese Position und mit ihr die Kontext-Unterschei-

---

141. 1977c, ET p.326/S.427, Hervorhbg. von mir.

142. Siehe Punkt 4 dieses Abschnitts.

143. SSR, p.9/S.23.

144. Feigl 1974, p.2.

145. SSR, p.9/S.23 übs. mangelhaft.

dung müsse nun den gleichen strengen Prüfungen unterworfen werden wie Theorien anderer Gebieten auch[146].

Kuhn führt dieses Programm in SSR oder seinen späteren Schriften nicht explizit durch. Worauf er zielt, scheint Folgendes zu sein.

In ihrer in der analytischen Philosophie gängigen Form geht die Kontext-Unterscheidung auf Popper und Reichenbach zurück[147]. Tatsächlich aber handelt es sich hierbei nicht um eine philosophisch neutrale Unterscheidung verschiedener Perspektiven, die man dem Wissen gegenüber einnehmen kann: Die Kontext-Unterscheidung ist in Wahrheit eine Vermengung (oder Identifikation) von mindestens vier verschiedenen Unterscheidungen[148]. Für uns ist die der Kontext-Unterscheidung implizite Identifikation der *Unterscheidung zwischen dem Faktischen und dem Normativen* mit der *Unterscheidung zwischen dem Empirischen und dem Logischen* relevant.

Mit dem Unterschied des Faktischen und des Normativen ist hier der Unterschied zwischen zwei verschiedenen Perspektiven gemeint, die man (in den Metawissenschaften) hinsichtlich Wissensansprüchen einnehmen kann. Zum einen kann man Wissensansprüche hinsichtlich ihrer Genese und ihrer Begleitumstände beschreiben; zum anderen kann man Wissensansprüche hinsichtlich ihrer Berechtigung evaluieren.

Zweierlei ist hier sogleich anzumerken. Erstens ist mit dieser Unterscheidung nicht impliziert, dass das Faktische vom Normativen schlechthin getrennt wäre. Beispielsweise gehört zur Einhaltung der faktischen Perspektive die Befolgung bestimmter Normen, etwa der Normen, die genaue Beschreibungen leiten; die faktische Perspektive kann selbst auf bestimmte Normen gerichtet sein, etwa auf ihre Darstellung. Aber das Befolgen oder das Beschreiben von Normen ist dennoch etwas anderes als ihre Evaluation. Zweitens ist mit der Unterscheidung zwischen faktischer und normativer Perspektive noch überhaupt nicht festgelegt, welche die angemessenen Mittel für die Beschreibung oder die Evaluation von Wissensansprüchen sind. Mit der Unterscheidung ist nur behauptet, dass man dem Wissen gegenüber diese beiden Perspektiven einnehmen kann; insbesondere ist völlig offen, worin Geltungsansprüche von Wissen genau bestehen und mittels welcher Kriterien sie evaluiert werden können.

In der gängigen Kontext-Unterscheidung wird nun die Unterscheidung zwischen dem Faktischen und dem Normativen mit der Unterscheidung zwischen dem Empirischen und dem Logischen identifiziert. Dies ist der Fall, weil gemäss der Kontext-Unterscheidung für die Evaluation theoretischer Wissensansprüche nur formallogische Methoden (mit ‚elementaren Beobachtungssätzen‘ irgend einer Art als Prämissen), und für die Erhebung von Fakten nur empirische Mittel in Frage kommen. Damit aber ist man mit der gängigen Kontext-Unterscheidung auf eine bestimmte Grundposition hinsichtlich der angemessenen Mittel für die Beschreibung und insbesondere die Evaluation theoretischer Wissensansprüche festgelegt. Es ist dies die Grundposition, die den beiden einflussreichsten vor-Kuhnschen wissenschaftsphilosophischen Positionen gemein ist: dem logischen Empirismus und dem kritischen Rationalismus[149].

---

146. Ebenda.

147. Popper 1934, Kap.1, Abschnitt 2; Reichenbach 1938, pp.6–7.

148. Siehe für das Folgende Hoyningen-Huene 1987b und 1987a.

149. Dass es sich hierbei keineswegs um eine selbstverständliche Grundposition handelt, zeigen die in

Kuhns Angriff auf die Kontext-Unterscheidung besteht nun in einem Angriff gerade auf diese Grundposition. Denn Kuhn behauptet, dass in der Theoriewahlsituation formale Methoden grundsätzlich nicht ausreichend sind, sondern *individuell geprägte* kommunale Werte mitspielen *sollen* (was sie auch tatsächlich tun). Was Kuhn dagegen nicht angreift, ist der Unterschied zwischen dem Faktischen und dem Normativem als einem (anscheinend philosophisch neutralen) Unterschied zweier Perspektiven, die Wissensansprüchen gegenüber möglich sind. Sein Angriff kann also nicht mit dem Hinweis, dass er die Kontext-Unterscheidung verletze, *abgewehrt* werden: denn die anscheinend philosophisch neutrale Unterscheidung zwischen dem Faktischen und dem Normativen greift auch Kuhn nicht an, und die Identifikation dieser Unterscheidung mit der zwischen dem Empirischen und dem Logischen ist gerade der Gegenstand des Streits.

Das Ergebnis dieses Punktes ist demnach: Das Kuhnsche Projekt einer Rechtfertigung individueller Faktoren bei der Theoriewahl ist nicht selbstwidersprüchlich und verwirrt, wie es aus der Optik der Kontext-Unterscheidung erscheint. Vielmehr versucht Kuhn eine These zu formulieren und zu begründen, die zu einer der Kontext-Unterscheidung impliziten Theorie über die legitimen Mittel der Rechtfertigung von Wissensansprüchen im Widerspruch steht. Ob die Kuhnsche These oder die der Kontext-Unterscheidung implizite Theorie richtig ist, muss argumentativ entschieden werden. Wie begründet Kuhn also seinen normativen Anspruch, dass individuell variierende Faktoren bei der Theoriewahl nicht nur faktisch mitspielen, sondern dass sie dies auch *sollen?*

4. Grundsätzlich ergeben sich in Kuhns Wissenschaftsphilosophie normative Konsequenzen mithilfe der folgenden Argumentationsfigur:

> „Wissenschaftler verhalten sich so-und-so; diese Art des Verhaltens hat die folgenden wesentlichen Funktionen (hier kommt die Theorie herein); gibt es keine alternative Verhaltensweise, *die ähnliche Funktionen erfüllt,* dann sollten sich Wissenschaftler im wesentlichen so verhalten wie sie es tun, wenn es ihr Ziel ist, das wissenschaftliche Wissen zu verbessern."[150]

Will man diese Argumentationsfigur auf unseren Fall anwenden, so ist nach den wesentlichen Funktionen der individuell variierenden Faktoren bei der Theoriewahl zu fragen[151]. Nach Kuhn ist es ihre Funktion,

> „das Risiko, das mit der Einführung oder Unterstützung des Neuen immer verbunden ist, zu verteilen"[152],

und auf diese Weise

> „den langfristigen Erfolg des Unternehmens zu sichern"[153];

in dieser Funktion erscheinen sie als „unentbehrlich"[154]. Gäbe es die individuell

---

Fortsetzung Fussnote 149
    der Philosophiegeschichte aufgetretenen Alternativen: beispielsweise Kants transzendentale Logik oder Hegels Wissenschaft der Logik.

150. 1970b, p.237/S.229, Hervorhbg. im Original; ähnlich 1970c, SSR pp.207–208/S.219.

151. Vergleiche Abschnitt 4.3.c.

152. 1977c, ET p.332/S.436; ähnlich 1970b, p.241/S.233, pp.248–249/S.240, p.262/S.254; 1970c, SSR p.186/S.198.

153. 1970c, SSR p.186/S.198.

154. 1977c, ET p.332/S.436.

variierenden Faktoren nicht, mit denen die kommunalen Werte ergänzt werden, sondern statt dessen bindende Algorithmen für die Theoriewahl, so würden sich alle Wissenschaftler in der Theoriewahlsituation zwangsläufig gleich entscheiden. Eine Theorienkonkurrenz wäre ausgeschlossen, und es könnte auch keine wissenschaftlichen Kontroversen geben, die als Kontroversen zwischen vernünftigen Menschen zu verstehen wären. Die wissenschaftlichen Gemeinschaften würden sich einheitlich für eine neue bzw. die alte Theorie entscheiden, und sie wären damit ständig in der Gefahr, das Potential der alten bzw. der neuen Theorie nicht ausreichend entwickelt zu haben.

Kuhn evaluiert also die Präsenz individuell variierender Faktoren bei der Theoriewahl, indem er die Konsequenzen ihrer Präsenz mit denen ihrer Absenz, speziell einer Determination der Theoriewahl durch Algorithmen, vergleicht. Bezogen auf eine übergeordnete Norm, nämlich die Weiterentwicklung des wissenschaftlichen Wissens, ist die Forderung nach der Präsenz individuell variierender Faktoren bei der Theoriewahl die bessere (wenn sie nicht sogar unumgänglich ist), so das Ergebnis der Evaluation.

5. Kann damit der Kuhnsche Angriff auf die Kontext-Unterscheidung als überzeugend angesehen werden? Ich glaube, dass bestimmte Verteidiger der Unterscheidung sich von Kuhns Argumenten nicht überzeugen lassen werden. Es mag ja aus pragmatischen Gründen durchaus so sein, so könnte eingewandt werden, dass sich die Wissenschaftler in der Theoriewahlsituation so verhalten sollen wie sie es tatsächlich tun, und die Gründe hierfür habe Kuhn überzeugend dargelegt. Aber es bestehe eben ein Unterschied zwischen der Begründung von Normen für *pragmatisch sinnvolles Verhalten* einerseits und einer *Rechtfertigung oder kritischen Prüfung von Wahrheitsansprüchen* andererseits. Hinsichtlich letzterem aber sei nach wie vor nicht einzusehen, warum und wie hier individuell variierende Faktoren eine Rolle spielen können oder gar sollen: denn Wahrheitsansprüche sind grundsätzlich Ansprüche auf *Inter*subjektivität. Gerade deshalb sei eben auch – zu Recht – in der Kontext-Unterscheidung das Logische mit dem Normativen identifiziert.

Dieser Einwand basiert offenbar auf einem anderen Verständnis von ‚Rechtfertigung' als dem, das Kuhn leitet. Bei Kuhn ist eine Art von Rechtfertigungen im Blick, wie sie von empirischen Wissenschaftlern (nach Kuhn zu Recht) für ihre Entscheidungen bei der Theoriewahl vorgebracht werden: bessere Übereinstimmung mit den Fakten, Fertigwerden mit Anomalien, grössere Konsistenz etc. Beim genannten Einwand dagegen ist ein Verständnis von ‚Rechtfertigung' im Spiel, wie es vor allem für Mathematik und Logik angemessen ist: der Ausweis von Wahrheitsansprüchen auf apodiktische Weise, also mittels Beweisen aus geteilten Prämissen und unkontroversen Schlussregeln. Diese Art der Rechtfertigung ist aber für eine Theoriewahl in den empirischen Wissenschaften nicht möglich[155]. Mit diesem Verständnis von ‚Rechtfertigung' danach zu fragen, ob die Theoriewahl einer Gemeinschaft in einer bestimmte historischen Situation auch eine gerechtfertigte war, bedeutet dann aber, eine falsche Frage zu stellen. Denn so gefragt wären Theoriewahlen niemals gerechtfertigt, und damit wäre die Wissenschaft insgesamt ein willkürliches Unternehmen ohne innere Rationalität. Kuhn ist aber weit davon entfernt, die Wissenschaften für ein irrationales Unternehmen zu halten – ganz im Gegenteil:

---

155. Vergleiche Abschnitt 7.4.b, Punkt 4.

„Ich glaube keinen Augenblick, dass die Wissenschaft ein intrinsisch irrationales Unternehmen ist. [...] [D]iese Behauptung halte ich aber nicht für eine Tatsachenaussage, sondern für eine prinzipielle Feststellung. Wissenschaftliches Verhalten, als ein Ganzes genommen, ist das beste Beispiel für Rationalität, das wir haben."[156]

Wenn also bei einer bestimmten Betrachtungsweise, z.B. hier mit der Unterstellung eines bestimmten Rechtfertigungsbegriffs, die Wissenschaft also irrational erscheint, dann ist dies lediglich ein Indiz dafür, dass an dieser Betrachtungsweise etwas nicht in Ordnung ist[157].

7.5. Der Theoriewahldiskurs

Die Eigenart der Gründe, die bei der Theoriewahl eine Rolle spielen, und die Inkommensurabilität der zur Diskussion stehenden Theorien prägen nun auf eine ganz spezielle Weise die Art des Diskurses, den die Vertreter konkurrierender Theorien miteinander führen können. Zu nennen ist hier sein persuasive Charakter (Teilabschnitt 7.5.a), eine gewisse Zirkularität der Argumentation (Teilabschnitt 7.5.b), der partielle Charakter der Kommunikation (Teilabschnitt 7.5.c), die Notwendigkeit von Übersetzung (Teilabschnitt 7.5.d), und schliesslich die Tatsache, dass es sich bei der Theoriewahl nicht eigentlich um eine Wahl, sondern um eine Konversion handelt (Teilabschnitt 7.5.e).

a) Persuasion

Bei der Diskussion der Frage, wie Wissenschaftler dazu gebracht würden, sich einer neuen Theorie anzuschliessen, spricht Kuhn in SSR von „Techniken der persuasiven Argumentation" oder einfach von „Techniken der Persuasion", die hier einschlägig seien[158]. Dieser Terminus hat zu den allergröbsten Missverständnissen seiner Theorie Anlass gegeben. Die deutsche Übersetzung hat dazu noch erheblich beigetragen, indem sie das englische ‚persuasion' bzw. ‚persuasive argumentation' vielfach umstandslos durch ‚Überredung' bzw. ‚überredende Argumentation' wiedergibt[159]. Betrachtet man aber nur ein Minimum des Kontextes des Wortes ‚Persuasion' in Kuhns Texten, so sieht man, dass ‚Überredung' sicher nicht gemeint ist, denn dies legt die Absenz von guten Gründen und damit Willkürlichkeit und Beliebigkeit nahe.

Kuhn führt den Terminus ‚Persuasion' in SSR keineswegs unerklärt ein. Vielmehr sagt er unmittelbar nach dessen Einführung, was gemeint ist: er spricht nämlich von

„Techniken der Persuasion, oder von Argumenten und Gegenargumenten in einer Situation, in der es keinen Beweis geben kann"[160].

---

156. 1971a, pp.143–144/S.319.

157. 1970b, p.235/S.227, p.264/S.255; 1971a, p.144/S.319; 1976b, p.196/S.131.

158. SSR, p.94/S.106, p.152/S.163.

159. SSR, p.94/S.106, p.152/S.163 zwei Mal; 1970b, p.260/S.252, p.261/S.253 zwei Mal; 1970c, SSR p.198/S.210, p.199/S.210, p.200/S.211; 1977c, ET p.320/S.421. – Richtig dagegen ist, wie gleich zu sehen sein wird, die übersetzung von ‚particulary persuasive arguments' durch ‚besonders überzeugende Argumente' (p.154/S.165, ähnlich p.155/S.165, p.155/S.166, p.156/S.166, p.158/S.169, p.159/S.169).

160. SSR, p.152/S.163 (auch zustimmend zitiert in 1970b, p.260/S.252 und 1977c, ET p.320/S.421); eini-

Hier ist also ausdrücklich von „Argumenten und Gegenargumenten" die Rede. Demnach kann Kuhn in späteren Arbeiten völlig berechtigt sagen:

> „Persuasion als das zu nennen, wozu der Wissenschaftler [in der Theoriewahlsituation] greift, soll nicht darauf schliessen lassen, dass es nicht viele gute Gründe gibt, die eine und nicht die andere Theorie zu wählen."[161]

Kuhns Begriff der Persuasion ist aber vielfach so verstanden worden, dass er gerade die Absenz guter Gründe für die Theoriewahl anzeige[162]. Davon kann aber keine Rede sein[163].

Mit ‚Persuasion' ist also eine Diskursform gemeint, die zwar argumentativ ist, aber nicht in die Form von Beweisen gebracht werden kann. Weder gibt es hinreichend viele gemeinsame Prämissen, noch hinreichend starke gemeinsame Schlussregeln, wie sie für Beweise unabdingbar sind[164].

b) Zirkularität

Unmittelbar mit seinem Status als Persuasion hängt die Eigenschaft des Theoriewahldiskurses zusammen, gewisse Zirkularitäten aufzuweisen[165]. Diese Zirkularitäten waren auch schon bei der Besprechung der argumentativen Kraft der Gründe für die Theoriewahl zum Vorschein gekommen[166]. Der Kern dieser Zirkularitäten besteht darin, dass bestimmte Probleme hinsichtlich ihrer Wichtigkeit und bestimmte Lösungswege hinsichtlich ihrer Zulässigkeit nicht unabhängig von den zur Wahl stehenden Theorien beurteilt werden können[167]. Vom Standpunkt der einen Theorie aus mag ein bestimmtes Problem ausserordentlich wichtig, vom Standpunkt einer anderen Theorie aber von untergeordneter Bedeutung oder gar ein Scheinproblem sein; analoges gilt für Problemlösungen. Entsprechend können konkrete Problemlösungen im Theoriewahldiskurs höchst unterschiedliche Bewertungen erfahren: die Problemlösungskapazität der Theorien kann von den beiden Parteien höchst unterschiedlich eingeschätzt werden:

> „Jede Gruppe benutzt ihr eigenes Paradigma zur argumentativen Verteidigung eben dieses Paradigmas."[168]

Fortsetzung Fussnote 160

    ge Zeilen weiter werden noch einmal ‚Persuasion' und ‚Beweis' einander gegenübergestellt. – Allerdings irrt Kuhn, wenn er annimmt, dass die Frage nach den Techniken der Persuasion

        „eine neue [Frage] ist, die eine bisher noch nicht durchgeführte Art der Untersuchung verlangt"
        (SSR, p.152/S.163).

    Schon die Aristotelische Topik (und Rhetorik) beschäftigt sich mit solchen Problemen, ebenso wie die sich auf Aristoteles zurückbeziehende und diese Tradition erneuernde Argumentationstheorie unseres Jahrhunderts: siehe Perelman/Olbrechts-Tyteka 1958.

161. 1970b, p.261/S.253 übs. falsch, ähnlich p.234/S.226, p.235/S.227; 1970c, SSR p.199/S.210f., p.204/ S.216; 1974b, p.509; 1977c, ET pp.320–321/S.421f.

162. Z.B. Mittelstrass 1988, S.186; Scheffler 1967, p.81; Toulmin 1970, p.44/S.44; van der Veken 1983, pp.43–44.

163. Vergleiche die Abschnitte 7.4.b und 7.4.c.

164. Vergleiche Abschnitt 7.4.b, Punkt 4.

165. SSR, p.94/S.106, pp.109–110/S.122, p.148/S.159.

166. Siehe Abschnitt 7.4.b, Punkt 4.

167. Vergleiche Abschnitt 6.3.a, Punkt 1.

168. SSR, p.94/S.106, übs. mangelhaft.

Dennoch machen solche Zirkularitäten die Argumentation für eine Theorie nicht einfach ungültig, geschweige denn wirkungslos[169]. Denn tatsächlich kann ein Verteidiger einer bestimmten Theorie vorführen, was es heisst, auf dem Boden der von dieser Theorie abgeleiteten Reglementierungen Forschung zu betreiben. Doch dies setzt voraus, dass sich der jeweils Angesprochene auf die entsprechende Theorie und damit die entsprechende Erscheinungswelt einlassen will und kann.

Es ist leicht einzusehen, dass die Bereitschaft, sich auf die neue Theorie einzulassen, besonders bei jungen Leuten besteht, die noch keiner der beiden Weisen, Wissenschaft zu treiben, verpflichtet sind[170]. Sie haben nicht, im Gegensatz zu den mit der alten Theorie Vertrauten, die fast zwangsläufige Tendenz, die neue Theorie im Lichte der alten zu betrachten, wodurch ihre Leistungsfähigkeit als nur gering erscheinen kann. Neulinge in einem Gebiet sind daher leichter von der Fruchtbarkeit neuer Theorien zu überzeugen, auch wenn diese Fruchtbarkeit im Lichte der alten Theorie zunächst problematisch ist. Infolgedessen finden sich nicht nur bei den bahnbrechenden Innovatoren selbst, sondern auch bei den ersten Anhängern neuer Theorien überdurchschnittlich viele junge Leute[171].

c) Partielle Kommunikation

Ein weiteres, mit den vorangehenden eng zusammenhängendes Charakteristikum des Theoriewahldiskurses hat ebenfalls zu vielen Missverständnissen geführt:

„Die Kommunikation über die revolutionäre Grenze hinweg ist unausweichlich partiell."[172]

Zweierlei ist zunächst bezüglich des Sinnes dieser These festzuhalten. Einmal ist in diesem Zitat aus SSR explizit davon die Rede, dass die Kommunikation zwischen den Vertretern verschiedener Theorien *partiell* ist und nicht etwa vollständig unterbrochen, wie das von etlichen Kritikern Kuhn unterstellt worden war[173]. Vielmehr treten hie und da Missverständnisse auf[174], man redet aneinander vorbei[175], der „(logische) Kontakt" zwischen den Diskursteilnehmern ist unvollständig[176].

Zum anderen bedarf im obigen Zitat die Qualifikation, die Kommunikation über die revolutionäre Grenze hinweg sei „unausweichlich partiell", der Interpreta-

---

169. Ebenda.

170. 1961a, ET p.208 fn.44/S.304 Fn.43; SSR, p.151/S.162; 1970c, SSR p.203/S.214.

171. Vergleiche Abschnitt 7.3.b.

172. SSR, p.149/S.160, ähnlich (indirekt) p.150/S.161; 1970b, pp.231–232/S.224, p.250/S.242, p.267/S.258f., pp.276–277/S.267f.; 1970c, SSR pp.198–199/S.210, p.201/S.212; 1976b, p.190/S.125; ET, pp.XXII–XXIII/S.45; 1977c, ET pp.338–339/S.443f.; 1983b, p.713; im Druck b, Ms. p.4.

173. Z.B. Newton-Smith 1981, p.12; Popper 1970, p.55/S.55, p.57/S.57; Scheffler 1967, p.16 und p.19; Toulmin 1970, pp.43–44/S.43. – Allerdings findet man in SSR auch Stellen, die – isoliert gelesen – einen völligen Kommunikationsbruch zu formulieren scheinen. Beispielsweise sagt Kuhn über das Verhältnis von Berthollet und Proust, sie hätten „sich so fundamental missverstanden [as fundamentally at cross-purposes] wie Galilei und Aristoteles" (SSR, p.132/S.144).

174. „[to be] slightly at cross-purposes": SSR, p.112/S.124, p.148/S.159, auch p.149/S.160; an der letztgenannten Stelle sagt Kuhn allerdings, dass der Ausdruck ‚Missverständnis [misunderstanding]' nicht ganz korrekt sei.

175. „[to] talk through each other": SSR, p.109/S.122, p.148/S.159.

176. SSR, p.110/S.122, p.148/S.159.

tion. Ist damit etwa gemeint, diese Kommunikationsbarrieren seien grundsätzlich unüberwindbar? Dieser Meinung ist Kuhn keineswegs. Vielmehr kommt es dann unausweichlich zu Kommunikationsproblemen, *wenn und solange* die Gesprächspartner von inkommensurablen Standpunkten aus argumentieren und sie den Standpunkt ihres Gegenübers nicht oder nur unzureichend verstehen. Solche Kommunikationsschwierigkeiten können aber grundsätzlich überwunden werden[177].

Von welcher Art sind nun die auftretenden Kommunikationsprobleme, die sich aus der Inkommensurabilität der involvierten Standpunkte ergeben? Zunächst einmal können die unterschiedlichen Problemfelder und Lösungsstandards zu Kommunikationsschwierigkeiten bei der Abwägung der Problemlösungskapazität der beiden Theorien führen, weil die entsprechenden Argumente zugunsten der Theorien teilweise zirkulär sind[178]. Neben diesen Schwierigkeiten bei der Verständigung über die Kraft von Argumenten entstehen Kommunikationsprobleme durch die für Revolutionen charakteristischen Begriffsverschiebungen und die mit ihnen einhergehenden Änderungen des impliziten Wissens über die Natur[179]. Wird die Begriffsverschiebung von den Kommunikationspartnern nicht bemerkt, so kommt es natürlich zu Missverständnissen. Doch ist es für die Kommunikationspartner sehr schwierig, diese Missverständnisse zunächst zu lokalisieren, dann zu diagnostizieren und schliesslich zu kurieren. Das hat die folgenden Gründe:

Erstens tragen viele der veränderten Begriffe nach wie vor den gleichen Begriffsnamen[180]. In diesem Fall ist die Begriffsverschiebung nicht schon durch die Verwendung neuer Wörter bemerkbar. Daher werden sich die Kommunikationspartner irrtümlicherweise zunächst einmal das je eigene Begriffsverständnis unterstellen.

Zweitens sind die aus den Begriffsverschiebungen resultierenden Missverständnisse nicht einfach dadurch ausräumbar, dass man auf beiderseits verständliche Definitionen der problematischen Begriffe rekurriert[181]. Einmal gibt es keine hinsichtlich der beiden Begriffssysteme neutrale und damit für beide Parteien voll verständliche Sprache, in der solche Explikationen geleistet werden könnten; gerade dies besagt die Inkommensurabilität. Darüber hinaus gibt es generell, auch in den von den Parteien jeweils selbst verwendeten Sprachen, keine wirklich angemessenen Explizitdefinitionen der empirischen Begriffe[182].

Schliesslich ist drittens das dem jeweiligen Begriffssystem implizite Wissen zumindest sehr schwer einigermassen genau zu explizieren[183]. Zunächst einmal wird dieses Wissen vom jeweiligen Sprachbenutzer für mehr oder weniger selbstverständlich gehalten, bildet es doch einen kaum bewussten, aber integralen Teil seiner Weltsicht. Weiter erfordert das Bewusstmachen dieses Wissens Entscheidungen hinsichtlich der genauen Reichweite und sonstigen Ansprüche dieses Wissens, die bisher nicht gefällt werden mussten. Und schliesslich schillert das der

---

177. Siehe dazu den folgenden Teilabschnitt 7.5.d.

178. SSR, pp.109–110/S.122; vergleiche Teilabschnitt 7.5.b.

179. Vergleiche die Abschnitte 6.3.a Punkt 2, 6.3.b und 6.3.c.

180. Z.B. 1970b, pp.266–267/S.258, p.269/S.260f., p.275/S.267; 1970c, SSR p.198/S.210; 1977c, ET p.338/S.443; im Druck a, Ms. p.44.

181. 1970b, p.276/S.267; 1970c, SSR p.201/S.212f.

182. Vergleiche Abschnitt 3.6.f.

183. Vergleiche Abschnitt 3.7.b.

Sprache implizite Wissen zwischen analytischem und synthetischem Status, so dass auch noch eine für die jeweilige Gegenseite einigermassen überzeugende Begründung dieser Wissensansprüche problematisch wird.

Wollen die Vertreter verschiedener Theorien nun über ihre nur partielle Kommunikation hinauskommen – was nicht selbstverständlich ist –, so müssen sie auf irgend eine Weise versuchen, die andere Sprache zu verstehen und sich anzueignen. Die dabei auftretenden Probleme können in einem ersten Schritt als Übersetzungsprobleme aufgefasst werden.

d) Übersetzung

Zunächst ist zu bemerken, dass der hier relevante Begriff der Übersetzung nicht der enge, technische Begriff der Übersetzung ist, bei der auf systematische Weise Wörter oder Wortgruppen der Quellsprache durch Wörter oder Wortgruppen der Quellsprache ersetzt werden[184]. Eine solche Übersetzung ist bei inkommensurablen Theorien per Definition nicht möglich. Vielmehr handelt es sich um den alltagssprachlichen Sinn von Übersetzung; bei dieser Art der Übersetzung ist immer ein interpretatives Moment beteiligt, und die Zielsprache wird im Kontext der Übersetzung auf mehr oder weniger subtile Weise verändert.

Zuallererst müssen die beteiligten Parteien genau lokalisieren, bei welchen Begriffsgruppen und Redewendungen die Kommunikationsprobleme auftreten[185]. Ich spreche hier gleich von Begriffsgruppen, weil es im Allgemeinen nicht Einzelbegriffe sind, die die Probleme verursachen; eine Revolution verändert ja ein Netz von Ähnlichkeitsrelationen, das den lokalen Holismus der Sprache erzeugt[186]. Wissen die beiden Parteien, welche die problematischen Begriffe sind, so können sie ihr gemeinsames alltägliches und wissenschaftliches Vokabular zu Hilfe nehmen, um diese Begriffe zu erklären. Insbesondere können sie ihren Partnern diejenigen Situationen vorführen, in denen sie diese Begriffe verwenden. Allerdings wird das Erlernen der noch unverständlichen Begriffe durch den lokalen Holismus erschwert, weil einige Begriffe nur miteinander verstehbar sind. Mit der Zeit aber können die Mitglieder der einen Gruppe Teile der Theorie ihrer Partner inklusive etlicher ihrer empirischer Konsequenzen in ihre eigene Sprache übersetzen, im alltäglichen Sinn von ‚Übersetzung‘. Diese Übersetzung kann teilweise sehr kompliziert sein, sie enthält starke interpretative Züge, und sie verändert die Zielsprache dadurch, dass neue Begriffe hinzugenommen und schon vorhandene Begriffe mehr oder weniger subtil verändert werden müssen. Aber sie kann den Zugang zu weiteren empirischen Ergebnissen, zu den differierenden Erklärungsweisen der anderen Theorie und – generell – zur fremden Erscheinungswelt gestatten. Damit erhält der Theorienvergleich eine breitere Basis, über diejenigen konkreten empirischen Ergebnisse hinaus, die ohne Übersetzung zwischen den beiden Theorien kommunizierbar sind[187].

---

184. Vergleiche Abschnitt 6.3.c.

185. Siehe zum Folgenden 1970b, pp.267–270/S.259–261, pp.276–277/S.268; 1970c, SSR p.175/S.187, pp.202–204/S.213–216.; 1974b, p.505; 1976b, p.191/S.126f.; ET, pp.XXII–XXIII/S.45; 1977c, ET pp.338–339/S.443f.; 1983a, pp.671–673; 1983b, p.713.

186. Vergleiche Abschnitte 3.6.c, 3.6.e und 3.6.g.

187. Vergleiche Abschnitt 6.3.d.

e) Konversion, nicht Wahl

Doch auch wenn man die Argumente für die neue Theorie überzeugend findet, aber die neue Theorie immer noch nur so benutzt, dass man sie in das Vokabular der alten Theorie übersetzt, so ist der individuelle Übergang zur neuen Theorie noch nicht abgeschlossen. Was noch fehlt, ist das unmittelbare Verwenden der neuen Theorie, ohne das Zwischenglied der Übersetzung – so wie man die eigene Muttersprache verwendet. Diesen Übergang charakterisiert Kuhn in seinen Arbeiten nach 1969 mit dem Begriff der Konversion[188]. Dieser Übergang kann nicht willentlich gemacht oder verweigert werden; vielmehr stellt er sich mit der Zeit ein – oder auch nicht, wie beim fortgeschrittenen Erlernen einer Fremdsprache. Hinsichtlich dieses Hinübergleitens in das unmittelbare Verwenden der neuen Theorie sagt Kuhn dann auch, dass der Begriff der Theorie*wahl* (oder der Begriff der Entscheidung) unangemessen sei[189]. Denn diese Begriffe implizieren ein Willensmoment, das für das hier in Frage stehende Phänomen unangemessen ist.

Allerdings verwendet Kuhn den Begriff der Konversion in SSR wesentlich unspezifischer. Hier bedeutet ‚Konversion‘ den Übergang von einer Art, die Wissenschaft und die Welt zu sehen, zu einer anderen, also den Gesamtprozess des (individuellen) Vollzugs einer wissenschaftlichen Revolution[190]. Diese allgemeine Verwendungsweise des Konversionsbegriffs, zusammen mit den Charakterisierungen, die Kuhn dafür in SSR gibt, hat zu vielen Missverständnissen geführt. So sagt Kuhn beispielsweise, dass eine Konversionserfahrung

> „nicht Schritt für Schritt gemacht werden kann, erzwungen durch Logik und neutrale Erfahrung“[191],

während aber

> „ausschliesslich persönliche und unartikulierte ästhetische Überlegungen [...] zu Zeiten, in denen die meisten artikulierbaren technischen Argumente in die andere Richtung wiesen“[192],

durchaus Konversionen auslösen könnten. Solche Charaktersierungen scheinen wissenschaftliche Revolutionen ganz in die Nähe augenblicklicher religiöser Konversionen zu rücken, denen rationale Kontrollierbarkeit anscheinend weitgehend oder sogar ganz abgeht[193]. Im deutschen Sprachraum schliesslich wurde der

---

188. 1970b, p.277/S.268f.; 1970c, SSR p.198/S.210, pp.202–204/S.214ff.; 1977c, ET pp.338–339/S.443f. –
In seinem 1970c sagt Kuhn ausdrücklich, sein Verständnis des mit ‚Konversion‘ Angesprochenen sei seit SSR präziser geworden:
> „Die beiden Erfahrungen [Persuasion und Konversion] sind nicht dasselbe, ein wichtiger Unterschied, den ich erst kürzlich ganz verstanden habe“ (1970c, SSR p.203/S.214).
Auf die Verwendung des Konversionsbegriffs in SSR komme ich gleich zu sprechen.

189. 1970b, p.238/S.230, p.277/S.268f.; 1970c, SSR p.204/S.215; 1977c, ET pp.338–339/S.443f.

190. SSR, p.144/S.155, p.148/S.159, p.150/S.161 zwei Mal, p.151/S.162 zwei Mal, p.152/S.163 vier Mal, p.153/S.164, p.155/S.165, p.158/S.168f. zwei Mal, p.159/S.169f. zwei Mal. – Auch Conant verwendet den Begriff der Konversion schon in der gleichen Weise: im Zusammenhang mit Priestleys Widerstand gegen den Sauerstoff schreibt er beispielsweise:
> „Aber Priestley starb 1804, ohne je zur neuen Doktrin übergetreten zu sein [without ever being converted]“ (Conant 1947, p.80).

191. SSR, p.150/S.161.

192. SSR, p.158/S.168f.

193. Siehe z.B. Shapere 1971, p.707 und 1984a, p.162; Vollmer 1988, S.205.

Schein des quasireligiösen Charakters wissenschaftlicher Revolutionen im Kuhn-schen Bilde dadurch fast unausweichlich, dass ‚conversion' (bzw. ‚to convert') durch ‚Bekehrung' (bzw. ‚bekehren') übersetzt wurde[194]. Tatsächlich aber war diese Nähe zum Cliché religiöser Bekehrungen niemals Teil der Kuhnschen Theo-rie; wie schon früher ausgeführt, sind es nachvollziehbare Gründe, die den revolu-tionären Wechsel herbeiführen[195].

7.6. Wissenschaftlicher Fortschritt durch Revolutionen

Die traditionelle Sicht der Wissenschaft schreibt dieser generell kumulativen Erkenntnisfortschritt zu[196]. Die Existenz dieser Art des Fortschritts in der Wissen-schaft wird von Kuhn keineswegs gänzlich geleugnet, aber auf die Phase der Nor-malwissenschaft eingeschränkt[197]. Wissenschaftliche Revolutionen sind dagegen Ereignisse, bei denen es keine blosse Kumulation des Wissens gibt: sie sind kon-struktiv-destruktiv[198]. Welcher Art ist dann aber der wissenschaftliche Fortschritt, den revolutionäre Entwicklungen erbringen – falls es ihn bei Revolutionen über-haupt gibt? In Teilabschnitt 7.6.a wird die Kuhnsche Grundkonzeption des revolu-tionären Wissensfortschritts diskutiert; die folgenden drei Teilabschnitte 7.6.b bis 7.6.d qualifizieren diese Grundkonzeption.

a) Wissenschaftlicher Fortschritt als Wachsen der Problemlösefähigkeit

Bei den unerwarteten Entdeckungen wird eine für die normalwissenschaftli-che Praxis akzeptierte Theorie etwas modifiziert[199]. Nach dieser Modifikation kön-nen die Wissenschaftler einen grösseren Bereich von Phänomenen oder die schon bekannten Phänomene mit grösserer Genauigkeit behandeln[200].

Die Diskussion des Fortschrittes durch Revolutionen, bei denen sich eine neuartige Theorie durchsetzt, hat bei den Gründen anzusetzen, die für die Wahl der neuen Theorie ausschlaggebend sind[201]. Denn es hängt von der Art dieser Gründe ab, wie sich ein bestimmtes Gebiet durch die Theorie-Revolutionen hin-durch entwickelt. Die Entscheidung einer wissenschaftlichen Gemeinschaft für die neue Theorie basiert auf den wissenschaftlichen Werten und zwar insbesondere auf den Argumenten, die für die grössere Problemlösungsfähigkeit der neuen Theorie sprechen[202]. Die neue Theorie muss einmal einen grossen Teil der mit der alten Theorie gelösten Probleme ebenfalls lösen können und zusätzlich mit den Anomalien fertig werden, die in die Krise geführt haben.

Der Fortschritt einer Sache bedeutet ein positiv bewertetes Wachsen dieser Sache in einer ihr wesentlichen Hinsicht[203]. Demnach bringen sowohl unerwartete

---

194. SSR, p.150/S.161, p.159/S.169, 1970b, p.277/S.268, p.277/S.269; 1970c, SSR p.202/S.214; 1977c, ET p.338/S.443, p.339/S.444.

195. Vergleiche die Abschnitte 7.4.b und 7.4.c.

196. Vergleiche Abschnitt 1.2.a.

197. Vergleiche Abschnitt 5.4.

198. Vergleiche Abschnitt 6.1.

199. Vergleiche Abschnitt 7.2.

200. SSR, p.66/S.79.

201. Siehe für das Folgende SSR, p.8/S.22f., pp.167–170/S.179ff; 1970a, ET pp.289–290/S.380f.; 1970b, p.264/S.256; 1970c, SSR pp.205–206/S.216f.; 1971b, ET p.30/S.82f.; 1979b, p.418.

202. Vergleiche Abschnitt 7.4.b.

203. Vergleiche Abschnitt 5.4.

Entdeckungen als auch Theorie-Revolutionen eindeutig einen Fortschritt, denn die Problemlösefähigkeit ist ein positiv bewerteter und der Wissenschaft wesentlicher Aspekt, und diese Problemlösefähigkeit wächst. Auf diese Weise ist

> „die Wissenschaftsentwicklung, wie die biologische Entwicklung, ein gerichteter und irreversibler Prozess"[204].

Aufgrund dieses Sachverhalts weist Kuhn den undifferenzierten Vorwurf des Relativismus zurück[205]. Kuhn weist berechtigterweise diejenige Art des Relativismus als für seine Theorie unzutreffend zurück, gemäss der sich sukzessive wissenschaftliche Theorien hinsichtlich ihrer wissenschaftlichen Qualität nicht unterscheiden.

An die gegebene Charakterisierung des wissenschaftlichen Fortschritts, der durch die Theorie-Revolutionen erreicht wird, sind nun aber drei wichtige Qualifikationen anzubringen.

b) Erste Qualifikation: „Verluste" bei Revolutionen

Kuhn betont des öfteren, dass mit einer Revolution – und damit mit dem Gewinn an Problemlösefähigkeit – im allgemeinen bestimmte Verluste verbunden sind. Dazu gehören ein Verlust an Erkärungskraft für bestimmte in ihrer Faktizität weiterhin anerkannte Phänomene, der Verlust von wissenschaftlichen Problemen oder eine Verengung des Forschungsgebiets, für das eine Gemeinschaft Kompetenz beanspruchen kann und damit einhergehend eine stärkere Spezialisierung und damit erschwerte Kommunikation mit Aussenstehenden[206]. Für Kuhn scheint demgemäss der Fortschritt, den eine Revolution erbringt, durch einen gewissen Rückschritt erkauft, wenn auch dieser Rückschritt im allgemeinen schnell in Vergessenheit gerät – zusammen mit den Artikeln und Lehrbüchern, in denen die überwundene Theorie in ihrer zeitgenössischen Form enthalten ist[207].

Doch bedarf diese Darstellung der Verluste bei wissenschaftlichen Revolutionen einer Differenzierung. Kuhn spricht ja nicht einfach vom ‚Wegfallen' von Erklärungskraft, Problemen etc., sondern eben von „Verlusten [losses]", und im Begriff des Verlustes ist eine negative Bewertung des Wegfallens enthalten. Doch ist die Bewertung des Wegfallens von Erklärungskraft, Problemen etc. bei einer wissenschaftlichen Revolution nicht notwendigerweise eindeutig. Vielmehr kann (aber muss nicht) diese Bewertung davon abhängen, ob sie aus der Perspektive der überwundenen Theorie oder aus der der revolutionären Theorie vorgenommen wird. So können wegfallende Probleme als eine Befreiung von Scheinproble-

---

204. 1970c, SSR p.206/S.217; ähnlich SSR, p.146/S.157, p.172/S.184; 1970b, p.264/S.256; 1974b, p.508. – Die Parallele zur biologischen Evolution besteht noch in einer weiteren wesentlichen Hinsicht, auf die ich in Teilabschnitt 7.6.d zu sprechen komme.

205. 1970b, p.234/S.226, pp.264–265/S.256; 1970c, SSR p.175/S.187, pp.205–207/S.216ff.; 1974b, p.508; im Druck a, Ms. fn.24; im Druck c, Ms. fn.21. – Den Vorwurf des Relativismus erheben beispielsweise Popper 1970, pp.55–56/S.55; Shapere 1964, pp.392–393, 1966, pp.66–69, 1971, p.708 und p.709, 1974, p.507, 1977, pp.184–185 und p.200, 1984, pp.XVI–XVII und p.XX, 1984a, pp.162–165; Siegel 1980, pp.368–369. Vergleiche zum ganzen Problemkomplex besonders Doppelt 1978 und Mandelbaum 1979, sowie die anderen in Meiland/Krausz 1982 abgedruckten Arbeiten.

206. 1961a, ET p.211–213/S.286f.; SSR, pp.103–109/S.116–122, pp.148–149/S.159f., p.167/S.178, p.169/S.181, p.170/S.181; 1970a, ET p.289/S.380; 1976b, p.192/S.128.

207. 1959a, ET p.230/S.313f.; SSR, p.IX/S.11, p.140/S.151f., p.144/S.155, p.167/S.178.

men oder wegfallende Erklärungen als eine Überwindung von Scheinerklärungen aufgefasst und damit positiv bewertet werden.

Die Beispiele, mit denen Kuhn die „Verluste" bei Revolutionen illustriert, legen die Möglichkeit solcher Bewertungsunterschiede nahe. So sagt er beispielsweise selbst, dass

> „sich die neue Verpflichtung des 17. Jahrhunderts auf mechanisch-korpuskulare Erklärungen für eine Reihe von Wissenschaften als ausserordentlich fruchtbar erwies, *indem sie diese von Problemen befreite [ridding them of problems], die sich einer allgemein akzeptierten Lösung widersetzt hatten*"[208].

In diesem Fall wäre aus der Sicht der ‚Neuen Wissenschaft' die Beschreibung des Wegfallens dieser Probleme als Verluste unangemessen. Ähnlich kann es sich mit dem Wegfallen von Erklärungen verhalten, die im Rahmen einer später überwundenen Theorie erreicht worden waren. Für die Newtonianer seit der Mitte des 18. Jahrhunderts war der Wegfall der Erklärungsmöglichkeit für die Gravitationskraft, wie sie für die Cartesianer noch bestanden hatte, kein Verlust (wohl aber noch für Newton selbst und seine unmittelbaren Nachfolger[209]). Vielmehr war der Wegfall einer Erklärungsmöglichkeit für die Gravitationskraft eine unmittelbare Konsequenz ihrer Einschätzung als eine „physikalisch irreduzible, primäre Qualität der Materie"[210].

Wie immer nun wegfallende Probleme oder Erklärungsmöglichkeiten von der siegenden Gemeinschaft bewertet werden: aus ihrer Perspektive stellt die Revolution in jedem Fall einen Fortschritt dar – ganz ähnlich, wie normale Wissenschaft für die, die sie betreiben, zwangsläufig Fortschritt aufweist[211]. Denn mit dem Faktum ihrer Wahl, die auf den wissenschaftlichen Werten beruht, dokumentiert die Gemeinschaft ihre Höherschätzung der neuen Theorie, und damit ist sie auf den Standpunkt festgelegt, dass mit dieser Wahl ein Fortschritt erreicht sei.

c) Zweite Qualifikation: die Vernachlässigung der Perspektive der Verlierer

In der Perspektive der Anhänger der Theorie, die in der Revolution von den meisten Mitgliedern der Gemeinschaft aufgegeben wurde, wird die Revolution allerdings anders bewertet. Die Berücksichtigung ihrer Perspektive ist einmal deshalb nicht unerheblich, weil es bei vielen Theorierevolutionen einige, insbesondere ältere Wissenschaftler gibt, die sich der neuen Theorie niemals anschliessen[212]; zum anderen können ihre Gegenargumente gegen die neue Theorie nicht zwingend widerlegt werden[213]. Ebenso zwangsläufig wie die Anhänger der neuen Theorie in der Revolution einen Fortschritt sehen, sehen diese Wissenschaftler in ihr einen Rückschritt. Einmal bewerten sie das vorher diskutierte Wegfallen von Problemen und Erklärungsmöglichkeiten negativ, also wirklich als Verlust. Darüber hinaus kann es sein, dass sie die mit einer neuen Theorie assoziierte neue Weise des Erklärens generell für unakzeptabel halten. Es ist in der Geschichte der Physik immer wieder vorgekommen, dass Vertreter der alten Theorie einer neuen Theorie

---

208. SSR, p.104/S.117, Hervorhbg. von mir.
209. 1961a, ET pp.211–212/S.286; SSR, pp.103–106/S.116ff., p.108/S.120f., p.148/S.159f.
210. SSR, p.106/S.118.
211. SSR, pp.166–167/S.178; vergleiche Abschnitt 5.4.
212. SSR, pp.150–152/S.161ff., p.159/S.169; 1963a, p.348; 1970b, p.260/S.252; 1977c, ET p.320/S.421.
213. Vergleiche Abschnitt 7.4.b, Punkt 4.

Erklärungskraft absprachen, obwohl sie ihr durchaus eine verbesserte Vorhersagekraft zugestanden[214].

Wie negativ die neue Theorie aus der Perspektive der Anhänger der alten Theorie auch bewertet wird: Die Tatsache, dass die neue Theorie den Sieg davongetragen hat, führt dazu, dass diese Perspektive in der Wissenschaft verloren geht. Denn die nachfolgenden Generationen von Wissenschaftlern schliessen sich der neuen Theorie an, und die Vertreter der alten Theorie sterben mit der Zeit aus. Infolgedessen bleibt nur die Perspektive der siegenden Partei erhalten, und insofern – *aber nur insofern!* – ist

> „die These nicht völlig unangemessen [...], dass das Mitglied einer reifen Wissenschaftlergemeinschaft das Opfer einer von den derzeitigen Machthabern geschriebenen Geschichte ist, wie die typische Figur von Orwells 1984."[215]

Kuhn führt aber sofort im Anschluss an die zitierte Stelle aus, dass das Wachstum sowohl der Menge der gelösten Probleme als auch der dabei erreichten Genauigkeit bei Revolutionen aufgrund der Geltung der wissenschaftlichen Werte praktisch garantiert ist[216]. Gemeint sind mit den ‚gelösten Problemen' hier offenbar hauptsächlich theoretische Vorhersagen empirischer Daten – also das, was Kuhn auch als institutionelles Ziel der Normalwissenschaft angegeben hatte[217]. In Bezug auf diese gelösten Probleme besteht der Fortschritt der Wissenschaften dann aber *objektiv*, das heisst unabhängig von verschiedenen Perspektiven.

d) Dritte Qualifikation: keine ‚Annäherung an die Wahrheit'

Aber in einem bestimmten Sinn, so Kuhn, weist die Wissenschaftsentwicklung keinen Fortschritt auf, nämlich im Sinne einer Annäherung an die Wahrheit; abgewiesen wird also der Peircesche Realismus[218]. In SSR sagt Kuhn zunächst nur, die Vorstellung der Wissenschaftsentwicklung als einer Annäherung an die Wahrheit sei für deren Verständnis unnötig; gibt man diese Vorstellung auf, so verschwänden etliche Probleme[219]. Analog zur Darstellung der Phylogenese in der Darwinschen Evolutionstheorie sei die Wissenschaftsentwicklung kein Prozess, der sich auf ein im Voraus bestehendes, festes Ziel hinbewegt, sondern eine Entwicklung, bei der der Grad von Spezialisierung und Artikulation des wissenschaftlichen Wissens wächst.

Aber in späteren Arbeiten formuliert Kuhn zwei Argumente dafür, dass die Vorstellung der Wissenschaftsentwicklung als einer Annäherung an die Wahrheit nicht nur unnötig, sondern sogar unhaltbar ist. Diese Argumente sind vor allem gegen die Wissenschaftstheorie der Popper-Schule gerichtet; die genannte Vorstellung ist aber auch bei anderen Philosophen (vor allem des englischen Sprachraums) und Wissenschaftlern weit verbreitet[220].

---

214. 1971b, ET pp.28–29/S.81f.

215. SSR, p.167/S.178 übs. fehlerhaft.

216. SSR, pp.167–170/S.178–181.

217. Vergleiche Abschnitt 5.2.d Punkt 2.

218. Vergleiche die Abschnitte 2.2.e und 3.8.

219. SSR, pp.170–173/S.182ff.; siehe ebenfalls 1974b, p.508; 1984, p.244; im Druck a, Ms. pp.29–30, pp.45–46.

220. In seinem 1979b argumentiert Kuhn beispielsweise gegen Boyd 1979. – Für eine Auseinandersetzung mit Kuhns Argumenten siehe Shimony 1976; für eine ausführliche Auseinandersetzung mit

Das erste Argument ist historischer Art[221]. Die Behauptung, dass aufeinanderfolgende Theorien sich der Wahrheit annähern, besagt primär, dass die spätere Theorie hinsichtlich ihrer Ontologie eine bessere Approximation an das absolut Seiende – das rein Objektseitige – darstellt als die frühere Theorie. In Kuhns eigenen Worten:

> „Offensichtlich beziehen sich allgemeine Behauptungen wie [die obige] nicht auf Problemlösungen und die konkreten Vorhersagen, die von einer Theorie abgeleitet sind. Vielmehr beziehen sie sich auf ihre Ontologie, das heisst auf die Passung [match], die zwischen den Objekten, mit denen die Theorie die Natur bevölkert, und dem, was es ‚wirklich gibt‘, besteht.“[222]

Die Behauptung der Annäherung an die Wahrheit ist also erstens *verschieden* von der Behauptung, dass die Problemlösefähigkeit sukzessiver Theorien wächst, und sie kann zweitens nicht durch den Hinweis auf diese wachsende Problemlösefähigkeit allein *begründet* werden[223]. Betrachtet man nun aber tatsächliche historische Abfolgen von Theorien, beispielsweise die Folge von Aristotelischer Physik, Newtonscher Mechanik und Einsteinscher allgemeiner Relativitätstheorie, so weist nach Kuhn nichts auf eine Konvergenz ihrer Ontologien hin. Ganz im Gegenteil: in bestimmter Hinsicht ist die Ontologie der Relativitätstheorie der des Aristoteles näher als der Newtons. Theorienimmanent lässt sich demnach keine ontologische Konvergenz und damit auch keine Annäherung an die Wahrheit feststellen.

Das zweite Argument ist erkenntnistheoretischer Art[224]. Es setzt damit ein, dass es grundsätzlich sinnlos ist, jenseits (oder ausserhalb) von Theorien davon zu sprechen, was es real gibt. Wenn diese Feststellung richtig ist, dann ist nicht zu sehen, wie die Rede einer ‚Passung‘ zwischen Theorien und absoluter, d.h. theoriefreier, rein objektseitiger Realität je einen nachprüfbaren Sinn bekommen kann. Wie könnte die (qualitative) Behauptung einer Passung oder die (komparative) Behauptung einer besseren Passung überprüft werden? Dazu müssten ja die beiden, als zueinander mehr oder weniger passend behaupteten Stücke unabhängig voneinander zugänglich sein, und eines dieser Stücke wäre ja die absolute Realität. Gäbe es aber diesen Zugang zur absoluten Realität – so kann man nun noch die Eingangsprämisse unterstützen –, welches Interesse könnte man dann überhaupt an *Theorien* über diese Realität haben?

Der Fortschritt der Wissenschaft kann demnach nicht als eine Annäherung an die Wahrheit interpretiert werden, sondern nur als eine Verbesserung des wissenschaftlichen Wissens in einem instrumentellen Sinn:

> „Wenn man die Wissenschaft als einen Satz von Instrumenten auffasst, mit denen man in ausgewählten Gebieten technische Probleme [technical puzzles] lösen kann, dann nimmt die Wissenschaft klarerweise mit der Zeit an Ge-

---

Fortsetzung Fussnote 220
    dem „konvergenten epistemologischen Realismus", wie Laudan den Peirceschen Realismus nennt, siehe Laudan 1984, chpt.5.

221. 1970a, ET pp.288–289/S.379; 1970b, pp.264–265/S.256f.; 1970c, SSR pp.206–207/S.217f.; 1979b, pp.417–418.

222. 1970c, SSR p.206/S.217f., übs. mangelhaft; auch 1970b, p.265/S.257.

223. Die grössere Problemlösefähigkeit wäre allenfalls eine *Folge* der grösseren Wahrheitsnähe der späteren Theorie.

224. 1970c, SSR pp.206/S.218; auch 1970b, pp.265–266/S.256f. und 1979b, p.417.

nauigkeit und Reichweite zu. Als ein Instrument zeigt die Wissenschaft zweifellos Fortschritt."[225]

Zusammenfassung von Teil III

In der Entwicklung der reifen Wissenschaften gibt es zwei alternierende Phasen: normale und revolutionäre Wissenschaftsentwicklung. Die normale Wissenschaft ist von einem breiten Konsens der entsprechenden Gemeinschaft getragen; das Wissen über eine bestimmte Erscheinungswelt wächst kumulativ; ihre Forschungspraxis weist frappante Ähnlichkeiten mit dem Lösen von Rätseln auf. Doch produziert die normale Wissenschaft immer wieder Anomalien, die mehr oder weniger tiefgreifende Revisionen ihrer sie leitenden Reglementierungen erzwingen. Diese destruktiv-konstruktiven Episoden der Wissenschaftsentwicklung sind die Kuhnschen wissenschaftlichen Revolutionen. Revolutionen variieren beträchtlich in ihrem Ausmass. Unerwartete Entdeckungen können manchmal durch kleine Änderungen der theoretischen, oft nur impliziten Erwartungen assimiliert werden, ohne dass der formale Teil der akzeptierten Theorien geändert werden müsste. Bei grösseren Revolutionen werden Theorien ganz verworfen, und neue Theorien treten an ihre Stelle.

Charakteristisch für Revolutionen ist eine Änderung weltkonstitutiver Ähnlichkeitsrelationen. Damit ändert sich zugleich die jeweilige Erscheinungswelt und Teile des empirischen Vokabulars, mit dem diese Welt beschrieben wird, mitsamt dem ihm impliziten Wissen. Diese Änderungen, zusammenfassend charakterisiert durch den Begriff der Inkommensurabilität, machen Revolutionen zu komplexen Abläufen mit einem diffizilen Ineinander von Kontinuität und Diskontinuität. Keineswegs geht es im Kuhnschen Bilde bei Revolutionen vorwiegend irrational zu. Vielmehr gibt es Phasen vernünftig zu begründender Meinungsunterschiede, die schliesslich, nachdem das entsprechende Gebiet von verschiedenen Standpunkten aus genauer untersucht worden ist, unter dem Druck von Argumenten einem neuen Konsens und damit einer neuen Phase normaler Wissenschaft Platz machen. Revolutionen bringen der jeweiligen Disziplin wissenschaftlichen Fortschritt und zwar hinsichtlich der Genauigkeit und Zahl erreichter Problemlösungen. Von der Vorstellung, das wissenschaftlichen Wissen komme in einem ontologischen Sinn ‚der Wahrheit' immer näher, ist dagegen Abschied zu nehmen.

---

225. 1979b, p.418; ähnlich SSR, p.173/S.184; 1970c, SSR p.206/S.217.

Epilog: Das Wirklichkeitsverständnis der Kuhnschen Wissenschaftsphilosophie

Abschliessend soll nach dem Wirklichkeitsverständnis gefragt werden, das in der Kuhnschen Wissenschaftsphilosophie vorausgesetzt ist bzw. aus ihr folgt.

Fundamentaler Ausgangspunkt für Kuhns Wirklichkeitsverständnis ist die Unterscheidung von ,Welt an sich' und ,Erscheinungswelt'[1].

Die Wirklichkeit oder die Realität, so wie man im Alltag und in der Wissenschaft gewöhnlich davon spricht, ist nun nach Kuhn *eine* Erscheinungswelt und nicht *die* Erscheinungswelt (die als die einzig mögliche gedacht wäre) und erst recht nicht die Welt an sich. Eine Erscheinungswelt hat, entgegen dem ersten Anschein des ,natürlichen' Weltverständnisses, auch originär subjektseitige Momente. Aber sie ist keineswegs eine beliebige Konstruktion, eine willkürliche Erfindung des Bewusstseins. Vielmehr gehen in jede Erscheinungswelt im Kuhnschen Verständnis auch Momente von der Objektseite her ein. Bevor ich diese Charakterisierung von Erscheinungswelten weiter diskutiere, ist der Begriff der Welt an sich zu betrachten.

Das Konzept der Welt an sich ist das Resultat eines gedanklichen Subtraktionsprozesses: der Subtraktion aller originär subjektseitigen Momente von einer Erscheinungswelt. Viererlei ist zu diesem Subtraktionsprozess zu bemerken. Erstens ist dieser Subtraktionsprozess in dem Sinne *möglich*, dass Erscheinungswelten neben ihren originär subjektseitigen auch originär objektseitige Momente haben und deshalb nach der Subtraktion nicht nichts übrig bleibt. Zweitens ist das Resultat dieses Subtraktionsprozesses in dem Sinne *eindeutig*, dass man von beliebigen Erscheinungswelten ausgehen kann, um die gleiche Welt an sich als Resultat zu erhalten[2]. Drittens können wir über das Resultat dieses Subtraktionsprozesses *nicht viel sagen*: die Welt an sich ist uns durch alltägliche oder wissenschaftliche Mittel nicht zugänglich. Lediglich aus der ihr zugedachten Funktion, nämlich spürbar in die Konstitution von Erscheinungswelten einzugehen, lassen sich einige ihrer ganz allgemeinen Charakteristika erschliessen. Und viertens ist die theoretische Leistungsfähigkeit der postulierten Welt an sich sehr *fragwürdig*, jedenfalls im Rahmen einer Theorie wie der Kuhnschen.

Wie immer es nun mit der Welt an sich steht: für die Frage nach dem Wirklichkeitsverständnis der Kuhnschen Theorie ist sie ohnehin von untergeordneter Bedeutung. Denn die Wirklichkeit ist immer eine Erscheinungswelt, man mag aus ihr nun durch Subtraktion eine theoretisch brauchbare Welt an sich gewinnen können oder nicht. Demnach scheint die Kuhnsche Theorie eine idealistische Theorie zu sein, oder zumindest ist sie stark idealistisch geprägt: denn eine Er-

---

1. Dabei hält Kuhn das Konzept einer Welt an sich zeitweise für entbehrlich: vergleiche Abschnitt 2.3. – Vergleiche für das Folgende vor allem die Abschnitte 2.2, 3.2 und 7.1.

2. Vermutlich muss man diese Behauptung etwas genauer formulieren, um sich nicht naheliegenden Einwänden auszusetzen: eine Erscheinungswelt, in der es aus geographischen Gründen (und fehlender Reisetätigkeit) keine Känguruhs gibt, dürfte sich auch nach der Objektseite hin von einer mit Känguruhs unterscheiden.

scheinungswelt hat auch originär subjektseitige Momente[3]. Diese Charakterisierung – in manchen Kreisen einer Totalabwertung gleichgesetzt – bedarf aber genauer Qualifikationen, weil ihre Angemessenheit mit dem steht und fällt, was man unter ‚Idealismus‘ genau versteht.

Weit verbreitet ist das folgende Cliché von Idealismus. Der Idealismus behaupte, die Wirklichkeit sei ganz und gar, in allen ihren Aspekten, das Produkt des Bewusstseins, wobei unter ‚Bewusstsein‘ das Bewusstsein eines Einzelnen verstanden wird. Die Wirklichkeit unterscheidet sich dann nicht eigentlich von den in einem Traum vorgestellten Dingen: sie steht letztlich im Belieben des vorstellenden Subjekts, sowohl was ihre Materialität als auch was ihre Bestimmungen angeht. Die Wirklichkeit ist gewissermassen eine Erfindung des Bewusstseins; sie ist der Gegenstand einer besonderen Art zu träumen.

Doch trifft diese Art des Idealismus das Wirklichkeitsverständnis der Kuhnschen Theorie ganz und gar nicht. Ich entwickle die bestehenden Differenzen in drei Punkten.

Erstens ist für Kuhn die Wirklichkeit, d.h. eine bestimmte Erscheinungswelt, in ihrer *Materialität* durchaus objektseitig, d.h. unabhängig von allem Einfluss der Subjekte. Es ist keinesfalls so, dass die Objekte der Wirklichkeit ihrer Substanz nach das gleiche sind wie ein von einem Einzelnen bewusst vorgestelltes oder geträumtes geflügeltes Pferd. Solche Objekte verschwinden vollständig und restlos, sobald sie nicht mehr vorgestellt werden, eben weil sie ihrer Substanz nach rein originär subjektseitig sind. Demgegenüber ist für Kuhn eine Erscheinungswelt gewissermassen eine bestimmte Überformung der Welt an sich, d.h. eine Überformung von etwas an sich Seienden. Kuhns Position ist demnach keinesfalls eine immaterialistische.

Zweitens stehen neben der Materialität der Welt nach Kuhn auch die *Bestimmungen der Welt* keineswegs im Belieben eines einzelnen vorstellenden Subjekts, wie es die Popularversion des Idealismus unterstellt. Obwohl Kuhn diese Position ablehnt, unterstützt er dennoch nicht die entgegengesetzte Extremposition: nämlich einen Realismus, der behauptet, dass die Bestimmungen der Wirklichkeit deshalb nicht im Belieben eines einzelnen vorstellenden Subjekts stehen, weil sie der Welt an sich anhaftende Bestimmungen sind. Gemäss diesem Realismus sind die Bestimmungen der Wirklichkeit ihrem Ursprung nach gänzlich objektseitig; sie sind den Erkenntnissubjekten damit restlos vorgegeben und stehen nicht zu ihrer Disposition. Die Kuhnsche Position befindet sich vielmehr zwischen diesen beiden ebenso groben wie populären Formen von Realismus und Idealismus.

Betrachten wir zur genaueren Fixierung der Kuhnschen Position das Netz der Ähnlichkeits- und Unähnlichkeitsrelationen, das zugleich das Fundament für die spezifische Gliederung einer Erscheinungswelt und für die auf diese Erscheinungswelt abgestimmte Sprache bildet. Ein solches Netz von Ähnlichkeitsrelationen ist das Resultat eines historischen Prozesses: der Entwicklung einer bestimmten Sprache und ineins damit eines bestimmten in diese Sprache eingelassenen Wirklichkeitsverständnisses. Dieser historische Prozess hat im Allgemeinen kein Handlungssubjekt, wohl aber ein Referenzsubjekt, nämlich die entsprechende Sprachgemeinschaft. Dementsprechend ist das Netz der Ähnlichkeits- und Unähnlichkeitsrelationen allenfalls der ‚Besitz‘ der entsprechenden Gemeinschaft, und als

---

3. Als einen „zügellosen [extravagant] Idealismus" hat beispielsweise Scheffler die Kuhnsche Theorie charakterisiert: Scheffler 1967, p.19; Loeck spricht von einem „historistischen Idealismus": Loeck 1987, S.206.

ein solcher steht es nicht zur freien Disposition von Individuen. Wie ein Einzelner die Regeln der Grammatik nicht *verändern* kann – er kann mit einer systematischen Verletzung dieser Regeln zunächst einmal nur die entsprechende Sprachgemeinschaft *verlassen* –, so kann ein Einzelner auch die einer wissenschaftlichen oder einer Alltagssprache inhärente Weltstrukturierung nicht verändern. Wohl kann ein Einzelner zur Sprachveränderung *den Anstoss geben*, aber die Durchsetzung dieser Veränderung in der entsprechenden Gemeinschaft ist wesentlich ein gesellschaftlicher Prozess. Demnach ist das idealistische Element des Kuhnschen Wirklichkeitsverständnisses – worin immer es genau besteht –, nicht *individueller*, sondern *sozialer* Natur.

Drittens könnte nach dem bisher Gesagten das Kuhnsche Wirklichkeitsverständnis immer noch grob idealistisch sein in dem Sinne, dass die bestimmte Gliederung einer Erscheinungswelt vollkommen unabhängig von allen objektseitigen Einflüssen ist. Zwar wäre dieser Idealismus kein *individueller* Idealismus, aber nichtsdestotrotz ein grober Idealismus in dem Sinne, dass es entweder keine Welt an sich gibt, oder keine der Welt an sich anhängenden Bestimmungen, oder dass die Welt an sich und/oder ihre Bestimmungen für unser tatsächliches Wirklichkeitsverständnis überhaupt keine Rolle spielen.

Tatsächlich aber ist nach Kuhn ein bestimmtes Netz von Ähnlichkeits- und Unähnlichkeitsrelationen *auch* durch originär objektseitige Einflüsse bestimmmt. Denn in der Kuhnschen Konzeption weist die Welt an sich eine gewisse Widerständigkeit auf, die es unmöglich macht, ihr jedes beliebige Netz von Ähnlichkeitsrelationen aufzuprägen. Zwar ist diese Widerständigkeit der Welt an sich anscheinend nicht von der Art, dass sie das Netz der ihr aufprägbaren Ähnlichkeitsrelationen *eindeutig* bestimmen würde: *alle* in der Geschichte der Wissenschaft einmal anerkannten Begriffssysteme waren in einem bestimmten Phänomenbereich für eine gewisse Zeit erfolgreich. Vielmehr macht sich die eigene Widerständigkeit der Welt an sich indirekter als durch eindeutige Determination bemerkbar, und sie kommt in der Wissenschaftsentwicklung vor allem in folgenden Situationen besonders deutlich zum Vorschein.

Einmal, wenn im Verlauf der gemeinschaftlich sanktionierten normalwissenschaftlichen Forschung wesentliche Anomalien auftreten, d.h. Situationen, in denen etwas passiert, was gemäss den in das Netz der Ähnlichkeitsrelationen eingelassenen Erwartungen nicht passieren dürfte. In diesem Fall wird der bislang bestehende Konsens gesprengt, und dies ist nicht rein sozial erklärbar. Denn diejenigen Widerstände, die viele Einzelne in ihrem Wahrnehmen und Denken erfahren, die sich aber ausschliesslich *sozialen* Umständen verdanken, können wohl Voraussetzung von Uniformität sein, nicht aber Uniformität zerstören. Infolgedessen spielt bei wesentlichen Anomalien die Widerständigkeit der Welt an sich wesentlich mit.

Zum anderen macht sich die Widerständigkeit der Welt an sich besonders deutlich bemerkbar, wenn man zur Behebung von Anomalien ein bisher erfolgreiches Netz von Ähnlichkeits- und Unähnlichkeitsrelationen so modifizieren möchte, dass es zugleich die erhaltenswerten Klassifikationen erhält *und* die Anomalien in den wissenschaftlichen Normalfall verwandelt. Diese bei wissenschaftlichen Revolutionen auftretende Anforderung ist ausserordentlich schwer zu erfüllen. Aber diese Schwierigkeit wird von den Wissenschaftlern nicht ausschliesslich als eine Schwierigkeit erlebt, die eigene Meinung in der Gemeinschaft sozial durchzusetzen. Vielmehr besteht vor dem natürlich auch vorhandenen Problem der Durchsetzung der eigenen Lösungsvorschläge in der Gemeinschaft die Schwierigkeit, eine Lösung zu finden, die den eigenen Qualitätsansprüchen genügt[4]. Hierbei muss ein sich unerwartetes Verhalten der Welt begrifflich erfasst werden, und die bislang geltenden, also sozial anerkannten Reglementierungen bieten gerade keine (mehr oder weniger) eindeutige Führung mehr. Diese Situation kann also gerade nicht als eine Auseinandersetzung eines Individuums mit Zwängen ausschliesslich sozialen Ursprungs verstanden werden. Vielmehr muss das Individuum mit etwas fertig werden, was sich anscheinend nur als Widerstand der Welt an sich auffassen lässt.

Im Netz der Ähnlichkeits- und Unähnlichkeitsrelationen, die für eine bestimmte Erscheinungswelt mitkonstitutiv sind, sind also originär objektseitige und originär sozial subjektseitige Momente vereinigt. Betrachtet man nun ein bestimmtes Netz, so lassen sich diese Momente aber nicht voneinander trennen: es lässt sich nicht sagen, wo genau die origär subjektseitigen und wo genau die originär objektseitigen Momente zu lokalisieren sind. Entsprechend können wir von einer Erscheinungswelt nicht das originär Subjektseitige subtrahieren, um damit endlich einen unverstellten Blick auf das rein Objektseitige zu werfen, auf die absolute Realität, die Welt an sich. Vielmehr sind uns die konkreten Bestimmmtheiten der Welt an sich unzugänglich: wohl spüren wir diese Bestimmtheiten in der Widerständigkeit, die die Welt unseren Erkenntnisbemühungen bieten, aber wir sind nicht in der Lage, diese Widerständigkeiten so zu erfassen, wie sie selbst sind.

---

4. Natürlich haben auch diese eigenen Qualitätsansprüche ein soziales Moment. Ginge es aber nur darum, dem rein sozialen Moment zu genügen, dann müssten sich tatsächlich irgenwann anerkannte Innovationen in der Gemeinschaft immer sofort durchsetzen – was faktisch nicht der Fall ist –, weil ihre wesentliche Qualität ihre Konformität mit dem Sozialen wäre.

Bibliographie

1. Bibliographie Thomas S. Kuhn

Von den Abdrucken werden nur die in „The Essential Tension" (=1977a), von den deutschen Übersetzungen nur die erste bzw. die am leichtesten greifbare Fassung genannt.

1945: Subjective View [on: General Education in a Free Society], Harvard Alumni Bulletin, Sept. 22 1945: 29-30.

1949: The Cohesive Energy of Monovalent Metals as a Function of their Atomic Quantum Defects. Ph.D. thesis, Cambridge: Harvard.

1950a (with J.H. van Vleck): A Simplified Method of Computing the Cohesive Energies of Monovalent Metals, Physical Review **79**: 382-388.

1950b: An Application of the W.K.B. Method to the Cohesive Energy of Monovalent Metals, Physical Review **79**: 515-519.

1951a: A Convenient General Solution of the Confluent Hypergeometric Equation, Analytic and Numerical Development, Quarterly of Applied Mathematics **9**: 1-16.

1951b: Newton's „31st Query" and the Degradation of Gold, Isis **42**: 296-298.

1952a: Robert Boyle and Structural Chemistry in the Seventeenth Century, Isis **43**: 12-36.

1952b: Reply to M. Boas: Newton and the Theory of Chemical Solutions, Isis **43**: 123-124.

1952c: The Independence of Density and Pore-Size in Newton's Theory of Matter, Isis **43**: 364-365.

1953a: Review of A.R. Hall: Ballistics in the Seventeenth Century, A Study in the Relations of Science and War with Reference Principally to England (New York: Cambridge University Press, 1952), Isis **44**: 284-285.

1953b: Review of 1. J.F. Scott: The Scientific Work of René Descartes (1596–1650) (London: Taylor and Francis, 1952) 2. A.G. Balz: Descartes and the Modern Mind (New Haven: Yale University Press, 1952), Isis **44**: 285–287.

1953c: Review of H. Dingle: The Scientific Adventure: Essays in the History and Philosophy of Science (New York: Philosophical Library, 1953), Speculum **28**: 879-880.

1954a: Review of F.L. Baumer (ed.): Main Currents of Western Thought. Readings in Western European Intellectual History from the Middle Ages to the Present (New York: Knopf, 1952), Isis **45**: 100.

1954b: Review of 1. G. de Santillana (ed., with annotations): Galileo Galilei: Dialogue on the Great World Systems. In the Salusbury translation (Chicago: University of Chicago Press, 1953) 2. S. Drake (transl.): Galileo Galilei: Dialogue Concerning the Two Chief World Systems - Ptolemeic & Copernican (Berkeley: University of California Press, 1953), Science **119**: 546-547.

1955a: Carnot's Version of „Carnot's Cycle", American Journal of Physics **23**: 91-95.

1955b: La Mer's Version of „Carnot's Cycle", American Journal of Physics **23**: 387-389.

1955c: Review of 1. N.K. Smith: New Studies in the Philosophy of Descartes (London: Macmillan, 1952) 2. N.K. Smith (ed.): Descartes' Philosophical Writings (London: Macmillan, 1952) 3. L.J. Beck: The Method of Descartes. A Study of the Regulae (Oxford: Clarendon, 1952), Isis **46**: 377–380.

1957a: The Copernican Revolution. Planetary Astronomy in the Development of Western

Thought, Cambridge: Harvard University Press, Übs.: Die kopernikanische Revolution, Braunschweig: Vieweg 1981.

1957b: Review of A. Koyré: A Documentary History of the Problem of Fall from Kepler to Newton. De Motu Gravium Naturaliter Cadentium in Hypothesi Terrae Motae (Philadelphia: American Philosophical Society, 1955), Isis **48**: 91–93.

1958a: The Caloric Theory of Adiabatic Compression, Isis **49**: 132–140.

1958b: Newton's Optical Papers, in I.B. Cohen (ed.): Isaac Newton's Papers and Letters on Natural Philosophy, and Related Documents, Cambridge: Cambridge University Press: pp.27–45.

1958c: Review of A. Koyré: From the Closed World to the Infinite Universe (John Hopkins Press, Baltimore, 1957), Science **127**: 641.

1958d: Review of A. Armitage: Copernicus. The founder of modern astronomy (New York: Yoseloff, 1957), Science **127**: 972.

1959a: The Essential Tension: Tradition and Innovation in Scientific Research, in C.W. Taylor (ed.): The Third (1959) University of Utah Research Conference on the Identification of Scientific Talent, Salt Lake City: University of Utah Press: pp.162–174. Abgedruckt in ET pp.225–239/S.308–326.

1959b (with S. Parnes and N. Kaplan): Committee Report on Environmental Conditions and Educational Methods Affecting Creativity, in C.W. Taylor (ed.): The Third (1959) University of Utah Research Conference on the Identification of Scientific Talent, Salt Lake City: University of Utah Press: pp.313–316.

1959c: Energy Conservation as an Example of Simultaneous Discovery, in M. Clagett (ed.): Critical Problems in the History of Science, Madison: University of Wisconsin Press: pp.321–356. Abgedruckt in ET pp.66–104/S.125–168.

1959d: Review of L. Thorndike: A History of Magic and Experimental Science, Vols. VII and VIII: The Seventeenth Century (New York: Columbia University Press, 1958), Manuscripta 3: 53–57.

1959e: Review of R.G.H. Siu: The Tao of Science: An Essay on Western Knowledge and Eastern Wisdom (New York: Wiley, 1957), The Journal of Asian Studies **18**: 284–285.

1959f: Review of J. Summerson: Sir Christopher Wren (New York: Macmillan, 1953), Scripta mathematica **24**: 158–159.

1960: Engineering Precedent for the Work of Sadi Carnot, in Actes du IXe Congrès d'Histoire des Sciences (Barcelona: Asociación para la historia de la ciencia española, 1980): pp.530–535.

1961a: The Function of Measurement in Modern Physical Science, Isis **52**: 161–193. Abgedruckt in ET pp.178–224/S.254–307.

1961b: Sadi Carnot and the Cagnard Engine, Isis **52**: 567–574.

1962a (=SSR): The Structure of Scientific Revolutions, Chicago: University of Chicago Press, 2nd ed. 1970. Übs.: Die Struktur wissenschaftlicher Revolutionen, Frankfurt: Suhrkamp, 1967, 2.Aufl. 1976.

1962b: Comment [on D.W. MacKinnon: Intellect and Motive in Scientific Inventors: Implications for Supply], in The Rate and Direction of Inventive Activity: Economic and Social Factors, Princeton: Princeton University Press, 1962: pp.379–384.

1962c: Comment [on I.H. Siegel: Scientific Discovery and the Rate and Direction of Invention], in The Rate and Direction of Inventive Activity: Economic and Social Factors, Princeton: Princeton University Press, 1962: pp.450–457.

1962d: The Historical Structure of Scientific Discovery, Science **136**: 760–764. Abgedruckt in ET pp.165–177/S.239–253.

1962e: Review of M.B. Hesse: Forces and Fields (New York: Philosophical Library, 1962), American Scientist **50**: 442A–443A.

1963a: The Function of Dogma in Scientific Research, in A.C. Crombie (ed.): Scientific Change. Historical Studies in the Intellectual, Social and Technical Conditions for Scientific Discovery and Technical Invention, from Antiquity to the Present (London: Heinemann, 1963): pp.347–369.

1963b: Discussion [on 1963a], in A.C. Crombie (ed.): Scientific Change. Historical Studies in the Intellectual, Social and Technical Conditions for Scientific Discovery and Technical Invention, from Antiquity to the Present (London: Heinemann, 1963): pp.381–395 passim.

1964: A Function for Thought Experiments, in L'aventure de la science. Mélanges Alexandre Koyré (Paris: Herman, 1964) Vol.2: pp.307–334. Abgedruckt in ET pp.240–265/S.327–356.

1966: Review of J. Agassi: Towards an Historiography of Science (History and Theory, Beiheft 2, 1963), British Journal for the Philosophy of Science **17**: 256–258.

1967a (with J.L. Heilbron, P. Forman and L. Allen): Sources for the History of Quantum Physics. An Inventory and Report, Philadelphia: American Philosophical Society.

1967b: Review of 1. B.L. Cline: The Questioners: Physicists and the Quantum Theory (New York: Crowell, 1965) 2. G. Gamow: Thirty Years that Shook Physics: The Story of Quantum Theory (New York: Doubleday, 1966) 3. M. Jammer: The Conceptual Development of Quantum Mechanics (New York: McGraw–Hill, 1966) 4. K.M. Meyer–Abich: Korrespondenz, Individualität, und Komplementarität: eine Studie zur Geistesgeschichte der Quantentheorie in den Beiträgen Nils Bohrs (Wiesbaden: Steiner, 1965) 5. R. Moore: Niels Bohr: The Man, His Science, and the World They Changed (New York: Steiner, 1966) 6. B.L. van der Waerden (ed.): Sources of Quantum Mechanics (Amsterdam: North Holland, 1967), Isis **58**: 409–419.

1967c: Review of S. Toulmin and J. Goodfield: The Discovery of Time (New York: Harper, 1965), American Historical Review **72**: 925–926.

1967d: Review of L. Peirce Williams: Michael Faraday: A Biography (London, 1965), British Journal for the Philosophy of Science **18**: 148–161.

1967e: Review of S. Rozental (ed.): Niels Bohr: His Life & Work As Seen By His Friends & Colleagues, American Scientist **55**: 339A–340A.

1968a: The History of Science, in International Encyclopedia of the Social Sciences, Vol. **14**, New York: Crowell, 1968: pp.74–83. Abgedruckt in ET pp.105–126/S.169–193.

1968b: Review of D. ter Haar (ed., with a historical introduction): The Old Quantum Theory (Oxford: Pergamon, 1967), British Journal for the History of Science **98**: 80–81.

1969a (with J.L. Heilbron): The Genesis of the Bohr Atom, Historical Studies in the Physical Sciences **1**: 211–290.

1969b: Beiträge zur Diskussion „New Trends in History", Daedalus **98**: pp.896–897, 928, 943, 944, 969, 971–976 passim.

1969c: Comment [on the Relations of Science and Art], Comparative Studies in Society and History **11**: 403–412. Abgedruckt in ET pp.340–351/S.446–460.

1969d: Comment [on F. Dovring: The Principle of Acceleration: A Non-Dialectical Theory of Progress], Comparative Studies in Society and History **11**: 426–430.

1970a: Logic of Discovery or Psychology of Research?, in I. Lakatos and A. Musgrave (eds.): Criticism and the Growth of Knowledge. Proceedings of the International Colloquium in the Philosophy of Science, London, 1965, Cambridge: Cambridge University Press, 1970: pp.1–20. Abgedruckt in ET pp.266–292/S.357–388.

1970b: Reflections on my Critics, in I. Lakatos and A. Musgrave (eds.): Criticism and the Growth of Knowledge. Proceedings of the International Colloquium in the Philosophy of Science, London, 1965, Cambridge: Cambridge University Press, 1970: pp.231–278. Übs.

in I. Lakatos und A. Musgrave (Hg.): Kritik und Erkenntnisfortschritt, Braunschweig: Vieweg, 1974, S.223–269.

1970c: Postscript – 1969, in SSR, 2nd ed. 1970: pp.174–210/S.186–239.

1970d: Comment [on R.S. Westfall: Uneasy Fitful Reflections on Fits of Easy Transmission], in R. Palter (ed.): The Annus Mirabilis of Sir Isaac Newton 1666–1966, Cambridge: MIT Press, 1970: pp.105–108.

1970e: Alexandre Koyré and the History of Science. On an Intellectual Revolution, Encounter **34**: 67–69.

1971a: Notes on Lakatos, in Buck, R.C., Cohen, R.S. (eds.): PSA 1970. In Memory of Rudolf Carnap, Boston Studies in the Philosophy of Science **8**: 137–146, Übs. in I. Lakatos und A. Musgrave (Hg.): Kritik und Erkenntnisfortschritt, Braunschweig: Vieweg 1974, S.313–321.

1971b: Les notions de causalité dans le developpement de la physique, Etudes d'épistémologie génétique **25**: 7–18 (1971), Übs. englisch und deutsch in ET pp.21–30/S.72–83.

1971c: The Relations between History and the History of Science, Daedalus **100**: 271–304. Abgedruckt in ET pp.127–161/S.194–236.

1972a: Scientific Growth: Reflections on Ben-David's „Scientific Role", Minerva **10**: 166–178.

1972b: Review of M.J. Klein: Paul Ehrenfest, Vol.1: The Making of a Theoretical Physicist (American Elsevier, 1970), American Scientist **60**: 98.

1974a: Second Thoughts on Paradigms, in F. Suppe (ed.): The Structure of Scientific Theories, Urbana: University of Illinois Press: pp.459–482. Abgedruckt in ET pp.293–319/S.389–420.

1974b: Discussion [on 1974a, and other papers of the conference], in F. Suppe (ed.): The Structure of Scientific Theories, Urbana: University of Illinois Press: pp.295–297, 369–370, 373, 409–412, 454–455, 500–517 passim.

1975: The Quantum Theory of Specific Heats: A Problem in Professional Recognition, in Proceedings of the XIV International Congress for the History of Science 1974 (Tokyo, 1975) Vol.1: pp.170–182, Vol.4: p.207.

1976a: Mathematical versus Experimental Traditions in the Development of Physical Science, The Journal of Interdisciplinary History **7**: 1–31. Abgedruckt in ET pp.31–65/S.84–124.

1976b: Theory Change as Structure-Change: Comments on the Sneed Formalism, Erkenntnis **10**: 179–199. Übs. in K. Bayertz (Hg.): Wissenschaftsgeschichte und wissenschaftliche Revolution, Köln: Pahl–Rugenstein, 1981, S.114–135.

1976c: Review of R.H. Stuewer: The Compton Effect: Turning Point in Physics (New York: Science History Publications, 1975), American Journal of Physics **44**: 1231–1232.

1977a (=ET): Die Entstehung des Neuen. Studien zur Struktur der Wissenschaftsgeschichte, hg. von L. Krüger, Frankfurt: Suhrkamp. Engl. Ausgabe: The Essential Tension. Selected Studies in Scientific Tradition and Change, Chicago: University of Chicago Press, 1977.

1977b: The Relations between the History and the Philosophy of Science, in ET: pp.3–20/S.49–71.

1977c: Objectivity, Value Judgement, and Theory Choice, in ET: pp.320–339/S.421–445.

1978: Black Body Theory and the Quantum Discontinuity, 1894–1912, Oxford: Clarendon.

1979a: History of Science, in P.D. Asquith and H.E. Kyburg (eds.): Current Research in Philosophy of Science, Ann Arbor: Edwards, 1979: pp.121–128.

1979b: Metaphor in Science, in A. Ortony (ed.): Metaphor and Thought, Cambridge: Cambridge University Press: pp.409–419.

1979c: Foreword, in L. Fleck: Genesis and Development of a Scientific Fact, eds. T.J. Trenn and R. Merton, Chicago: University of Chicago Press, 1979: pp.VII–XII.

1980a: The Halt and the Blind: Philosophy and History of Science, British Journal for the Philosophy of Science **31**: 181–192.

1980b: Einstein's Critique of Planck, in H. Woolf (ed.): Some Strangeness in the Proportion: A Centennial Symposium to Celebrate the Achievements of Albert Einstein, Reading: Addison–Wesley, 1980: pp.186–191.

1980c: Open Discussion Following Papers by M.J. Klein and T.S. Kuhn, in H. Woolf (ed.): Some Strangeness in the Proportion: A Centennial Symposium to Celebrate the Achievements of Albert Einstein, Reading: Addison–Wesley, 1980: pp.192–196 passim.

1981: What are Scientific Revolutions?, Occasional Paper #18: Center for Cognitive Science, M.I.T. Abgedruckt in L. Krüger, L.J. Daston, M. Heidelberger, (eds.): The Probabilistic Revolution, vol. 1: Ideas in History, Cambridge: M.I.T. Press, 1987, pp.7–22. Übs.: Was sind wissenschaftliche Revolutionen? Themen **34**, C.F. von Siemens Stiftung, München, 1982.

1983a: Commensurability, Comparability, Communicability, in P.D. Asquith and T. Nickles (eds.): PSA 1982. Proceedings of the 1982 Biennial Meeting of the Philosophy of Science Association, East Lansing: Philosophy of Science Association, Vol.**2**: pp.669–688.

1983b: Response to Commentaries [on 1983a], in P.D. Asquith and T. Nickles (eds.): PSA 1982. Proceedings of the 1982 Biennial Meeting of the Philosophy of Science Association, East Lansing: Philosophy of Science Association, Vol.**2**: pp.712–716.

1983c: Reflections on Receiving the John Desmond Bernal Award, 4S Review: Journal of the Society for Social Studies of Science **1**: 26–30.

1983d: Rationality and Theory Choice, Journal of Philosophy **80**: 563–570.

1983e: Foreword, to B.R. Wheaton: The tiger and the shark. Empirical roots of wave-particle dualism, Cambridge: University Press: pp.IX–XIII.

1984: Revisiting Planck, Historical Studies in the Physical Sciences **14**: 231–252.

1984a: Professionalization Recollected in Tranquility, Isis **75**: 29–32.

1985: Panel Discussion on Spezialization and Professionalism within the University, The American Council of Learned Societies, Newsletter **36** (Nos. 3 & 4): 23–27.

1986: The Histories of Science: Diverse Worlds for Diverse Audiences, Academe. Bulletin of the American Association of University Professors **72** (4): 29–33.

im Druck a: Possible Worlds in History of Science, in S. Allén (ed.): Possible Worlds in Humanities, Arts, and Sciences, Berlin: de Gruyter.

im Druck b: Response to Commentators [zu im Druck a], in S. Allén (ed.): Possible Worlds in Humanities, Arts, and Sciences, Berlin: de Gruyter.

im Druck c: Dubbing and Redubbing: the Vulnerability of Rigid Designation, Minnesota Studies in Philosophy of Science, Minneapolis: University of Minnesota Press.

2. Sonstige beigezogene Literatur

Bibliographische Angaben zur Kuhn-Diskussion finden sich in Burrichter 1979, Gutting 1980, Hacking 1981, Kisiel/Johnson 1974, Laudan 1984, Laudan et al. 1986, Spiegel–Rösing 1973 und Stegmüller 1973.

Achinstein, P., 1964: On the Meaning of Scientific Terms, Journal of Philosophy **61**: 497–509.

Agassi, J., 1963: Towards an Historiography of Science, History and Theory: Beiheft 2.

Agazzi, E., 1985: Commensurability, Incommensurability, and Cumulativity in Scientific Knowledge, Erkenntnis **22**: 51–77.

Agazzi, E. (Hg.), 1989: Die Vergleichbarkeit wissenschaftlicher Theorien, Freiburg: im Druck.

Andersson, G. (ed.), 1985: Rationality in Science and Politics. Boston Studies in the Philosophy of Science **79**, Dordrecht: Reidel.

Andersson, G., 1988: Kritik und Wissenschaftsgeschichte. Kuhns, Lakatos' und Feyerabends Kritik des kritischen Rationalismus, Tübingen: Mohr.

Asquith, P.D., Kitcher, P. (eds.), 1985: PSA 1984. Proceedings of the 1984 Biennial Meeting of the Philosophy of Science Association, vol.**2**, East Lansing: Philosophy of Science Association.

Asquith, P.D., Kyburg, H.E. (eds.), 1979: Current Research in Philosophy of Science, Ann Arbor: Edwards. Asquith, P.D., Nickles, T. (eds.), 1983: PSA 1982. Proceedings of the 1982 Biennial Meeting of the Philosophy of Science Association, East Lansing: Philosophy of Science Association.

Austin, W.H., 1972: Paradigms, Rationality, and Partial Communication, Zeitschrift für allgemeine Wissenschaftstheorie **3**: 203–218.

Balzer, W., 1978: Incommensurability and Reduction, Acta Philosophica Fennica **30**: 313–335.

Balzer, W., 1985a: Was ist Inkommensurabilität?, Kant-Studien **76**: 196–213.

Balzer, W., 1985b: Incommensurability, Reduction, and Translation, Erkenntnis **23**: 255–267.

Barbour, I., 1974: Paradigms in Science and Religion, in Gutting 1980: pp.223–245.

Barker, P., 1988: Wittgenstein and the Historicist Project in Philosophy of Science, Vortrag auf dem 13. Internationalen Wittgenstein Symposium, 14.–21. August 1988: Kirchberg.

Barnes, B., 1982: T.S. Kuhn and Social Science, London: McMillan.

Barnes, S.B., Dolby, R.G.A., 1970: The Scientific Ethos: A deviant Viewpoint, Archives européennes de sociologie **9**: 3–25. Übs. in Weingart 1972: S.263–286.

Barnett, R.E., 1977: Restitution: A New Paradigm of Criminal Justice, Ethics **87**: 279–301.

Bastide, R. (ed.), 1962: Sens et usage du terme structure dans les sciences humaines et sociales, 's-Gravenhage: Mouton.

Batens, D., 1983a: The Relevance of Theory-Ladenness and Incommensurability, and a Survey of the Contributions to this Issue, Philosophica **31**: 3–6.

Batens, D., 1983b: Incommensurability is not a Treat to the Rationality of Science or to the Anti-Dogmatic Tradition, Philosophica **32**: 117–132.

Bayertz, K., 1980: Wissenschaft als historischer Prozess. Die antipositivistische Wende in der Wissenschaftstheorie, München: Fink.

Bayertz, K. (Hg.), 1981: Wissenschaftsgeschichte und wissenschaftliche Revolution, Köln: Pahl–Rugenstein.

Bayertz, K., 1981a: Über Begriff und Problem der wissenschaftlichen Revolution, in Bayertz 1981: S.11–28.

Bayertz, K., 1981b: Wissenschaftstheorie und Paradigmenbegriff, Stuttgart: Metzler.

Berding, H., 1978: Revolution als Prozess, in Faber/Meier 1978: S.266–289.

Bernstein, R.J., 1983: Beyond Objectivism and Relativism: Science, Hermeneutics, and Praxis, Philadelphia: University of Pennsylvania Press.

Blaug, M., 1975: Kuhn versus Lakatos, or Paradigms versus Research Programs in History of Economics, History of Political Economy 7: 399–433.

Bluhm, W.T. (ed.), 1982: The Paradigm Problem in Political Science. Perspectives from Philosophy and from Practice, Durham: Carolina Academic Press.

Blum, W., Dürr, H.-P., Rechenberg, H. (Hg.), 1984: Werner Heisenberg: Gesammelte Werke. Abteilung C. Allgemeinverständliche Schriften, Band I: Physik und Erkenntnis 1927–1955, München: Piper.

Blumenberg, H., 1971: Paradigma, grammatisch, in Blumenberg 1981: S.157–162.

Blumenberg, H., 1981: Wirklichkeiten in denen wir leben, Stuttgart: Reclam.

Böhler, D., 1972: Paradigmawechsel in analytischer Wissenschaftstheorie? Wissenschaftsge-
    schichtliche und Wissenschaftstheoretische Aufgaben der Philosophie, Zeitschrift für all-
    gemeine Wissenschaftstheorie **3**: 219–242.
Bohm, D., 1974: Science as Perception-Communication, in Suppe 1977: pp.374– 391.
Bohm, D., 1980: Wholeness and the Implicate Order, London: Routledge & Kegan Paul.
Bollnow, O.F. (Hg.), 1969: Erziehung in anthropologischer Sicht, Zürich: Morgarten.
Boltzmann, L., 1905: Populäre Schriften, Leipzig: Barth.
Boos, B., Krickeberg, K. (Hg.), 1977: Mathematisierung der Einzelwissenschaften, Basel:
    Birkhäuser.
Boyd, R.N., 1979: Metaphor and Theory Change: What is „Metaphor" a Metaphor for?, in Or-
    tony 1979: pp.356–408.
Boyd, R.N., 1984: The Current Status of Scientific Realism, in Leplin 1984: pp.41–82.
Brand, M., 1979: Causality, in Asquith/Kyburg 1979: pp.252–281.
Briggs, J.P., Peat, F.D., 1984: Looking Glass Universe. The Emerging Science of Wholeness,
    Glasgow: Fontana.
Brown, H.I., 1977: Perception, Theory and Commitment. The New Philosophy of Science,
    Chicago: University of Chicago Press, [2]1979.
Brown, H.I., 1983: Incommensurability, Inquiry **26**: 3–29.
Bryant, C.G.A., 1975: Kuhn, Paradigms and Sociology, British Journal of Sociology **26**: 354–
    359.
Buchdahl, G., 1965: A Revolution in Historiography of Science, History of Science **4**: 55–69.
Buchdahl, G., 1969: Metaphysics and the Philosophy of Science. The Classical Origins: De-
    scartes to Kant, Cambridge: MIT Press.
Buck, R.C., Cohen, R.S. (eds.), 1971: PSA 1970. In Memory of Rudolf Carnap, Boston Studies
    in the Philosophy of Science, vol.VIII, Dordrecht: Reidel.
Bunge, M., 1964: The Critical Approach to Science and Philosophy, New York: Free Press.
Burian, R.M., 1975: Conceptual Change, Cross-Theoretical Explanation, and the Unity of
    Science, Synthese **32**: 1–28.
Burian, R.M., 1984: Scientific Realism and Incommensurability: Some Criticisms of Kuhn and
    Feyerabend, in Cohen/Wartofsky 1984: pp.1–31.
Burr, R.L., Brown, B.B., 1988: Wittgenstein and Kuhn: Paradigms and the Standard Metre,
    Vortrag auf dem 13. Internationalen Wittgenstein Symposium, 14.–21. August 1988:
    Kirchberg.
Burrichter, C. (Hg.), 1979: Grundlegung der historischen Wissenschaftsforschung, Basel:
    Schwabe.
Butterfield, H., 1931: The Whig Interpretation of History, London: Bell.
Cassirer, E., 1910: Substanzbegriff und Funktionsbegriff. Untersuchungen über die Grund-
    fragen der Erkenntniskritik, Darmstadt: Wissenschaftliche Buchgesellschaft, [5]1980.
Causey, R.L., 1974: Professor Bohm's View of the Structure and Development of Theories, in
    Suppe 1977: pp.392–401.
Cedarbaum, D.G., 1983: Paradigms, Studies in History and Philosophy of Science **14**: 173–
    213.
Cohen, I.B., 1974: History and the Philosopher of Science, in Suppe 1977: pp.308–349.
Cohen, I.B., 1985: Revolution in Science, Cambridge, MA: Harvard University Press.
Cohen, R.S., Feyerabend, P.K., Wartofsky, M.W. (eds.), 1976: Essays in Memory of Imre La-
    katos. Boston Studies in the Philosophy of Science **34**, Dordrecht: Reidel.
Cohen, R.S., Wartofsky, M.W. (eds.), 1974: Methodological and Historical Essays in the Na-
    tural and Social Sciences. Boston Studies in the Philosophy of Science **14**, Dordrecht:
    Reidel.
Cohen, R.S., Wartofsky, M.W. (eds.), 1984: Methodology, Metaphysics and the History of

Science; in Memory of Benjamin Nelson, Boston Studies in the Philosophy of Science **84**, Dordrecht: Reidel.

Colodny, R. (ed.), 1966: Mind and Cosmos. Essays in Contemporary Science and Philosophy, Pittsburgh: University of Pittsburgh Press.

Conant, J.B., 1947: On Understanding Science. An Historical Approach, New Haven: Yale University Press.

Crane, D., 1980: An Exploratory Study of Kuhnian Paradigms in Theoretical High-Energy Physics, Social Studies of Science **10**: 23–54.

Crane, D., 1980a: Exemplars and Analogies – A Comment on Crane Study of Kuhnian High Energy Physics – Reply, Social Studies of Science **10**: 502–506.

Crombie, A.C. (ed.), 1963: Scientific Change. Historical Studies in the Intellectual, Social and Technical Conditions for Scientific Discovery and Technical Invention, from Antiquity to the Present, London: Heinemann.

Crowe, M.J., 1986: The Extraterrestrial Life Debate 1750–1900. The Idea of a Plurality of Worlds, Cambridge: Cambridge University Press.

Curd, M.V., 1984: Kuhn, Scientific Revolutions and the Copernican Revolution, Nature and System **6**: 1–14.

Czonka, P.L., 1969: Advanced Effekts in Particle Physics. I, Physical Review **180**: 1266–1281.

Danto, A.C., 1965: Analytical Philosophy of History, Cambridge: Cambridge University Press, Übs. Analytische Philosophie der Geschichte, Frankfurt 1980: Suhrkamp.

Davidson, D., 1974: The Very Idea of a Conceptual Scheme, Proceedings & Addresses of the American Philosophical Association **47**: 5–20, abgedruckt in Meiland/Krausz 1982, pp.66–80.

Davidson, D., Harman, G. (eds.), 1972: The Semantics of Natural Languages, Dordrecht: Reidel.

Devitt, M., 1979: Against Incommensurability, Australasian Journal of Philosophy **57**: 29–50.

Dick, S.J., 1984: Plurality of Worlds. The Origins of the Extraterrestrial Life Debate from Democritus to Kant, Cambridge: Cambridge University Press.

Diederich, W. (Hg.), 1974: Theorien der Wissenschaftsgeschichte. Beiträge zur diachronischen Wissenschaftstheorie, Frankfurt: Suhrkamp.

Diemer, A., 1970: Zur Grundlegung eines allgemeinen Wissenschaftsbegriffs, Zeitschrift für allgemeine Wissenschaftstheorie **1**: 209–227.

Diemer, A. (Hg.), 1977: Die Struktur wissenschaftlicher Revolutionen und die Geschichte der Wissenschaften, Meisenheim: Hain.

Domin, G., 1978: Wissenschaftskonzeptionen. Eine Auswahl von Beiträgen sowjetischer Wissenschaftshistoriker zur Geschichte der Ideen über die Wissenschaft, Berlin (DDR): Akademie-Verlag.

Doppelt, G., 1978: Kuhn's Epistemological Relativism: An Interpretation and Defense, Inquiry **21**: 33–86; in Auszügen abgedruckt in Meiland/Krausz 1982, pp.113–146.

Dreyfus, H.L., 1979: What Computers Can't Do. The Limits of Artificial Intelligence. Revised Edition, New York: Harper.

Dürr, H.-P., 1988: Das Netz des Physikers. Naturwissenschaftliche Erkenntnis in der Verantwortung, München: Hanser.

Eimas, P.D., 1985: The Perception of Speech in Early Infancy, Scientific American **252**: January, 34–40.

Einem, H.v. et al., 1973: Der Strukturbegriff in den Geisteswissenschaften, Mainz: Akademie der Wissenschaften und der Literatur.

Embree, L., 1981: The History and Phenomenology of Science is Possible, in Skousgaard 1981: pp.215–228.

Engelhardt, W. v., 1977: Das Erdmodell der Plattentektonik – ein Beispiel für Theorienwandel in der neueren Geowissenschaft, in Diemer 1977: S.91–109.

English, J., 1978: Partial Interpretation and Meaning Change, Journal of Philosophy 75: 57–76.

Erpenbeck, J., Röseberg, U., 1981: Dialektik der Wissenschaftsentwicklung, in Hörz/Röseberg 1981: S.434–447.

Faber, K.-G., Meier, C. (Hg.), 1978: Historische Prozesse. Theorie der Geschichte, Beiträge zur Historik, Bd. 2, München: dtv.

Feigl, H., 1964: What Hume Might Have Said to Kant (And a few questions about induction and meaning), in Bunge 1964: pp.45–51.

Feigl, H., 1974: Empiricism at Bay? Revisions and a New Defense, in Cohen/Wartofsky 1974: pp.1–20.

Feigl, H., Maxwell, G. (eds.), 1962: Scientific Explanation, Space, and Time. Minnesota Studies in the Philosophy of Science 3, Minneapolis: University of Minnesota Press.

Feyerabend, P.K., 1958: An Attempt at a Realistic Interpretation of Experience, Proceedings of the Aristotelian Society 58: 143–170, dt. Übs. in Feyerabend 1978a, S.4–23.

Feyerabend, P.K., 1962: Explanation, Reduction, and Empiricism, in Feigl/Maxwell 1962: pp.28–97, dt. Übs. (gekürzt) in Feyerabend 1981a, S.73–125.

Feyerabend, P.K., 1970: Consolations for the Specialist, in Lakatos/Musgrave 1970: pp.197–230/S.191–222.

Feyerabend, P.K., 1976: Wider den Methodenzwang. Skizze einer anarchistischen Erkenntnistheorie, Frankfurt: Suhrkamp.

Feyerabend, P.K., 1978a: Der wissenschaftstheoretische Realismus und die Autorität der Wissenschaften. Ausgewählte Schriften, Band 1, Braunschweig: Vieweg.

Feyerabend, P.K., 1978b: Kuhns Struktur wissenschaftlicher Revolutionen. Ein Trostbüchlein für Spezialisten?, in Feyerabend 1978a: S.153–204.

Feyerabend, P.K., 1981a: Probleme des Empirismus. Schriften zur Theorie der Erklärung, der Quantentheorie und der Wissenschaftsgeschichte. Ausgewählte Schriften, Band 2, Braunschweig: Vieweg.

Feyerabend, P.K., 1981b: More Clothes from the Emperor's Bargain Basement, British Journal for the Philosophy of Science 32: 57–71.

Feyerabend, P.K., 1984: Mach's Theory of Research and its Relation to Einstein, Studies in History and Philosophy of Science 15: 1–22.

Feyerabend, P.K., 1987: Putnam on Incommensurability, British Journal for the Philosophy of Science 38: 75–81.

Feyerabend, P.K., Thomas, C. (Hg.), 1984: Kunst und Wissenschaft, Zürich: Verlag der Fachvereine.

Feynman, R.P., 1985: QED. The Strange Theory of Light and Matter, Princeton: Princeton University Press.

Field, H., 1973: Theory Change and the Indeterminacy of Reference, Journal of Philosophy 70: 462–481.

Fine, A., 1967: Consistency, Derivability, and Scientific Change, Journal of Philosophy 64: 231–240.

Fine, A., 1975: How to Compare Theories: Reference and Change, Nous 9: 17–32.

Fine, A., Machamer, P. (eds.), 1986: PSA 1986. Proceedings of the 1986 Biennial Meeting of the Philosophy of Science Association, volume one, East Lansing: Philosophy of Science Association.

Finocchiaro, M.A., 1986: Judgment and Reasoning in the Evaluation of Theories, in Fine/Machamer 1986: pp.227–235.

Fischer, P., 1985: Licht und Leben. Ein Bericht über Max Delbrück, den Wegbereiter der Molekularbiologie, Konstanz: Universitätsverlag.

Fleck, L., 1935: Entstehung und Entwicklung einer wissenschaftlichen Tatsache. Einführung in die Lehre vom Denkstil und Denkkollektiv, Frankfurt: Suhrkamp [2]1980.

Flonta, M., 1978: A „weak" and a „strong" Version of the Incommensurability Thesis, Philosophie et Logique 20: 395–406.

Foley, L.A., 1980: Review of T.S. Kuhn: Black-Body Theory and the Quantum Discontinuity, 1894–1912, Review of Metaphysics 33: 639–641.

Franklin, A., 1984: Are Paradigms Incommensurable?, British Journal for the Philosophy of Science 35: 57–60.

Franzen, W., 1985: „Vernunft nach Menschenmass" – Hilary Putnams neue Philosophie als mittlerer Weg zwischen Absolutheitsdenken und Relativismus, Philosophische Rundschau 32: 161–197.

Friedmann, J., 1981: Kritik konstruktivistischer Vernunft. Zum Anfangs- und Begründungsproblem bei der Erlanger Schule, München: Fink.

Gadamer, H.-G., 1960: Wahrheit und Methode, Tübingen: Mohr [4]1975.

Galison, P., 1981: Kuhn and the Quantum Controversy, British Journal for the Philosophy of Science 32: 71–85.

Gethmann, C.F., 1981: Wissenschaftsforschung? Zur philosophischen Kritik der nach-Kuhnschen Reflexionswissenschaften, in Janich 1981: S.9–38.

Giedymin, J., 1970: The Paradox of Meaning Variance, British Journal for the Philosophy of Science 21: 257–268.

Giedymin, J., 1971: Consolations for the Irrationalist?, British Journal for the Philosophy of Science 22: 39–48.

Giel, K., 1969: Studie über das Zeigen, in Bollnow 1969: S.51–75.

Goodman, N., 1975: Words, Works, Worlds, in Goodman 1978: pp.1–22.

Goodman, N., 1978: Ways of Worldmaking, Indianapolis: Hackett.

Goodman, N., 1984: Of Mind and Other Matters, Cambridge MA: Harvard University Press.

Grandy, R.E., 1983: Incommensurability: Kinds and Causes, Philosophica 32: 7–24.

Greene, J.C., 1971: The Kuhnian Paradigm and the Darwinian Revolution in Natural History, in Roller 1971: pp.3–25.

Groh, D., 1971: Strukturgeschichte als „totale" Geschichte?, in Schieder/Gräubig 1977: S.311–351.

Groh, D., Wirtz, R., 1983: Vom Nutzen und Nachteil des Quantifizierens für die Historie, in Hoyningen-Huene 1983: S.175–198.

Gumin, H., Mohler, A., 1985: Einführung in den Konstruktivismus, München: Oldenburg.

Gutting, G., 1979: Continental Philosophy of Science, in Asquith/Kyburg 1979: pp.94–117.

Gutting, G. (ed.), 1980: Paradigms and Revolutions. Applications and Appraisals of Thomas Kuhn's Philosophy of Science, Notre Dame: University of Notre Dame Press.

Hacking, I., 1983: Representing and intervening. Introductory topics in the philosophy of natural science, Cambridge: Cambridge University Press.

Hacking, I., 1984: Five Parables, in Rorty/Schneewind/Skinner 1984: pp.103–124.

Hacking, I. (ed.), 1981: Scientific Revolutions, Oxford: Oxford University Press.

Hall, A.R., 1963: Commentary [on T.S. Kuhn: The Function of Dogma in Scientific Research], in Crombie 1963: pp.370–375.

Hanson, N.R., 1958: Patterns of Discovery. An Inquiry into the Conceptual Foundations of Science, Cambridge: Cambridge University Press.

Harper, W.L., 1978: Conceptual Change, Incommensurability and Special Relativity Kinematics, Acta Philosophica Fennica 30: 430–461.

Harvey, L., 1982: The Use and Abuse of Kuhnian Paradigms in the Sociology of Knowledge, Sociology **16**: 85–107.

Hattiangadi, J.N., 1971: Alternatives and Incommensurables: the Case of Darwin and Kelvin, Philosophy of Science **38**: 502–507.

Hautamäki, A., 1983: Scientific Change and Intensional Logic, Philosophica **32**: 25–42.

Haverkamp, A., 1987: Paradigma *Metapher*, Metapher *Paradigma* – Zur Metakinetik hermeneutischer Horizonte (Blumenberg/Derrida, Kuhn/Foucault, Black/White), in Herzog/Kosellek 1987: S.547–560.

Hegel, G.W.F., : Werke in zwanzig Bänden, Frankfurt: Suhrkamp 1969 ff..

Heidegger, M., 1927: Sein und Zeit, Tübingen: Niemeyer [14]1977.

Heidegger, M., 1962: Die Frage nach dem Ding, Tübingen: Niemeyer [2]1975.

Heisenberg, W., 1942: Ordnung der Wirklichkeit, in Blum/Dürr/Rechenberg 1984: S.217–306.

Hentschel, K., 1985: On Feyerabend's Version of ‚Mach's Theory of Research and its Relation to Einstein‘, Studies in History and Philosophy of Science **16**: 387–394.

Herzog, R., Kosellek, R. (Hg.), 1987: Epochenschwelle und Epochenbewusstsein. Poetik und Hermeneutik XII, München: Fink.

Hesse, M., 1983: Comment on Kuhn's „Commensurability, Comparability, Communicability", in Asquith/Nickles 1983: pp.704–711.

Hintikka, J., 1988: On the Incommensurability of Theories, Philosophy of Science **55**: 25–38.

Hodysh, H.W., 1977: Kuhnian Paradigm and its Implications for Historiography of Curriculum Change, Paedagogica Historica **17**: 75–87.

Holenstein, E., 1976: ‚Implicational Universals‘ versus ‚Familienähnlichkeiten‘, in ders., Linguistik, Semiotik, Hermeneutik. Pladoyers für eine strukturale Phänomenologie, Frankfurt: Suhrkamp: S.125–133.

Holenstein, E., 1980: Von der Hintergehbarkeit der Sprache (und der Erlanger Schule), in ders., Von der Hintergehbarkeit der Sprache. Kognitive Unterlagen der Sprache, Frankfurt: Suhrkamp: S.10–52.

Hollinger, D.A., 1973: T.S. Kuhn's Theory of Science and its Implications for History, American Historical Review **78**: 370–393; abgedruckt in Gutting 1980, pp.195–222.

Hörz, H., 1988: Wissenschaft als Prozess. Grundlagen einer dialektischen Theorie der Wissenschaftsentwicklung, Berlin/DDR: Akademie-Verlag.

Hörz, H., Röseberg, U. (Hg.), 1981: Materialistische Dialektik in der physikalischen und biologischen Erkenntnis, Berlin/DDR: Akademie-Verlag.

Hoyningen-Huene, P. (Hg.), 1983a: Die Mathematisierung der Wissenschaften, Zürich: Artemis.

Hoyningen-Huene, P., 1983b: Autonome historische Prozesse – kybernetisch betrachtet, Geschichte und Gesellschaft **9**: 119–123.

Hoyningen-Huene, P., 1984a: Der Glaube an die Wissenschaft, in Kindlers Enzyklopädie Der Mensch, München: Kindler, 1981 ff., Band **7**: S.488–496.

Hoyningen-Huene, P., 1984b: Das Problemfeld „Wissenschaftlicher Fortschritt", in Feyerabend/Thomas 1984: S.201–206.

Hoyningen-Huene, P., 1985: Levels of Dispute. Review of L. Laudan: Science and Values. The Aims of Science and Their Role in Scientific Debate, Nature **315**: 781.

Hoyningen-Huene, P., 1987a: On the Distinction Between the „Context" of Discovery and the „Context" of Justification, in: Les relations mutuelles entre la philosophie des sciences et l'histoire des sciences, Epistemologia **10**: pp.81–88.

Hoyningen-Huene, P., 1987b: Context of Discovery and Context of Justification, Studies in History and Philosophy of Science **18**: 501–515.

Hoyningen-Huene, P., 1988: Diskussionsbeitrag [zu J. Mittelstrass: Philosophische Grundlagen der Wissenschaften. Über wissenschaftstheoretischen Historismus, Konstruktivismus und Mythen des wissenschaftlichen Geistes], in Hoyningen-Huene/Hirsch 1988: 219–225.

Hoyningen-Huene, P., im Druck: Naturbegriff – Wissensideal – Experiment. Warum ist die neuzeitliche Wissenschaft technisch verwertbar?, Zeitschrift für Wissenschaftsforschung: im Druck.

Hoyningen-Huene, P., Hirsch, T. (Hg.), 1988: Wozu Wissenschaftsphilosophie?, Berlin: de Gruyter.

Hronszky, I., Fehér, M., Dajka, B. (eds.), 1988: Scientific Knowledge Socialized. Selected Proceedings of the 5th International Conference on the History and Philosophy of Science Organized by the IUHPS, Veszprém, 1984, Dordrecht: Kluwer.

Hübner, K., 1978: Kritik der wissenschaftlichen Vernunft, Freiburg: Alber.

Hung, H.-C., 1987: Incommensurability and Inconsistency of Language, Erkenntnis 27: 323–352.

Husserl, E., 1922: Ideen zu einer reinen Phänomenologie und phänomenologischen Philosophie. Allgemeine Einführung in die reine Phänomenologie, Tübingen: Max Niemeyer, ⁴1980, ²1922.

Janich, P. (Hg.), 1981: Wissenschaftstheorie und Wissenschaftsforschung, München: Beck.

Jauss, H.R., 1969: Paradigmawechsel in der Literaturwissenschaft, Linguistische Berichte, Heft 3: 44–56.

Jonas, H., 1973: Organismus und Freiheit. Ansätze zu einer philosophischen Biologie, Göttingen: Vandenhoeck & Ruprecht.

Jones, G.E., 1981: Kuhn, Popper, and Theory Comparison, Dialectica 35: 389–397.

Jones, K., 1986: Is Kuhn a Sociologist?, British Journal for the Philosophy of Science 37: 443–452.

Kambartel, F., 1973: Struktur, in Krings/Baumgartner/Wild 1973: S.1430–1439.

Kamlah, W., Lorenzen, P., 1967: Logische Propädeutik. Vorschule des vernünftigen Redens, Mannheim: Bibliographisches Institut.

Kant, I., : Werke in zehn Bänden, hg. von W. Weischedel, Darmstadt: Wissenschaftliche Buchgesellschaft.

Katz, J.J., 1979: Semantics and Conceptual Change, Philosophical Review 88: 327–365.

King, M.D., 1971: Reason, Tradition, and the Progressivness of Science, History & Theory 10: 3–32, Übs. in Weingart 1974, S.39–75.

Kisiel, T., Johnson, G., 1974: New Philosophies of Science in the USA: A Selective Survey, Zeitschrift für Allgemeine Wissenschaftstheorie 5: 138–191.

Kitcher, P., 1978: Theories, Theorists and Theoretical Change, The Philosophical Review 87: 519–547.

Kitcher, P., 1983: Implications of Incommensurability, in Asquith/Nickles 1983, vol.2: pp.689–703.

Klein, M.J., 1979: Essay Review [of T.S.Kuhn: Black-Body Theory and the Quantum Discontinuity, 1894–1912], Isis 70: 430–434.

Kobi, E.E., 1977: Modelle und Paradigmen in der heilpädagogischen Theoriebildung, in A. Bührli (Hg.): Sonderpädagogische Theoriebildung. Vergleichende Sonderpädagogik, Luzern: Schweizerische Zentralstelle für Heilpädagogik: S.11–24.

Koertge, N., 1983: Theoretical Pluralism and Incommensurability: Implications for Science and Education, Philosophica 31: 85–108.

Kordig, C.R., 1970: Objectivity, Scientific Change, and Self-Reference, in Buck/Cohen 1971: pp.519–523.

Kordig, C.R., 1971a: The Justification of Scientific Change, Dordrecht: Reidel.

Kordig, C.R., 1971b: Scientific Transitions, Meaning Invariance, and Derivability, Southern

Journal of Philosophy **9**: 119–125.

Kordig, C.R., 1971c: Stipulative Invariance, Southern Journal of Philosophy **9**: 129.

Kordig, C.R., 1971d: The Comparatibility of Scientific Theories, Philosophy of Science **38**: 467–485.

Kosellek, R., 1973: Ereignis und Struktur, in Kosellek, R., Stempel, W.D. (Hg.): Geschichte – Ereignis und Erzählung, München: Fink: S.560–570.

Kragh, H., 1987: In Introduction to the Historiography of Science, Cambridge: Cambridge University Press.

Krige, J., 1980: Science, Revolution and Discontinuity, Sussex: Harvester.

Krings, H., Baumgartner, H.M., Wild, C. (Hg.), 1973: Handbuch philosophischer Grundbegriffe, München: Kösel.

Krüger, L., 1974: Die systematische Bedeutung wissenschaftlicher Revolutionen, pro und contra Thomas Kuhn, in Diederich 1974: S.210–246.

Künne, W., 1983: „Im übertragenen Sinne". Zur Theorie der Metapher, Conceptus **17** (Nr.40/41): 181–200.

Laitko, H., 1981: Thomas S. Kuhn und das Problem der Entstehung neuen Wissens, in Bayertz 1981: S.174–191.

Lakatos, I., 1970: Falsification and the Methodology of Scientific Research Programmes, in Lakatos/Musgrave 1970: pp.91–196. Abgedruckt in Lakatos 1978: pp.8–101.

Lakatos, I., 1971: History of Science and its Rational Reconstructions, in Buck/Cohen 1971: pp.91–136. Abgedruckt in Lakatos 1978: pp.102–138. Dt. Übs. in Lakatos/Musgrave (dt.).

Lakatos, I., 1978: The methodology of scientific research programmes. Philosophical Papers Vol. I, edited by J. Worral and G. Currie, Cambridge: Cambridge University Press.

Lakatos, I., Musgrave, A. (eds.), 1970: Criticism and the Growth of Knowledge, London: Cambridge University Press. Übs: Kritik und Erkenntnisfortschritt, Braunschweig: Vieweg, 1974.

Lane, N.R., Lane, S.A., 1981: Paradigms and Perception, Studies in History and Philosophy of Science **12**: 47–60.

Laudan, L., 1976: Two Dogmas of Methodology, Philosophy of Science **43**: 585–597.

Laudan, L., 1977: Progress and its Problems. Towards a Theory of Scientific Growth, Berkeley: University of California Press.

Laudan, L., 1984: Science and Values. The Aims of Science and Their Role in Scientific Debate, Berkeley: University of California Press.

Laudan, L., Donovan, A., Laudan, R., Barker, P., Brown, H., Leplin, J., Thagard, P., Wykstra, S., 1986: Scientific Change: Philosophical Models and Historical Research, Synthese **69**: 141–223.

Leibniz, G.W., 1684: Meditationes de Cognitione, Veritate et Ideis, in C.J. Gerhardt (Hg.): Die philosophischen Schriften von Gottfried Wilhelm Leibniz, Berlin, 1880, Bd.4: pp.422–426; Übs. in H.Herring (Hg.): G.W. Leibniz: Fünf Schriften zur Logik und Metaphysik, Stuttgart: Reclam 1966, S.9–17.

Leplin, J. (ed.), 1984: Scientific Realism, Berkeley: University of California Press.

Levi, I., 1985: Messianic vs Myopic Realism, in Asquith/Kitcher 1985: pp.617–636.

Levin, M.E., 1979: On Theory-Change and Meaning-Change, Philosophy of Science **46**: 407–424.

Levinson, P. (ed.), 1982: In Pursuit of Truth. Essays in Honour of Karl Popper's 80th Birthday, Atlantic Highlands, NJ: Humanities Press.

Lewis, D., 1986: On the Plurality of Worlds, Oxford: Basil Blackwell.

Loeck, G., 1987: Wissenserzeugung durch Beobachteränderung, Erkenntnis **26**: 195–229.

Lorenz, K., Wuketits, F.M. (Hg.), 1983: Die Evolution des Denkens, München: Piper.

Lübbe, H., 1977: Geschichtsbegriff und Geschichtsinteresse. Analytik und Pragmatik der Historie, Basel: Schwabe.

Lugg, A., 1987: ‚The Priority of Paradigms' Revisited, Zeitschrift für allgemeine Wissenschaftstheorie **18**: 175–182.

MacCormac, E.R., 1971: Meaning Variance and Metaphor, British Journal for the Philosophy of Science **22**: 145–169.

MacIntyre, A., 1977: Epistemological Crises, Dramatic Narrative, and the Philosophy of Science, The Monist **60**: 453–471 (abgedruckt in Gutting 1980, pp.54–74).

Mandelbaum, M., 1977: A Note on Thomas S. Kuhn's The Structure of Scientific Revolutions, The Monist **60**: 445–452.

Mandelbaum, M., 1979: Subjective, Objective, and Conceptual Relativisms, The Monist **62**: 403–428; abgedruckt in Meiland/Krausz 1982: pp.34–61.

Marquard, O., 1978: Kompensation. Überlegungen zu einer Verlaufsfigur geschichtlicher Prozess, in Faber/Meier 1978: S.330–362.

Martin, G., 1969: Immanuel Kant. Ontologie und Wissenschaftstheorie, Berlin: de Gruyter, ⁴1969.

Martin, M., 1971: Referential Variance and Scientific Objectivity, British Journal for the Philosophy of Science **22**: 17–26.

Martin, M., 1972: Ontological Variance and Scientific Objectivity, British Journal for the Philosophy of Science **23**: 252–256.

Martin, M., 1984: How To Be a Good Philosopher of Science: A Plea for Empiricism in Matters Methodological, in Cohen/Wartofsky 1984: pp.33–42.

Mastermann, M., 1970: The Nature of a Paradigm, in Lakatos/Musgrave 1970: pp.59–89.

Maudgil, A., Chandra, S., 1988: World-Pictures and Paradigms: Wittgenstein and Kuhn: Vortrag auf dem 13. Internationalen Wittgenstein Symposium, 14.–21. August 1988, Kirchberg.

Maxwell, N., 1984: From Knowledge to Wisdom. A Revolution in the Aims and Methods of Science, Oxford: Basil Blackwell.

Mayr, E., 1971: The Nature of the Darwinian Revolution, in Mayr 1976: pp.277–296.

Mayr, E., 1976: Evolution and the Diversity of Life. Selected Essays, Cambridge MA: Belnap.

McMullin, E., 1983: Values in Science, in Asquith/Nickles 1983: pp.3–28.

Meiland, J.W., 1974: Kuhn, Scheffler and Objectivity in Science, Philosophy of Science **41**: 179–187.

Meiland, J.W., Krausz, M. (eds.), 1982: Relativism. Cognitive and Moral, Notre Dame: University of Notre Dame Press.

Mer, V. La, 1954: Some Current Misinterpretations of N.L. Sadi Carnot's Memoir and Cycle, American Journal of Physics **22**: 20–27.

Mer, V. La, 1955: Some Current Misinterpratations of N.L. Sadi Carnot's Memoir and Cycle. II, American Journal of Physics **23**: 95–102.

Merton, R.K., 1942: Science and Democratic Social Structure, in Merton 1968: pp.604–615; auch in Merton 1973, pp.267–278; Übs. in Weingart 1972, S.45–59.

Merton, R.K., 1945: Paradigm for the Sociology of Knowledge, in Merton 1973: pp.7–40 (ursprünglicher Titel: Sociology of Knowledge).

Merton, R.K., 1968: Social Theory and Social Structure, New York: Free Press.

Merton, R.K., 1973: The Sociology of Science. Theoretical and Empirical Investigations, Chicago: University of Chicago Press.

Merton, R.K., 1977: The Sociology of Science. An Episodic Memoir, in Merton/Gaston 1977: pp.3–141.

Merton, R.K., Gaston, J. (eds.), 1977: The Sociology of Science in Europe, Carbondale: Southern Illinois University Press.

Mey, M. de, 1982: The Cognitive Paradigm, Dordrecht: Reidel.

Meyer-Abich, K.M., 1986: Peace with nature, or plants as indicators to the loss of humanity, Experientia **42**: 115–120.

Mittelstraß, J., 1984: Forschung, Begründung, Rekonstruktion. Wege aus dem Begründungsstreit, in Schnädelbach 1984: S.117–140.

Mittelstraß, J., 1988: Philosophische Grundlagen der Wissenschaften. Über wissenschaftstheoretischen Historismus, Konstruktivismus und Mythen des wissenschaftlichen Geistes, in Hoyningen-Huene/Hirsch 1988: S.179–212.

Moberg, D.W., 1979: Are There Rival, Incommensurable Theories?, Philosophy of Science **46**: 244–262.

Mocek, R., 1988: Neugier und Nutzen. Blicke in die Wissenschaftsgeschichte, Berlin (DDR): Dietz.

Munz, P., 1985: Our Knowledge of the Growth of Knowledge. Popper or Wittgenstein?, London: Routledge & Kegan.

Musgrave, A., 1971: Kuhn's Second Thoughts, British Journal for the Philosophy of Science **22**: 287–297.

Musgrave, A., 1978: How to Avoid Incommensurability, Acta Philosophica Fennica **30**: 336–346.

Naumann, H. (Hg.), 1973: Der moderne Strukturbegriff. Materialien zu seiner Entwicklung, Darmstadt: Wissenschaftliche Buchgesellschaft.

Neumaier, O. (Hg.), 1986: Wissen und Gewissen. Arbeiten zur Verantwortungsproblematik, Wien: VWGÖ.

Neurath, O., 1935: Pseudorationalismus der Falsifikation, Erkenntnis **5**: 353–365.

Newton-Smith, W.H., 1981: The Rationality of Science, London: Routledge.

Nicholas, J., 1982: Review of T.S. Kuhn: Black-Body Theory and the Quantum Discontinuity, 1894–1912, Philosophy of Science **49**: 295–297.

Niiniluoto, I., 1985: The Significance of Verisimilitude, in Asquth/Kitcher 1985: pp.591–613.

Nordmann, A., 1986: Comparing Incommensurable Theories, Studies in History and Philosophy of Science **17**: 231–246.

Oddie, G., 1986: The Poverty of the Popperian Program for Truthlikeness, Philosophy of Science **53**: 163–178.

Ortony, A. (ed.), 1979: Metaphor and Thought, Cambridge: Cambridge University Press.

Parsons, K.P., 1971a: On Criteria of Meaning Change, British Journal for the Philosophy of Science **22**: 131–144.

Parsons, K.P., 1971b: A Note on Meaning Inveriance, Southern Journal of Philosophy **9**: 126–128.

Pearce, D., 1982: Stegmüller on Kuhn and Incommensurability, British Journal for the Philosophy of Science **33**: 389–396.

Pearce, D., 1986: Incommensurability and Reduction Reconsidered, Erkenntnis **24**: 293–308.

Pearce, D., 1987: Roads to Commensurability, Dordrecht: Reidel.

Pearce, D., 1988: The Problem of Incommensurability: A Critique of Two Instrumentalist Approaches, in Hronszky/Fehér/Dajka 1988: pp.385–398.

Pearce, G., Maynard, P. (eds.), 1973: Conceptual Change, Dordrecht: Reidel.

Pegg, D.T., 1975: Absorber Theory of Radiation, Reports on Progress in Physics **38**: 1339–1383.

Percival, W.K., 1976: Applicability of Kuhn's Paradigms to History of Linguistics, Language **52**: 285–294.

Percival, W.K., 1979: Applicability of Kuhn's Paradigms to the Social Sciences, American Sociologist **14**: 28–31.

Perelman, C., Olbrechts-Tyteca, L., 1958: La Nouvelle Rhétorique: Traité de l'Argumentation, Paris: Presses Universitaires de France.

Peterson-Falshöft, G., 1980: Die Erfahrung des Neuen, Philosophische Rundschau **27**: 101–117.

Phillips, D.L., 1975: Paradigms and Incommensurability, Theory and Society **2**: 37–61.

Pinch, T.J., 1979: Essay Review [of T.S. Kuhn: Black-Body Theory and the Quantum Discontinuity, 1894–1912], Isis **70**: 437–440.

Platon, : Sämtliche Werke, Zürich: Artemis, 1974.

Poldrack, H., 1983: Historische Hintergründe des „new approach" in der bürgerlichen Wissenschaftsforschung, Deutsche Zeitschrift für Philosophie **31**: 856–860.

Polikarov, A., 1981: Strukturmodelle der Wissenschaftsentwicklung, in Rapp 1981: S.111–128.

Popp, J.A., 1975: Paradigms in Educational Inquiry, Educational Theory 25: 28–39.

Popper, K.R., 1934: Logik der Forschung, Tübingen: Mohr, ^{5}1973.

Popper, K.R., 1963: Conjectures and Refutations. The Growth of Scientific Knowledge, London: Routledge, ^{4}1972.

Popper, K.R., 1970: Normal Science and its Dangers, in Lakatos/Musgrave 1970: pp.51–58.

Popper, K.R., 1972: Objective Knowledge. An Evolutionary Approach, Oxford: Clarendon.

Popper, K.R., 1979: Objective Knowledge. An Evolutionary Approach. Revised Edition, Oxford: Clarendon.

Porus, N.L., 1988: Incommensurability, Scientific Realism and Rationalism, in Hronszky/Fehér/Dajka 1988: pp.375–384.

Postiglione, G.A., Scimecca, J.A., 1983: The Poverty of Paradigmaticism: A Symptom of the Crisis in Sociologial Explanation, The Journal of Mind and Behavior **4**: 179–190.

Prauss, G., 1980: Einführung in die Erkenntnistheorie, Darmstadt: Wissenschaftliche Buchgesellschaft.

Przelecki, M, 1978: Commensurable Referents of Incommensurable Terms, Acta Philosophica Fennica **30**: 347–365.

Putnam, H., 1974: The ‚corroboration' of theories, in Putnam 1975: pp.250–269; ursprünglich in Schilpp 1974.

Putnam, H., 1975: Mathematics, Matter and Method. Philosophical Papers, Vol. **1**, Cambridge: Cambridge University Press.

Putnam, H., 1978: Meaning and the Moral Sciences, London: Routledge & Kegan.

Putnam, H., 1981: Reason, Truth and History, Cambridge: Cambridge University Press.

Putnam, H., 1983: Realism and Reason. Philosophical Papers, Vol. **3**, Cambridge: Cambridge University Press.

Quine, W.v.O., 1960: Word and Object, Cambridge MA: MIT Press.

Rabb, J.D., 1975: Incommensurable Paradigms and Critical Idealism, Studies in History and Philosophy of Science **6**: 343–346.

Radnitzky, G., 1982: Popper as a Turning Point in the Philosophy of Science: Beyond Foundationalism and Relativism, in Levinson 1982: S.64–80.

Radnitzky, G., 1983: Science, Technology, and Political Responsibility, Minerva **21**: 234–264.

Radnitzky, G., 1986: Responsibility in Science and in the Decisions about the Use or Non-Use of Technologies, in Neumaier 1986: S.99–124.

Radnitzky, G., 1988: Wozu Wissenschaftstheorie? Die falsifikationistische Methodologie im Lichte des Ökonomischen Ansatzes, in Hoyningen-Huene/Hirsch 1988: S.85–132.

Rapp, F. (Hg.), 1981: Naturverständnis und Naturbeherrschung. Philosophiegeschichtliche Entwicklung und gegenwärtiger Kontext, München: Fink.

Reichenbach, H., 1938: Experience and Prediction. An Analysis of the Foundations and the Structure of Knowledge, Chicago: University of Chicago Press.

Rescher, N., 1973: Conceptual Idealism, Oxford: Basil Blackwell.

Rescher, N., 1982: Empirical Inquiry, Totowa: Rowman and Littlefield.

Rescher, N., 1984: The Limits of Science, Berkeley: University of California Press. Übs.: Die Grenzen der Wissenschaft, Stuttgart: Reclam, 1985.

Riehl, A., 1925: Der philosophische Kritizismus. Geschichte und System. Zweiter Band: Die sinnlichen und logischen Grundlagen der Erkenntnis, Leipzig: Kröner, [2]1925.

Rodnyj, N.I., 1973: Das Problem der wissenschaftlichen Revolution in der Konzeption der Wissenschaftsentwicklung Th.S. Kuhns, in Domin 1978: S.185–197.

Roller, D.H.D. (ed.), 1971: Perspectives in the History of Science and Technology, Norman: University of Oklahoma Press.

Rorty, R., 1979: Philosophy and the Mirror of Nature, Princeton: Princeton University Press.

Rorty, R., Schneewind, J.B., Skinner, Q. (eds.), 1984: Philosophy in History. Essays on the Historiography of Philosophy, Cambridge: Cambridge University Press.

Röseberg, U., 1984: Szenarium einer Revolution. Nichtrelativistische Quantenmechenik und philosophische Widerspruchsproblematik, Berlin (DDR): Akademie-Verlag.

Roth, P.A., 1984: Who Needs Paradigms?, Metaphilosophy **15**: 225–238.

Rouse, J., 1981: Kuhn, Heidegger and Scientific Realism, Man and World **14**: 269–290.

Rudwick, M.J.S., 1985: The Great Devonian Controversy. The Shaping of Scientific Knowledge among Gentleman Specialists, Chicago: University of Chicago Press.

Ruse, M.E., 1970: The Revolution in Biology, Theoria **36**: 1–22.

Ruse, M.E., 1971: Two Biological Revolutions, Dialectica **25**: 17–38.

Rüsen, J., 1977: Der Strukturwandel der Geschichtswissenschaft und die Aufgabe der Historik, in Diemer 1977: S.110–119.

Sagal, P.T., 1972: Incommensurability, Then and Now, Zeitschrift für allgemeine Wissenschaftstheorie **3**: 298–301.

Scheffler, I., 1967: Science and Subjectivity, Indianapolis: Hackett, [2]1982.

Scheffler, I., 1972: Vision and Revolution: A Postscript on Kuhn, Philosophy of Science **39**: 366–374.

Scheibe, E., 1988: The Physicists' Conception of Progress, Studies in History and Philosophy of Science **19**: 141–159.

Schieder, T., Gräubig, K. (Hg.), 1977: Theorieprobleme der Geschichtswissenschaft, Darmstadt: Wissenschaftliche Buchgesellschaft.

Schilpp, P.A. (ed.), 1974: The Philosophy of Karl Popper, La Salle: Open Court.

Schlick, M., 1918: Allgemeine Erkenntnislehre, Berlin: Julius Springer, [2]1925.

Schlick, M., 1933/34: Die Probleme der Philosophie in ihrem Zusammenhang. Vorlesung aus dem Wintersemester 1933/34. Herausgegeben von H.L. Mulder, A.J. Kox und R. Hegselmann, Frankfurt 1986: Suhrkamp.

Schlobach, J., 1978: Die klassisch-humanistische Zyklentheorie und ihre Anfechtung durch das Fortschrittsbewusstsein der französischen Frühaufklärung, in Faber/Meier: S.127–142.

Schlüchter, H., 1974: Der Strukturbegriff im Verwaltungsrecht, Würzburg: Schmitt & Meyer.

Schmidt, B., 1985: Das Widerstandsargument in der Erkenntnistheorie. Ein Angriff auf die Automatisierung des Wissens, Frankfurt: Suhrkamp.

Schmidt, S.J. (Hg.), 1987: Der Diskurs des Radikalen Konstruktivismus, Frankfurt: Suhrkamp.

Schmidt, W., 1981: Struktur, Bedingungen und Funktionen von Paradigmen und Paradigmenwechseln: eine wissenschafts-historisch-systematische Untersuchung am Beispiel der empirischen Psychologie, Bern: Lang.

Schnädelbach, H., 1984: Rationalität. Philosophische Beiträge, Frankfurt: Suhrkamp.

Schorsch, C., 1988: Die New-Age Bewegung. Utopie und Mythos der Neuen Zeit, Gütersloh: Mohn.

Schramm, A., 1975: Theoriewandel oder Theoriefortschritt? Zur Diskussion um Thomas S. Kuhns „Die Struktur wissenschaftlicher Revolutionen", Wien: VWGOe.

Schulz, W., 1972: Philosophie in der veränderten Welt, Pfullingen: Neske.

Seel, G., 1988: Die Welt: kein Ort für Laboratorien? Kritische Fragen an Karin Knorr-Cetina, In Hoyningen-Huene/Hirsch 1988: S.345–358.

Seiler, S., 1980: Wissenschaftstheorie in der Ethnologie. Zur Kritik und Weiterführung der Theorie von Thomas S. Kuhn anhand ethnographischen Materials, Berlin: Reimer.

Shapere, D., 1964: The Structure of Scientific Revolutions, The Philosophical Review 73: 383–394; abgedruckt in Shapere 1984, chpt. 3.

Shapere, D., 1966: Meaning and Scientific Change, in Colodny 1966: pp.41–85; abgedruckt in Shapere 1984, chpt. 5; teilweise abgedruckt in Hacking 1981: pp.28–59.

Shapere, D., 1969: Notes Toward a Post-Positivistic Interpretation of Science, Part 1, in Shapere 1984: pp.102–119.

Shapere, D., 1971: The Paradigm Concept, Science 172: 706–709; abgedruckt in Shapere 1984, chpt. 4.

Shapere, D., 1974: [Diskussionsbemerkung], in Suppe 1977: pp.506–507.

Shapere, D., 1977: What Can the Theory of Knowledge Learn from the History of Knowledge?, in Shapere 1984: pp.182–202; ursprünglich in The Monist 60: 488–508, 1977.

Shapere, D., 1984: Reason and the Search for Knowledge. Investigations in the Philosophy of Science, Dordrecht: Reidel.

Shapere, D., 1984a: Interpretations of Science in America, in Shapere 1984: pp.156–166.

Shaw, G., 1969: Das Problem des Dinges an sich in der englischen Kantinterpretation, Kantstudien: Ergänzungshefte 97.

Shimony, A., 1976: Comments on Two Epistemological Theses of Thomas Kuhn, in Cohen/Feyerabend/Wartofsky 1976: pp.569–588.

Shimony, A., 1979: Essay Review [of T.S. Kuhn: Black-Body Theory and the Quantum Discontinuity, 1894–1912], Isis 70: 434–437.

Shrader-Frechette, K., 1977: Atomism in Crisis: an Analysis of the Current High Energy Paradigm, Philosophy of Science 44: 409–440.

Siegel, H., 1976: Meiland on Scheffler, Kuhn, and Objectivity in Science, Philosophy of Science 43: 441–448.

Siegel, H., 1980: Objectivity, Rationality, Incommensurability, and more. Review of T.S. Kuhn: The Essential Tension, British Journal for the Philosophy of Science 31: 359–384.

Siegel, H., 1980a: Justification, Discovery and the Naturalizing of Epistemology, Philosophy of Science 47: 297–321.

Siegel, H., 1983: Brown on Epistemology and the New Philosophy of Science, Synthese 56: 61–89.

Sintonen, M., 1986: Selectivity and Theory Choice, in Fine/Machamer 1986: pp.364–373.

Skousgaard, S., 1981: Phenomenology and the Unterstanding of Human Destiny, Washington: The University Press of America.

Sneed, J.D., 1971: The Logical Structure of Mathematical Physics, Dordrecht: Reidel.

Solla-Price, D.J. de, 1963: Little Science, Big Science, New York: Columbia University Press; Übs. Little Science, Big Science, Frankfurt: Suhrkamp, 1974.

Spaemann, R., 1983a: Philosophische Essays, Stuttgart: Reclam.

Spaemann, R., 1983b: Die kontroverse Natur der Philosophie, in Spaemann 1983a: S.104–129.

Spaemann, R., Löw, R., 1981: Die Frage Wozu? Geschichte und Wiederentdeckung des teleologischen Denkens, München: Piper.

Spiegel-Rösing, I.S., 1973: Wissenschaftsentwicklung und Wissenschaftssteuerung. Einführung und Material zur Wissenschaftsforschung, Frankfurt: Athenäum.

Staudinger, H., 1984: Forschung – ein Spiel?, in Ströker 1984: S.27–42.

Stegmüller, W., 1970: Probleme und Resultate der Wissenschaftstheorie und Analytischen Philosophie. Band II. Theorie und Erfahrung, Berlin: Springer.

Stegmüller, W., 1973: Probleme und Resultate der Wissenschaftstheorie und Analytischen Philosophie. Band II. Theorie und Erfahrung. 2.Halbband: Theorienstrukturen und Theoriendynamik, Berlin: Springer.

Stegmüller, W., 1974: Theoriendynamik und logisches Verständnis, in Diederich 1974: S.167–209.

Stegmüller, W., 1979: Hauptströmungen der Gegenwartsphilosophie. Eine kritische Einführung. Band II, 6., erweiterte Auflage, Stuttgart: Kröner.

Stegmüller, W., 1980: Accidental (‚Non-Substantial‘) Theory Change and Theory Dislodgment, in Gutting 1980: pp.75–93.

Stegmüller, W., 1985: Thesen zur „Evolutionären Erkenntnistheorie", Information Philosophie Juli 1985: 26–32.

Stegmüller, W., 1986: Probleme und Resultate der Wissenschaftstheorie und Analytischen Philosophie. Band II. Theorie und Erfahrung. 3. Teilband: Die Entwicklung des neuen Strukturalismus seit 1973, Berlin: Springer.

Stephens, J., 1973: Kuhnian Paradigm and Political Inquiry – Appraisal, American Journal of Political Science 17: 467–488.

Stock, W.G., 1980: Die Bedeutung Ludwik Flecks für die Theorie der Wissenschaftsgeschichte, Grazer philosophische Studien 10: 105–118.

Storer, N.W., 1966: The Social System of Science, New York: Holt, Rinehart & Winston; Übs. z.T. in Weingart 1972.

Ströker, E., 1974: Geschichte als Herausforderung. Marginalien zur jüngsten wissenschaftstheoretischen Kontroverse, neue hefte für philosophie 7/8: 27–66.

Ströker, E. (Hg.), 1984: Ethik der Wissenschaften? Philosophische Fragen, München: Fink/ Schöningh.

Strug, C., 1984: Kuhn's Paradigm Thesis: A Two Edged Sword for the Philosophy of Religion, Religious Studies 20: 269–280.

Stuewer, R.H. (ed.), 1970: Historical and Philosophical Perspectives of Science. Minnesota Studies in the Philosophy of Science 5, Minneapolis: University of Minnesota Press.

Suppe, F., 1974: The Search for Philosophic Understanding of Scientific Theories, in Suppe 1977: pp.1–241.

Suppe, F., 1974a: Exemplars, Theories and Disciplinary Matrixes, in Suppe 1977: pp.483–499.

Suppe, F., 1977: The Structure of Scientific Theories, Urbana: University of Illinois Press, 1974, [2]1977.

Szumilewicz, I., 1977: Incommensurability and the Rationality of the Development of Science, British Journal for the Philosophy of Science 28: 345–350.

Szumilewicz-Lachmann, I., 1985: Poincaré versus Le Roy on Incommensurability, in Andersson 1985: pp.261–275.

Thackray, A., 1970: Science: Has its Present Past a Future?, in Stuewer 1970: pp.112–127.

Thimm, W., 1975: Behinderung als Stigma. Überlegungen zu einer Paradigma-Alternative, Sonderpädagogik 5: 149–157.

Tianji, J., 1985: Scientic Rationality, Formal or Informal?, British Journal for the Philosophy of Science 36: 409–423.

Toellner, R., 1977: Mechanismus – Vitalismus: ein Paradigmenwechsel? Testfall Haller, in Diemer 1977: S.61–72.

Törnebohm, H., 1978: Paradigms in Fields of Research, Acta Philosophica Fennica **30**: 62–90.

Toulmin, S., 1963: Discussion [zu T.S. Kuhn: The Function of Dogma in Scientific Research], in Crombie 1963: pp.382–384.

Toulmin, S., 1967: The Evolutionary Development of Natural Science, American Scientist **55**: 456–471. Übs. in Diederich 1974, S.249–275.

Toulmin, S., 1970: Does the Distinction between Normal and Revolutionary Science Hold Water?, in Lakatos/Musgrave 1970: pp.39–47.

Toulmin, S., 1971: Rediscovering History. New Directions in the Philosophy of Science, Encounter **36**(1): 53–64.

Toulmin, S., 1972: Human Understanding. The Collective Use and Evolution of Concepts, Princeton: Princeton University Press.

Trenckmann, U., Ortmann, F., 1980: Psychodynamic Concept of Disease in Romanticism – Test Case for the Use of Kuhn's Term Paradigm in a Social Science, Zeitschrift für Psychologie **188**: 331–339.

Tuchanska, B., (im Druck): The Idea of Incommensurability and the Copernican Revolution, The Polish Sociological Bulletin: (im Druck).

Vaihinger, H., 1922: Kommentar zu Kants Kritik der reinen Vernunft, Stuttgart: Union deutsche Verlagsgesellschaft, [2]1922, Nachdruck Aalen: Scientia, 1970.

Van Bendegem, J.P., 1983: Incommensurability – An Algorithmic Approach, Philosophica **32**: 97–115.

Van der Veken, W., 1983: Incommensurability in the Structuralist View, Philosophica **32**: 43–56.

Vico, G., 1744: Die Neue Wissenschaft über die gemeinschaftliche Natur der Völker, 3.Auflage, [1]1725, dt. München: Allgemeine Verlagsanstalt.

Vollmer, G., 1983: Mesokosmos und objektive Erkenntnis – Über Probleme, die von der evolutionären Erkenntnistheorie gelöst werden, in Lorenz/Wuketits 1983: S.29–91. Abgedruckt in Vollmer 1985: S.57–115.

Vollmer, G., 1985: Was können wir wissen? Band 1. Die Natur der Erkenntnis. Beiträge zur Evolutionären Erkenntnistheorie, Stuttgart: Hirzel.

Vollmer, G., 1988: Metakriterien wissenschaftlicher Rationalität, Zeitschrift für Wissenschaftsforschung **4**(2): 201–213.

Watanabe, S., 1975: Needed: A Historico-Dynamical View of Theory Change, Synthese **32**: 113–134.

Watkins, J.W., 1970: Against ‚Normal Science‘, in Lakatos/Musgrave 1970: pp.25–37.

Weingart P. (Hg.), 1972: Wissenschaftssoziologie 1. Wissenschaftliche Entwicklung als sozialer Prozess, Frankfurt: Athenäum.

Weingart, P. (Hg.), 1974: Wissenschaftssoziologie 2. Determinanten wissenschaftlicher Entwicklung, Frankfurt: Athenäum.

Weizsäcker, C.F. von, 1977: Der Garten des Menschlichen. Beiträge zur geschichtlichen Anthropologie, München: Hanser.

Wieland, W., 1962: Die aristotelische Physik. Untersuchungen über die Grundlegung der Naturwissenschaft und die sprachlichen Bedingungen der Prinzipienforschung bei Aristoteles, Göttingen: Vandenhoeck & Ruprecht, [2]1970.

Wisdom, J.O., 1974: The Nature of ‚Normal‘ Science, in Schilpp 1974: pp.820–842.

Wittgenstein, L., 1953: Philosophische Untersuchungen, in Schriften, Bd. I, Frankfurt: Suhrkamp, 1960 ff.

Wittich, D., 1978a: Eine aufschlussreiche Quelle für das Verständnis der gesellschaftlichen Rolle des Denkens Thomas S. Kuhns, Deutsche Zeitschrift für Philosophie **26**: 105–113.

Wittich, D., 1978b: Die gefesselte Dialektik. Zu den philosophischen Ideen des Wissenschaftshistorikers Th.S. Kuhn, Deutsche Zeitschrift für Philosophie **26**: 785–797.

Wittich, D., 1981: Die innere Logik der Philosophie Thomas S. Kuhns, in Bayertz 1981: S.136–159.

Wright, G.H.v., 1986: Wittgenstein, Frankfurt: Suhrkamp (engl. 1982).

Wuchterl, K., Hübner, A., 1979: Ludwig Wittgenstein, Reinbeck bei Hamburg: Rowohlt.

Young, R.W., 1979: Paradigms in Geography – Implications of Kuhn's Interpretation of Scientific Inquiry, Australian Geographical Studies **17**: 204–209.

Personenregister

Sachregister